机械工业出版社高职高专土建类
"十二五"规划教材

建筑构造与识图

第 2 版

主　编　魏　明
副主编　李元玲　王　琴
参　编　吴成群　吉龙华　万小华　何立志
主　审　朱向军

U0255293

机 械 工 业 出 版 社

本书分两篇,共十五章。第一篇为建筑制图与识图,共六章,主要以现行的建筑制图国家标准为基础,结合工程设计实例,系统地介绍了建筑工程图的成图原理、识图方法。其内容包括建筑制图的基本知识、投影的基本知识、体的投影、轴测投影、剖面图和断面图、建筑施工图的识读等。第二篇为建筑构造,共九章,主要以现行的相关规范为基础,结合工程实例,系统介绍了民用与工业建筑构造。其主要内容包括民用建筑概述、基础与地下室、墙体、楼板层与地坪层、楼梯、屋顶、窗与门、变形缝、工业建筑等。

　　本书可作为高职高专院校土建类专业及其他成人高校相应专业的教材,还可作为建筑施工企业的技术、管理人员及相关工程技术人员的参考用书。

图书在版编目(CIP)数据

建筑构造与识图/魏明主编. —2 版. —北京:机械工业出版社,2013.2(2018.9 重印)

机械工业出版社高职高专土建类"十二五"规划教材

ISBN 978-7-111-41074-4

Ⅰ.①建… Ⅱ.①魏… Ⅲ.①建筑构造—高等职业教育—教材②建筑制图—识别—高等职业教育—教材 Ⅳ.①TU22②TU204

中国版本图书馆 CIP 数据核字(2012)第 318989 号

机械工业出版社(北京市百万庄大街 22 号　邮政编码 100037)

策划编辑:张荣荣　责任编辑:张荣荣　责任校对:刘志文　张玉琴
封面设计:张　静　责任印制:常天培
北京铭成印刷有限公司印刷
2018 年 9 月第 2 版第 7 次印刷
184mm×260mm　·22.5 印张·558 千字
标准书号:ISBN 978-7-111-41074-4
定价:48.00 元

教材编审委员会

主 任 委 员：叶耀先

副主任委员：陈衍庆　刘雪梅　杨少彤

顾　　　问：房志勇

委　　　员（以姓氏笔画为序）：

第 2 版序

近年来，随着国家经济建设的迅速发展，建设工程的发展规模不断扩大，建设速度不断加快，对建筑类具备高等职业技能的人才需求也随之不断加大。2008 年，我们通过深入调查，组织了全国三十余所高职高专院校的一批优秀教师，编写出版了本套教材。

本套教材以《高等职业教育土建类专业教育标准和培养方案》为纲，编写中注重培养学生的实践能力，基础理论贯彻"实用为主、必需和够用为度"的原则，基本知识采用广而不深、点到为止的编写方法，基本技能贯穿教学的始终。在教材的编写中，力求文字叙述简明扼要、通俗易懂。本套教材结合了专业建设、课程建设和教学改革成果，在广泛的调查和研讨的基础上进行规划和编写，在编写中紧密结合职业要求，力争能满足高职高专教学需要并推动高职高专土建类专业的教材建设。

本套教材出版后，经过四年的教学实践和行业的迅速发展，吸收了广大师生、读者的反馈意见，并按照国家最新颁布的标准、规范进行了修订。第 2 版教材强调理论与实践的紧密结合，突出职业特色，实用性、实操性强，重点突出，通俗易懂，配备了教学课件，适用于高职高专院校、成人高校及二级职业技术院校、继续教育学院和民办高校的土建类专业使用，也可作为相关从业人员的培训教材。

由于时间仓促，也限于我们的水平，书中疏漏甚至错误在所难免，殷切希望能得到专家和广大读者的指正，以便修改和完善。

教材编审委员会

第2版前言

为适应21世纪高素质、高技能应用型人才培养的需要，结合我国土建类高等职业技术教育教学的特点和要求，我们再版编写了本教材。在编写过程中，对第1版教材部分章节中过于冗长的内容进行了删减，相应增加了必要的新理念、新技术、新材料、新结构、新规范应用的内容，并从理论、原则和新规范上进行阐述，使教材内容具有更广泛的适用性。本教材的对应课程是建筑工程技术专业最主要的基础课之一，故其同时也适用于工程造价专业等相应专业基础课程的教学。

本教材在编排上分为两篇，第一篇为建筑制图与识图部分，第二篇为建筑构造部分。第一篇以现行《房屋建筑制图统一标准》（GB 50001—2010）、《建筑制图标准》（GB/T 50104—2010）和《建筑工程设计文件编制深度规定》（建质[2003]84号）为基础，系统地介绍了建筑工程图的成图原理、建筑工程施工图的识读方法。第二篇则以现行《民用建筑设计通则》（GB 50352—2005）、《住宅建筑模数协调标准》（GB/T 50100—2001）、《建筑地基基础设计规范》（GB 50007—2011）、《建筑抗震设计规范》（GB 50011—2010）、《厂房建筑模数协调标准》（GBJ 6—1986）、《砌体工程现场检测技术标准》（GB/T 50315—2011）、《建筑设计防火规范》（GB 50016—2006）、《高层民用建筑设计防火规范》（GB 50045—1995）为基础，系统地介绍了民用与工业建筑的构造方法。本教材内容系统全面，易懂易记，具有较强的实用性。

本教材由魏明任主编，李元玲、王琴任副主编，具体编写分工为：湖南工程职业技术学院魏明：第一篇的第2章、第5章，第二篇的第1章；武汉工业职业技术学院李元玲：绪论，第一篇的第1章、第3章，第二篇的第3章；河北广播电视大学王琴：第二篇的第8章、第9章；南京交通职业技术学院吴成群：第一篇的第4章，第二篇的第4章、第5章；山西工程职业技术学院吉龙华：第二篇的第2章、第6章、第7章；湖南工程职业技术学院万小华：第一篇的第6章。全书由湖南城建职业技术学院朱向军教授主审。

本教材理论教学学时为120课时，学时分配建议如下表：

内　容	学　时	内　容	学　时
绪　论	2	基础与地下室	4
建筑制图的基本知识	6	墙体	10
投影的基本知识	14	楼板层与地坪层	6
体的投影	10	楼梯	6
轴测投影	4	屋顶	10
剖面图和断面图	4	窗与门	4
建筑施工图识读	14	变形缝	4
民用建筑概述	12	工业建筑	10

书中不足及错误之处敬请读者提出宝贵意见、批评指正，以便修改完善。

编　者

目　　录

第一篇　建筑制图与识图

第二篇　建　筑　构　造

绪 论

一、本课程的性质

建筑构造与识图是建筑类相关专业学生必修的实践性很强的一门专业基础课，包括建筑识图与房屋构造两部分。本课程研究建筑制图、识图的基本知识，研究房屋建筑的构造组成和各组成部分的构造原理与方法，是建筑工程施工、预算、管理、监理人员所必须具备的基本知识和基本技能，也是学好后续专业课所必须掌握的基础知识。

二、本课程的任务

建筑工程图是以图形为主要内容的技术文件，是建筑设计和施工不可缺少的工具之一。房屋是建筑工程图表达的主要对象，系统地了解房屋构造才能深刻领会工程图样的内容。一个从事建筑业的高素质的工作人员和管理者，看懂和绘制建筑工程图是其基本的职业技能。本课程的主要任务是：

（1）掌握投影的基本原理和建筑工程图样绘图的基本技能。

（2）掌握有关建筑工程图绘制的国家标准。

（3）掌握建筑施工图的图示方法、图示内容和识读方法，并能熟练识读施工图样，准确领会设计意图，运用工程语言进行有关工程方面的交流，合理地组织和指导施工，满足建筑构造方面的要求。

（4）掌握建筑构造的一般知识，了解建筑各组成部分的构造原理和构造方法，并能根据房屋的功能、自然环境因素、建筑材料及施工技术的实际情况，选择合理的构造方案。

通过本课程的学习，将使学生具有一定的识读和使用建筑工程图的能力，并掌握绘图的基本技能，为学习有关后继专业课程奠定基础。

三、本课程的主要内容

（1）建筑识图基础知识——介绍建筑制图基本知识、正投影原理、建筑形体的表达方式。

（2）房屋建筑施工图的识读——介绍房屋建筑施工图中的国家标准，房屋建筑工程图的图示方法、图示内容和识读方法。

（3）房屋构造——介绍民用建筑与工业建筑各组成部分（基础、墙或柱、楼地层、楼梯、屋顶和门窗）的构造原理和构造方法，以及各组成部分的构造形式、材料应用、连接做法及建筑装修的常见构造做法。

四、本课程的学习方法

《建筑构造与识图》课程是学生入学的第一门专业基础课程，因此本课程不仅能使学生掌握建筑构造原理及识读施工图的技能，也是学生认识建筑、了解建筑的重要途径。本课程与《建筑材料》、《建筑施工》、《建筑工程计量与计价》等课程关系密切，是学习后续课程的基础，也是学生参加工作后岗位能力和专业技能考核的专业组成部分。只有掌握了课程的主要内容，并有机地运用其他的专业知识，才能熟练地掌握工程语言及常用构造方法，更加准确地理解设计意图，做到合理地组织工程施工。

在学习过程中应注意以下几点：

（1）在学习识图基础知识部分时要结合理论知识，多看图，多绘制建筑构件的投影图，多分析投影图的形成，以提高作图能力和识图能力，提高空间想象能力。

（2）在学习施工图识读部分时，应重点掌握各类施工图的作用、形成方法、图示内容和识读方法，并且尽量完整地识读一套施工图，系统地掌握整套施工图的识读方法。

（3）在学习房屋构造部分时，应与周围的建筑相联系，及时将课本知识与工程实际结合起来，便于理解和记忆。应多到施工现场参观，建立感性认识。应注意收集、阅览有关的科技文献和资料，了解建筑构造方面的新工艺、新技术、新动态，并尽量将这些新内容体现在课堂作业和课程设计中。

第 一 篇

建筑制图与识图

第1章 建筑制图的基本知识

学习目标要求

1. 掌握制图的常用工具与仪器的使用方法和维护方法。
2. 掌握《房屋建筑制图统一标准》(GB/T 50001—2010)的基本内容。
3. 掌握建筑制图的绘制过程和方法。

学习重点与难点

本章重点是：制图的常用工具与仪器的使用方法、建筑制图的基本标准、建筑工程图样的绘制过程和方法。

本章难点是：《房屋建筑制图统一标准》(GB/T 50001—2010)中关于图纸幅面、图线、文字、比例、尺寸标注等内容的相关要求。

1.1 制图工具及其用法

所有的工程图样，都要求有一定的精度，因此必须使用工具和仪器绘制，或者采用计算机绘制。手工绘图时，为了提高绘图质量，加快绘图速度，应了解各种绘图工具和仪器的性能及其使用、维护方法。常用绘图工具、仪器和用品有铅笔、图板、丁字尺、三角板、比例尺、曲线板、圆规、分规、墨线笔等。

1.1.1 铅笔

画图用的铅笔是专用的绘图铅笔，其铅芯有软硬之分，分别有 B、2B、…6B 及 H、2H、…6H 以及 HB 等。笔端字母 B 表示软铅芯，H 表示硬铅芯，HB 表示中等硬度的铅芯。字母前的数字越大，表示铅芯越软或越硬。常用型号为 HB、2H、B。通常使用 HB 画细线或写字，2H 用于画底稿，B 常用于画粗线。铅笔应从无标志的一端开始使用，以便保留标志易于辨认软硬。铅笔应削成长度 20～25mm 的圆锥形，铅芯露出约 6～8mm，画线时运笔要均匀，并应缓慢转动，向运动方向倾斜75°，并使笔尖与尺边距离始终保持一致，这样线条才能画得平直准确，如图 1-1-1 所示。

1.1.2 图板

绘图板简称图板，用胶合板制作，作用是固定图纸。要求板面平整光滑，有一定的弹性，由于丁字尺在边框上滑行，边框应平直，如图 1-1-2 所示。图板是木制品，用后应妥善保存，既不能曝晒，也不能在潮湿的环境中存放。

图板的大小选择一般应与绘图纸张的尺寸相适应，表 1-1-1 是常用图板规格。

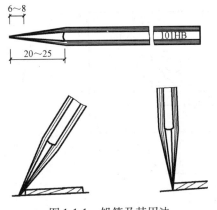

图 1-1-1　铅笔及其用法

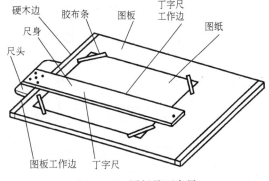

图 1-1-2　图板及丁字尺

表 1-1-1　图板规格

图板规格代号	0	1	2	3
图板尺寸(宽×长)	920×1220	610×920	460×610	305×460

1.1.3　丁字尺和三角板

丁字尺主要用于画水平线，它由尺头和尺身两部分组成。尺身沿长度方向带有刻度的侧边为工作边。使用时，左手握尺头，使尺头紧靠图板左边缘。尺头沿图板的左边缘上下滑动到需要画线的位置，即可从左向右画水平线，如图 1-1-3a 所示。应注意，尺头不能靠图板的其他边缘滑动，如图 1-1-3b 所示为错误用法。

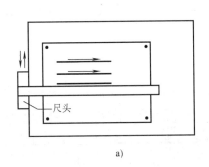

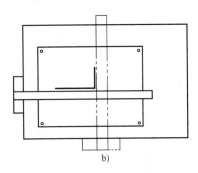

a)　　　　　　　　　　　　　b)

图 1-1-3　丁字尺的使用

绘图用的三角板是由两块直角三角板组成一副，一块为 45°×45°×90°(简称 45°三角板)，另一块为 30°×60°×90°(简称 30°或 60°三角板)，其作用是配合丁字尺画竖线和斜线。画线时，使丁字尺尺头与图板工作边靠紧，三角板与丁字尺靠紧，左手按住三角板和丁字尺，右手画竖线和斜线。丁字尺和三角板配合使用，可以画出 15°、30°、45°、60°、75°的斜线，如图 1-1-4 所示，图 1-1-5 显示了三角板和丁字尺配合使用画垂直线的方法。

1.1.4　比例尺

为了方便绘制不同比例的图样，可使用比例尺来绘图。常用的比例尺是三棱比例尺，上

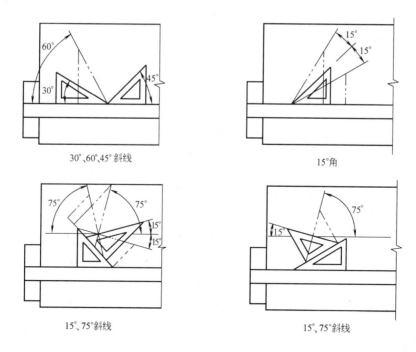

图 1-1-4　丁字尺和三角板配合使用画出各种角度的斜线

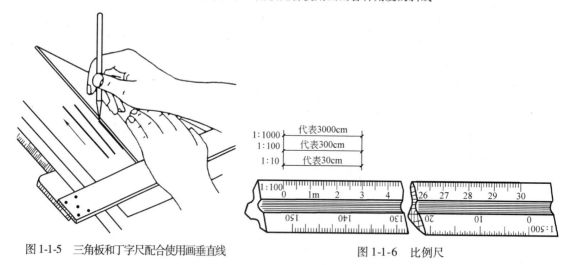

图 1-1-5　三角板和丁字尺配合使用画垂直线

图 1-1-6　比例尺

有六种刻度,如图 1-1-6 所示。画图时可按所需比例,用尺上标注的刻度直接量取,不需要换算。但所画图样如正好是比例尺上刻度的 10 倍或 1/10,则可换算使用比例尺。

1.1.5　圆规、分规

圆规是画圆及画圆弧的工具。画圆时,首先调整好钢针和铅芯,使钢针和铅芯并拢时钢针略长于铅芯。再取好半径,右手食指和拇指捏好圆规旋柄,左手协助将针尖对准圆心,顺时针旋转。转动时圆规可稍向画线方向倾斜,如图 1-1-7 所示。画较大圆时,应加延伸杆,使圆规两端都与纸面垂直。

分规是截量长度和等分线段的工具,如图 1-1-8 所示。为了能准确地量取尺寸,分规的两

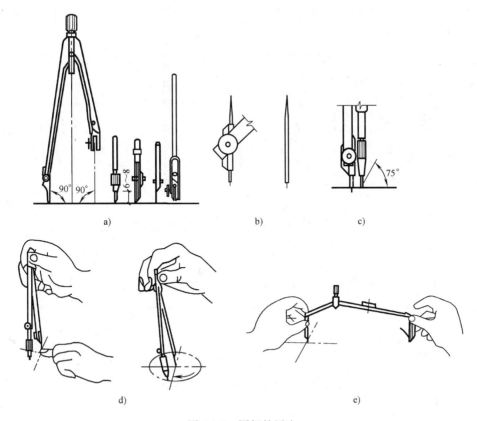

图 1-1-7　圆规的用法

a）圆规及其插脚　b）圆规上的钢针　c）圆心钢针略长于铅芯

d）圆的画法　e）画大圆时加延伸杆

针尖应保持尖锐，使用时，两针尖应调整到平齐，即当分规两腿合拢后，两针尖必聚于一点。

等分线段时，经过试分，逐渐地使分规两针尖调到所需距离。然后在图纸上使两针尖沿要等分的线段依次摆动前进。

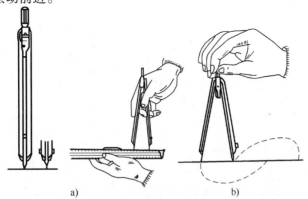

图 1-1-8　分规及其使用方法

1.1.6　建筑模板

为了提高制图速度和质量，将图样上常用的符号、图形刻在有机玻璃板上，做成模板，方便使用。模板的种类很多，如建筑模板、家具模板、结构模板、给排水模板等，图 1-1-9 所示是建筑模板。

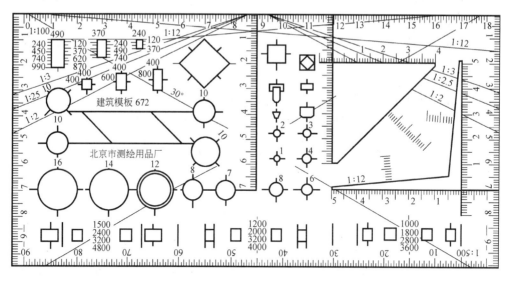

图 1-1-9　建筑模板

1.1.7　曲线板

曲线板是用以画非圆曲线的工具。曲线板的使用方法如图 1-1-10 所示。首先求得曲线

图 1-1-10　曲线板及其使用方法

上若干点，再徒手用铅笔过各点轻轻勾画出曲线，然后将曲线板靠上，在曲线板边缘上选择一段至少能经过曲线上 3~4 个点，沿曲线板边缘自点 1 起画曲线至点 3 与点 4 的中间，再移动曲线板，选择一段边缘能过 3、4、5、6 诸点，自前段接画曲线至点 5 与点 6，如此延续下去，即可画完整段曲线。

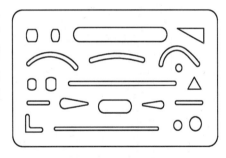

图 1-1-11 擦图片

1.1.8 其他用品

绘图时还需要的用品有：图纸、绘图墨水、小钢笔、刀片、橡皮、胶带纸、擦图片等，擦图片如图 1-1-11 所示。

1.2 建筑制图的基本标准

工程图是工程施工、生产、管理等环节最重要的技术文件，是工程师的技术语言。为了便于技术交流，提高生产率，国家指定专门机关负责组织制定"国家标准"，简称国标，代号"GB"。为了区别不同技术标准，在代号后面加若干字母和数字等，如建筑工程制图方面的标准总代号为"GBJ"。随着建筑技术的不断发展，根据原建设部建标〔1998〕244 号文的要求，由原建设部会同有关部门共同对《房屋建筑制图统一标准》等六项标准进行修订，批准并颁布了《房屋建筑制图统一标准》（GB/T 50001—2010）、《总图制图标准》（GB/T 50103—2001）、《建筑制图标准》（GB/T 50104—2010）、《建筑结构制图标准》（GB/T 50105—2010）、《给水排水制图标准》（GB/T 50106—2001）和《暖通空调制图标准》（GB/T 50114—2001）。所有从事建筑工程技术的人员，在设计、施工、管理中都应该严格执行国家有关建筑制图标准。

1.2.1 图幅

图幅是图纸幅面的简称，指图纸尺寸的大小。单位工程的施工图要装订成套，为了使整套施工图方便装订，国标规定图纸按其大小分为 5 种，如表 1-1-2 所示。表中，A0 的幅面是 A1 幅面的 2 倍，A1 幅面是 A2 幅面的 2 倍，依此类推，即 A0 = 2A1 = 4A2 = 8A3 = 16A4。同一项工程的图纸，幅面不宜多于两种。一般 A0 ~ A3 图纸宜横式使用，必要时也可立式使用，如图 1-1-12 所示。如图纸幅面不够，可将图纸长边加长，但短边不宜加长，长边加长应符合表 1-1-3 的规定。

表 1-1-2 幅面及图框尺寸 　　　　　　　　　　　　　　　（mm）

尺寸代号 ＼ 幅面代号	A0	A1	A2	A3	A4
$b \times l$	841 × 1189	594 × 841	420 × 594	297 × 420	210 × 297
c	10			5	
a	25				

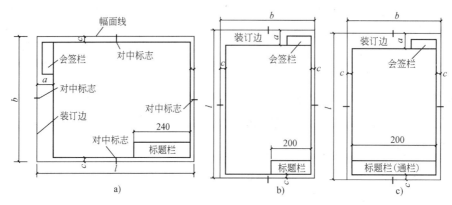

图 1-1-12　图纸的幅面格式

a）A0 ~ A3 横式幅面　b）A0 ~ A3 立式幅面　c）A4 立式幅面

表 1-1-3　图纸长边加长尺寸　　　　　　　　　　　　（mm）

幅 面 代 号	长 边 尺 寸	长边加长后尺寸
A0	1189	1486、1635、1783、1932、2080、2230、2378
A1	841	1051、1261、1471、1682、1892、2102
A2	594	743、891、1041、1189、1338、1486、1635、1783、1932、2080
A3	420	630、841、1051、1261、1471、1682、1892

1.2.2　标题栏与会签栏

在每张施工图中，为了方便查阅图纸，图纸右下角都有标题栏，形式如图 1-1-13a 所示。标题栏主要以表格形式表达本张图纸的一些属性，如设计单位名称、工程名称、图样名称、图样类别、编号以及设计、审核、负责人的签名，如涉外工程应加注"中华人民共和国"字样。会签栏则是各专业工种负责人签字区，一般位于图纸的左上角图框线外，形式如图 1-1-13b 所示。学生制图作业的标题栏各校可自行设计，图 1-1-14 为推荐学生作业用的图标。

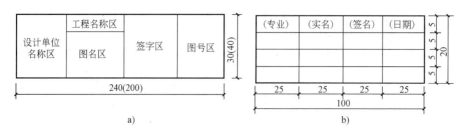

图 1-1-13　标题栏与会签栏

a）标题栏　b）会签栏

1.2.3　图线

工程图样中的内容都用图线表达。为了使各种图线所表达的内容统一，国标对建筑工程

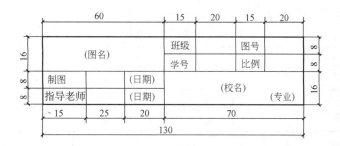

图 1-1-14　制图作业的标题栏

图样中图线的种类、用途和画法都作了规定。在建筑工程图样中图线的线型、线宽及其作用如表 1-1-4 所示。

表 1-1-4　图线

名 称		线 型	线 宽	一 般 用 途
实线	粗		b	图框线、平面图及剖面图上剖切到的构造轮廓线、立面图的外轮廓线，结构图中的钢筋线
	中		$0.5b$	平面图及立面图上门窗等构件外轮廓线起止点
	细		$0.25b$	尺寸线、尺寸界线、引出线及材料图线、剖面图中的次要图线(如粉刷线)
虚线	粗		b	地下建筑物或构筑物的位置线等
	中		$0.5b$	房屋地下的通道、地沟等位置线
	细		$0.25b$	房屋地上部分未剖切到亦看不到的构件(如高窗)位置线、搁板位置、拟扩建部分的范围等
单点长画线	粗		b	结构平面图中梁、屋架的位置线
	中		$0.5b$	平面图中的起重机轨道线等
	细		$0.25b$	中心线、对称线、定位轴线等
双点长画线	粗		b	见各有关专业制图标准
	中		$0.5b$	见各有关专业制图标准
	细		$0.25b$	假想轮廓线、成型前原始轮廓线
折断线			$0.25b$	断开界线
波浪线			$0.25b$	断开界线

表中线宽 b 根据图样的复杂程度合理选择，较复杂的图样选择较细的图线，如 0.5mm、0.35mm；较简单的图样选择的图线粗一点，如 0.7mm、1.0mm。中粗线为 $0.5b$，细线为 $0.25b$。图线的宽度可从表 1-1-5 中选用。

表 1-1-5　线宽组　　　　　　　　　　　　　　　　　　　　(mm)

线 宽 比	线 宽 组					
b	2.0	1.4	1.0	0.7	0.5	0.35
$0.5b$	1.0	0.7	0.5	0.35	0.25	0.18
$0.25b$	0.5	0.35	0.25	0.18	—	—

图纸的图框线和标题栏的图线可选用表1-1-6所示的线宽。

表1-1-6　图框线、标题栏的线宽 （mm）

幅面代号	图框线	标题栏线	
		外框线	分格线
A0、A1	1.4	0.7	0.35
A2、A3、A4	1.0	0.7	0.35

画图时应注意以下几个问题：

（1）在同一张图纸中，相同比例的图样，应选择相同的线宽组。

（2）图纸的图框和标题栏线可采用表1-1-6中规定的线宽。

（3）相互平行的图线，其间隙不宜小于其中的粗线宽度，且不宜小于0.7mm。

（4）虚线、单点长画线或双点长画线的线段长度和间隔，宜各自相等，虚线的线段长度为3~6mm，单点长画线的线段长度为15~20mm。

（5）单点长画线或双点长画线，当在较小图形中绘制有困难时，可用实线代替。

（6）单点长画线或双点长画线的两端不应是点，点画线与点画线交接或点画线与其他图线交接时，应是线段交接。

（7）虚线与虚线交接或虚线与其他图线交接时，应是线段交接。虚线为实线的延长线时，不得与实线连接。

（8）图线不得与文字、数字或符号重叠、混淆，不可避免时，应首先保证文字等的清晰。

示例如表1-1-7所示。

表1-1-7　各种图线相交画法正误表

名　称	正　确	错　误	名　　称	正　确	错　误
虚线与虚线相交			中心线相交		
虚线与实线相交			虚线圆与中心线相交		

1.2.4　字体

建筑工程图样除用不同的图线表示建筑物及其构件的形状、大小外，有些内容是无法用图线表达的，如建筑装修的颜色、对各部位施工的要求、尺寸标注等，因此，在图样中必须用文字加以注释。在建筑施工图中的文字有汉字、拉丁字母、阿拉伯数字、符号、代号等。为了保持图样的严肃性，图样中的字体均应笔画清晰、字体端正、排列整齐、间隔均匀，标点符号应清楚正确。汉字、数字、字母等字体的大小以字号来表示，字号就是字体的高度。

图样中字体的大小应依据图纸幅面、比例等情况从国家标准规定的下列字高系列中选用：2.5mm、3.5mm、5mm、7mm、10mm、14mm、20mm。如书写更大的字，其高度应按$\sqrt{2}$的比值递增，并取毫米整数。

图中标注及说明的汉字，应采用长仿宋体，其高度与宽度的关系，应符合表1-1-8的规定。

表1-1-8　长仿宋字高宽关系表　　　　　　　　　　　　　　　（mm）

字　高	20	14	10	7	5	3.5	2.5
字　宽	14	10	7	5	3.5	2.5	1.8

工程图中汉字的简化书写，必须遵守国务院公布的《汉字简化方案》的有关规定。长仿宋体字的书写要领是：横平竖直、起落分明，填满方格，结构匀称，排列整齐，字体端正。长仿宋体字的基本笔画为横、竖、撇、捺、挑、点、钩、折。长仿宋体字基本笔画的写法见表1-1-9。

表1-1-9　长仿宋体字基本笔画示例

名　　称	横	竖	撇	捺	挑	点	钩
形状	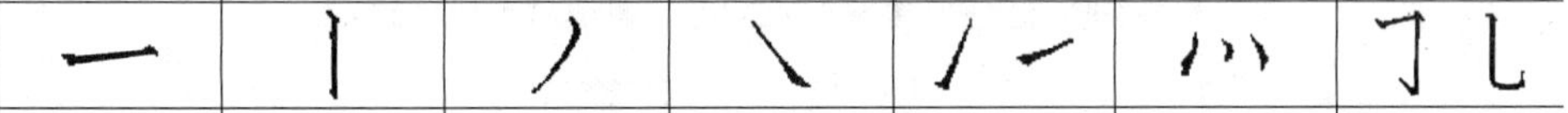 一	丨	丿	ヽ	╱	八	丁乚
笔法	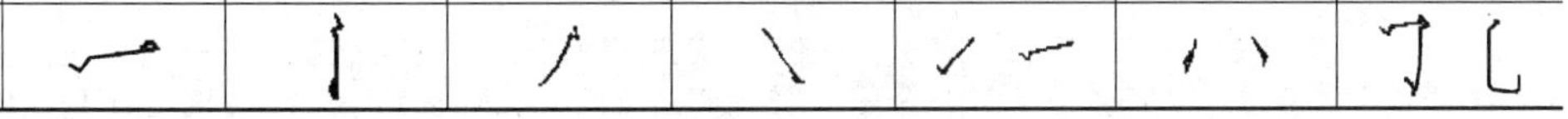 一	丨	丿	ヽ	╱	八	丁乚

在书写长仿宋字时，还应注意字体的结构，即妥善安排字体的各个部分应占的比例，笔画布局要均匀紧凑。长仿宋体字示例如图1-1-15所示。

拉丁字母及数字（包括阿拉伯数字和罗马数字）有一般字体和窄字体两种，其中又有直体字和斜体字之分。拉丁字母数字的规格见表1-1-10，其写法如图1-1-16、图1-1-17所示。

图1-1-15　仿宋字示例

表1-1-10　拉丁字母、阿拉伯及罗马数字的规格

字　　体		一般字体	窄字体
字母高	大写字母	h	h
	小写字母（上下均无延伸）	7/10h	10/14h
小写字母向上或向下延伸部分		3/10h	4/14h
笔划宽度		1/10h	1/14h
间隔	字母间	2/10h	2/14h
	上下行底线间最小间隔	14/10h	20/14h
	文字间最小间隔	6/10h	6/14h

图 1-1-16　窄体字字体示例

图 1-1-17　一般体字字体示例

1.2.5 比例

建筑物是较大的物体，不可能也没有必要按 1:1 的比例绘制，应根据其大小采用适当的比例绘制，图样的比例是指图形与实物相应要素的线性尺寸之比。比例的大小是指其比值的大小，如 1:50 大于 1:100。比例通常注写在图名的右方，与文字的基准线应取平，字高比图名小一号或两号，如图 1-1-18 所示。

平面图 1:100 ⑥ 1:20

图 1-1-18 比例的注写

绘图所用的比例应根据图样的用途与被绘对象的复杂程度，从表 1-1-11 中选用，并优先选用常用比例。

表 1-1-11 绘图所用的比例

常用比例	1:1、1:2、1:5、1:10、1:20、1:50、1:100、1:150、1:200、1:500、1:1000、1:2000、1:5000、1:10000、1:20000、1:50000、1:100000、1:200000
可用比例	1:3、1:4、1:6、1:15、1:25、1:30、1:40、1:60、1:80、1:250、1:300、1:400、1:600

1.2.6 尺寸标注

工程图样中的图形除了按比例画出建筑物或构筑物的形状外，还必须标注完整的实际尺寸，作为施工的依据。因此，尺寸标注必须准确无误、字体清晰、不得有遗漏，否则会给施工造成很大的损失。

1.2.6.1 尺寸的组成

尺寸由尺寸界线、尺寸线、尺寸起止符号和尺寸数字四部分组成，如图 1-1-19 所示。

1. 尺寸界线 尺寸界线用细实线绘制，与所要标注轮廓线垂直。其一端应离开图样轮廓线不小于 2mm，另一端超过尺寸线 2~3mm，图样轮廓线、轴线和中心线可以作为尺寸界线。

2. 尺寸线 尺寸线表示所要标注轮廓线的方向，用细实线绘制，与所要标注轮廓线平行，与尺寸界线垂直，不得超越尺寸界线，也不得用其他图线代替。互相平行的尺寸线的间距应大于 7mm，并应保持一致，尺寸线离图样轮廓线的距离不应小于 10mm，如图 1-1-19 所示。

3. 尺寸起止符号 尺寸起止符号是尺寸的起点和止点。建筑工程图样中的起止符号一般用 2~3mm 的中粗短线表示，其倾斜方向应与尺寸界线成顺时针 45°角。半径、直径、角度和弧长的尺寸起止符号，宜用箭头表示，箭头的画法如图 1-1-20 所示。

4. 尺寸数字 尺寸数字必须用阿拉伯数字注写。建筑工程图样中的尺寸数字表示建筑物或构件的实际大小，与所绘图样的比例和精确度无关。尺寸数字的单位，在"国标"中规定，除总平面图上的尺寸单位和标高的单位以"m"为单位外，其余尺寸均以"mm"为单位，在施工图中尺寸数字后不注写单位。尺寸标注时，当尺寸线是水平线时，尺寸数字应写在尺寸线的上方中部，字头朝上；当尺寸线是竖线时，尺寸数字应写在尺寸线的左方中部，字头向左。当尺寸线为其他方向时，其注写方向如图 1-1-21 所示。

尺寸宜标注在图样轮廓线以外，不宜与图线、文字及符号等相交，如图 1-1-22 所示。尺寸数字如果没有足够的位置注写，两边的尺寸可以注写在尺寸界线的外侧，中间相邻的尺寸可以错开注写，如图 1-1-23 所示。

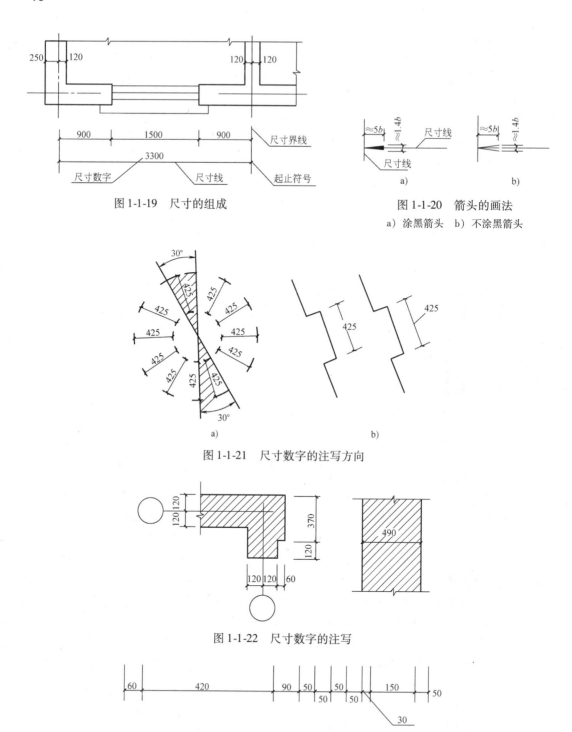

图 1-1-19　尺寸的组成

图 1-1-20　箭头的画法

a）涂黑箭头　b）不涂黑箭头

图 1-1-21　尺寸数字的注写方向

图 1-1-22　尺寸数字的注写

图 1-1-23　尺寸数字的注写位置

1.2.6.2　圆、圆弧及球体的尺寸标注

圆及圆弧的尺寸标注，通常标注其直径和半径。标注直径时，应在直径数字前加注字母"ϕ"，如图 1-1-24 所示。标注半径时，应在半径数字前加注字母"R"，如图 1-1-25 所示。球体的尺寸标注应在其直径和半径前加注字母"S"，如图 1-1-26 所示。

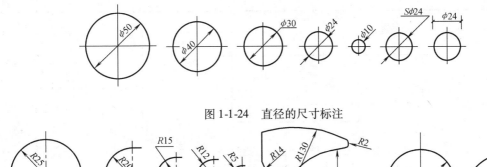

图 1-1-24 直径的尺寸标注

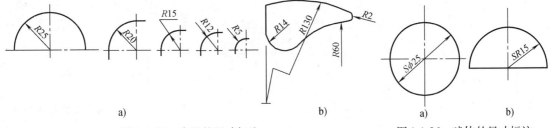

a)   b)   a)   b)

图 1-1-25 半径的尺寸标注   图 1-1-26 球体的尺寸标注

1.2.6.3 其他尺寸标注

其他的尺寸标注如表 1-1-12 所示。

表 1-1-12 尺寸标注示例

项目	标 注 示 例	说 明
角度、弧度与弦长的尺寸标注	 *75°20′* *5°* *6°09′56″* a) ⌒120 b) 130 c)	角度的尺寸线是以角顶为圆心的圆弧，角度数字水平书写在尺寸线之外。如图 a 所示 标注弧长或弦长时，尺寸界线应垂直于该圆弧的弦。弦长的尺寸线平行于该弦，弧长的尺寸线是该弧的同心圆弧，尺寸数字上方应加注符号"⌒"，如图 b、c 所示
坡度的标注	 2% 1:2 2.5 / 1 2%	在坡度数字下，应加注坡度符号"←"。坡度符号为单箭头，箭头应指向下坡方向，标注形式如示例所示

18

（续）

项目	标 注 示 例	说　明
等长尺寸简化标注	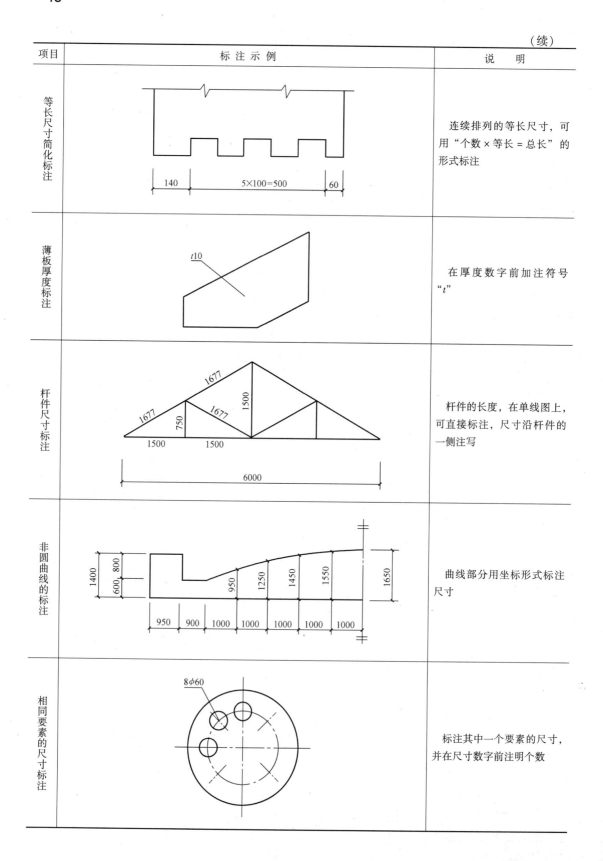	连续排列的等长尺寸，可用"个数×等长＝总长"的形式标注
薄板厚度标注		在厚度数字前加注符号"t"
杆件尺寸标注		杆件的长度，在单线图上，可直接标注，尺寸沿杆件的一侧注写
非圆曲线的标注		曲线部分用坐标形式标注尺寸
相同要素的尺寸标注		标注其中一个要素的尺寸，并在尺寸数字前注明个数

在进行尺寸标注时，经常出现一些错误的标注方法，如表 1-1-13 所示，标注时应注意。

表 1-1-13　尺寸标注的常见错误

说　　明	正　　确	错　　误
轮廓线、中心线不能用作尺寸线		
不能用尺寸界线作尺寸线		
应将大尺寸标注在外侧，小尺寸标在内侧		
尺寸线为水平线，尺寸数字应在尺寸线上方中部，尺寸线为竖线，尺寸数字应在尺寸线左侧		

1.3　建筑制图的绘制过程和方法

为了充分保证绘图质量，提高绘图速度，除正确使用绘图工具与仪器，严格遵守国家制图标准外，还应注意绘图的方法和过程。

1.3.1　做好准备工作

（1）准备好所用的工具和仪器，并将工具、仪器擦拭干净。

（2）将图纸固定在图板的左下方，使图纸的左方和下方留有一个丁字尺的宽度。

1.3.2 画底图（用较硬的铅笔,如 2H、3H 等）

（1）根据国标规定先画好图框线和标题栏的外轮廓。

（2）根据所绘图样的大小、比例、数量进行合理的图面布置，如图形有中心线，应先画中心线，并注意给尺寸标注留有足够的位置。

（3）画图形的主要轮廓线，由大到小，由整体到局部，直至画出所有轮廓线。为了方便修改，底图的图线应轻而淡，能定出图形的形状和大小即可。

（4）画尺寸界线、尺寸线以及其他符号。

（5）最后仔细检查底图，擦去多余的底稿图线。

1.3.3 铅笔加深（用较软的铅笔,如 B、2B 等,文字说明用 HB 铅笔）

（1）先加深图样，按照水平线从上到下，垂直线从左到右的顺序一次完成。如有曲线与直线连接，应先画曲线，再画直线与其相连。各类线型的加深顺序依次是中心线、粗实线、虚线、细实线。

（2）加深尺寸界线、尺寸线、画尺寸起止符号，写尺寸数字。

（3）写图名、比例及文字说明。

（4）画标题栏，并填写标题栏内的文字。

（5）加深图框线。

图样加深完后，应达到图面干净、线型分明、图线匀称、布图合理。

小　　结

建筑工程施工图是建筑施工的技术文件，所有从事建筑工程的人员必须熟悉其基本规定。在《房屋建筑制图统一标准》（GB/T 50001—2010）中对以下内容作了规定：

1. 在一套施工图中，图纸的幅面应基本一致，通常使用 A1、A2 两种幅面。在使用时尽量横向放置，必要时也可竖向放置。标题栏和会签栏通常情况下应分别放在图纸的右下角和左上方。

2. 建筑工程施工图中的基本图线有六种，分别是实线、虚线、单点长画线、双点长画线、折断线和波浪线。为了更进一步细化图线的作用，对前四种图线又进行了分类，分别为粗线、中粗线和细线，各自表达的内容都不相同。应重点掌握各类图线的用途。

3. 图样中的文字是对图样中未能表达清楚的内容加以必要的说明，所有文字书写均应清晰、明了、整齐。汉字宜写成长仿宋字，字号大部分为 5 号、7 号、10 号三种。阿拉伯数字大部分用在尺寸标注上，宜用 3 号和 5 号字。

4. 建筑工程的图样基本上是缩小比例的图样，使用时尽量采用常用比例。比例应注写在图名的右方，字号比图名小一至两号。

5. 尺寸标注是施工图上的重要组成部分，是施工过程中的施工依据，由尺寸界线、尺寸线、尺寸起止符号、尺寸数字四部分组成。应注意其标注要求。尺寸数字的单位除总平面图和标高这两种特殊情况以"m"作单位外，其他一律以"mm"作单位。

绘制施工图有两种方法，即计算机绘图和手工绘图。在学习制图初期，首先应了解手工绘图的方法和步骤，因此应熟悉绘图工具和仪器的使用方法和维护方法。常用的工具仪器主要有图板、丁字尺、三角板、圆规、比例尺、模板、铅笔等。

思 考 题

1. 现行建筑制图的基本标准包括哪些？
2. 常用的手工制图工具有哪些？各自的用途？
3. 图纸幅面有哪几种规格？各自对应的尺寸是多少？
4. 标题栏和会签栏位于图纸中什么位置？各自的作用是什么？
5. 线型有哪几种？各自的宽度与用途是怎么规定的？
6. 画图时，线型与线宽要注意哪些问题？
7. 对图纸上所需书写的汉字、数字和符号有什么要求？
8. 什么叫比例？绘图常用的比例有哪些？
9. 图样中的尺寸由什么组成？
10. 圆、圆弧、球体、角度、弧度、弦长、坡度、薄板等的尺寸如何标注？
11. 图样中的尺寸数字标注的排列与布置有什么要求？

习 题

1. 按长仿宋体字的书写要求抄写下列汉字。

建 筑 制 图 民 用 房 屋 东 南 西 北 方 向 平 立 剖 面

2. 试用 A3 幅面图纸，1:1 的比例铅笔绘制所给图样（图 1-1-27），要求线型粗细分明，交接正确。

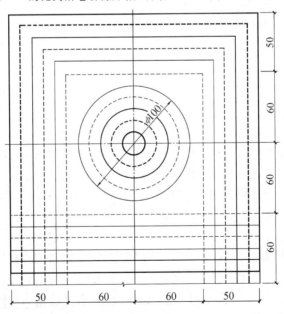

图 1-1-27　第 2 题图

第 2 章　投影的基本知识

学习目标要求

1. 掌握投影的基本概念和投影的分类。
2. 掌握正投影的基本特性及三投影面体系。
3. 掌握点、直线、平面的正投影规律。

学习重点与难点

　　本章重点是：投影的基本概念、投影的分类、正投影的基本特性、三投影面体系的建立及点、线、面的投影规律。**本章难点是：**利用点、线、面的投影规律识读投影图。

　　建筑或其他工程的施工图都是用相应的投影方法绘制而成的投影图。工程中用得最多的是正投影图，而在表达建筑物及其构配件造型以其效果图时采用轴测图和透视图。本章主要介绍投影的形成和分类、三面正投影图及点、直线、平面的正投影规律等内容。

2.1　投影的基本概念及分类

　　在日常生活中，我们看到物体在灯光或阳光照射下，会在墙面或地面上产生影子，这种现象就是自然界的投影现象，如图 1-2-1 所示。人们从这一现象中认识到光线、物体、影子之间的关系，归纳出表达物体形状、大小的投影原理和作图方法。

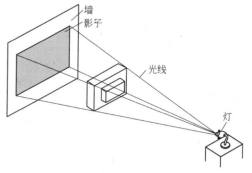

图 1-2-1　灯光和物体的影子

2.1.1　投影的分类及概念

　　投影是研究投影线、空间形体、投影面三者关系的。用投影来表示物体的方法称为投影法。投影分为两大类：中心投影法和平行投影法。

2.1.1.1　中心投影法

　　中心投影法是指投影线由一点放射出来的投影方法。显然这种投影法作出的投影图，其大小与原物体不相等。若假定在投影中心与投影面距离不变的情况下，形体距投影中心愈近，则影子愈大，反之则小。所以，中心投影法不能正确地度量出物体的尺寸大小。这种投影法一般在绘制透视图时应用。

2.1.1.2　平行投影法

　　当投影中心离开物体无限远时，投影线可看作是相互平行的，投影线为相互平行的投影方法，称为平行投影法。

平行投影法有两种：

1. 正投影法　投影线相互平行且垂直于投影面的投影法，又叫直角投影法，如图 1-2-2 所示。

用正投影法画出的物体图形，称为正投影图。

正投影图虽然直观性差些，但能反映物体的真实形状和大小，度量性好，作图简便，为工程制图中经常采用的一种主要图示方法。

2. 斜投影法　投影线相互平行，但倾斜于投影面的投影方法。如图 1-2-3 所示，这种投影方法，一般在轴测投影时应用。

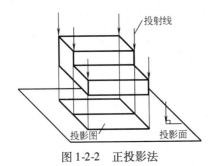

图 1-2-2　正投影法　　　　　　　　　　　图 1-2-3　斜投影法

2.1.2　各种投影法在建筑工程中的应用

为了满足工程建设的需要，较好地表示不同工程对象的形体与图示特征，在工程中人们总结出四种常用的图示方法。

1. 透视投影图　透视投影图是运用中心投影的原理，绘制出物体在一个投影面上的中心投影，简称透视图。这种图真实、直观、形象逼真，且符合人们的视觉习惯。但绘制复杂，且不能在投影图中度量和标注形体的尺寸，所以不能作为施工的依据。在建筑设计中常用透视图来表示建筑物建成后的外貌以及用于美术、广告等，如图 1-2-4 所示。

2. 轴测投影图　轴测投影图是运用平行投影的原理，将物体平行投影到一个投影面上所作出的投影图，简称斜轴测图，如图 1-2-5 所示。轴测图的特点是作图较透视图简便，容易看懂，相互平行的线平行画出，立体感不如透视图，且其度量性差。工程中常用作辅助图样。

3. 正投影图　正投影图是运用正投影法将形体向两个或两个以上互相垂直的投影面进行投影，然后按照一定规则展开在一个平面上所得到的投影图，称为正投影图。正投影图的特点是作图较上述方法简便，能准确地反映物体的形状和大小，便于度量和标注尺寸。缺点是立体感差，不易看懂，如图 1-2-6 所示。这种图是工程上最主要的图样。

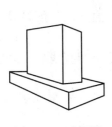　　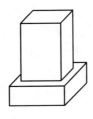　　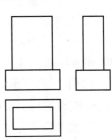

图 1-2-4　透视图　　　　　　　图 1-2-5　斜轴测图　　　　　　图 1-2-6　正投影图

4. 标高投影图 标高投影图是标有高度数值的水平正投影图。它是运用正投影原理来反映物体的长度和宽度，其高度用数字来标注，如图 1-2-7 所示。工程中常用这种图示来表示地面的起伏变化、地形、地貌等。作图时常用一组间隔相等而高程不同的水平剖切平面剖切地物，其交线反映在投影图上称为等高线。将不同高度的等高线自上而下投影在水平投影面上时，即得到了等高线图，称为标高投影图。

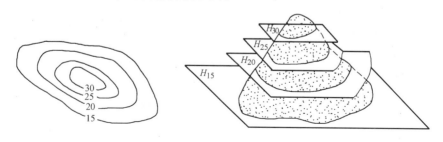

图 1-2-7 标高投影图

2.2 正投影的基本特性

构成物体最基本的元素是点，直线是由点移动形成的，而平面是由直线移动形成的。在正投影法中，点、直线和平面的投影具有以下基本特性，如图 1-2-8 所示。

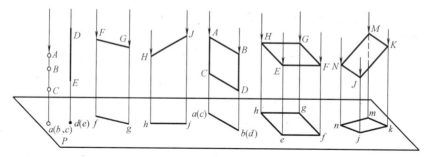

图 1-2-8 点、直线和平面的正投影特性

（1）点的投影仍然是点，如图 1-2-8 中空间点 A 在投影面 P 上的投影 a 仍然是一个点（在投影作图中，规定空间的点用大写字母表示，其投影用同名的小写字母表示）。位于同一投影线上的各点其投影重合于一点（规定把同一投影线上，下面的点的投影加上括号）。如图 1-2-8 中空间点 A、B、C 在投影面 P 上的投影为 $a(b、c)$。

（2）垂直于投影面的直线，其投影积聚为一个点，如图 1-2-8 中直线 DE 的投影 $d(e)$，这种特性叫做积聚性。

（3）平行于投影面的直线，其投影仍为一直线，且投影与空间直线的长度相等，即投影反映空间直线的实长，如图 1-2-8 中直线 FG 的投影 fg。

（4）倾斜于投影面的直线，其投影也为一直线，但投影长度比空间直线短，即投影不反映空间直线的实长，如图 1-2-8 中直线 HJ 的投影 hj。

（5）垂直于投影面的平面形，其投影积聚为一直线，如图 1-2-8 中平面形 $ABDC$ 的投影 $a(c)b(d)$。

（6）平行于投影面的平面形，其投影仍为一平面形，且投影与空间平面的形状和大小一致，即投影反映空间平面的实形，如图 1-2-8 中平面形 *EFGH* 的投影 *efgh*。

（7）倾斜于投影面的平面形，其投影也为一平面形，但投影不反映空间平面形的实际形状，如图 1-2-8 中平面形 *JKMN* 的投影 *jkmn*。

2.3 正投影法中三面正投影的形成

2.3.1 三投影面体系的建立

如图 1-2-9a 中 6 个不同形状的物体以及图 1-2-9b 中 6 个不同形状的物体，它们在同一个投影面上的投影都是相同的。因此，在正投影法中，物体的一个投影一般是不能反映空间物体形状的。

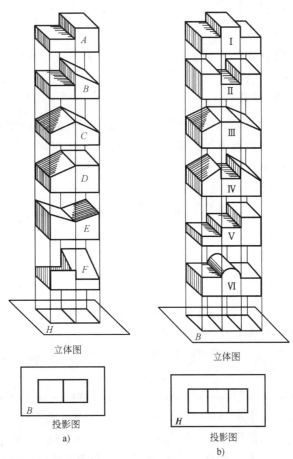

图 1-2-9 不同形体的单面投影

那么需要几个投影才能确定空间物体的形状呢？一般来说，用三个相互垂直的平面做投影面，用物体在这三个投影面上的三个投影，才能比较充分地表示出这个物体的空间形状。这三个相互垂直的投影面，称为三投影面体系，如图 1-2-10 所示。

图中水平方向的投影面称为水平投影面，用字母 *H* 表示，也可以称为 *H* 面；

与水平投影面垂直相交的正立方向的投影面称为正立投影面，用字母 V 表示，也可以称为 V 面。

与水平投影面及正立投影面同时垂直相交的投影面称为侧立投影面，用字母 W 表示，也可以称为 W 面。

这三个投影面将空间分为八个部分，称为八个分角(象限)，分别称为Ⅰ、Ⅱ、Ⅲ…Ⅷ分角。

我国和世界上有些国家采用第Ⅰ分角投影来绘制工程图样，称为第Ⅰ角法，也有一些国家采用第Ⅲ分角投影绘制工程图样，称为第Ⅲ角法。

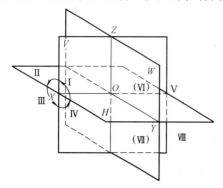

图 1-2-10　三投影面体系

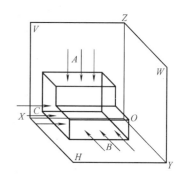

图 1-2-11　第Ⅰ分角的三个投影面

如图 1-2-11 所示为第Ⅰ分角的三个投影面。各投影面的相交线称为投影轴，其中 V 面和 H 面的相交线称作 X 轴；W 面和 H 面的相交线为 Y 轴；V 面和 W 面的相交线称作 Z 轴。三个投影轴的交点 O，称为原点。

在三投影面体系中，作物体的三个投影，就有三组投影线，如图 1-2-11 中 A、B 及 C 三组投影线组。各组投影线应分别与各投影面垂直。

我们将一个踏步模型按水平位置放到三投影面体系中第Ⅰ分角内，把物体分别投影到三个投影面上，得到三个投影图，如图 1-2-12 所示。

由于三个投影面是相互垂直的，因此，踏步的三个投影也就不在一个平面上。为了能在一张图纸上同时反映出这三个投影，需要把三个投影面按一定规则回转展平在一个平面上，其展平方法如图 1-2-13a 所示。

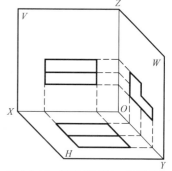

图 1-2-12　踏步模型的三面投影

按规定 V 不动，H 面绕 X 轴向下回转到与 V 面重合到同一面上，W 面则绕 Z 轴向右回转到也与 V 面重合于同一面上，使展平后的 H、V、W 三个投影面处于同一平面上，这样就能在图纸上用三个方向投影把物体的形状表示出来了。这里要注意 Y 轴是 H 面和 W 面的交线，因此，展平后 Y 轴被分为两部分，随 H 面回转而在 H 面上的 Y 轴用 Y_H 表示，随 W 面回转而在 W 面上的 Y 轴用 Y_W 表示，如图 1-2-13b 所示。

投影面是我们设想的，并无固定的大小边界范围，故在作图时，可以不必画出其外框。在工程图样中，投影轴一般也不画出，但在初学投影作图时，还需将投影轴保留，常用细实线画出。上述踏步模型的三面正投影图如图 1-2-14 所示。

在作投影图时，根据物体的复杂情况，有时只需要画出它的 H 面投影和 V 面投影(即无

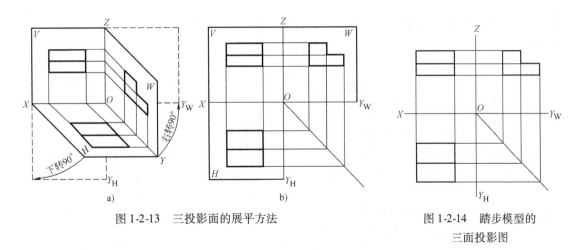

图 1-2-13　三投影面的展平方法	图 1-2-14　踏步模型的 三面投影图

W 面,也无 OZ 轴和 OY 轴),这种只有 H 面和 V 面的投影面体系即两面投影体系。

　　为了准确表达形体水平投影和侧立投影之间的投影关系,在作图时可以用过原点作45°斜线的方法求得,该线称为投影传递线,用细线画出,两图之间的细线称为投影连线,如图 1-2-14 所示。

2.3.2　三面投影图上反映的方位

2.3.2.1　三面投影体系中形体长宽高的确定

　　空间的形体都有长、宽、高三个方向的尺度。为使绘制和识读方便,有必要对形体的长、宽、高作统一的约定:首先确定形体的正面(通常选择形体有特征的一面作为正面),

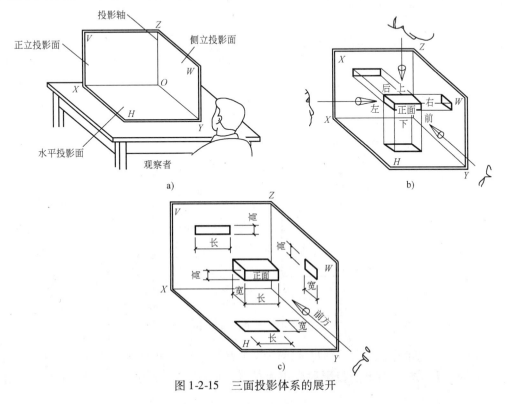

图 1-2-15　三面投影体系的展开

此时形体左右两侧面之间的距离称为长度，前后两面之间的距离称为宽度，上下两面之间的距离称为高度，如图 1-2-15 所示。

从图 1-2-15 的长方体三面投影图可知，H、V 面投影在 X 轴方向均反映形体的长度且互相对正；V、W 面投影在 Z 轴方向均反映形体的高度且互相平齐；H、W 面投影在 Y 轴方向均反映形体的宽度且彼此相等。各图中的这些关系，称为三面正投影图的投影关系。为简明起见可归结为："长对正、高平齐、宽相等"。这九个字是绘制和识读投影图的重要规律。

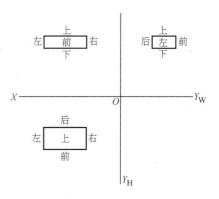

图 1-2-16　三面投影图上的方位

2.3.2.2　三面投影图上反映的方位

如果将图 1-2-15b 展开可以得到如图 1-2-16 所示投影图。从图中可知形体的前、后、左、右、上、下的六个方位。在三面投影图中都相应反映出其中的四个方位，如 H 面投影反映形体左、右、前、后的方位关系，要注意：此时的前方位于 H 投影的下侧，这是由于 H 面向下旋转、展开的缘故。请同学们对照图 1-2-8 及其展开过程进行联想。在 W 投影上的前、后两方位，初学者也常与左、右方位相混。在投影图上识别形体的方位关系对于读图是很有帮助的。

2.4　点的投影

2.4.1　点的三面投影及其规律

2.4.1.1　点的三面投影及其投影标注

如图 1-2-17a 是空间点 A 三面投影的直观图。图 1-2-17b 是三个投影面回转展平后所得点 A 的投影图。

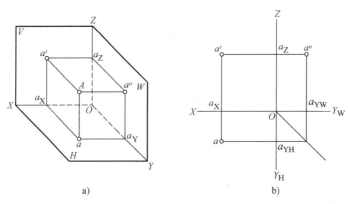

图 1-2-17　点的三面投影

在投影中，空间的点用大写字母表示。其在 H 面上的投影称为水平投影，用同一字母的小写字母表示；在 V 面上的投影称为正面投影，用同一字母的小写字母并在右上角加一撇表示；在 W 面上的投影称为侧面投影，用同一字母的小写字母并在右上角加两撇表示，如图 1-2-17 中空间点 A，其投影分别为 a、a'、a''。

2.4.1.2 点的投影规律

从上图 1-2-17a 中可以看出，过空间点 A 的两条投影线 Aa 和 Aa' 所决定的平面，与 V 面和 H 面同时垂直相交，交线分别是 aa_X 和 $a'a_X$，因此 OX 轴必然垂直于平面 Aaa_Xa'，也就垂直于 aa_X 和 $a'a_X$，而 aa_X 和 $a'a_X$，是互相垂直的两条直线。当 H 面绕 X 轴回转至与 V 面成为同一平面时，aa_X 和 $a'a_X$ 就成为垂直于 OX 轴的直线。即：$aa' \perp OX$，如图 1-2-17b。同理得 $a'a'' \perp OZ$ 轴。a_Y 在投影面展平之后，被分为 a_{YH} 和 a_{YW}，所以，$aa_{YH} \perp OY_H$。$a''a_{YW} \perp OY_W$，即：$aa_X = a''a_Z$。

从上面的分析可以得出点的投影规律：

（1）正面投影和水平投影连线必定垂直于 X 轴，即：$a'a \perp OX$。

（2）正面投影和侧面投影连线必定垂直于 Z 轴，即：$a'a'' \perp OZ$。

（3）水平投影到 X 轴的距离等于侧面投影到 Z 轴的距离，即：$aa_X = a''a_Z$。

从图 1-2-17a 中还可以看出：

$Aa = a'a_X = a''a_Y$，其中 Aa 是空间点 A 到 H 面的距离；$Aa' = aa_X = a''a_Z$，其中 Aa' 是空间点 A 到 V 面的距离；$Aa'' = a'a_Z = aa_Y$，其中 Aa'' 是空间点 A 到 W 面的距离。因此，我们得出：点的三个投影到各投影轴的距离，分别代表空间点到相应的投影面的距离，如图 1-2-18 所示。

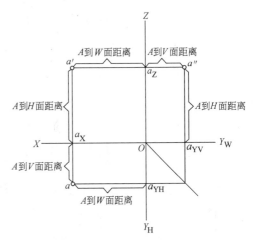

图 1-2-18　空间点到投影面的距离

【例 1-2-1】 已知点 B 的 H 面投影 b 和 W 面投影 b''，求作点 B 的 V 面投影 b'。

【解】 （见图 1-2-19）根据点的投影规律，b' 的作法如下：

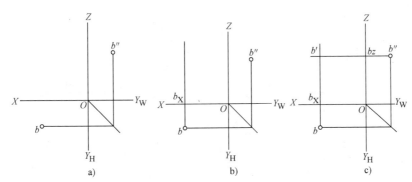

图 1-2-19　已知点 B 的 H 面投影和 W 面投影，求其 V 面上的投影

a）已知点 B 的 H、W 面投影 b、b''　b）过 b 作 OX 轴的垂线 bb_X 并延长之

c）过 b'' 作 OZ 轴的垂线 $b''b_Z$ 并延长之，与 bb_X 延长线相交于 b' 点即为所求

2.4.2　点的投影与坐标

在三投影面体系中，空间点及其投影的位置，可以用坐标来确定。我们把三投影面体系看作空间直角坐标系，投影轴 OX、OY、OZ 相当于坐标系 X、Y、Z 轴，投影面 H、V、W 相当于三个坐标面，投影轴原点 O 相当于坐标原点。

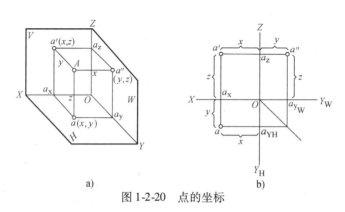

图 1-2-20　点的坐标

如图 1-2-20a 所示，空间一点到三投影面的距离，就是该点的三个坐标（用小写字母 x、y、z 表示），即：

空间点到 W 面的距离为 x 坐标；即：$Aa'' = a'a_z = aa_{YH} = x$ 坐标

空间点到 V 面的距离为 y 坐标；即：$Aa' = aa_x = a''a_z = y$ 坐标

空间点到 H 面的距离为 Z 坐标；即：$Aa = a'a_x = a''a_{YW} = z$ 坐标

空间点及投影位置即可用坐标方法表示，如点 A 的空间位置是：$A(x,y,z)$；点 A 的 H 面投影是 $a(x,y,0)$，点 A 的 V 面投影 $a'(x,0,z)$，点 A 的 W 面投影 $a''(0,y,z)$。应用坐标能较容易地求作点的投影和指出点的空间位置。

【例 1-2-2】　已知点 A 的坐标 $x=20$，$y=15$，$z=10$，即：$A(20,15,10)$，求作点 A 的三面投影图。

【解】　如图 1-2-21 所示。

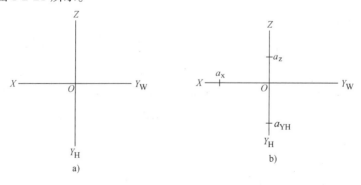

图 1-2-21　根据坐标作点的三面投影

a）画出投影轴　b）在 OX 轴上量取 $Oa_x = x = 20$

在 OY_H 轴上量取 $Oa_{YH} = y = 15$　在 OZ 轴上量取 $Oa_z = z = 10$

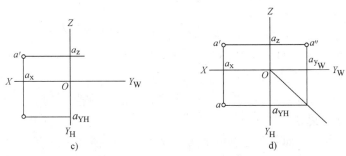

图 1-2-21 根据坐标作点的三面投影（续）

c）过 a_x 作 OX 轴的垂线，过 a_z 作 OZ 轴的垂线，过 a_{YH} 作 OY_H 轴的垂线，

得交点 a 和 a'　d）按上例方法求得 a''

2.4.3　两点的相对位置

1. 由点的投影图判别两点在空间的相对位置　首先应该了解对空间的一个点来说有前、后、左、右、上、下等六个方位，如图 1-2-22a 所示。

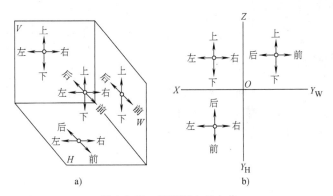

图 1-2-22　投影图上的方位

这六个方位在投影图上也能反映出来。如图 1-2-22b 所示。

从图中可以看出：

在 V 面上的投影，能反映左、右（即空间点到 W 面的距离——x 坐标）和上、下（即空间点到 H 面的距离——z 坐标）的情况。

在 H 面上的投影，能反映左、右（即空间点到 W 面的距离——x 坐标）和前、后（即空间点到 V 面的距离——y 坐标）的情况。

在 W 面上的投影，能反映前、后（即空间点到 V 面的距离——y 坐标）和上、下（即空间点到 H 面的距离——z 坐标）的情况。

我们可以根据方位来判别两点在空间的相对位置。

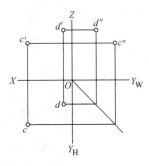

图 1-2-23　判别两点的相对位置

【例 1-2-3】 试判别 C、D 两点的相对位置，如图 1-2-23 所示。

【解】 从图中可以看出：

c、c'在 d、d'之左，即空间点 C 在点 D 的左方；

c'、c''在 d'、d''之下，即空间点 C 在点 D 的下方；

c、c''在 d、d''之前，即空间点 C 在点 D 的前方。

由此判别出空间点 C 在点 D 的左、下、前方，或点 D 在点 C 的右、上、后方。

2. 点的重影及可见性

由正投影特性可知，如果两个点位于同一投影线上，则此两点在该投影面上的投影必然重叠，该投影可称为重影，重影的空间两个点称为重影点。

如图 1-2-24 中，A、B 是位于同一投影线上的两点，它们在 H 面上的投影 a 和 b 相重叠。我们沿着投影线方向朝投影面观看，离投影面较近的点 B 被较远的点 A 所遮挡，点 A 为可见点，点 B 为不可见点。在投影图上规定重影点中不可见点的投影用字母加一括号表示，如图中的 b。

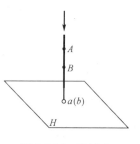

图 1-2-24　重影点

2.5　直线的正投影规律

2.5.1　直线投影图的作法

直线可看作是点沿着一定方向运动的轨迹，或看作沿一定方向的无数点的集合。如图 1-2-25 所示，通过直线 AB 上许多点的投影线，如 Aa、Bb、Cc…等，形成一个由投影线组成的与投影面垂直的平面，此平面与 H 面的交线必然为一直线，该交线就是直线 AB 在 H 面上的投影，从中也可以看出，直线的投影一般仍是直线。

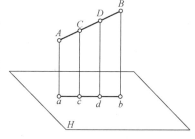

图 1-2-25　直线的投影

我们知道，过两点可以作一直线。所以，求作直线的投影，可先求出该直线上任意两点的投影（一直线段通常取其两个端点），然后连接该两点的同名投影（在同一投影面上的投影），即得该直线的投影。

【例 1-2-4】 已知直线 AB 两端点为 $A(10,20,5)$、$B(20,5,15)$，求作直线 AB 的三面投影。

【解】 直线 AB 的三面投影作法如图 1-2-26 所示。

2.5.2　各种位置直线的投影

按空间直线与投影面之间的相对位置不同可分为三种，即：一般位置线、投影面平行线和投影面垂直线。后两种称为特殊位置线。

2.5.2.1　一般位置线

1. 空间位置　对三个投影面都倾斜的直线，称为一般位置线，简称一般线。

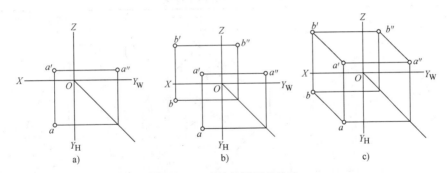

图 1-2-26　直线投影图的作法

a）作点 A 的投影　b）作点 B 的投影　c）分别连接 A、B 两点的同名投影

2. 一般规定　如图 1-2-27a 所示，为一般位置直线的直观图，直线和它在某一投影面上的投影所形成的锐角，称为直线对该投影面的倾角。对 H 面的倾角用 α 表示，对 V、W 面的倾角分别用 β、γ 表示。

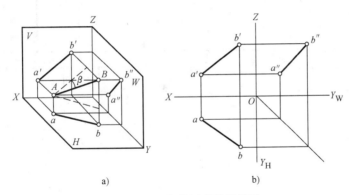

图 1-2-27　一般位置直线的投影

3. 投影规律

（1）直线的三个投影仍为直线，但不能反映实长。

（2）直线的各个投影都倾斜于投影轴，并且各个投影与投影轴的夹角，都不反映该直线与投影面的真实倾角。

2.5.2.2　投影面平行线

1. 空间位置　平行于一个投影面，倾斜于另两个投影面的直线，称为投影面平行线。

2. 投影面平行线分为三种　水平线、正平线和侧平线。

水平线：平行于 H 面，倾斜于 V、W 面的直线。

正平线：平行于 V 面，倾斜于 H、W 面的直线。

侧平线：平行于 W 面，倾斜于 H、V 面的直线。

3. 投影及其规律　投影面平行线的投影图和投影规律如表 1-2-1 所示。

表 1-2-1　投影面平行线

名称	水平线（AB//H）	正平线（AC//V）	侧平线（AD//W）
立体图	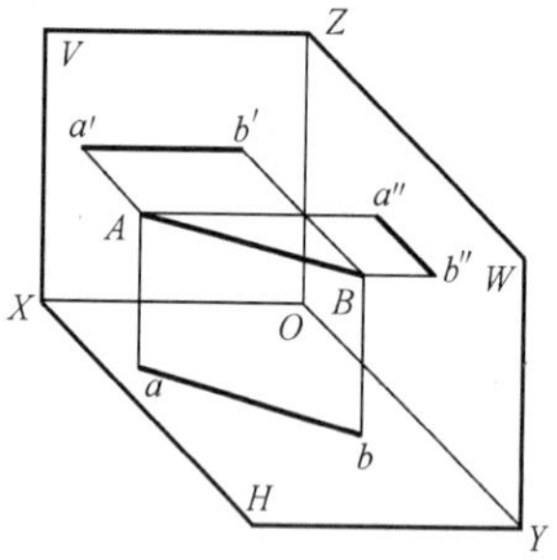	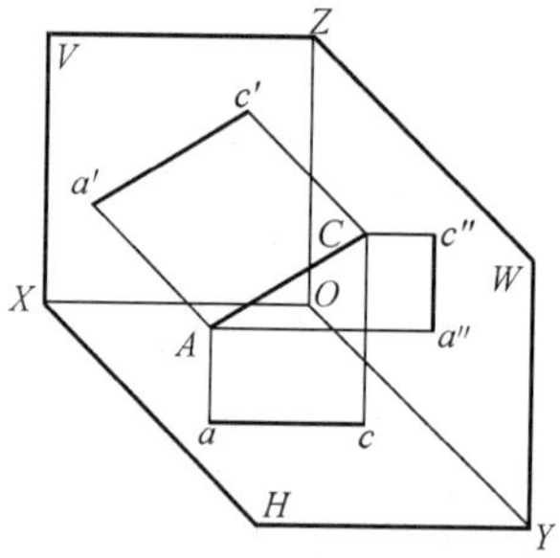	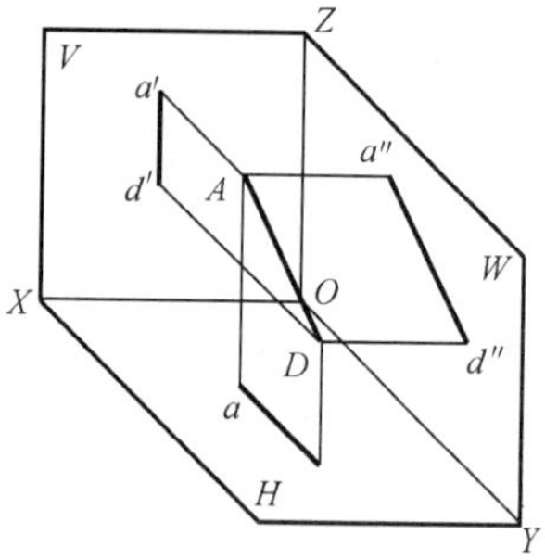
投影图	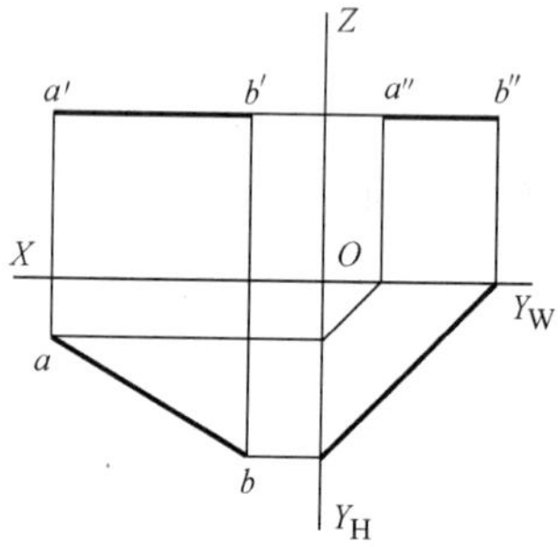	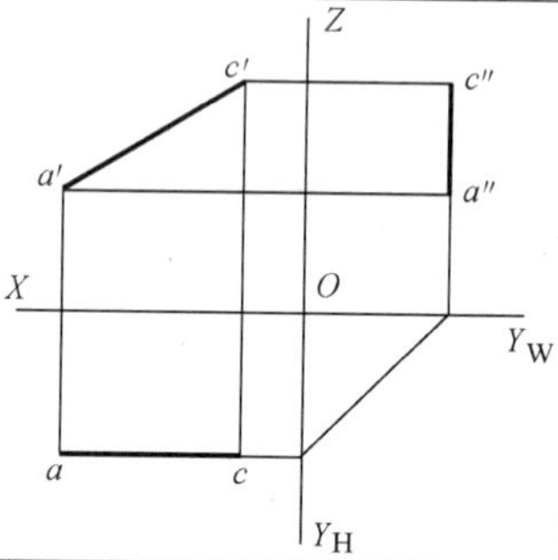	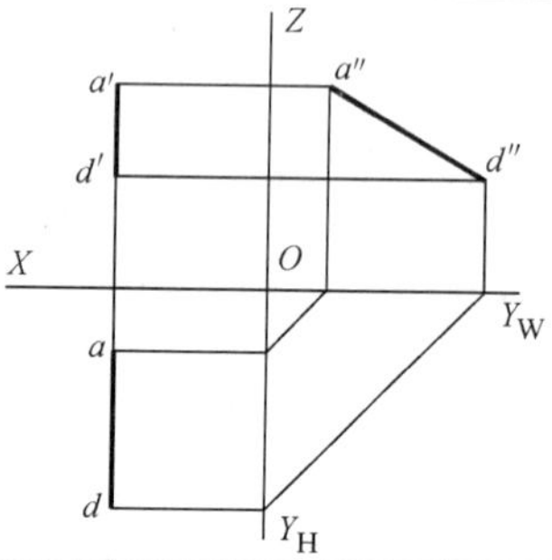
在形体投影图中的位置	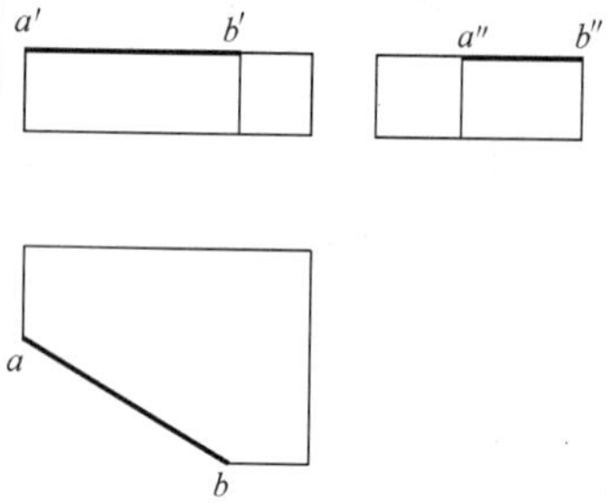	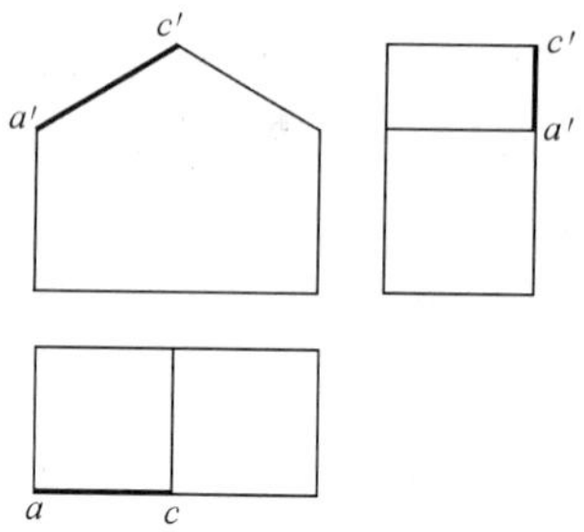	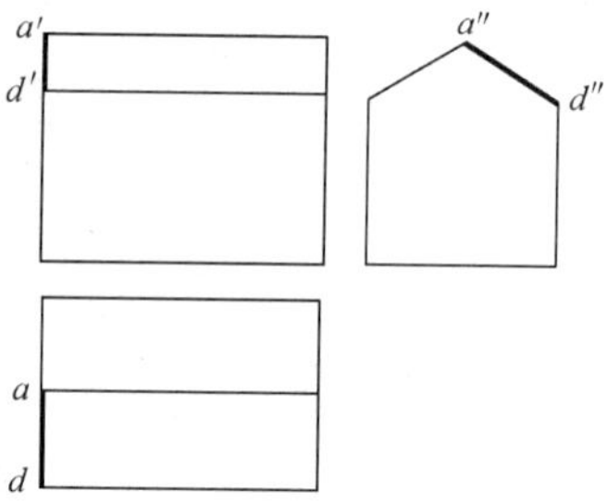
在形体立体图中的位置	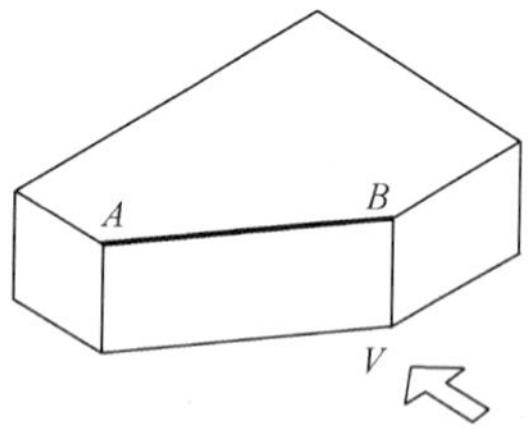	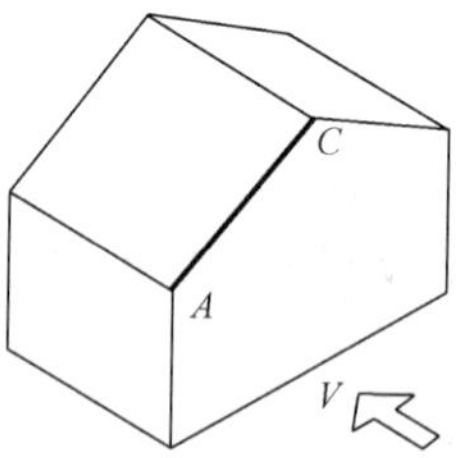	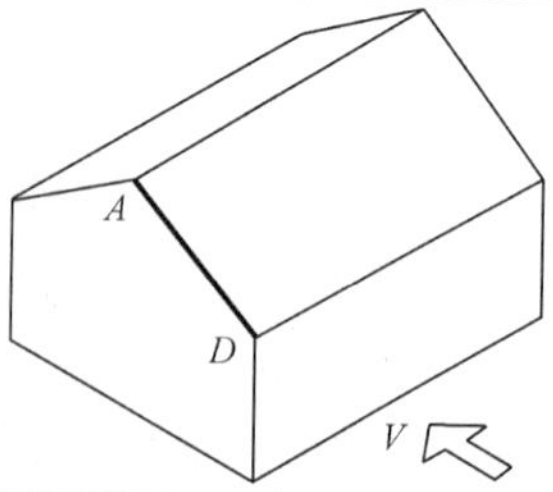
投影规律	1. 在 H 面上的投影反映实长，即 $ab=AB$，ab 与 OX 轴，OY_H 轴倾斜 2. 在 V 面和 W 面上的投影分别平行投影轴，但不能反映实长，即： $a'b'//OX$ 轴， $a''b''//OY_W$ 轴， 且 $a'b'<AB$， $a''b''<AB$	1. 在 V 面上的投影反映实长，即 $a'c'=AC$，$a'c'$ 与 OX 轴，OZ 轴倾斜 2. 在 H 面和 W 面上的投影分别平行投影轴，但不能反映实长，即：$ac//OX$ 轴， $a''c''//OZ$ 轴， 且 $ac<AC$， $a''c''<AC$	1. 在 W 面上的投影反映实长，即 $a''d''=AD$，$a''d''$ 与 OY_W 轴，OZ 轴倾斜 2. 在 H 面和 V 面上的投影分别平行投影轴，但不能反映实长，即：$ad//OY_H$ 轴， $a'd'//OZ$ 轴， 且 $ad<AD$， $a'd'<AD$

　　归纳起来，投影面平行线的投影规律是：投影面平行线在它所平行的投影面上的投影倾斜于投影轴，且反映实长；其余两投影平行于有关投影轴，且其投影小于实长。

　　4. 读图　空间直线在投影图中，如果有一个投影平行于投影轴，而另一个投影倾斜于投影轴，它就是一条投影面的平行线，直线平行于该倾斜投影所在的投影面。例如表 1-2-1 中，AB 的 V 面投影 $a'b' /\!/ OX$，说明 AB 两点到 H 面距离相等（$AB /\!/ H$），H 投影 ab 与 x 轴倾斜，说明 AB 与 V、W 面不平行，所以，AB 是水平线，$ab = AB$（实长）。

　　【例 1-2-5】　如图 1-2-28 所示，按照形体的三面投影，分析出体表面上的棱线哪些是投影面平行线，把它填在表内，并标注在立体图上。

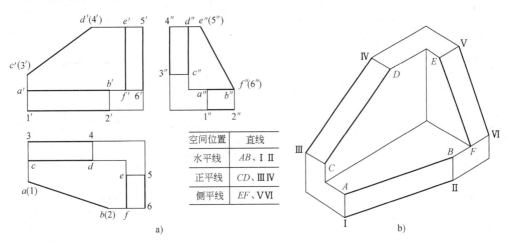

图 1-2-28　形体上平行投影面的棱线

a) 投影图　b) 立体图

2.5.2.3　投影面垂直线

　　1. 空间位置　垂直一个投影面、平行另两个投影面的直线，称为投影面垂直线。

　　2. 投影面垂直线分为三种　铅垂线、正垂线和侧垂线。

　　铅垂线：垂直于 H 面，平行于 V、W 面的直线。

　　正垂线：垂直于 V 面，平行于 H、W 面的直线。

　　侧垂线：垂直于 W 面，平行于 H、V 面的直线。

　　3. 投影及其规律　投影面垂直线的投影图和投影规律如表 1-2-2 所示。

表 1-2-2　投影面垂直线

名称	铅垂线（$AB \perp H$）	正垂线（$AC \perp V$）	侧垂线（$AD \perp W$）
立体图			

（续）

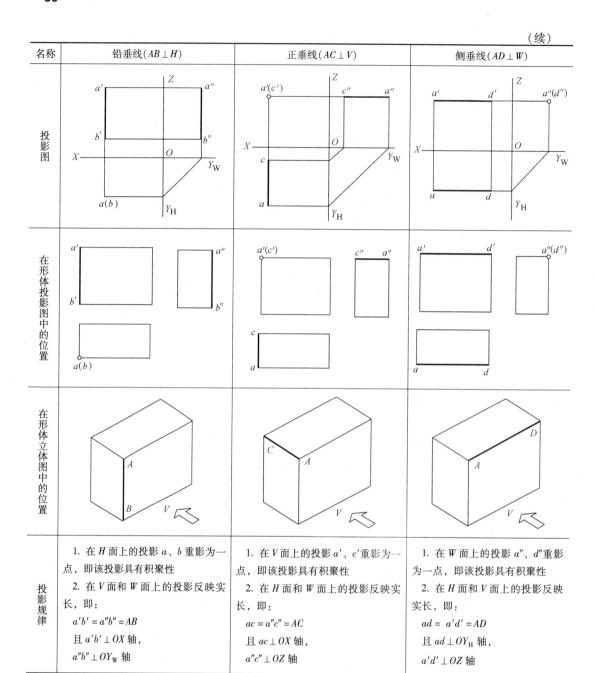

名称	铅垂线（$AB \perp H$）	正垂线（$AC \perp V$）	侧垂线（$AD \perp W$）
投影图			
在形体投影图中的位置			
在形体立体图中的位置			
投影规律	1. 在 H 面上的投影 a、b 重影为一点，即该投影具有积聚性 2. 在 V 面和 W 面上的投影反映实长，即： $a'b' = a''b'' = AB$ 且 $a'b' \perp OX$ 轴， $a''b'' \perp OY_W$ 轴	1. 在 V 面上的投影 a'、c' 重影为一点，即该投影具有积聚性 2. 在 H 面和 W 面上的投影反映实长，即： $ac = a''c'' = AC$ 且 $ac \perp OX$ 轴， $a''c'' \perp OZ$ 轴	1. 在 W 面上的投影 a''、d'' 重影为一点，即该投影具有积聚性 2. 在 H 面和 V 面上的投影反映实长，即： $ad = a'd' = AD$ 且 $ad \perp OY_H$ 轴， $a'd' \perp OZ$ 轴

归纳起来，投影面垂直线的投影规律是：投影面垂直线在它所垂直的投影面上的投影重影为一个点，即该投影具有积聚性；其余两个投影反映实长，并垂直于该直线所垂直的投影面上的两个投影轴，且都平行于另一个投影轴。

4. 读图 在投影图中，一直线有一个投影积聚为一点，该直线必然是投影面垂直线，并垂直于积聚投影所在的投影面。例如表 1-2-2 中，AB 的 H 投影 $a(b)$ 积聚为一点，则 AB 垂直于 H 面。同理，AC 的 V 投影 $a'(c')$ 积聚为一点，AC 必垂直于 V 面。

【例1-2-6】 如图1-2-29所示的投影图，该形体上的棱线全是投影面垂直线，下面用列表的方法，择其标有字母的棱线，读出它们的空间位置和投影规律，将读图结果填入表内。

直　线	空间位置	H 投影	V 投影	W 投影
AB	铅垂线	积聚	实长⊥OX	实长⊥OY$_W$
AC	正垂线	实长⊥OX	积聚	实长⊥OZ
AD	侧垂线	实长⊥OY$_H$	实长⊥OZ	积聚
EF	铅垂线	积聚	实长⊥OX	实长⊥OY$_H$
EG	正垂线	实长⊥OX	积聚	实长⊥OZ
EH	侧垂线	实长⊥OY$_H$	实长⊥OZ	积聚

按照图1-2-29的形体三面投影及体上的棱线投影，想象出该形体的立体形状及标有字母的棱线在体上的位置，如图1-2-30所示。

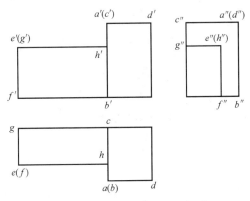

图1-2-29　形体上垂直线的投影

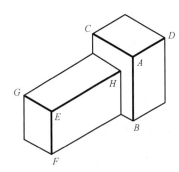

图1-2-30　立体图

2.6　平面的正投影规律

平面是直线沿某一方向运动的轨迹。平面可以用平面图形来表示，如三角形、梯形、圆形等。要作出平面的投影，只要做出构成平面形轮廓的若干点与线的投影，然后联成平面图形即得。在投影中，平面与投影面之间按相对位置的不同，可分为三种，即：投影面平行面、投影面垂直面和一般位置平面。

2.6.1　一般位置平面

1. 空间位置　对三个投影面都倾斜的平面，称为一般位置平面，简称一般平面，如图1-2-31a所示。

2. 投影规律　一般位置平面的诸投影，既不反映实形，也无积聚性，均为小于实形的类似形，如附图1-2-31b所示。

3. 读图　一个平面的三面投影如果都是平面图形，它必然是个一般位置平面，如附图1-2-31c、d所示。

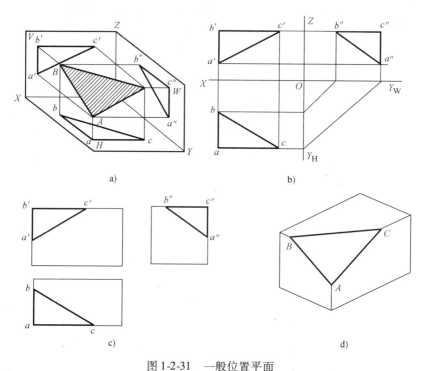

图 1-2-31　一般位置平面

a）立体图　b）投影图　c）在形体投影图中的位置　d）在形体立体图中的位置

2.6.2　投影面平行面

1. 空间位置　平行于一个投影面，垂直于另两个投影面的平面，称为投影面平行面，简称平行面。

2. 投影面平行面分为三种　水平面、正平面和侧平面。

水平面——平行于 H 面，垂直于 V、W 面的平面，又称 H 面平行面。

正平面——平行于 V 面，垂直于 H、W 面的平面，又称 V 面平行面。

侧平面——平行于 W 面，垂直于 H、V 面的平面，又称 W 面平行面。

3. 投影及其规律　投影面平行面的投影图和投影规律如表 1-2-3 所示。

表 1-2-3　投影面平行面

名称	水平面（A // H）	正平面（B // V）	侧平面（C // W）
立体图			

（续）

名称	水平面($A/\!/H$)	正平面($B/\!/V$)	侧平面($C/\!/W$)
投影图			
在形体投影图中的位置			
在形体立体图中的位置			
投影规律	1. 在 H 面上的投影反映实形 2. 在 V 面和 W 面上的投影积聚为一直线，且分别平行于 OX 轴和 OY_W 轴	1. 在 V 面上的投影反映实形 2. 在 H 面和 W 面上的投影积聚为一直线，且分别平行于 OX 轴和 OZ 轴	1. 在 W 面上的投影反映实形 2. 在 V 面和 H 面上的投影积聚为一直线，且分别平行于 OZ 轴和 OY_H 轴

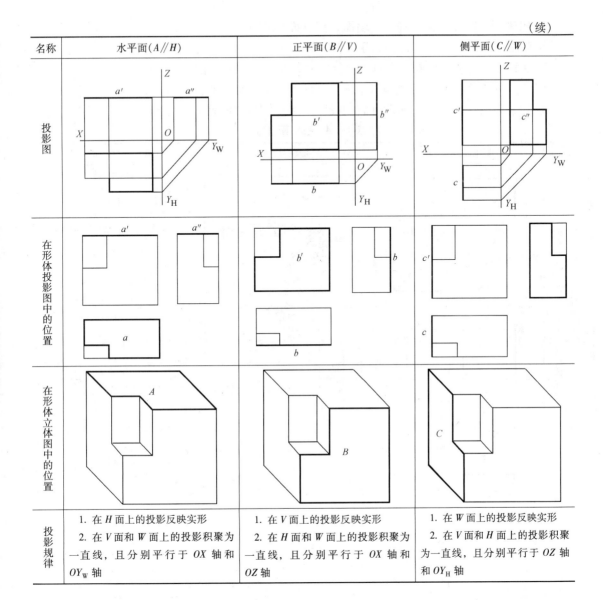

归纳起来，投影面平行面的投影规律是：平面在它所平行的投影面上的投影反映实形；其余两个投影各积聚成一条直线，并平行于相应的投影轴。如：水平面在 V 面的投影平行于 OX 轴，在 W 面的投影平行于 OY_W 轴。

4. 读图　平面的三面投影只要有一个投影积聚为一直线，并且平行于一投影轴，该平面就一定是某投影面的平行面，它的非积聚投影反映平面实形。

如图 1-2-33 所示，图中平面 B 的 H 投影 b 是一条积聚直线并且平行 OX 轴，说明该平面上各点到 V 面距离相等（即 V 面平行面），所以 V 投影 b' 反映实形。

2.6.3　投影面垂直面

1. 空间位置　垂直于一个投影面，倾斜于另两个投影面的平面，称为投影面垂直面，简称垂直面。

2. 投影面垂直面分为三种 铅垂面、正垂面和侧垂面。

铅垂面——垂直于 H 面，倾斜于 V、W 面，亦称 H 面垂直面。

正垂面——垂直于 V 面，倾斜于 H、W 面，亦称 V 面垂直面。

侧垂面——垂直于 W 面，倾斜于 H、V 面，亦称 W 面垂直面。

3. 投影及其规律 投影面垂直面的投影图和投影规律如表 1-2-4 所示。

表 1-2-4 投影面垂直面

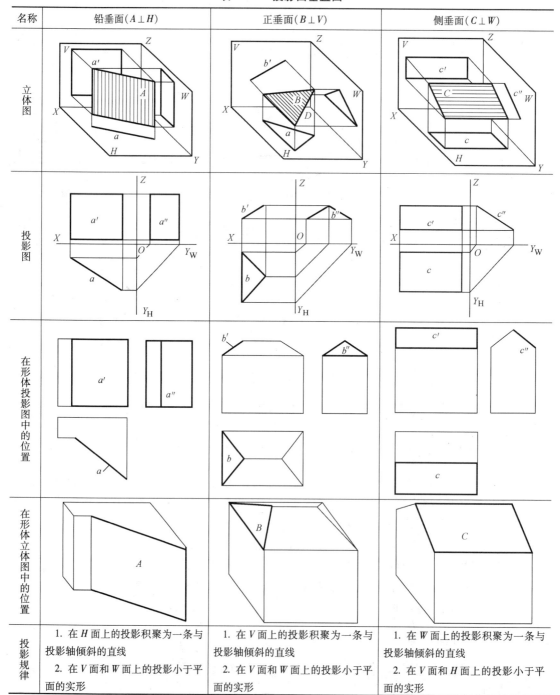

名称	铅垂面($A \perp H$)	正垂面($B \perp V$)	侧垂面($C \perp W$)
立体图			
投影图			
在形体投影图中的位置			
在形体立体图中的位置			
投影规律	1. 在 H 面上的投影积聚为一条与投影轴倾斜的直线 2. 在 V 面和 W 面上的投影小于平面的实形	1. 在 V 面上的投影积聚为一条与投影轴倾斜的直线 2. 在 V 面和 W 面上的投影小于平面的实形	1. 在 W 面上的投影积聚为一条与投影轴倾斜的直线 2. 在 V 面和 H 面上的投影小于平面的实形

　　归纳起来，投影面垂直面的投影规律是：平面在它所垂直的投影面上的投影，积聚成一条倾斜投影轴的直线，其余两投影均为小于原平面实形的类似形。

　　4. 读图　平面的一个投影积聚为与投影轴倾斜的直线时，该平面垂直于积聚投影所在的投影面。如表1-2-4中的铅垂面A，它的H投影积聚为一倾斜线a(不平行OX、OY_H)，V投影a'和W投影a''都是矩形线框，都比实形小，是类似形。

　　【例1-2-7】　如图1-2-32所示，从房屋的投影图中，找出投影面垂直面来，将其填到表中和立体图上。

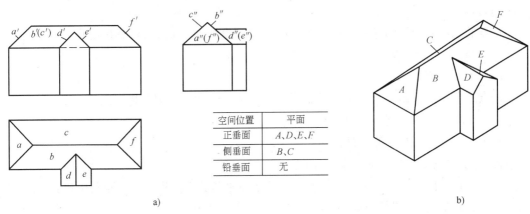

图 1-2-32　形体上的投影面垂直面
a) 投影图　b) 立体图

　　看A面的V投影a'是积聚为一条倾斜线，与之对应的H投影a和W投影a''是两个三角形线框，可见这是一个正垂面，它的H、W面投影，是不反映实形的类似形。又如，看H投影b线框，与之对应的W投影为一条积聚的倾斜线，可见这是一个侧垂面，它的H、V投影是两个三角形缺口的梯形线框，均是不反映实形的类似形。

　　【例1-2-8】　如图1-2-33所示，该形体是一六角亭，下为六棱柱，上是六棱锥，试将其中铅垂面和一般位置平面读出来，填到表中和标到立体图上。

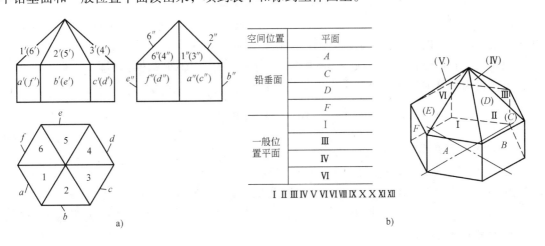

图 1-2-33　形体上的铅垂面与一般面
a) 投影图　b) 立体图

小 结

1. 在投影作图中，用单面投影和两面投影来表达形体形状，通常是不够的，三面投影则比较全面。形体在三面投影图上必定符合长对正、宽相等、高平齐的投影规律。

2. 投影中规定：空间点或直线等用大写字母注写（如 A），投影用小写字母注写（如 H 投影用 a，V 投影用 a'，W 投影用 a''）。

3. 点的投影规律：

1）点的每两面投影的连线，必定垂直于相应的投影轴，如图 1-2-19b，即：

$$a'a \perp OX \qquad a'a'' \perp OZ。$$

$aa_{YH} \perp OY_H、a''a_{YW} \perp OY_W（即 aa_x = a''a_z）$

2）点的投影到投影轴的距离，反映了点到相应投影面的距离，即：

$Aa = a'a_x = a''a_{YW} = A$ 点到 H 面的距离；

$Aa' = aa_x = a''a_z = A$ 点到 V 面的距离；

$Aa'' = a'a_z = aa_{YH} = A$ 点到 W 面的距离。

4. 直线在投影中可分为三种：一般线、投影面平行线（水平线、正平线、侧平线）、投影面垂直线（铅垂线、正垂线、侧垂线）。

一般线的三个投影均不反映实长，其投影均与投影轴倾斜。

投影面的平行线在它所平行的投影面上的投影反映实长，另两个面上的投影不反映实长，并且平行于有关投影轴。

投影面的垂直线在它所垂直的投影面上的投影积聚为一点，另两个投影反映实长，并且垂直于有关投影轴。

5. 平面的投影与直线的投影相类似，也分为三种：一般平面、投影面平行面（水平面、正平面、侧平面）、投影面垂直面（铅垂面、正垂面、侧垂面）。

一般平面投影成三个平面，都是不反映实形的类似形。

投影面平行面是投影成二线（有两投影积聚成直线）一面（一个投影反映实形），即：在所平行的投影面上的投影反映实形，另两个投影积聚成直线。

投影面垂直面是投影成一线（积聚为直线）两面（两个类似形线框），即：在所垂直的投影面上的投影积聚成直线，另两个投影都是类似形。

思 考 题

1. 投影分哪几类？

2. 什么是正投影？正投影的基本特性是什么？

3. 三面投影体系有哪些投影面？它们的代号及空间位置是什么？

4. 在三面投影体系中，形体的长、宽、高是如何确定的？在 H、V、W 投影图上各反映哪些方向尺寸及方位？

5. 按直线与投影面的相对位置不同，直线分为哪几种？它们各自的投影规律是什么？

6. 按平面与投影面的相对位置不同，平面分为哪几种？它们各自的投影规律是什么？

习　题

1. 根据立体图找出相应的三面投影图，将相应的图号填在圆圈内，见图1-2-34。

2. 按照形体的投影图，如图1-2-35。分析所指表面的相对位置，把结果填入表中。

3. 根据投影图中（图1-2-36）所标注的平面，读出它们的空间位置和投影规律，填入表中，并将每个平面注入立体图上。

平　面	H 投 影	V 投 影	W 投 影	空 间 位 置
A				
B				
C				
D				
E				
F				
G				
H				
K				

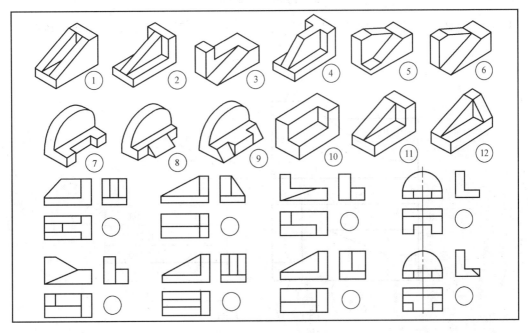

图 1-2-34　第 1 题图

44

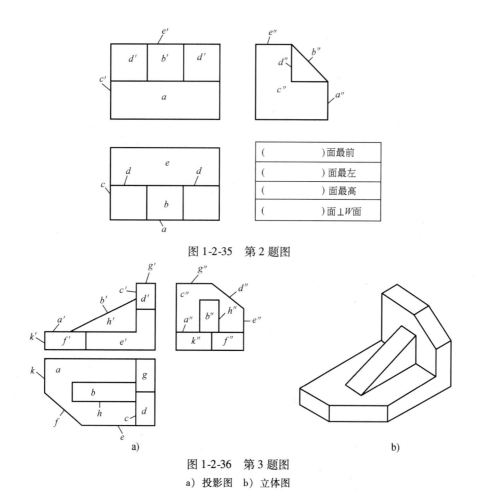

图 1-2-35　第 2 题图

| （　　）面最前 |
| （　　）面最左 |
| （　　）面最高 |
| （　　）面⊥W面 |

图 1-2-36　第 3 题图
a）投影图　b）立体图

4. 按照形体的投影图，见图 1-2-37，分析所示表面的相对位置，把结果填入表中。并画出该形体的立体图。

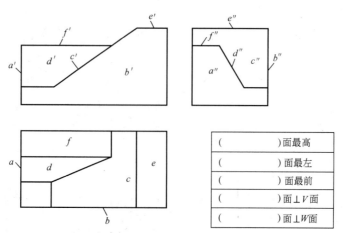

| （　　）面最高 |
| （　　）面最左 |
| （　　）面最前 |
| （　　）面⊥V面 |
| （　　）面⊥W面 |

图 1-2-37　第 4 题图

5. 将立体图上的各点标到投影图中，并回答附表 1、附表 2 所列各项内容，见图 1-2-38。

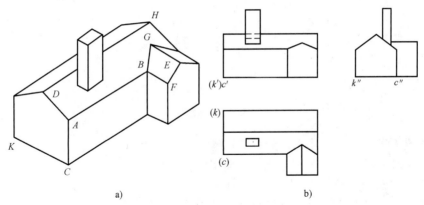

a)
b)

图 1-2-38　第 5 题图
a）立体图　b）投影图

附表 1

A 点在 *B* 点（　　）方	*G* 点在 *F* 点（　　）方
A 点在 *D* 点（　　）方	*E* 点在 *C* 点（　　）方
A 点在 *G* 点（　　）方	*D* 点在 *B* 点（　　）方

附表 2

直　　线	空间位置	反映实长	投影积聚	直　　线	空间位置	反映实长	投影积聚
CK	正垂线	*HW*	*V*	*BG*			
AB				*AC*			
BF				*AD*			
EF				*DH*			

第3章 体的投影

学习目标要求

1. 掌握体的投影图的基本画法和投影规律。
2. 掌握基本平面体的投影画法和尺寸标注。
3. 掌握基本曲面体的投影画法和尺寸标注。
4. 掌握在体表面取点、取线的投影作图方法。
5. 掌握组合体投影图的画法和识读方法。

学习重点与难点

本章重点是：体的投影图和投影规律，基本平面体的投影，基本曲面体的投影，在体表面取点、取线的投影作图，组合体的投影。**本章难点是**：在平面体、曲面体表面取点、取线的投影作图方法，组合体投影图的画法和识读方法。

3.1 体的投影图和投影规律

3.1.1 体的分类和投影分析

我们看到的建筑物及其构配件，都可以看成是由简单的几何体组合而成的。对于一般建筑物（例如房屋、纪念碑、水塔等等）及其构配件（包括基础、台阶、梁、柱、门、窗等等），如果对它们的形体进行分析，不难看出，它们总是可以看成由一些简单几何体叠砌、切割或相交而组成。如图 1-3-1a 所示的纪念碑，它们的形体可以看成是由棱锥、棱台和若干棱柱所组成。

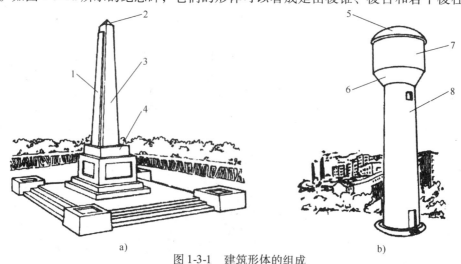

a)   b)

图 1-3-1　建筑形体的组成

1—斜棱柱　2—棱锥　3—棱锥台　4—棱柱　5—球　6—圆锥台　7—圆柱　8—圆锥台

图中的水塔，可以看成是由球、圆柱、圆锥台等所组成。所以，如果我们能够熟练地掌握基本形体的投影图的读法，则复杂的建筑形体的投影图的识读就会迎刃而解了。

空间形体的大小、形状和位置是由其表面限定的，于是形体按其表面的性质不同可分为两类：

平面体——表面全部由平面组成的立体。

曲面体——表面全部或部分由曲面组成的立体。

基本的平面体有棱柱(体)、棱锥(体)和棱台(体)等。基本的曲面体有圆柱(体)、圆锥(体)、圆台(体)和球(体)等。

形体的投影是用其表面的投影来表示的，于是作形体的投影，就归结为作组成其表面的各个面(平面或曲面)的投影。作形体表面上的点和线的投影时，应遵循点、线、面、体之间的从属性关系。

按某一投射方向画出的形体的投影图，总是可见表面与不可见表面的投影相重合，形体表面上点和线的可见性判别规则是：凡是可见表面上的点和线都是可见的，凡是可见线上的点都是可见的，否则是不可见的。

3.1.2 体的投影图的基本画法

绘制形体的投影图时，应将形体上的棱线和轮廓线都画出来，并且按投影方向可见的线用实线表示，不可见的线用虚线表示，当虚线和实线重合时只画出实线。

如图 1-3-2 所示形体，可以看成是由一长方块和一三角块组合而成的形体，组合后就成了一个整体。当三角块的左侧面与长方块的左侧面平齐(即共面)时，实际上中间是没有线隔开的，在 W 投影中在此处不应画线。但形体右边还有棱线，从左向右投影时被遮住了，故看不见，所以图中应画为虚线。

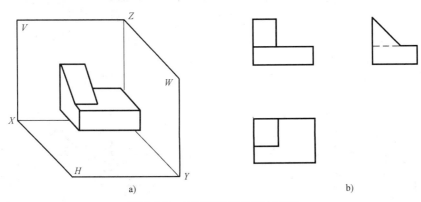

图 1-3-2 三面投影图的基本画法

3.1.3 体的投影图的画图步骤

作形体投影图时，先画投影轴(互相垂直的两条线)，水平投影面在下方，正立投影面在水平投影面的正上方，侧立投影面在正立投影面的正右方，如图 1-3-3 所示。

(1) 量取形体的长度和宽度，在水平投影面上作水平投影。

(2) 量取形体的长度和高度，根据长对正的关系作正面投影。

（3）量取形体的宽度和高度，根据高平齐和宽相等的关系作侧面投影。

画图熟练后，投影轴可以去掉。

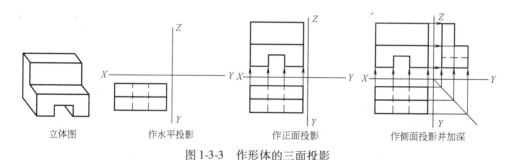

图 1-3-3　作形体的三面投影

3.2　平面体的投影

3.2.1　棱柱体的投影

棱柱有正棱柱和斜棱柱之分，如图 1-3-4 所示。正棱柱具有如下特点：

（1）有两个互相平行的等边多边形——底面。

（2）其余各面都是矩形——侧面。

（3）相邻侧面的公共边互相平行——侧棱。

作棱柱的投影时，首先应确定棱柱的摆放位置，如图 1-3-5 所示，三棱柱水平放置，如同双坡屋面建筑的坡屋顶。根据其摆放位

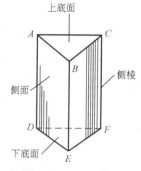

图 1-3-4　正三棱柱

置，其中一个侧面 BB_1C_1C 为水平面，在水平投影面上反映实形，在正立投影面和侧立投影面上都积聚成平行于 OX 轴和 OY 轴的线段。另两个侧面 ABB_1A_1 和 ACC_1A_1 为侧垂面，在侧立投影面上的投影积聚成倾斜于投影轴的线段，在水平投影面和正立投影面上的投影都是矩形，但不反映原平面的实际大小。底面 ABC 和 $A_1B_1C_1$ 为侧平面，

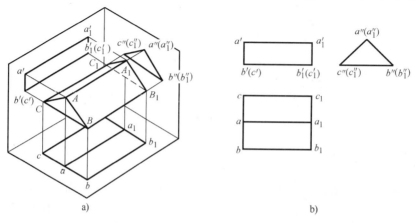

图 1-3-5　正三棱柱的投影

a）直观图　b）投影图

在侧立投影面上反映实形，在其余两个投影面上积聚成平行于 OY 轴和 OZ 轴的线段。由于投影轴是假想的，因此可去掉投影轴，如图 1-3-5 所示。

由图 1-3-5 可以得出正棱柱体的投影特点：一个投影为多边形，其余两个投影为一个或若干个矩形。

3.2.2　棱锥体的投影

棱锥也有正棱锥和斜棱锥之分。如图 1-3-6 所示，正棱锥具有以下特点：

（1）有一个等边多边形——底面。

（2）其余各面是有一个公共顶点的三角形。

（3）过顶点作棱锥底面的垂线是棱锥的高，垂足在底面的中心上。

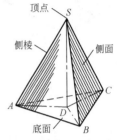

图 1-3-6　正棱锥

图 1-3-7 所示为五棱锥，该五棱锥顶点向上，正常放置，其底面 $ABCDE$ 为水平面，在水平投影面上的投影反映实形，另两个投影积聚成线段，平行于 OX 轴和 OY 轴；侧面 SED 为侧垂面，在侧立投影面上的投影积聚成倾斜于投影轴的线段，在水平投影面和正立投影面上的投影是 SED 的类似形；其余侧面都是一般位置的平面，它们的投影都不反映实形，都是其原平面的类似形。

由图 1-3-7 可以得出棱锥体的投影特点：一个投影为多边形，内有与多边形边数相同个数的三角形；另两个投影都是有公共顶点的若干个三角形。

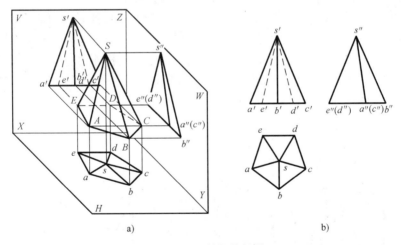

a)　　　　　　　　　　　b)

图 1-3-7　五棱锥的投影

a）直观图　b）投影图

3.2.3　棱台体的投影

将棱锥体用平行于底面的平面切割去上部，余下的部分称为棱台体。三棱锥体被切割后余下部分称为三棱台，四棱锥体被切割后余下部分称为四棱台，依次类推，如图 1-3-8 所示。将四棱台置于三面投影体系中，投影图如图 1-3-8c 所示。

由图 1-3-8 可以得出棱台的投影特点：一个投影中有两个相似的多边形，内有与多边形

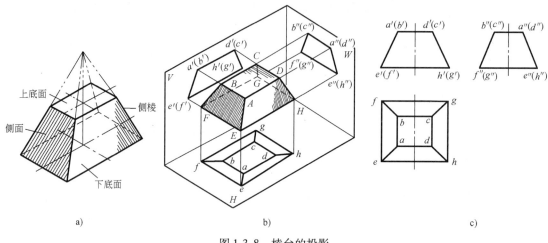

图 1-3-8　棱台的投影

a) 四棱台　b) 直观图　c) 投影图

边数相同个数的梯形；另两个投影都为若干个梯形。

3.2.4　平面体的画法和尺寸标注

1. 平面体投影图的画法　从以上三棱柱、五棱锥、四棱台的投影结果可以看出，平面体的投影具有如下特性：

（1）平面体的投影，实质上就是点、直线和平面投影的集合。

（2）投影图中的图线（实线或虚线），是棱线的投影，也可能是棱面的积聚投影。

（3）投影图中的线框，是一个棱面的投影，也可能是一个平面体的全部投影。

（4）在投影图中，位于同一投影面上相邻两个线框，是相邻两个棱面的投影。

画平面体投影图时，一般将平面体的底面与水平投影面平行。现以三棱锥的投影过程为例，说明平面体投影图的画法，如图 1-3-9 所示。

（1）画投影轴。

（2）画三个棱面与底面相重合的 H 投影。

（3）画左、右棱面与后棱面相重合的 V 投影。

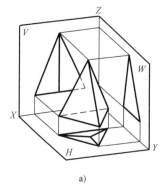
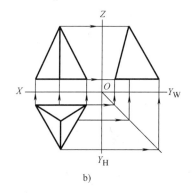

图 1-3-9　三棱锥的投影

a) 直观图　b) 投影图

（4）根据"三等"关系画左、右棱面相重合的 W 投影。

2. 平面体投影图的尺寸标注　在投影图上标注平面体的尺寸，一般从两方面考虑：

（1）尺寸的标注。平面体应标注出各个底面和高度的尺寸，尺寸要齐全、正确、不重复。

（2）尺寸的布置。底面尺寸应尽可能标注在反映实形的投影图上，高度尺寸应尽量标注在正面投影图和侧面投影图之间。

平面体投影图的尺寸标注方法见表 1-3-1。

表 1-3-1　平面体的尺寸标注

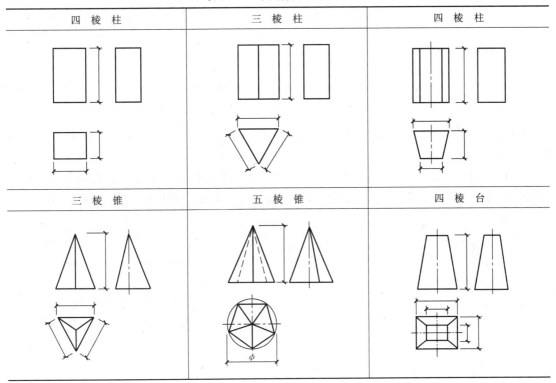

四 棱 柱	三 棱 柱	四 棱 柱
三 棱 锥	五 棱 锥	四 棱 台

3.3　曲面体的投影

3.3.1　圆柱体的投影

1. 圆柱体的形成　圆柱体是由圆柱面和上下两底圆围成，圆柱面可以看成一直线绕与之平行的另一直线（轴线）旋转而成。直线旋转到任意位置时称为素线，原始的这条直线称为母线，两底圆可以看成是母线的两端点向轴线作垂线并绕其旋转而成，如图 1-3-10a 所示。

2. 圆柱体的投影　圆柱体的投影就是画出上下底面和圆柱面的投影。当选定旋转轴垂直于 H 面时，则上下底面平行于 H 面，圆柱面垂直于 H 面。

圆柱体的 H 投影是一个圆，该圆是上下底面的重影，上底为可见，下底为不可见；其

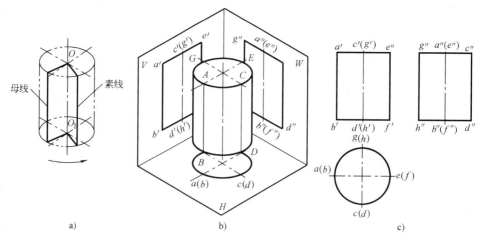

图 1-3-10　圆柱体的形成及投影

a) 形成　b) 直观图　c) 投影图

圆周是圆柱面的积聚投影。由此可知，在圆柱面上的点、线的 H 投影必然积聚在这个圆周上。

圆柱体的 V 投影是矩形，矩形的左、右两边分别是圆柱面上最左、最右两条素线的 V 投影，最左、最右两条素线又称为圆柱面的正面转向轮廓线；矩形上、下两条水平线分别是上、下底圆的积聚投影。

圆柱体的 W 投影亦是矩形，矩形的左、右两边分别是圆柱面上最后、最前两条素线的 W 投影，最后、最前两条素线又称为圆柱面的侧面转向轮廓线；矩形上、下两条水平线亦是上、下底圆的积聚投影。

圆柱面的投影还存在可见性问题，它的 V 投影是前半圆柱面和后半圆柱面投影的重合，前半圆柱面为可见，后半圆柱面为不可见；它的 W 投影是左半圆柱面和右半圆柱面投影的重合，左半圆柱面为可见，右半圆柱面为不可见。

3.3.2　圆锥体的投影

1. 圆锥体的形成　圆锥体由圆锥面和底面所围成。圆锥体的形成可以看成是直角三角形 SAO 绕其一直角边 SO 旋转而成。原始的斜边 SA 称为母线，母线旋转到任意位置时称为素线，如图 1-3-11a 所示。

2. 圆锥体的投影　圆锥体的投影就是圆锥面和底圆的投影。当选定旋转轴垂直于 H 面时，底圆则平行于 H 面。圆锥体的 H 投影是个圆。它是圆锥面与底圆投影的重合，圆锥面为可见，底圆为不可见。

圆锥体的 V、W 投影均为等腰三角形，两个等腰三角形的底边，是底圆的积聚投影，V 投影的三角形的两腰分别是圆锥面上最左、最右素线的投影，以最左、最右素线为分界线，前半个锥面为可见，后半个锥面为不可见；W 投影的三角形的两腰分别是圆锥面上最后、最前素线的投影，以最后、最前素线为分界线，左半个锥面为可见，右半个锥面为不可见。

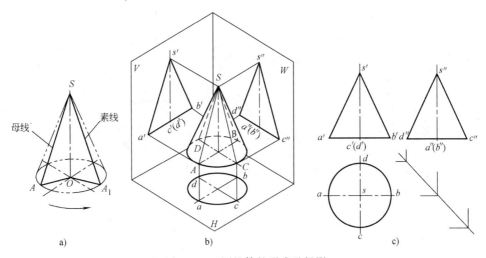

图 1-3-11　圆锥体的形成及投影

a）形成　b）直观图　c）投影图

3.3.3　圆台体的投影

1. 圆台体的形成　将圆锥体用平行于底面的平面切割去上部，余下的部分称为圆台体，如图 1-3-12a 所示。圆台体由圆台面和上、下底面所围成。

2. 台体的投影　如图 1-3-12b 所示，将圆台体置于三面投影体系中，选定旋转轴垂直于 *H* 面时，上下底圆平行于水平投影，其水平投影均反映实形，是两个直径不等的同心圆。圆台体正面投影和侧面投影都是等腰梯形。梯形的高为圆台的高，梯形的上底长度和下底长度是圆台上、下底圆的直径。

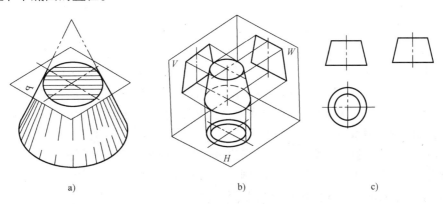

图 1-3-12　圆台体的形成及投影

a）形成　b）直观图　c）投影图

3.3.4　球体的投影

1. 球体的形成　圆面绕其轴旋转形成球体，圆周绕其直径旋转形成球面。球体由球面围成，如图 1-3-13a 所示。

2. 球体的投影　用平面切割球体，球面与该平面的交线是圆，如果该平面通过球心，

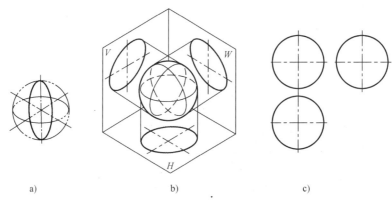

图 1-3-13　球体的形成及投影

a）形成　b）直观图　c）投影图

则球面与该平面的交线是最大的圆，该圆的直径就是球体的直径。因此球体的三个投影就是通过球心且分别平行于三个投影面的圆的投影。

球体的 H 投影是球面上最大的纬圆（即上、下半球的分界线）的投影；球体的 V 投影是球面上最左、最右素线（即前、后半球的分界线）的投影；球体的 W 投影是球面上最前、最后素线（即左、右半球的分界线）的投影。

3.3.5　曲面体的画法和尺寸标注

1. 平面体投影图的画法　从以上圆柱、圆锥、圆台、球体的投影结果可以看出，曲面体的投影具有如下特性：

（1）投影图中的线（直线或曲线）可表示：

1）平面或柱面的积聚投影。

2）曲面转向轮廓线的投影。

3）平面与曲面交线的投影。

（2）投影图中的线框，可表示一个曲面体（圆柱、圆锥、圆台或球）的投影。

从以上曲面体的形成过程可看出，它们都是由直线或曲线作为母线绕定轴回转而成，所以又称为回转体，定轴又称回转轴。画曲面体投影图时，常选定回转轴垂直于 H 面，在这种情况下，曲面体投影图的具体画法如下：

1）在 H 投影面上画出垂直相交的两条直径，其他投影面上画出回转轴。

2）画出曲面与底面的 H 面投影——圆。

3）画出前半曲面与后半曲面重合的 V 面投影。

4）画出左半曲面与右半曲面重合的 W 面投影。

2. 曲面体投影图的尺寸标注　圆柱、圆锥、圆台的尺寸标注，一般应标注底圆直径和高度。球的半径尺寸数字前加注符号"R"，球的直径尺寸前加注符号"ϕ"。由于尺寸和符号的作用，圆柱、圆锥、圆台和球均可用一个投影加上尺寸标注来表示。曲面体投影图的尺寸标注见表 1-3-2。

表 1-3-2　曲面体的尺寸标注

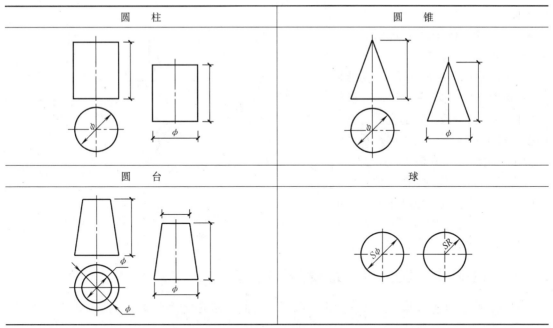

圆　柱	圆　锥
圆　台	球

3.4　在体表面上取点、取线的投影作图

3.4.1　在平面体表面上取点、取线的投影作图

在平面体表面上取点和线，实质上是在平面上取点和线。因此，平面体表面上的点和直线的投影特性，与平面上的点和直线的投影特性基本上是相同的，而不同的是平面体表面上点和直线的投影存在可见性的问题。

平面体表面上的点和直线的投影作图方法一般有三种：从属性法、积聚性法和辅助线法。

1. 从属性法和积聚性法　当点位于平面体的侧棱上或在有积聚性的表面上时，该点或线可按从属性法与积聚性法作图。如图 1-3-14 所示，在三棱柱上，侧棱 *AD* 上有一点 *K*，其三面投影利用直线上的点（从属性）可以作出，直线 *MN* 位于表面 *ABED* 上，该表面在水平投影面上具有积聚性，当已知 *MN* 的正面投影作另两个投影时，可先作出其水平投影，再求侧面投影。

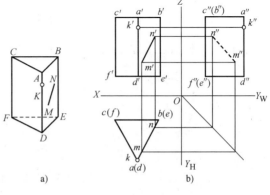

a)　　　　　　　　　　b)

图 1-3-14　利用从属性和积聚性作
平面体表面上的直线投影
a）直观图　b）投影图

2. 辅助线法 当点或直线所在的平面体表面为一般位置的平面，无法利用从属性和积聚性作图时，可利用作辅助线的方法作图。

如图 1-3-15 所示，在三棱锥体 *SABC* 侧面 *SAC* 上有一点 *K*，三棱锥的侧面 *SAC* 为一般位置的平面，其三面投影都不具有积聚性，都是平面的类似形。由于点 *K* 在侧面 *SAC* 上，因此点 *K* 的三面投影必定在三棱锥侧面 *SAC* 上过点 *K* 的辅助线 *SD* 上。作出辅助线 *SD* 的三面投影，再将点 *K* 的三面投影作上去即可。

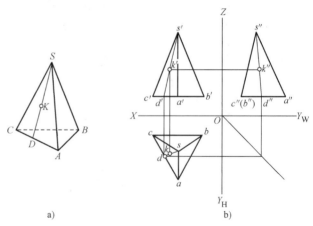

图 1-3-15 利用辅助线作平面体表面上的点的投影
a）直观图 b）投影图

3.4.2 在曲面体表面上取点、取线的投影作图

在曲面体表面上取点、取线的投影作图可利用曲面体的投影特性，一般有积聚性法、素线法、纬圆法、辅助圆法。

1. 圆柱体表面上点的投影

作圆柱体表面上点的投影可充分利用圆柱面对投影面的积聚性。

【例 1-3-1】 已知圆柱面上点 *M* 的 *V* 投影 *m'* 为可见，求 *m* 和 *m''*；又知圆柱面上点 *N* 的 *W* 投影（*n''*）为不可见，求 *n* 和 *n'*。

【解】 如图 1-3-16a，*m'* 为可见，故知点 *M* 在前半圆柱面上，作图时由 *m'* 引垂线与前半圆周相交得点 *m*，再根据 *m* 和 *m'* 作图求得 *m''*。如图 1-3-16b 所示。如图 1-3-16a，（*n''*）为不可见，即可判断 *N* 在右半圆柱面上，同时又在前半圆柱面上。作图时过（*n''*）引投影连线求得 *n*，再由（*n''*）和 *n* 作投影连线求得 *n'*，*n'* 为可见。

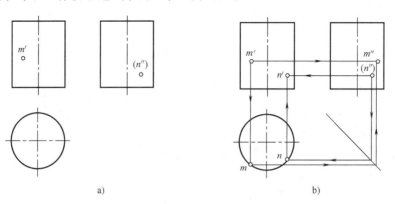

图 1-3-16 圆柱面上点的投影
a）已知条件 b）作图过程

2. 圆锥体表面上的点、线的投影

【例 1-3-2】 已知圆锥体表面上一点 *K* 的 *V* 投影 *k'*，求 *k* 和 *k''*，如图 1-3-17a 所示。

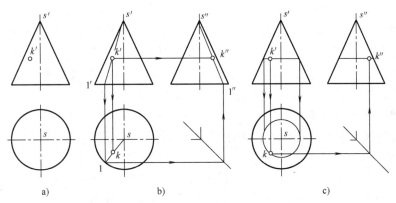

图 1-3-17　圆锥表面上点、线的投影

a) 已知　b) 素线法　c) 纬圆法

【解】　用素线法求解：如图 1-3-17b 所示，过锥顶 S 和 K 引一素线并延长交底圆周于 1 点，根据已知条件作出 $S1$ 的 V 投影 $s'1'$，然后作出该素线的 H 投影 $s1$ 和 W 投影 $s''1''$，最后根据直线上的点的投影性质求出 k 和 k''，并注意判别可见性。

用纬圆法求解：如图 1-3-17c，过点 K 作一平行底圆的水平纬圆，根据已知条件作出纬圆的 V 投影，即过 k' 作水平线与圆锥 V 投影的三角形两腰相交，该水平线的长反映了纬圆的直径；纬圆的 H 投影是圆，W 投影为直线，然后求出点 K 的 H 投影 k 和 W 投影 k''。最后判别可见性，因为 k' 可见，则点 K 在前半锥面上，故 k 可见，又因点 K 在左半锥面上，故 k'' 可见。

【例 1-3-3】　已知圆锥体表面上一段曲线 EG 的 V 投影 $e'g'$，求作该曲线的 H 和 W 投影。

【解】　如图 1-3-18a 中，虽然 $e'g'$ 是直线，但是圆锥面上的直线必须通过锥顶，因此 $e'g'$ 只能理解是曲线的投影，正好 EG 这段曲线在一正垂面上，故 V 投影为直线，而其余二投影应为曲线。解题步骤如下：

（1）先求曲线两端点 E 和 G 的投影。由于 e' 可见，故点 E 在圆锥的最前素线上，即过 e' 作水平连线求得 e''，再由 e'' 求得 e；点 G 在圆锥的最右素线上，即过 g' 作铅垂连线求得 g，又过 g' 作水平连线求得 g''。

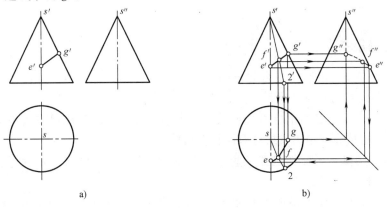

图 1-3-18　圆锥表面上的线

a) 已知条件　b) 作图过程

（2）求曲线上中间点的投影。在曲线 GE 上选取若干中间点，图中取点 F 作为示例，采用素线法作图。在 $e'g'$ 上取 f'，连接 $s'f'$ 并延长得点 $2'$，再求得 $s2$，最后求得点 f 和点 f''。

（3）依次将曲线上各点的同面投影连接起来即为所求。

（4）判别可见性。从已知条件知，该曲线的 V 投影可见，H 投影亦可见，可是该曲线在右半锥面上，故 W 投影不可见，应连成虚线，如图 1-3-18b 所示。

3. 球体表面上点的投影

球面上无直线，因此，求球面上点的投影，只能用平行于某一投影面的辅助圆进行作图（即纬圆法）。

【例 1-3-4】 已知球面上一点 K 的 V 投影 k'，求 k 和 k''，如图 1-3-19a 所示。

【解】 从图中知，点 K 的位置是在上半球面。又属左半球面，同时又在前半球面上。作图可用纬圆法。如图 1-3-19b，过 k' 作纬圆的 V 投影 $1'2'$，以 $1'2'$ 之半长为半径，以 O 为圆心，作纬圆的水平投影（是圆），过 k' 引铅垂连线求得 k，再按"三等"关系求得 k''。最后分析可见性，由于点 K 是在球面的左、前、上方，故三个投影均为可见。

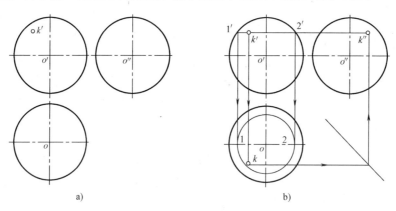

图 1-3-19　球面上点的投影
a）已知条件　b）作图过程

3.5　组合体的投影

3.5.1　组合体的类型

由基本几何体按一定形式组合起来的形体称为组合体。为了便于分析，按形体组合特点，将它们的形成方式分为下述 3 种。

1. 叠加型　由几个基本形体叠加而成，如图 1-3-20 所示。基础可看成是由三块四棱柱体叠加而成；螺栓可看成是由六棱柱和圆柱体组成的。

2. 切割型　由基本形体切割掉某些形体而成，如图 1-3-21 所示。木榫可看作是由四棱柱切掉两个小四棱柱而成。

3. 综合型　既有叠加又有切割两种形式的组合体，如图 1-3-22 所示。肋式杯形基础，可看作由四棱柱底板、中间四棱柱（在其正中挖去一楔形块）和六块梯形肋板组成。

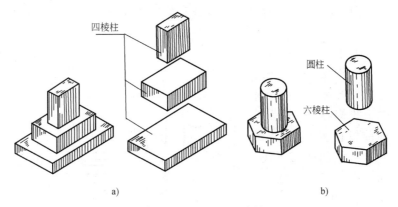

图 1-3-20　叠加型组合体

a）基础　b）螺栓

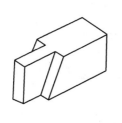 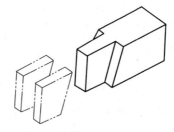

图 1-3-21　切割型组合体

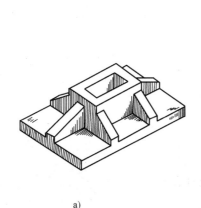 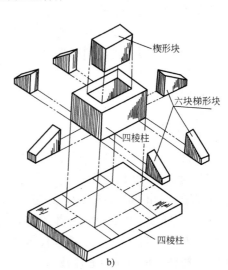

图 1-3-22　综合型组合体

a）立体图　b）形体分析

3.5.2　组合体投影图的画法

3.5.2.1　组合体投影图的名称

在研究画法几何时，形体在三个投影面上的投影称为三面投影图；现在研究组合体的投影时，可称为三视图。即 V 面投影称为主视图；H 面投影称为俯视图；W 面投影称为左视图。

对于复杂的形体可用六个视图来表达，即增加三个投影面——H_1、V_1、W_1。由右向左投影在 W_1 上得到右视图；由下向上投影在 H_1 上得到仰视图；由后向前投影在 V_1 上得到后视图。六个基本视图的展开方法，如图 1-3-23 所示。展开后的摆放位置，如图 1-3-24 所示。

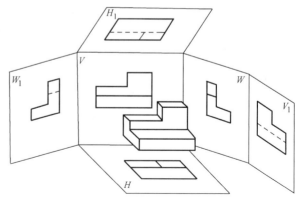

图 1-3-23　六个基本视图的展开

3.5.2.2　组合体的画法

画组合体的三视图，可将其分解为若干基本体后，分别画出三视图，再进行组合。画出的三视图必须符合三等关系和方位关系。画三视图的一般步骤是：

（1）形体分析。弄清组合体的类型，各部分的相对位置，是否有对称性等。

（2）选择视图。首先要确立安放位置，定出主视方向，将形体的主要面垂直或平行于投影面，使得到的视图既清晰又简单，且反映实形，同时注意使最能反映形体特征的面置于前方，而又要使视图虚线最少。

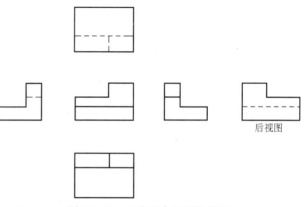

图 1-3-24　六个基本视图的位置

（3）画视图。根据选定的比例和图幅，布置视图位置，使四边空档留足。画图时先画底图，经检查修改后，再加深，不可见棱线画成虚线。

（4）最后标注尺寸（见后面第（三）个问题）。

【例 1-3-5】　画出如图 1-3-25 的三视图。

【解】　（1）形体分析。该组合体属综合型，但作图可以先按叠加型对待。将组合体分解为三部分。体Ⅰ为四棱柱，体Ⅱ为三棱柱，体Ⅲ亦为三棱柱。

（2）选择视图。将体Ⅰ的下底面置于水平位置，其他四个棱面分别平行于 V 面和 W 面，则体Ⅱ和体Ⅲ的位置相应确定。视图的主视方向如图中箭头所示，这样选择可以避免虚线，假若将图中的左视方向定为主视方向，则在另一"左视图"中将有多条虚线；此题的视图数量应为三个，因为体Ⅰ和体Ⅲ用两个视图表达不能确定其形状。

图 1-3-25　组合体

（3）画视图。

对分解出的基本体，分别画出其三视图，并进行叠加。作图步骤：图 1-3-26a 画体Ⅰ的三视图；图 1-3-26b 画体Ⅱ的三视图，并将体Ⅰ、体Ⅱ之间的方位关系进行叠加；图 1-3-26c 画体Ⅲ的三视图，并将体Ⅰ、体Ⅲ之间的方位关系进行叠加；图 1-3-26d 在体Ⅰ的左前上方截去一个小四棱柱体。

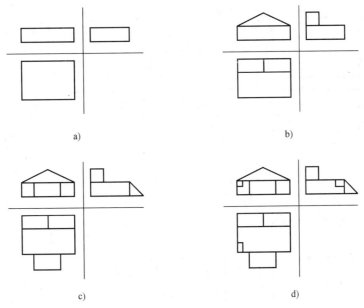

图 1-3-26　叠加型作图步骤

【**例 1-3-6**】　画出如图 1-3-27 的三视图。

【**解**】　（1）形体分析。该组合体属于切割型，是由一长方体经切割而成。截割顺序是，第一步由一侧垂面截去一个三棱柱体Ⅰ；第二步由两个侧平面和一个水平面截去一个四棱柱体Ⅱ；第三步在对称的前下角位置各用一个一般位置平面截去一个三棱锥体Ⅲ和体Ⅳ。

（2）选择视图。将组合体下底面置于水平位置，左、右侧面平行于 W 面，主视方向如箭头所示，采用三个视图。

（3）画视图。可分为四步进行，图 1-3-28a，画截割前长方体的三视图；图 1-3-28b 画截去一个三棱柱后的三视图；图 1-3-28c，画又截去一个四棱柱后的三视图；图 1-3-28d 画再截去两个三棱锥后的三视图。

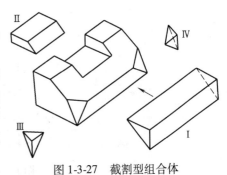

图 1-3-27　截割型组合体

3.5.2.3　组合体的尺寸标注

组合体的视图只能表达它的形状，组合体的大小则要用尺寸来表达。尺寸是施工的依据，因此要求标注准确、清楚、完整。

1. 基本体的尺寸标注　前面对基本平面体和基本曲面体的尺寸标注已作要求，这里对基本体的尺寸标注要求作点补充。对于基本体，一般只标注长、宽、高尺寸，但由于各自的形状不同，也采用了一些不同的标注方法。如球体只用一个视图，标为 $S\phi15$ 即可。S 表示球体，ϕ 表示直径，15 是直径大小数字。圆柱、圆锥亦可用一个主视图，并注上高度和直

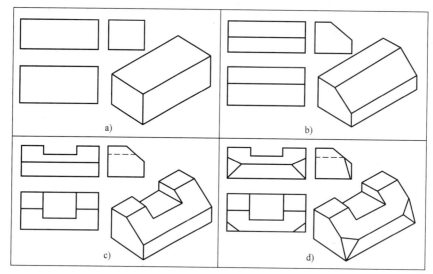

图 1-3-28　画三视图的步骤

径即可。标注示例如图 1-3-29 所示。

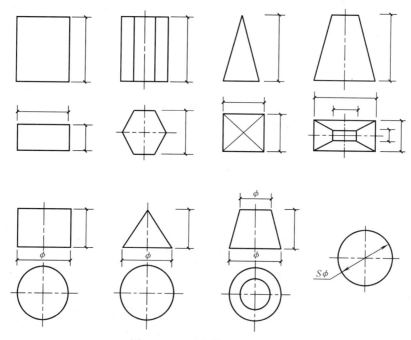

图 1-3-29　基本体的尺寸标注

2. 基本体截口的尺寸标注。基本体被截割后，除要标注长、宽、高外，还应标注截割面的定位尺寸，不标注截交线的定形尺寸。标注示例如图 1-3-30 所示。

3. 组合体的尺寸标注。组合体视图中的尺寸，一般包括下列三种：

（1）定形尺寸。组合体中确定基本体形状和大小的尺寸。

（2）定位尺寸。组合体中确定各基本体相对位置的尺寸。标注定位尺寸时，还应注意两点：

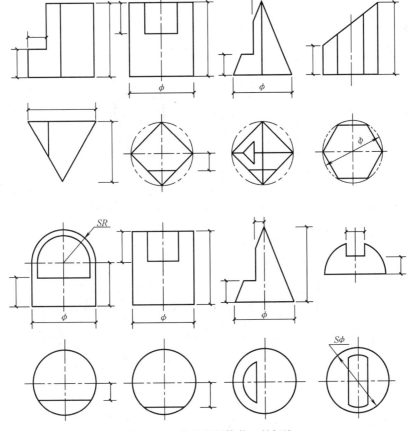

图 1-3-30　基本几何体截口的标注

1）选好尺寸基准。可在组合体的长、宽、高三个方向各选一个基准。如上下方向上可选底面、左右方向上可选右端面、前后方向上可选后面为基准面。

2）按选好的尺寸基准，直接或间接标注各基本体的定位尺寸。对称体的位置用对称面确定，棱柱体的位置用棱面确定，回转体的位置用轴确定。

（3）总体尺寸。确定组合体总长、总宽、总高的尺寸。

如图 1-3-31b 中，400×200×200 是体 Ⅰ 的定形尺寸；主视图中的 300 是体 Ⅲ 的定位尺寸；440×250×240 是总尺寸。尺寸基准选的是底面、后面和右面。体 Ⅲ 为回转体，它的位置用轴线确定；体 Ⅳ 是对称体，它的位置是用对称面确定。

要使尺寸标注得到合理、完美、清晰的效果，尚需注意几点：

（1）尺寸应尽量标注在能反映基本体特征的视图上。如图 1-3-31 中的体 Ⅳ 的半径标注在主视图的圆弧上，而不标注在俯视图上。

（2）反映某一基本体的尺寸，尽量集中标注。如图 1-3-31 中，体 Ⅱ 的定形、定位尺寸集中标注在俯视图上；体 Ⅳ 的定形、定位尺寸集中标注在主视图上。

（3）与两视图相关的尺寸，尽量注在两视图之间。如图 1-3-31 中，高向的 240、200，系标注在主、左两视图之间并靠左视图一边。

（4）尺寸尽量标注在视图之外，以保持视图的清晰。

（5）尺寸尽量不标注在虚线上。同一方向的尺寸，小尺寸标注在内边，大尺寸标注在外边。

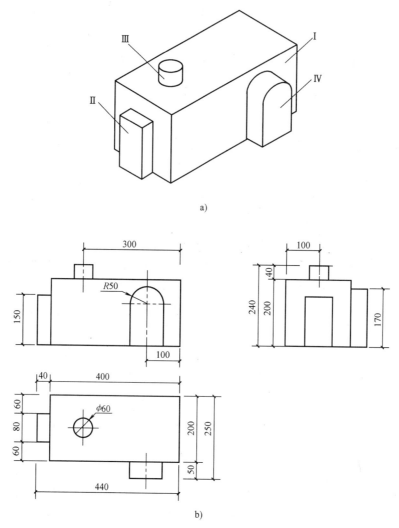

图 1-3-31　组合体的尺寸标注示例

小　结

1. 绘制形体的投影图应遵循相应步骤。"长对正、高平齐、宽相等"是形体三面投影的规律，无论是整个物体还是物体的局部投影都应符合这条规律。

2. 任何建筑物都由基本体组成，根据围成基本体表面的情况不同，基本体分为平面体和曲面体两种。平面体有棱柱、棱锥和棱台；曲面体有圆柱、圆锥、圆台和球体。平面体和曲面体的投影都有相应的绘制步骤和规律。

3. 平面体表面上的点和直线的投影作图方法一般有从属性法、积聚性法和辅助线法三种。在曲面体表面上取点、取线的投影作图可利用曲面体的投影特性，一般有积聚性法、素线法、纬圆法、辅助圆法。

4. 组合体是由基本体按一定的方式组合形成，按组合方式的不同分别有叠加型、切割型和综合型。作组合体投影图时，首先应进行形体分析，分析其组合方式，根据组合方式的不同，采用不同的画图方法和步骤。在画图之前应确定：

（1）组合体体的摆放位置；

（2）投影图的数量；

（3）画图比例和图纸幅面。

5. 组合体投影图的尺寸标注是以平面体和曲面体投影图的尺寸标注为基础的。组合体尺寸包括定形尺寸、定位尺寸和总尺寸。在标注尺寸时应进行形体分析，根据形体的组合情况首先标注定形尺寸，再标注定位尺寸，最后标注总尺寸。基本体、组合体尺寸标注都应齐全，不得遗漏，但也不要重复。组合体所有尺寸应合理配置，小尺寸在里，大尺寸在外。

思 考 题

1. 按形体表面的性质不同可分为几种？形体表面上点和线的可见性判别规则是什么？

2. 平面体的投影特性有哪些？

3. 体的投影图的画图步骤是什么？

4. 何谓组合体？有哪几种组合方式？

5. 识读组合体投影图的方法和步骤是什么？

6. 标注在组合体投影图上的尺寸有哪几种？

习 题

1. 根据平面形体的立体图画出三面投影图。（图中箭头方向是 V 投影的投射方向，图中长度单位是 mm。）

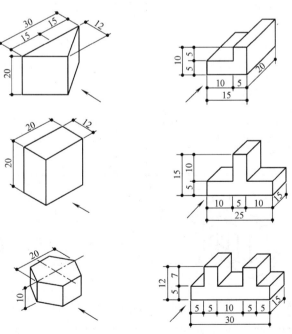

图 1-3-32　第 1 题图

2. 根据曲面形体的立体图画出三面投影图。（图中箭头方向是 V 投影的投射方向，图中长度单位是 mm。）

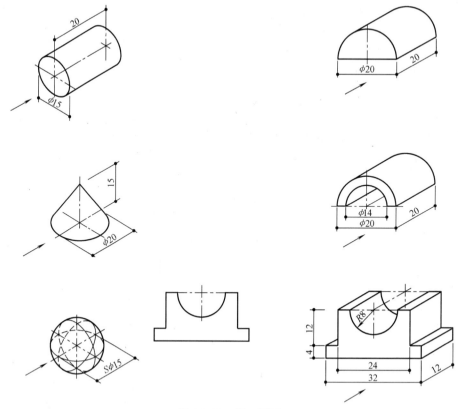

图 1-3-33　第 2 题图

3. 根据组合形体立体图画出三面投影图（尺寸大小按照立体图量取）。

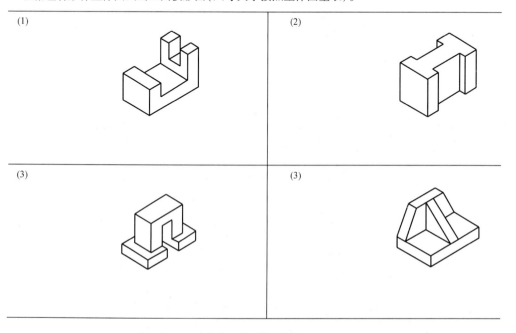

(1)

(2)

(3)

(3)

图 1-3-34　第 3 题图

第 4 章 　 轴 测 投 影

学习目标要求

1. 掌握轴测投影的基本知识，掌握轴向伸缩系数和轴间角的几何意义。
2. 能熟练地根据实物或投影图绘制物体的正等轴测图。
3. 能根据实物或投影图绘制物体的斜轴测投影图。

学习重点与难点

本章重点是：轴测投影、分类及基本特性；轴测投影的基本画法——坐标法、叠加法及切割法。**本章难点是：**学会根据组合体的正投影图，绘制平面立体正等轴测图及斜二等轴测图。

在工程图样中均采用多面正投影图来表达形体形状。这种图形作图简便，度量性好，能够正确、完整、准确地表示物体的形状和大小，所以在工程实践中得到广泛应用，但由于正投影图的一个投影只能反映形体的两维结构，缺乏立体感，必须多面投影结合，才能完整表达空间形体的三维结构。因而正投影图较抽象难懂。轴测图是一种能够在一个投影图中同时反映形体三维结构的图形。如图 1-4-1 所示，是一形体的正投影图和轴测投影图。显而易见，轴测图直观形象，易于看懂。因此工程中常将轴测投影用作辅助图样，以弥补正投影图不易被看懂之不足。

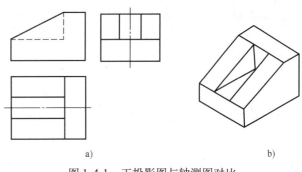

a) 　 　 　 　 　 　 　 　 　 　 　 　 b)

图 1-4-1　正投影图与轴测图对比

与此同时，轴测投影也存在着一般不易反映物体各表面的实形，因而度量性差，绘图复杂、会产生变形等缺点。

4.1　轴测投影的基本知识

4.1.1　轴测投影的形成

用平行投影法将不同位置的物体连同确定其空间位置的直角坐标系向单一的投影面（称轴测投影面）进行投影，并使其投影反映三个坐标面的形状，这样得出的投影图称为轴测图。轴测图是一种单面投影图，它能同时反映物体的正面、水平面和侧面形状，所以立体感较强。如图 1-4-2 所示，P 为轴测投影面，S 为投影方向，长方体上的坐标轴 OX、OY、OZ 均倾斜于 P 面，S 与 P 垂直。按此方法得到的 P 面轴测图称为正轴测图。如图 1-4-3 所示，

P 为轴测投影面，S 为投影方向，长方体上的坐标面 XOZ 平行于 P 面，S 与 P 不垂直。以此种投影方法产生的轴测图称为斜轴测图。

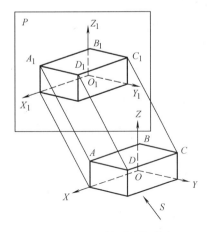

图 1-4-2　正轴测图的形成

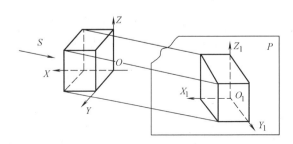

图 1-4-3　斜轴测图的形成

1. 轴间角　如图 1-4-2 所示，空间直角坐标系中的 OX、OY 和 OZ 坐标轴在轴测投影面 P 上的投影 O_1X_1、O_1Y_1、O_1Z_1 称为轴测轴。相邻两轴测轴之间的夹角称为轴间角，如 $\angle X_1O_1Y_1$，$\angle X_1O_1Z_1$，$\angle Y_1O_1Z_1$。其中任何一个不能为零，三轴间角之和为 360°。

2. 轴向伸缩系数　如图 1-4-3 所示，轴测图中平行于轴测轴 O_1X_1、O_1Y_1、O_1Z_1 的线段长度与平行于坐标轴 OX、OY、OZ 的对应线段长度之比称为轴向变形系数。X 轴、Y 轴、Z 轴的轴向变形系数分别以 p、q、r 表示。

$$p = O_1X_1/OX \qquad q = O_1Y_1/OY \qquad r = O_1Z_1/OZ$$

显然空间物体相对于轴测投影面的位置及方向一经确定，就必有一组确定的轴间角和轴向伸缩系数。知道了轴向伸缩系数，就可以在轴测图上量取并确定平行于相应轴测轴的各线段尺寸。所谓"轴测"这个词的含义就是沿轴向测量的意思。

轴间角和轴向变形系数是绘制轴测图的重要参数。

4.1.2　轴测投影图的分类

1. 根据投影方向 S 对轴测投影面的夹角不同，轴测投影可分为两大类：

（1）正轴测投影：投影方向与轴测投影面垂直。

（2）斜轴测投影：投影方向与轴测投影面倾斜。

2. 根据三个坐标轴的轴向伸缩系数的不同，每类轴测图又可分为三种：

（1）正（斜）等测图：三个轴测伸缩系数都相等，即 $p = q = r$。

（2）正（斜）二测图：其中两个轴向伸缩系数相等，即 $p = q \neq r$，$p = r \neq q$，$q = r \neq p$。

（3）正（斜）三测图：三个轴测伸缩系数都不相等，即 $p \neq q \neq r$。

为了作图方便、表达效果更好，GB/T 50001—2010 推荐了四种标准轴测图：

（1）正等测。

（2）正二测。

（3）正面斜等测和正面斜二测。

（4）水平斜等测和水平斜二测。

作物体的轴测图时，应先选择画哪一种轴测图，从而确定各轴向伸缩系数和轴间角。轴测轴可根据已确定的轴间角，按表达清晰和作图方便来安排，而 Z 轴常画成铅垂位置。在轴测图中，应用粗实线画出物体的可见轮廓。为了使画出的轴测图具有更强的空间立体感，通常不画出物体的不可见轮廓线，但在必要时，可用虚线画出。

4.1.3 轴测投影的特性

由于轴测图是用平行投影法得到的视图，而正投影是平行投影的一种，因此，轴测图也具有正投影的某些投影特性，如全等性、平行性、定比性、从属性、类似性(包括圆与椭圆)等。

（1）空间相互平行的直线，它们的轴测投影互相平行。

（2）立体上凡是与坐标轴平行的直线，在其轴测图中也必与轴测轴互相平行。

（3）立体上两平行线段或同一直线上的两线段长度之比，在轴测图上保持不变。

应当注意的是，如所画线段与坐标轴不平行时，决不可在图上直接量取，而应先作出线段两端点的轴测图，然后连线得到线段的轴测图。另外，在轴测图中一般不画虚线。

4.2 常见轴测投影图的画法

在实际应用中常用的轴测投影有正等测、正面斜二测和水平斜二测等，这些轴测投影绘制比较简便，应用较多。

与正投影图比较，轴测投影的作图要复杂得多。需要更加耐心细致的工作态度。绘制轴测图通常按以下步骤进行：

（1）首先为形体选取一个合适的参考直角坐标系。即根据画图方便与否、在正投影图中画出直角坐标轴的投影，从而将形体置于一个合适的参考直角坐标系中。

（2）根据轴间角画出轴测轴。

（3）按照与轴测轴平行、且与轴测轴具有相等伸缩系数原理确定空间形体各顶点的轴测投影。

（4）整理图形。连接相应棱线，擦去多余图线，加黑描深轮廓线，完成作图。

4.2.1 正轴测投影图的画法

4.2.1.1 正等轴测图的形成

使直角坐标系的三坐标轴 OX、OY 和 OZ 对轴测投影面的倾角相等，并用正投影法将物体向轴测投影面投射，所得到的图形称为正等轴测图，简称正等测。如图 1-4-2 所示，若使物体的三个坐标轴与轴测投影面 P 的倾角相等，且投影方向 S 与 P 面垂直，然后将立体向轴测投影面 P 作正投影，所得的投影图就是正等测轴测图。

其基本含义是：

正——采用正投影方法。

等——三轴测轴的轴向伸缩系数相同，即 $p = q = r$。

由于正等测绘制方便，因此在实际工作中应用较多。如我们使用的教材中的许多例图都采用的是正等测画法。

1. 轴间角 由于空间坐标轴 OX、OY、OZ 对轴测投影面的倾角相等，可计算出其轴间

角 $\angle X_1O_1Y_1 = \angle X_1O_1Z_1 = \angle Y_1O_1Z_1 = 120°$，如图 1-4-4，其中 O_1Z_1 轴规定画成铅垂方向。

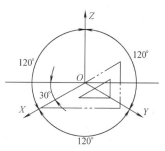

图 1-4-4　正等测的轴间角

2. 轴向伸缩系数　由理论计算可知：三根轴的轴向伸缩系数为 0.82，如按此系数作图，就意味着在画正等测图时，物体上凡是与坐标轴平行的线段都应将其实长乘以 0.82。为方便作图，轴向尺寸一般采用简化轴向变形系数：$p = q = r = 1$。这样轴向尺寸即被放大 $k = 1/0.82 \approx 1.22$ 倍，所画出的轴测图也就比实际物体大，这对物体的形状没有影响，两者的立体效果是一样的，如图 1-4-5，但却简化了作图。

正是由于正等测图的轴间角为特殊角，并采用了简化的轴向伸缩系数，因此与其他轴测图相比正等测的作图比较方便。

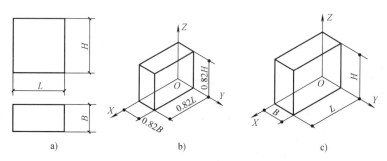

图 1-4-5　长方体的正等轴测图

a）正投影图　b）正等测　c）采用简化系数的正等测

4.2.1.2　平面立体正等轴测图的画法

画平面立体正等轴测图的最基本的方法是坐标法，即沿轴测轴度量定出物体上一些点的坐标，然后逐步由点连线画出图形。在实际作图时，还可以根据物体的形体特点，灵活运用各种不同的作图方法，如坐标法、切割法、叠加法等。

1. 坐标法　用坐标法画轴测图时，先在物体三视图中确定坐标原点和坐标轴，然后按物体上各点的坐标关系采用简化轴向变形系数，依次画出各点的轴测图，由点连线而得到物体的正等测图。

坐标法是绘制轴测图的基本方法，不但适用于平面立体，也适用于曲面立体；不但适用于正等测，也适用于其他轴测图的绘制。

2. 切割法　这种方法适用于以切割方式构成的平面立体，先绘制出挖切前的完整形体的轴测图，再依据形体上的相对位置逐一进行切割。

3. 叠加法　叠加法适用于绘制主要形体是由堆叠形成的物体的轴测图，此时应注意物体堆叠时的定位关系。作图时，应首先将物体看成是由几部分堆叠而成，然后依次画出这几部分的轴测投影，即得到该物体的轴测图。

以上三种方法都需要定坐标原点，然后按各线、面端点的坐标在轴测坐标系中确定其位置，故坐标法是画图的最基本方法。当绘制复杂物体的轴测图时，上述三种方法往往综合使用。

【**例 1-4-1**】　用坐标法作长方体的正等测图，如图 1-4-6 所示。

【**解**】　作法

（1）如图 1-4-6a 所示，在正投影图上定出原点和坐标轴的位置。

（2）如图 1-4-6b 所示，画轴测轴，在 O_1X_1 和 O_1Y_1 上分别量取 a 和 b，对应得出点 I 和 II，过 I、II 作 O_1X_1 和 O_1Y_1 的平行线，得长方体底面的轴测图。

（3）如图 1-4-6c 所示，过底面各角点作 O_1Z_1 轴的平行线，量取高度 h，得长方体顶面各角点。

（4）如图 1-4-6d 所示，连接各角点，擦去多余图线、加深图线，即得长方体的正等测图，图中虚线可不必画出。

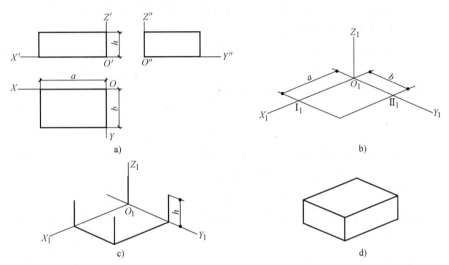

图 1-4-6　作长方体的正等测图

【例 1-4-2】　如图 1-4-7a 所示为正六棱柱主、俯视图，作出正六棱柱的正等测图。

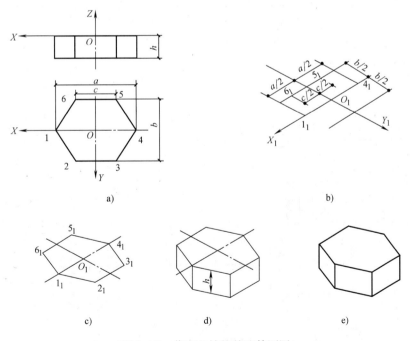

图 1-4-7　作正六棱柱的正等测图

【解】 作图步骤

为了作图方便，选取上底面的中心为原点 O。它的两条对称中心线为 X 轴和 Y 轴，以六棱柱的轴线作为 Z 轴，建立直角坐标系，如图 1-4-7a 所示。

（1）在两面投影图上建立直角坐标系 $O\text{-}XYZ$。

（2）画出正等测图中的轴测轴 O_1X_1、O_1Y_1，见图 1-4-7b。

（3）用坐标法作线取点，按坐标关系，用 $1:1$ 在轴测轴上作出六棱柱顶面 6 个顶点的对应点，按顺序连接，即得六棱柱顶面的轴测图，见图 1-4-7b、c。

（4）沿 O_1Z_1 轴方向（沿六棱柱任一顶点）量取 h，得到六棱柱底面 6 个顶点的对应点，顺序连接，即得六棱柱底面的轴测图，见图 1-4-7d。

（5）检查、加深图线，擦去不必要的图线、字母，即得正棱柱的正等测图，见图1-4-7e。

【例1-4-3】 作出如图 1-4-8a 所示的四坡顶房屋正等测图。

【解】 （1）分析

首先要看懂三视图，想象出房屋的形状。由图 1-4-8a 可以看出，该房屋是由四棱柱和四坡屋面与屋檐平面所围成的平面立体所构成。四棱柱的顶面与四坡屋面形成的平面立体的底面相重合。因此，可先画四棱柱，再画四坡屋顶。

（2）作图

1）在正投影图上确定坐标系，选取房屋背面右下角作为坐标系的原点 O，如图 1-4-8a 所示。

2）画正等轴测轴，如图 1-4-8b 所示。

3）根据 x_2、y_2、z_2 作出下部四棱柱的轴测图，如图 1-4-8c 所示。

4）作四坡屋面的屋脊线。根据 x_1、y_1 先求出 a_1，过 a_1，作 O_1Z_1 轴的平行线并向上量取高度 z_1，则得屋脊线上右顶点 a 的轴测投影 A_1；过 A_1 作 O_1X_1 的平行线，从 A_1 开始在此线上向左量取 $A_1B_1 = x_3$，则得屋脊线的左顶点 B_1，如图 1-4-8b 所示。

5）按【例1-4-1】画四棱柱，见图 1-4-8c。

6）由 A_1B_1 和四棱柱顶面 4 个顶点，作出 4 条斜脊线，如图 1-4-8d 所示。

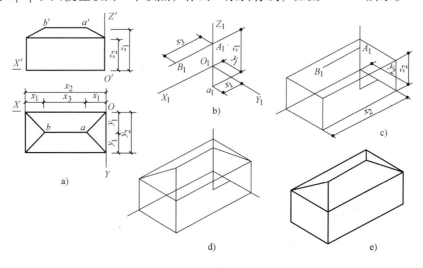

图 1-4-8 用坐标法画四坡顶房屋的正等测图

7）擦去多余的作图线，加深可见图线即完成四坡顶房屋的正等测图，如图 1-4-8e 所示。

【例 1-4-4】 作出独立基础的正等测图。

【解】（1）分析

该独立基础可以看成是 3 个四棱柱上下叠加而成，画轴侧图时，可以由下而上（或者由上而下），也可以取两基本形体的结合面作为坐标面，逐个画出每一个四棱柱体。

（2）作图步骤

1）在正投影图上选择、确定坐标系，坐标原点选在基础底面的中心，如图 1-4-9a 所示。

2）画轴测轴。根据 x_1、y_1、z_1，作出底部四棱柱的轴测图，如图 1-4-9b 所示。

3）将坐标原点移至底部四棱柱上表面的中心位置，根据 x_2、y_2 作出中间四棱柱底面的四个顶点，并根据 z_2 向上作出中间四棱柱的轴测图，如图 1-4-9c、d 所示。

4）将坐标原点再移至中间四棱柱上表面的中心位置，根据 x_3、y_3 作出上部四棱柱底面的 4 个顶点，并根据 z_3 向上作出上部四棱柱的轴测图，如图 1-4-9d、e 所示。

5）擦去多余的作图线，加深可见图线即完成该基础的正等测，如图 1-4-9e 所示。

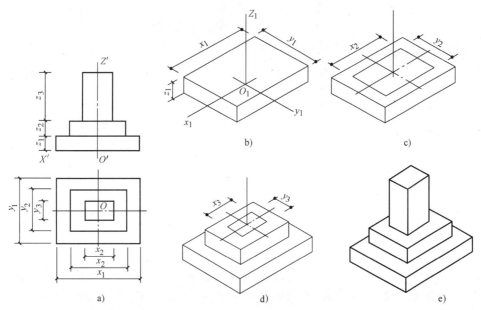

图 1-4-9　用叠加法画独立基础的正等测图

4.2.1.3　回转体正等轴测图的画法

1. 平行于坐标平面的圆的正等轴测图特点　画回转体时经常遇到圆或圆弧，由于各坐标面对正等轴测投影面都是倾斜的，因此平行于坐标平面的圆的正等轴测投影是椭圆。而圆的外切正方形在正等测投影中变形为菱形，因而圆的轴测投影就是内切于对应菱形的椭圆，如图 1-4-10 所示。从图中可以看出：

（1）平行于三个坐标面的等直径的圆其轴测投影得到的三个椭圆形状和大小是一样的，但方向不同。

（2）水平面内椭圆的长轴处于水平位置，正平面内的椭圆长轴为向右上倾斜 60°，侧平面上的椭圆长轴方向为向左上倾斜60°，而三个椭圆的短轴分别与相应菱形的短对角线相重合，并且短轴方向就是与圆所在的平面垂直的坐标轴的方向，如图 1-4-10a、b。如果要作轴线与坐标轴平行的圆柱或圆锥，则其上下底面椭圆的短轴与轴线方向一致。如图 1-4-10c 所示。

如果采用理论轴向伸缩系数 0.82，则椭圆的长轴为圆的直径 d，短轴为 0.58d，如图 1-4-10a。用简化轴向伸缩系数 1 作图，如图 1-4-10b，其长短轴的长度均放大 1.22 倍，长轴长为 1.22d，短轴为 0.7d。

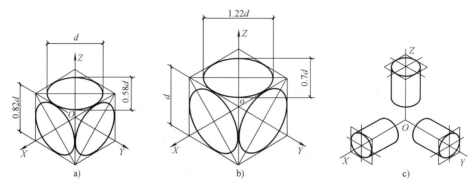

图 1-4-10　平行于坐标面的圆的正等测图

2. 圆的正等测画法

（1）弦线法（坐标法）：这种方法画出的椭圆较准确，但作图较麻烦，步骤如图 1-4-11 所示。

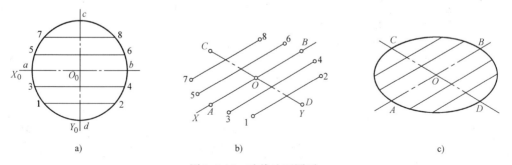

图 1-4-11　弦线法画圆弧

a）在圆上作若干弦线　b）作出轴测轴，按各弦线分点坐标画出弦线的轴测投影　c）依次光滑连接各端点

（2）为了简化作图，轴测投影中的椭圆常采用近似画法，用四段圆弧连接近似画出。这四段圆弧的圆心是用椭圆的外切菱形求得的，因此也称这个方法为"菱形四心法"。现以水平面内的圆的正等测图为例说明这种画法（图 1-4-12）。

（3）由于菱形各边中点以及钝角顶点到中心 O 的距离都相等，并等于圆的半径 R，那么不必画出菱形也可以求得四心。同样以画水平面的圆的正等测图为例说明，如图 1-4-13 所示。

3. 圆柱体的正等轴测图画法　掌握了圆的正等测画法，圆柱体的正等测也就容易画出了。只要分别作出其顶面和底面的椭圆，再作其公切线就可以了。图 1-4-14a ~ f 为绘制轴线为侧垂线的圆柱体的正等测图的步骤。

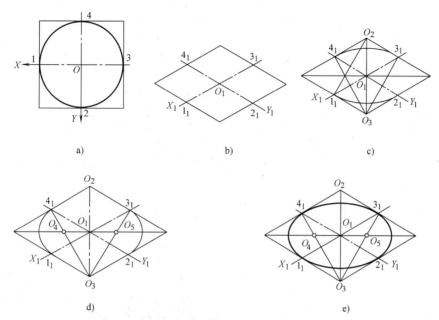

图 1-4-12　菱形法求近似椭圆

a）在正投影视图中作圆的外切正方形，1、2、3、4 为四个切点，并选定坐标轴和原点　b）确定
轴测轴，并作圆外切正方形的正等测图菱形　c）以钝角顶点 O_2、O_3 为圆心，以 O_21_1 或 O_33_1
为半径画圆弧 1_12_1，3_14_1　d）O_34_1、O_33_1 与菱形长对角线的交点为 O_4、O_5，并以
O_4、O_5 为圆心，画圆弧 1_14_1、2_13_1　e）检查、加深图线，得到近似椭圆

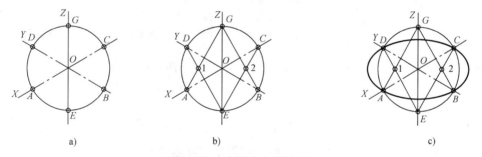

图 1-4-13　求四心的简便方法

a）作轴测轴 OX、OY、OZ，在各轴上取圆的真实半径，得 A、B、C、D、E、G 六点　b）圆平行于 H 面，
则 OZ 为椭圆短轴，即 E、G 为两大圆弧的圆心。将 E、G 分别与 C、D 和 A、B 相连，所得到的 1、2 点
即为两小圆弧的圆心　c）分别以 E、G、1、2 为圆心，画对应段的圆弧，完成作图

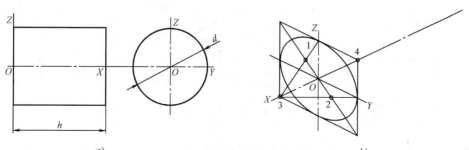

图 1-4-14　圆柱体的正等测图的作图步骤

a）根据投影图定出坐标原点和坐标轴　b）绘制轴测轴，作出侧平面内的菱形，求四心，绘出左测圆的轴测图

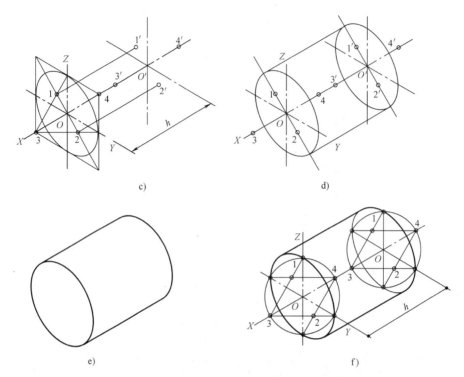

c)

d)

e)

f)

图 1-4-14 圆柱体的正等测图的作图步骤(续)

c）沿 X 轴方向平移左面椭圆的四心，平移距离为圆柱体长度 h

d）用平移得的四心绘制右侧面椭圆，并作左侧面椭圆和右侧面椭圆的公切线

e）擦除不可见轮廓线并加深结果   f）用简便方法直接画圆找四心

在使用图 1-4-14f 所示方法时，需注意先确定短轴方向。所求椭圆平行于侧面，因此短轴在 X 轴上，定下大圆弧的圆心 3、4 后，再连线求小圆弧圆心 1、2。

4. 圆角的正等测画法 构件上会遇到由 1/4 圆弧构成的圆角，如图 1-4-15a 所示。这些圆角的轴测图分别对应于椭圆的四段圆弧，画圆角时不用作出整个椭圆，只须直接画出该段圆弧即可，如图 1-4-15b、c 所示。作图时，根据已知圆角半径 R 找出切点 A_1、B_1、C_1、D_1，过切点作切线的垂线，两垂线的交点即为圆心，以此圆心到切点的距离为半径画圆弧，即得圆角的正等轴测图。顶面画好之后，将 O_1，O_2 向下移动 h，绘得下底面两圆弧的圆心，如图 1-4-15c 所示。与对称结构同法绘出。

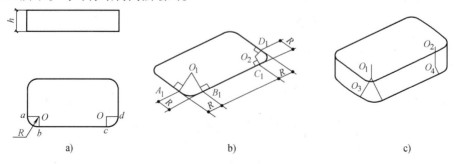

a)

b)

c)

图 1-4-15 作圆角的正等测图

5. 圆球的正等测画法 圆球的正等测图是圆。当采用简化伸缩系数时，圆的直径是球径 d 的 1.22 倍。为了增加图形的立体感，常把球切去 1/8，并连同以球心为原点的坐标面一并画出，如图 1-4-16 所示。

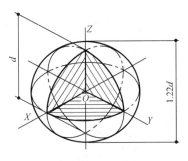

图 1-4-16 圆球的正等测图

4.2.2 截交线、相贯线的轴测图画法

截交线和相贯线是组合体上的常见结构，画截交线、相贯线的轴测图常用的方法有两种：坐标法和辅助平面法。

1. 坐标法 在视图中截交线或相贯线上定出若干点，将这些点依坐标画到轴测图中的相应位置，并用曲线板光滑连接。

图 1-4-17 给出了求圆柱体截交线的作图过程。

（1）在视图上定截交线上若干点的坐标如图 1-4-17a 所示。

（2）先画出完整的圆柱体的轴测图，再定出切圆柱的侧平面的位置，得到截交线——矩形 $ABCD$，然后按坐标关系定出正垂面切圆柱所得的部分椭圆上的各点，并光滑连接如图 1-4-17b。

（3）擦去作图线和不可见轮廓线，加深可见轮廓线，即得平面截切圆柱体的轴测图如图 1-4-17c。

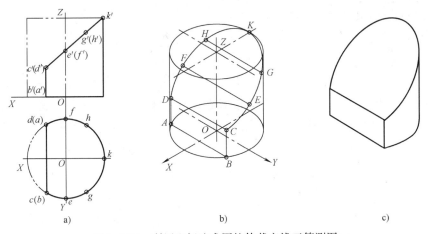

a)   b)   c)

图 1-4-17 利用坐标法求圆柱体截交线正等测图

2. 辅助平面法

（1）在视图上定求相贯线所使用各个正平面的位置，见图 1-4-18a。

（2）在轴测图上作出相应的辅助平面，分别在两个圆柱上得到交线，交线的交点即为相贯线上的点，光滑连接各交点得相贯线的轴测投影，见图 1-4-18b。

（3）擦去作图线和不可见轮廓线，并加深图线，见图 1-4-18c。

在三视图中求该立体上的相贯线时可以使用水平面，但在轴测图中则不宜使用，因为水平面截切铅垂圆柱的交线为圆，其轴测投影为椭圆，作图不便，所以这里使用正平面为辅助平面。

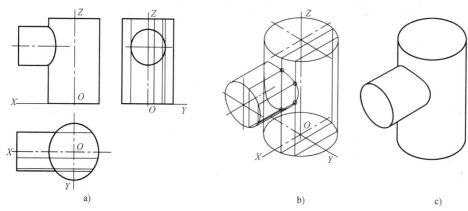

图 1-4-18　利用辅助平面法求圆柱体相贯线的正等测图

4.2.3　组合体正等轴测图的画法

画组合体的正等测图一般先用形体分析法将其分解为基本立体，画出基本立体的轴测图，再逐一细化。

【例 1-4-5】　图 1-4-19 所示为由组合体视图绘制其正等测图的作图步骤。

【解】　作图步骤：

（1）组合体的视图，见图 1-4-19a。

（2）画基本立体，并确定底板圆孔 $\phi18$ 和立板圆孔 $\phi16$（与 $R15$ 圆弧同心）的圆心位置，见图 1-4-19b。

（3）作出 $R15$ 圆弧的对应菱形，定出两心 1、2，作出它在立板前面的轴测投影，将 1、2 两心向后平移立板厚 10，作出该弧在立板后面投影；作出底板上面 $\phi18$ 圆孔的对应菱形，求得四心，作出该孔的上底面轴测投影椭圆，将圆心 4 向下平移底板厚 10，见图 1-4-19c。

（4）作出立板上 $\phi18$ 圆孔的对应菱形，求得它在立板前面的轴测投影，将圆心 7 向后

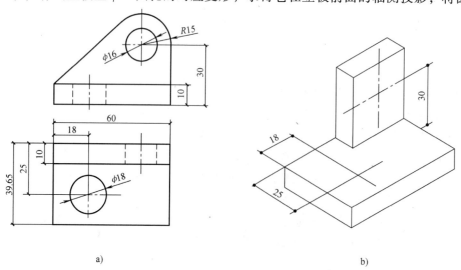

图 1-4-19　组合体的正等测图

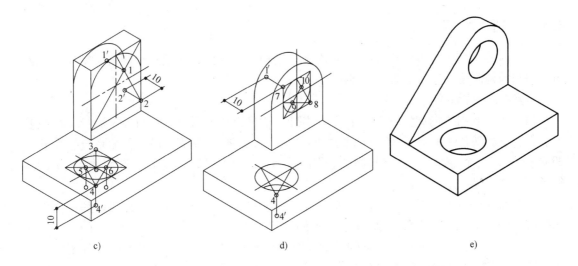

图1-4-19　组合体的正等测图(续)

平移立板厚10，作该孔在立板后面的投影(只作可见部分)；作出底板圆孔 $\phi18$ 的下底面投影，见图1-4-19d。

（5）画立板上两条公切线，擦去不可见轮廓线，并加深图线。完成组合体的正等轴测图，如图1-4-19e所示。

【例1-4-6】　如图1-4-20a所示立体的正投影图，作组合体的轴测图。

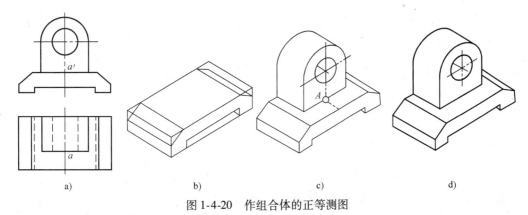

图1-4-20　作组合体的正等测图

【解】　作图步骤：

（1）画出完整长方体底板后，切除两侧角，挖出底槽，见图1-4-20b。

（2）确定直立耳板的定位点 A 的位置，画出耳板正等测图，见图1-4-20c。

（3）擦去作图线、加深图线即完成全图，见图1-4-20d。

4.3　斜轴测图的画法

当投射方向 S 倾斜于轴测投影面时所得的投影，称为斜轴测投影，其图形简称斜轴测图。斜轴测投影又可分为正面斜轴测和水平斜轴测两种。

4.3.1 正面斜轴测

当形体的 OX 轴和 OZ 轴决定的坐标面平行于轴测投影面，而投影线倾斜于轴测投影面时，得到的轴测投影称为正面斜轴测投影。

它具有斜投影的如下特性：

（1）无论投射方向如何倾斜，平行于轴测投影面的平面图形，它的斜轴测投影反映实形。即，正面斜轴测图中 O_1Z_1 和 O_1X_1 之间的轴间角是 90°。两者的轴向伸缩系数都等于 1，即 $P=r=1$。这个特性，使得斜轴测图的作图较为方便，对具有较复杂的侧面形状或为圆形的形体，这个优点尤为显著。

（2）相互平行的直线，其正面斜轴测图仍相互平行，平行于坐标轴的线段的正面斜轴测投影与线段实长之比，等于相应的轴向伸缩系数。

（3）垂直于投影面的直线，它的轴测投影方向和长度，将随着投影方向 S 的不同而变化。然而，正面斜轴测的轴测轴 O_1Y_1 的位置和轴向伸缩系数 q 是各自独立的，没有固定的关系，可以任意选之。轴测轴 O_1Y_1 与 O_1Y_1 轴的夹角一般取 30°、45°或 60°，常用 45°。

当轴线伸缩系数 $P=q=r=1$ 时，称为正面斜等测；当轴线伸缩系数 $P=r=1$、$q=0.5$ 时，称为正面斜二测。

如图 1-4-21a 所示，以 45°画图，轴间角 $\angle X_1O_1Y_1=135°$，图 1-4-21b 中，$\angle X_1O_1Y_1=45°$，这样画出的轴测图较为美观，是常用的一种斜轴测投影。

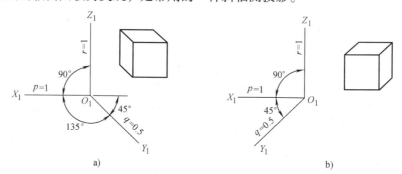

图 1-4-21　正面斜二测的轴间角和轴向伸缩系数

【例 1-4-7】　作出图 1-4-22a 所示台阶的斜轴测图。

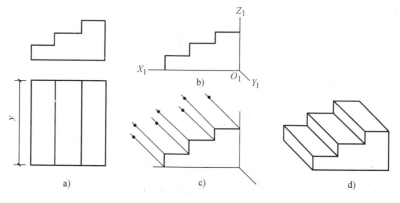

图 1-4-22　画台阶的正面斜二测图

【解】

（1）分析

台阶的正面投影比较复杂且不能反映该形体的特性，因此，可利用正面投影作出它的斜二测图。如选用轴间角 $\angle X_1 O_1 Y_1 = 45°$，这时踏面被踢面遮住而表示不清，所以选用 $\angle X_1 O_1 Y_1 = 135°$。

（2）作图步骤

1）画轴测轴，并按台阶正投影图中的正面投影，作出台阶前端面的轴测投影，如图1-4-22b 所示。

2）过台阶前端面的各顶点，作 O_1Y_1 轴的平行线，如图 1-4-22c 所示。

3）从前端各顶点开始在 O_1Y_1 轴的平行线上量取 $0.5y$，由此确定台阶的后端面而成图，如图 1-4-22d 所示。

【例1-4-8】 作拱门的正面斜轴测图，如图 1-4-23 所示。

【解】

（1）分析

拱门由地台、门身及顶板三部分组成，作轴测图时必须注意各部分在 Y 方向的相对位置，如图 1-4-23a 所示。

（2）作图步骤

1）画地台正面斜轴测图，并在地台面的左右对称线上向后量取 $\Delta y/2$，定出拱门前墙面位置线，如图 1-4-23b 所示。

2）按实形画出前墙面及 Y 方向线，如图 1-4-23c 所示。

3）完成拱门斜二轴测图。注意后墙面半圆拱的圆心位置及半圆拱的可见部分。再在前墙面顶线中点作 Y 轴方向线，向前量取 $\Delta y_2/2$，定出顶板底面前缘的位置线，如图 1-4-23d 所示。

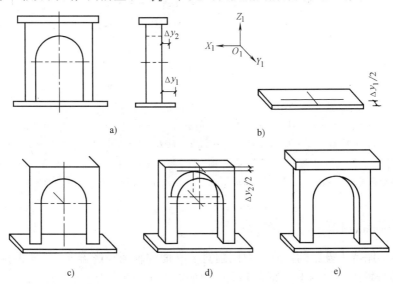

图 1-4-23　作拱门的正面斜二轴测图

a）投影图　b）作地台及拱门前墙面位置线　c）作拱门前墙面

d）完成拱门，作顶板前缘位置线　e）作顶板，完成轴测图

4）画出顶板，完成轴测图，如图1-4-23e所示。

在斜二测中，平行于 *XOZ* 坐标面的平面图形都反映实形，因此平行于该坐标面的圆的斜二测图仍是圆。而平行于 *XOY*、*YOZ* 坐标面的圆，其斜二测图为椭圆，如图1-4-24所示。

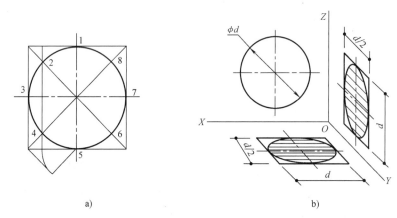

图 1-4-24　平行于坐标面的圆的斜二测图

a）视图　b）斜二测图

当圆的外接正方形在轴测图中成为平行四边形时，其圆的轴测图多采用近似作图法——"八点法"画椭圆，如图1-4-25所示。

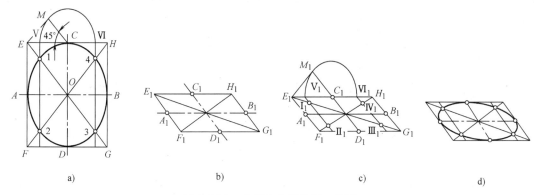

图 1-4-25　八点法作圆的斜二测图

a）作圆的外切正方形 *EFGH*，并连接对角线 *EG*、*FH* 交圆周于1、2、3、4点　b）作圆外切正方形的斜二测图，切点 A_1、B_1、C_1、D_1 即为椭圆上的四个点　c）以 E_1C_1 为斜边作等腰直角三角形，以 C_1 为圆心，腰长 C_1M_1 为半径作弧，交 E_1H_1 于 V_1、VI_1，过 V_1、VI_1 作 C_1D_1 的平行线与对角线交 I_1、II_1、III_1、IV_1 四点　d）依次用曲线板连接 A_1、I_1、C_1、IV_1、B_1、III_1、D_1、II_1、A_1 各点即得平行于水平面的圆的斜二测图

4.3.2　水平斜轴测图

如果形体仍保持正投影的位置，而用倾斜于 *H* 面的轴测投影方向 *S*，向平行于 *H* 面的轴测投影面 *P* 进行投影，如图1-4-26a所示，则所得斜轴测图称为水平斜轴测图。

在水平斜轴测投影中，空间形体的坐标轴 *OX* 和 *OY* 平行于水平的轴测投影面，所以变形系数 $P=q=1$，轴间角 $X_1O_1Y_1=90°$。至于 O_1Z_1 轴与 O_1X_1 轴之间轴间角以及轴向伸缩系数 *r*，同样可以单独任意选择，但习惯上取 $\angle X_1O_1Z_1=120°$，$r=1$，坐标轴 *OZ* 与轴测投影

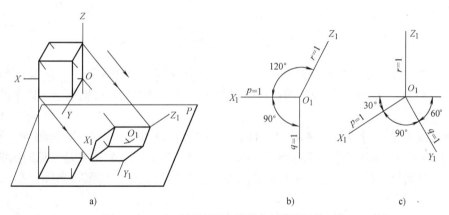

图 1-4-26　水平斜轴测图的形成和轴测轴的画法

面垂直，由于投影方向 S 是倾斜的，所以 O_1Z_1 则成了一条斜线，如图 1-4-26b 所示。画图时，习惯将 O_1Z_1 轴画成竖直位置，这样 O_1X_1 和 O_1Y_1 轴相应偏转一角度，通常 O_1X_1 和 O_1Y_1 轴分别对水平线成30°和60°，如图 1-4-26c 所示。

【例1-4-9】　作如图 1-4-27 所示的水平斜轴测图。

【解】　分析：

该形体外部形状为四棱台，内部自上而下切去两个四棱台沉孔，选择坐标原点在形体的右后下方位置，轴向变形系数定为 $p=q=r=1$。

作图步骤如下：

1）根据正投影图 1-4-27a，画轴测轴将 H 投影轮廓旋转 30°画出，完成外形四棱柱的轴测图 1-4-27b。

2）切割中间两四棱柱沉孔 1-4-27c。

3）擦去多余的图线、加深加粗图线，得形体的水平斜轴测图，如图 1-4-27d 所示。

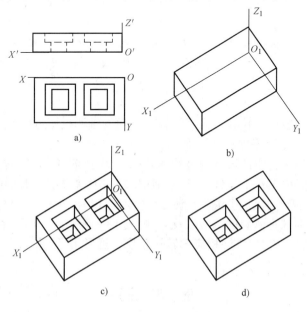

图 1-4-27　组合体水平斜轴测的作图方法

小　　结

1. 三视图可以反映出物体形状、大小，但缺乏立体感，难于识读，一般常用轴测投影画出具有立体感的图，作为辅助用图；在识图时，一般常借助画一些轴测图，以帮助了解图样内容。

2. 轴测投影是平行投影，轴测图也具有正投影的某些投影特性，如全等性、平行性、定比性、从属性、类似性（包括圆与椭圆）等。正等测、斜二测、斜等测是常见的轴测投影。

3. 轴测投影按其投影方向可分为正轴测投影和斜轴测投影。轴测投影图根据三个坐标轴的轴向伸缩系数的不同，每类轴测图又可分为三种：

1）正（斜）等测图：三个轴测伸缩系数都相等，即 $p=q=r$。

2）正（斜）二测图：其中两个轴向伸缩系数相等，即 $p=q\neq r$，$p=r\neq q$，$q=r\neq p$。

3）正（斜）三测图：三个轴测伸缩系数都不相等，即 $p\neq q\neq r$。

4. 正等测图：由于三个直角坐标轴与轴测投影面夹角相等，所以正等测图的三个轴间角相等，即为120°，其轴向伸缩系数为0.82，为了作图方便，一般采用简化轴向变形系数：$p=q=r=1$，这对物体的形状没有影响。

5. 正面斜轴测：当形体的 OX 轴和 OZ 轴决定的坐标面平行于轴测投影面，而投影线倾斜于轴测投影面时，得到的轴测投影称为正面斜轴测投影。

其特性：

1）无论投射方向如何倾斜，平行于轴测投影面的平面图形，它的斜轴测投影反映实形。

2）相互平行的直线，其正面斜轴测图仍相互平行，平行于坐标轴的线段的正面斜轴测投影与线段实长之比，等于相应的轴向伸缩系数。

3）垂直于投影面的直线，它的轴测投影方向和长度，将随着投影方向 S 的不同而变化。然而，正面斜轴测的轴测轴 O_1Y_1 的位置和轴向伸缩系数 q 是各自独立的，没有固定的关系，可以任意选之。轴测轴 O_1Y_1 与 O_1Y_1 轴的夹角一般取30°、45°或60°，常用45°。

当轴线伸缩系数 $P=q=r=1$ 时，称为正面斜等测；当轴线伸缩系数 $P=r=1$、$q=0.5$ 时，称为正面斜二测。

6. 水平斜轴测图

如果形体仍保持正投影的位置，而用倾斜于 H 面的轴测投影方向 S，向平行于 H 面的轴测投影面 P 进行投影，则所得斜轴测图称为水平斜轴测图。

在水平斜轴测投影中，空间形体的坐标轴 OX 和 OY 平行于水平的轴测投影面，所以变形系数 $P=q=1$，轴间角 $X_1O_1Y_1=90°$。至于 O_1Z_1 轴与 O_1X_1 轴之间轴间角以及轴向伸缩系数 r，同样可以单独任意选择，但习惯上取 $\angle X_1O_1Z_1=120°$，$r=1$，坐标轴 OZ 与轴测投影面垂直，由于投影方向 S 是倾斜的，所以 O_1Z_1 则成了一条斜线，画图时，习惯将 O_1Z_1 轴画成竖直位置，这样 O_1X_1 和 O_1Y_1 轴相应偏转一角度，通常 O_1X_1 和 O_1Y_1 轴分别对水平线成30°和60°。

思　考　题

1. 轴测投影的形成及其特性是什么？

2. 轴测投影图有哪几种分类?

3. 什么是轴间角?

4. 什么是轴向变形系数,正等测的简化轴向变形系数是多少?

5. 简述绘制轴测投影图的基本步骤?

习　题

1. 根据正投影(图1-4-28),作正等测图。

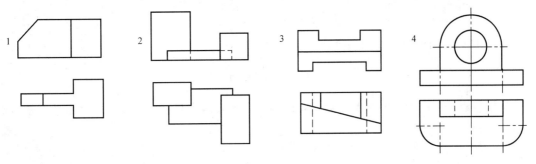

图 1-4-28　第 1 题图

2. 作出下列组合体的轴测图(自选轴测图种类),见图1-4-29。

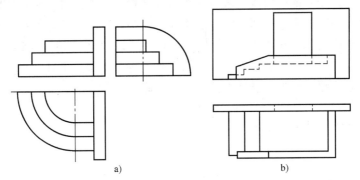

a)　　　　　　b)

图 1-4-29　第 2 题图

3. 根据正投影(图1-4-30),作正面斜二测图。

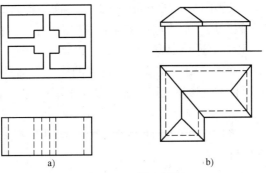

a)　　　　　　b)

图 1-4-30　第 3 题图

第 5 章　剖面图和断面图

学习目标要求

1. 了解剖面图和断面图的形成原理。
2. 掌握剖面图和断面图的种类和画法。
3. 掌握剖面图和断面图的图示区别及识读方法。

学习重点与难点

本章重点是：剖面图和断面图的种类和画法。**本章难点是：**剖面图和断面图的图示区别及识读方法。

在绘制形体的投影图时，可见的轮廓线用实线表示，不可见的轮廓线则用虚线表示。当一个形体的内部构造比较复杂时，如一幢楼房，其内部通常有各种房间、楼梯、门窗、地下基础等许多构配件，如果都用虚线来表示这些从外部看不见的部分，必然造成形体视图图面上实线和虚线纵横交错，混淆不清。因而给绘图、读图和尺寸标注等均带来不便，也无法清楚表达房屋的内部构造，容易产生错误。在实际应用中为能较清楚地反映形体内部的构造、材料和进行尺寸标注，同时也便于识图，人们想到了将形体假想剖开后来表达内部投影的方法——剖面图或断面图，在工程设计中得到广泛的应用。

5.1　剖面图的种类和画法

5.1.1　剖面图的形成

剖面图是假想用一个剖切平面将形体剖切，移去介于观察者和剖切平面之间的部分，对剩余部分向投影面所作的正投影图。剖切平面通常为投影面平行面或垂直面，剖面图的形成如图 1-5-1 所示，在 a 图中假想用一个通过基础前后对称面的正平面 P 将基础剖切开，移去介于观察者和剖切平面之间的部分及剖切平面 P 后，再将留下的后半部分基础向 V 面作投影，得到图 1-5-1b 所示的剖面图。图中反映了剖切到的建筑形体的材料图例和构造，同时也反映出剖切位置后方的所有可见形体投影，显然，原来不可见的虚线，在剖面图上已变成实线，为可见轮廓线。

在剖面和断面图中，要将被剖切的断面部分，画上材料图例来表示材质。如图 1-5-1b 所示该基础是钢筋混凝土材料构成。

5.1.2　剖面图的表达

1. 确定剖切平面的位置　作形体的剖面图，首先应确定剖切平面的位置，使剖切后得

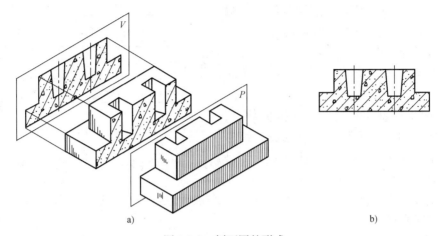

图 1-5-1 剖面图的形成

a）假想用剖切平面 P 剖开基础并向 V 面进行投影 b）基础的 V 向剖面图

到的剖面图清晰反映实形、便于理解内部的构造组成，并对剖切形体来说应具有足够的代表性。故在选择剖切平面位置时除应注意使剖切平面平行于投影面外，还需要使其经过形体有代表的位置，如孔、洞、槽位置(孔、洞、槽若有对称性则应经过其中心线)。

2. 剖面图及其数量 在剖面图中剖切到的轮廓用实线表示。剖面图的剖切是假想的，所以在画剖面图以外的投影图形时仍以完整形体画出。

确定剖面图数量，原则是以较少的剖面图来反映尽可能多的内容。选择时通常与形体的复杂程度有关。较简单的形体可只画一个，而较复杂的则应画多个剖面图，以能反映形体内外特征、便于识读理解为目的。如图 1-5-2 所示，选用两个剖面图就较好地反映了形体的空间状况。

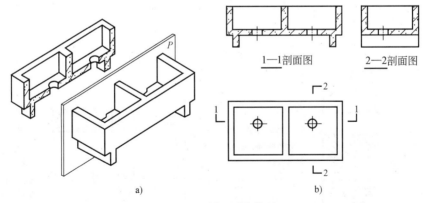

图 1-5-2 剖面图的数量

3. 剖面符号和画法 由于剖面图本身不能反映剖切平面的位置，就必须在其他投影图上标出剖切平面的位置及剖切形式。在建筑工程图中用剖切平面符号表示剖切平面的位置及其剖切开以后的投影方向。《房屋建筑制图统一标准》中规定剖切符号由剖切位置线及剖视方向线组成，均以粗实线绘制，如图 1-5-3 所示。

（1）剖切位置线是表示剖切平面的剖切位置的。剖切位置线用两段粗实线绘制，长度 6～10mm。

（2）剖视方向线是表示剖切形体后向哪个方向作投影的。剖视方向线用两段粗实线绘制，与剖切位置线垂直，长度宜为 4～6mm。剖面剖切符号不宜与图面上图线相接触。

（3）剖面的剖切符号，用阿拉伯数字，按顺序由左至右、由下至上连续编排，编号应注写在剖视方向线的端部。且应将此编号标注在相应的剖面图的下方。

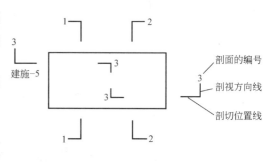

图 1-5-3　剖面图的剖切符号

（4）需要转折的剖切位置线，在转折处如与其他图线发生混淆，应在转角的外侧加注与该符号相同的编号。

（5）剖面图如与被剖切图样不在同一张图纸内，可在剖切位置线的另一侧注明其所在图纸的图纸号，也可在图上集中说明。

（6）通常对下列剖面图不标注剖面剖切符号：通过门、窗洞口位置剖切房屋，所绘制的建筑平面图；通过形体（或构件配件）对称平面、中心线等位置剖切形体，所绘制的剖面图。

4. 画材料图例　在剖切时，剖切平面将形体切开，从剖切开的截面上能反映形体所采用的材料。因此，在截面上应表示该形体所用的材料。《房屋建筑制图统一标准》中将常用建筑材料做了规定画法，如表 1-5-1 所示。

表 1-5-1　建筑材料图例

序号	名称	图例	说明	序号	名称	图例	说明
1	自然土壤		包括各种自然土壤	9	空心砖		包括各种多孔砖
2	夯实土壤			10	饰面砖		包括铺地砖、陶瓷锦砖、人造大理石等
3	砂、灰土		靠近轮廓线点较密的点	11	混凝土		1. 本图例仅适用于能承重的混凝土及钢筋混凝土 2. 包括各种标号、骨料、外加剂的混凝土 3. 在剖面图上画出钢筋时不画图例线 4. 如断面较窄，不易画出图例线，可涂黑
4	砂砾石碎砖三合土						
5	天然石材		包括岩层、砌体、铺地、贴面等材料				
6	毛石			12	钢筋混凝土		
7	普通砖		1. 包括砌体、砌块 2. 断面较窄，不易画出图例线，可涂红				
8	耐火砖		包括耐酸砖等	13	焦渣矿渣		包括与水泥、石灰等混合而成的材料

（续）

序号	名 称	图 例	说 明	序号	名 称	图 例	说 明
14	多孔材料		包括水泥珍珠岩、沥青珍珠岩、泡沫混凝土、非承重加气混凝土、泡沫塑料、软木等	20	金属		1. 包括各种金属 2. 图形小时可涂黑
15	纤维材料		包括麻丝、玻璃棉、矿渣棉、木丝板、纤维板等	21	网状材料		1. 包括金属、塑料等网状材料 2. 注明材料
16	松散材料		包括木屑、石灰、木屑、稻壳等	22	液体		注明名称
17	木材		1. 上图为横断面，为垫木、木砖、木龙骨 2. 下图为纵断面	23	玻璃		包括平板玻璃、磨砂玻璃、夹丝玻璃、钢化玻璃等
				24	橡胶		
18	胶合板		应注明 x 层胶合板	25	塑料		包括各种软、硬塑料，有机玻璃
				26	防水卷材		构造层次多和比例较大时采用上面图例
19	石膏板			27	粉刷		本图例点以较稀的点

5.1.3 画剖面图应注意的问题

（1）为了使图形更加清晰，剖面图形中一般不画虚线。

（2）由于剖切是假想的，每次剖切都是在形体保持完整的基础上的剖切。其他投影图也按整体投影画出，如图 1-5-2 中的 H 面投影。

（3）如为注明形体的材料时，应在相应的位置画出同向、同间距并与水平线成45°角的细实线（也称剖面线）。画剖面线时，同一形体在各个剖面图中剖面线的倾斜方向和间距要一致。

5.1.4 剖面图的种类与画法

由于形体的形状变化多样，对形体作剖面图时所剖切的位置、方向和范围也不同。下面介绍建筑工程中常用的剖面图的剖切方法。常用的剖面图有：全剖面图、半剖面图、阶梯剖面图、展开剖面图、局部剖面图和分层剖面图六种。

1. 全剖面图 假想用一个剖切平面将形体完整地剖切开，得到的剖面图，称为全剖面图（简称全剖）。全剖面图一般常应用于不对称的形体，或虽然对称，但外形比较简单，或在另一投影中已将它的外形表达清楚的形体。

图1-5-4a所示的建筑形体，为了表达它的内部形状，用一个水平剖切面，通过形体的四壁的洞口，将形体整个剖开，如图1-5-4b，然后画出它的剖面图，如图1-5-4c所示，这种水平全剖所得剖面图，称为水平全剖图。

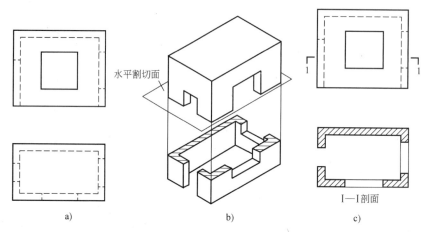

图1-5-4 建筑形体的水平全剖图
a）两面投影 b）立体图 c）剖面图

在建筑工程图中，建筑平面图就是用水平全剖的方法绘制的水平全剖图，如图1-5-5所示。

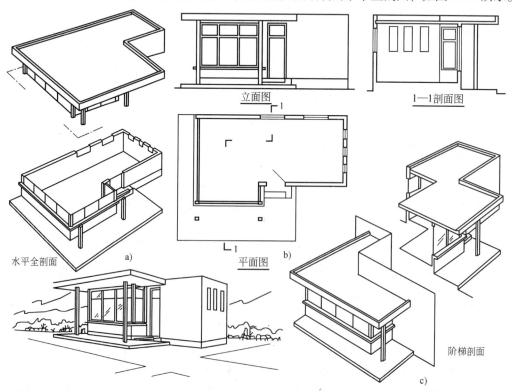

图1-5-5 房屋平、立、剖面图

2. 半剖面图 如果形体是左右对称或前后对称，而且内外形状都比较复杂时，为了同时表达内外形状，应采用半剖。

半剖就是以图形对称线为分界线，相当于把形体剖去 1/4 之后，画出一半表示外形投影，一半表示内部剖面的图形。

如图 1-5-6 所示，为一个杯形基础的半剖面图，在正面投影和侧面投影中，都采用了半剖面图的画法，以表示基础的外部形状和内部构造。

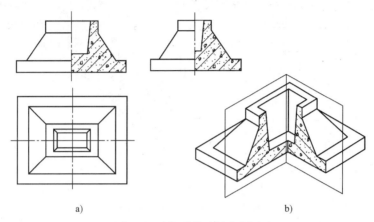

a)   b)

图 1-5-6   杯形基础的半剖图

画半剖面图时，应注意：

（1）剖面图和半外形图应以对称面或对称线为界，对称面或对称线画成细的单点长画线。

（2）半剖面图一般应画在水平对称轴线下侧或竖直对称轴线的右侧。

（3）半剖面图一般不画剖切符号和编号，图名沿用原投影图的图名。

3. 阶梯剖面图 用两个或两个以上互相平行的剖切平面将形体剖开，得到的剖面图叫阶梯剖面图。阶梯剖面图用在一个剖切面不能将形体需要表示的内部全部剖切到的形体上。

如图 1-5-5 所示的房屋，如果只用一个平行侧面投影面的剖切面，就不能同时剖开前墙的窗和后墙的窗，这时可将剖切面转一个直角弯，形成两个平行的剖切面，如图 1-5-5c 所示。使一个剖切平面剖切前墙的窗，另一个剖切面剖切后墙的窗，这就把该剖的内部构造都表示出来了。

需注意，由于剖切平面是假想的，所以剖切平面转折处由于剖切而使形体产生的轮廓线不应在剖面图中画出。在画剖切符号时，剖切平面的阶梯转折用粗折线表示，线段长度一般为 4~6mm，折线的突角外侧可注写剖切编号，以免与图线相混。

4. 展开剖面图 当形体有不规则的转折，或有孔洞槽而采用以上三种剖切方法都不能解决时，可以用两个相交剖切平面将形体剖切开，所得到的剖面图，经旋转展开，平行于某个投影面后再进行正投影，称为展开剖面图。

图 1-5-7 为一个楼梯展开剖面图，由于楼梯的两个梯段间在水平投影图上呈一定夹角，如用一个或两个平行的剖切平面都无法将楼梯表示清楚，因此可以用两个相交的剖切平面进行剖切，移去剖切平面和观察者之间的部分，将剩余楼梯的右面部分旋转

至与正立投影面平行后，便可得到展开剖面图，在图名后面加"展开"二字，并加上圆括号。

在绘制展开剖面图时，剖切符号的画法如图 1-5-7a 的 *H* 投影所示，转折处用粗实线表示，每段长度为 4~6mm。

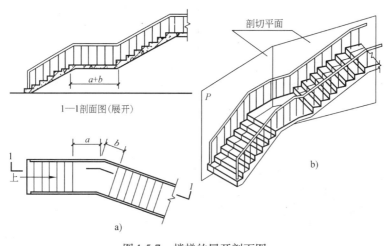

图 1-5-7 楼梯的展开剖面图

a）两投影和展开剖切符号 b）直观图

5. 局部剖面图 当形体仅需要部分采用剖面图就可以表示内部构造时，可采用将该部分剖开形成局部剖面的形式，称为局部剖面图。局部剖面图的剖切平面也是投影面平行面。如图 1-5-8 所示的杯形基础，为了保留较完整的外形，将其水平投影的一角剖开画成局部剖面，以表示基础内部的钢筋配置情况。基础的正面投影是个全剖图，画出了钢筋的配置情况，此处将混凝土视为透明体，不再画混凝土的材料图例，这种图在结构施工图中称为配筋图。

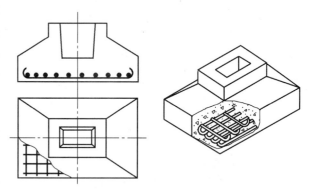

图 1-5-8 杯形基础局部剖面图

画局部剖面图时应注意：

（1）局部剖面图部分用波浪线分界，不标注剖切符号和编号。图名沿用原投影图的名称。

（2）波浪线应是细线，与图样轮廓线相交。注意也不要画成图线的延长线。

（3）局部剖面图的范围通常不超过该投影图形的 1/2。

6. 分层剖面图 对一些具有分层构造的工程形体，可按实际情况用分层剖开的方法得到其剖面图，称为分层剖面图。

如图 1-5-9 所示是表示木地面分层构造的剖面图，图中以波浪线为界，将剖切到的地面，一层一层的剥离开来，分别画出地面的构造层次：花篮梁、空心板、水泥砂浆找平层、沥青、硬木地面等。在画分层剖面图时，应按层次以波浪线分界，波浪线不与任何图线

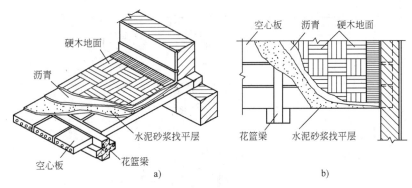

图 1-5-9　楼层地面分层剖切剖面图

a）立体图　b）平面图

重合。

图 1-5-10 是用分层剖面图表示的一面墙的构造情况，以两条波浪为界，分别画出三层构造：内层为砖墙、中层为混合砂浆找平层、面层为仿瓷漆罩面。在剖切的范围中画出材料图例，有时还加注文字说明。

总之，剖面图是工程中应用最多的图样，必须熟练掌握其作图方法，并能准确理解和识读各种剖面图，以提高对工程图的识读能力。

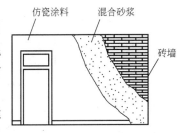

图 1-5-10　墙体的分层剖面图

5.2　断面图的种类和画法

5.2.1　断面图的形成

对于某些单一杆件或需要表示构件某一部位的截面形状时，可以只画出形体与剖切平面相交的那部分图形。即假想用剖切平面将形体剖切后，仅画出剖切平面与形体接触的部分的正投影称为断面图，简称断面，如图 1-5-11 所示，带牛腿的工字形柱子与下柱的形状不同。

5.2.2　断面图与剖面图的区别

（1）断面图只画形体被剖切后剖切平面与形体接触到的那部分，而剖面图则要画出被剖切后剩余部分的投影，即剖面图不仅要画剖切平面与形体接触的部分，而且还要画出剖切平面后面没有被切到但可以看得见的部分，如图 1-5-12c 所示（即断面是剖面的一部分，剖面中包括断面）。

（2）断面图和剖面图的剖切符号不同，断面图的剖切符号只画剖切位置线，长度为 6～10mm 的粗实线，不画剖视方向线。而标注断面方向的一侧即为投影方向一侧。如图 1-5-12d 所示的编号"1"写在剖切位置线的右侧，表示剖开后自左向右投影。

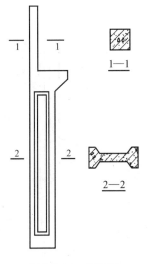

图 1-5-11　断面图

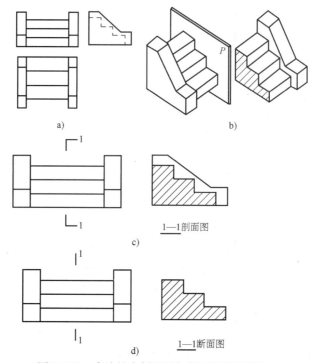

图 1-5-12 台阶的全剖面图与断面图的图示方法

a) 台阶投影图 b) 台阶剖开后的立体图 c) 台阶剖面图 d) 台阶断面图

（3）剖面图是用来表达形体内部形状和结构的；而断面图则是用来表达形体中某断面的形状和结构的。如图 1-5-13 可进一步说明二者的区别。

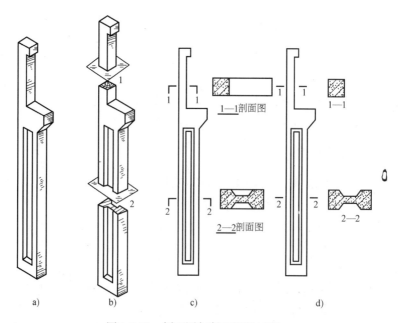

图 1-5-13 剖面图与断面图的区别

a) 牛腿柱 b) 剖开后的牛腿柱 c) 剖面图 d) 断面图

5.2.3 断面图的种类和画法

根据断面图布置位置不同，可分为移出断面、重合断面和中断断面三种。

1. 移出断面 将形体某一部分剖切后所形成的断面移画于主投影图的一侧，称为移出断面。如图1-5-13d所示为钢筋混凝土牛腿柱的正立面图和移出断面图。

移出断面图的轮廓要画成粗实线，轮廓线内画图例符号，如图1-5-13d所示钢筋混凝土牛腿柱的1—1、2—2断面图中，画出了钢筋混凝土的材料图例。

移出断面图一般应标注剖切位置、投影方向和断面名称，如图1-5-13d所示的1—1、2—2断面。

移出断面可画在剖切平面的延长线上或其他任何位置。当断面图形对称，则只需用细单点长画线表示剖切位置，不需进行其他标注，如图1-5-14a所示。如断面图画在剖切平面的延长线上时，可标注断面名称，如图1-5-14b所示。

移出断面图应在形体投影图的附近，以便识读。移出断面图也可以适当的比例放大，以利于标注尺寸和清晰地显示其内部构造。

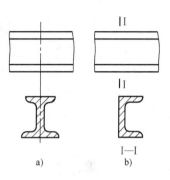

图1-5-14　工字钢、槽钢的
移出断面
a）工字钢　b）槽钢

2. 重合断面 将断面图直接画于投影图中，二者重合在一起，称为重合断面图。如图1-5-15所示为一角钢的重合断面图。它是假想用一个垂直于角钢轴线的剖切平面剖切角钢，然后将断面向右旋转90°，使它与正立面图重合后画出来的。

由于剖切平面剖切到哪里，重合断面就画在哪里，因而重合断面不需标注剖切符号和编号。为了避免重合断面与投影图轮廓线相混淆，当断面图的轮廓线是封闭的线框时，重合断面的轮廓线用细实线绘制，并画出相应的材料图例；当重合断面的轮廓线与投影图的轮廓线重合时，投影图的轮廓线仍完整画出，不应断开，如图1-5-15所示。

3. 中断断面 对于单一的长向杆件，也可以在杆件投影图的某一处用折断线断开，然后将断面图画于其中，不画剖切符号，如图1-5-16所示的槽钢杆件中断断面图。同样钢屋架的大样图也常采用中断断面的形式表达其各杆件的形状，如图1-5-17所示。中断断面的轮廓线用粗实线，断开位置线可为波浪线、折断线等，但必须为细线，图名沿用原投影图的名称。

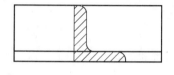

图1-5-15　重合断面图

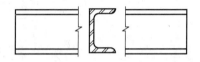

图1-5-16　槽钢的中断断面

5.2.4 断面图的识读

如图1-5-18所示为一钢筋混凝土空腹鱼腹式吊车梁。该梁通过完整的正立面图和六个移出断面图，清楚地表达了梁的构造形状。图中没有给出梁的配筋图。识图时，利用形体分析法，从正立面图出发，结合相对应的断面图，想象出每一部分的形状，最后将各部分联系起来，想象出吊车梁的空间形状，如图1-5-18b所示。

在吊车梁的平面图上，表示出梁顶面上孔的位置、直径。这种图示方法在钢结构等构件图中应用较多。

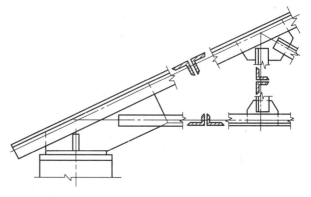

图 1-5-17　钢屋架采用中断断面图表示杆件

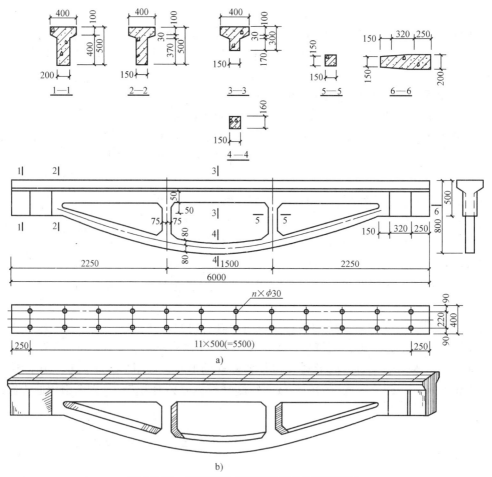

图 1-5-18　空腹鱼腹式吊车梁移出断面的识读

小　结

1. 剖面图。剖面图是假想用一个剖切平面将形体剖切，移去介于观察者和剖切平面之间的部分，对剩余部分向投影面所做的正投影图。看剖面图时，先应弄清楚剖面图的概念，搞清楚剖面图的形成原理，这样才能看懂剖面图。

2. 由于剖切方法不同可以获得不同的剖面图。常用的剖面图有：全剖面图、半剖面图、阶梯剖面图、展开剖面图、局部剖面图和分层剖面图六种。

（1）全剖面图。通常用于表达内部形状比较复杂的形体。在建筑工程图中，建筑平面图就是用水平全剖的方法绘制的水平全剖图。

（2）半剖面图。通常用于形体是左右对称或前后对称，而且内外形状都比较复杂时，为了同时表达内外形状所采用的一种剖面图示。

（3）阶梯剖面图。通常用于表达在一个剖切面不能将形体需要表示的内部全部剖切到的、构造层次较多且各部分中心线（或对称面）相互平行的形体上。

（4）展开剖面图。通常用于表达有不规则的转折，或有孔洞槽的形体上。

（5）局部剖面图。通常用于表达仅需要部分采用剖面图就可以表示内部构造的形体。

（6）分层剖面图。通常用于表达一些具有分层构造的工程形体。

3. 断面图是假想用剖切平面将形体剖切后，仅画出剖切平面与形体接触的部分的正投影图称为断面图，简称断面。

4. 断面图常用于表示形体某一部位的断面形状。根据断面布置位置不同，可分为移出断面、重合断面和中断断面三种。

5. 剖面图与断面图的区别：

相同点：都是用剖切平面剖切形体后得到的投影图。

不同点：（1）剖面图是用假想剖切平面剖切形体后，对剩余部分向投影面所作的正投影图；断面图则是只画出剖切平面与形体接触的部分的正投影图。所以说，剖面中包含着断面，断面则在剖面之内；

（2）断面图和剖面图的剖切符号不同；

（3）断面图和剖面图的用途不同。剖面图是用来表达形体内部形状和结构的；而断面图则是用来表达形体中某断面的形状和结构的。

6. 要注意严格区分剖面与断面的剖切符号。

思 考 题

1. 什么是剖面图？剖面符号如何表示？
2. 常用的剖面图有几种？如何区别？各适用于什么形体？
3. 什么是断面图？常用的断面图有几种？如何区别？
4. 剖面图和断面图有何区别？

习 题

1. 如图 1-5-19 所示，画出 1—1、2—2 剖面图。
2. 如图 1-5-20 所示，为一金属材料底座，请将形体的正面投影图改画成全剖面图。
3. 如图 1-5-21 所示，将形体的正面投影图改画成半剖面图。
4. 如图 1-5-22 所示，作出外墙的 2—2 剖面图。

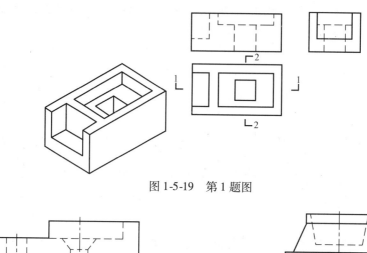

图 1-5-19　第 1 题图

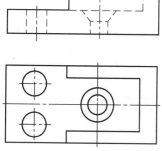

图 1-5-20　第 2 题图

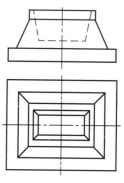

图 1-5-21　第 3 题图

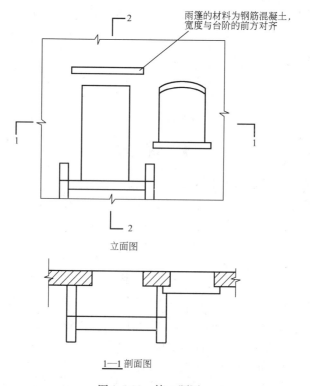

雨篷的材料为钢筋混凝土,
宽度与台阶的前方对齐

立面图

1—1 剖面图

图 1-5-22　第 4 题图

5. 如图 1-5-23 所示，作出钢筋混凝土梁的 1—1 和 2—2 断面图。

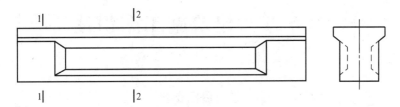

图 1-5-23　第 5 题图

第6章 建筑施工图识读

学习目标要求

1. 掌握建筑施工图的分类。
2. 掌握施工图首页的构成及作用。
3. 掌握建筑总平面图的图示内容及作用。
4. 掌握建筑平面图、建筑立面图、建筑剖面图的作用、图示内容及画法与识读方法。
5. 掌握建筑详图的作用、图示内容及画法与识读方法。
6. 掌握工业厂房建筑施工图的图示内容及画法与识读方法。

学习重点与难点

本章重点是： 建筑总平面图、平面图、立面图、剖面图、详图及工业建筑施工图的作用、图示内容及画法与识读方法。**本章难点是：** 建筑总平面图、立面图、剖面图、详图及工业建筑施工图的画法与识图。

房屋施工图是用以指导施工的一套图样。是将一幢拟建房屋的外形轮廓、平面和内部布置、尺寸、结构、构造、装饰以及设备等的做法，用投影的方法并按照国家标准的规定，详细准确地表示出来的工程图样，是组织施工和编制预、决算的依据。

建造一幢房屋，从设计到施工，要由许多专业和不同工种共同配合来完成。按专业分工不同，房屋施工图可分为：建筑施工图（简称建施）、结构施工图（简称结施）、设备施工图（简称设施）及装饰施工图（简称装施）。

建筑施工图：主要用来表达建筑设计的内容，即表示建筑物的总体布局、外部造型、内部布置、内外装饰、细部构造及施工要求。它包括首页图、总平面图、建筑平面图、立面图、剖面图和建筑详图等。

一套房屋施工图样，有几张、几十张甚至几百张。当我们拿到这些图样时，究竟应从哪里看起呢？

读图时应先看首页图，因为其中有图样目录和设计总说明（包括统一的设计、施工上的说明和有关的技术经济指标等），便于查阅图样，并能对该房屋有一概略了解。如果没有首页图，可先将全套图样翻一翻，了解这套图样有多少类别，每类有几张，各张有什么内容。然后按"建施"、"结施"和"设施"的顺序逐张进行阅读。

6.1 施工图首页

施工图首页一般由图样目录、设计总说明、构造做法表及门窗表组成。

6.1.1 图样目录

图样目录放在一套图样的最前面，说明本工程的图样类别、图号编排，图样名称和备注等，以方便图样的查阅。如表1-6-1是某住宅楼的施工图图样目录。该住宅楼共有建筑施工图12张，结构施工图4张，电气施工图2张。

表1-6-1 图样目录

图别	图号	图 样 名 称	备注	图别	图号	图 样 名 称	备注
建施	01	设计说明、门窗表		建施	10	1—1剖面图	
建施	02	车库平面图		建施	11	大样图一	
建施	03	一～五层平面图		建施	12	大样图二	
建施	04	六层平面图		结施	01	基础结构平面布置图	
建施	05	阁楼层平面图		结施	02	标准层结构平面布置图	
建施	06	屋顶平面图		结施	03	屋顶结构平面布置图	
建施	07	①～⑩轴立面图		结施	04	柱配筋图	
建施	08	⑩～①轴立面图		电施	01	一层电气平面布置图	
建施	09	侧立面图		电施	02	二层电气平面布置图	

6.1.2 设计总说明

主要说明工程的概况和总的要求。内容包括工程设计依据（如工程地质、水文、气象资料）；设计标准（建筑标准、结构荷载等级、抗震要求、耐火等级、防水等级）；建设规模（占地面积、建筑面积）；工程做法（墙体、地面、楼面、屋面等的做法）及材料要求。

下面是某住宅楼设计说明举例：

1. 本建筑为长沙某房地产公司经典生活住宅小区工程9栋，共6层，住宅楼底层为车库，总建筑面积3263.36m²，基底面积538.33m²。

2. 本工程为二类建筑，耐火等级二级，抗震设防烈度六度。

3. 本建筑定位见总图；相对标高±0.000对应的绝对标高值见总平面图。

4. 本工程合理使用年限为50年；屋面防水等级Ⅱ级。

5. 本设计各图除注明外，标高以米计，平面尺寸以毫米计。

6. 本图未尽事宜，请按现行有关规范规程施工。

7. 墙体材料及做法：砌体结构选用材料除满足本设计外，还必须配合当地建设行政部门政策要求。地面以下或防潮层以下的砌体，潮湿房间的墙，采用MU10粘土多孔砖和M7.5水泥砂浆砌筑，其余按要求选用。

骨架结构中的填充砌体均不作承重用，其材料选用按表1-6-2。

表1-6-2 填充墙材料选用表

砌体部分	适用砌块名称	墙厚	砌块强度等级	砂浆强度等级	备 注
外围护墙	粘土多孔砖	240	MU10	M5	砌块容重＜16kN/m³
卫生间墙	粘土多孔砖	120	MU10	M5	砌块容重＜16kN/m³
楼梯间墙	混凝土空心砌块	240	MU5	M5	砌块容重＜10kN/m³

所用混合砂浆均为石灰水泥混合砂浆。

外墙做法：烧结多孔砖墙面，40 厚聚苯颗粒保温砂浆，5.0 厚耐碱玻纤网布抗裂砂浆，外墙涂料见立面图。

6.1.3 构造做法表

构造做法表是以表格的形式对建筑物各部位构造、做法、层次、选材、尺寸、施工要求等的详细说明。某住宅楼工程做法如表 1-6-3 所示。

表 1-6-3 构造做法表

名　　称	构 造 做 法	施 工 范 围
水泥砂浆地面	素土夯实	一层地面
	30 厚 C10 混凝土垫层随捣随抹	
	干铺一层塑料膜	
	20 厚 1:2 水泥砂浆面层	
卫生间楼地面	钢筋混凝土结构板上 15 厚 1:2 水泥砂浆找平	卫生间
	刷基层处理剂一遍，上做 2 厚一布四涂氯丁沥青防水涂料，四周沿墙上翻150mm 高	
	15 厚 1:3 水泥砂浆保护层	
	1:6 水泥炉渣填充层，最薄处 20 厚 C20 细石混凝土找坡 1%	
	15 厚 1:3 水泥砂浆抹平	

6.1.4 门窗表

门窗表反映门窗的类型、编号、数量、尺寸规格、所在标准图集等相应内容、以备工程施工、结算所需，表 1-6-4 为某住宅楼门窗表。

表 1-6-4 门窗表

类别	门窗编号	标准图号	图集编号	洞口尺寸 宽	洞口尺寸 高	数量	备 注
门	M1	98ZJ681	GJM301	900	2100	78	木门
	M2	98ZJ681	GJM301	800	2100	52	铝合金推拉门
	MC1	见大样图	无	3000	2100	6	铝合金推拉门
	JM1	甲方自定	无	3000	2000	20	铝合金推拉门
窗	C1	见大样图	无	4260	1500	6	断桥铝合金中空玻璃窗
	C2	见大样图	无	1800	1500	24	断桥铝合金中空玻璃窗
	C3	98ZJ721	PLC70—44	1800	1500	7	断桥铝合金中空玻璃窗
	C4	98ZJ721	PLC70—44	1500	1500	10	断桥铝合金中空玻璃窗
	C5	98ZJ721	PLC70—44	1500	1500	20	断桥铝合金中空玻璃窗
	C6	98ZJ721	PLC70—44	1200	1500	24	断桥铝合金中空玻璃窗
	C7	98ZJ721	PLC70—44	900	1500	48	断桥铝合金中空玻璃窗

6.2 建筑总平面图

6.2.1 建筑总平面图的形成和用途

建筑总平面图是将拟建工程附近一定范围内的建筑物、构筑物及其自然状况，用水平投影方法和相应的图例画出的图样。主要是表示新建房屋的位置、朝向，与原有建筑物的关系，周围道路、绿化布置及地形地貌等内容。是新建房屋施工定位、土方施工以及绘制水、暖、电等管线总平面图和施工总平面图的依据。

总平面的比例一般为 1∶500、1∶1000、1∶2000 等。

6.2.2 总平面图的图示内容

1. 拟建建筑的定位 拟建建筑的定位有三种方式：一种是利用新建筑与原有建筑或道路中心线的距离确定新建筑的位置；第二种是利用施工坐标确定新建建筑的位置；第三种是利用大地测量坐标确定新建建筑的位置。

2. 拟建建筑、原有建筑物位置、形状 在总平面图上将建筑物分成五种情况，即新建建筑物、原有建筑物、计划扩建的预留地或建筑物、拆除的建筑物和新建的地下建筑物或构筑物，当我们阅读总平面图时，要区分哪些是新建建筑物、哪些是原有建筑物。在设计中，为了清楚表示建筑物的总体情况，一般还在总平面图中建筑物的右上角以点数或数字表示楼房层数。

3. 附近的地形情况 一般用等高线表示，由等高线可以分析出地形的高低起伏情况。

4. 道路 主要表示道路位置、走向以及与新建建筑的联系等。

5. 风向频率玫瑰图 用于反映建筑场地范围内常年主导风向和 6、7、8 三个月的主导风向(虚线表示)，共有 16 个方向，图中实线表示全年的风向频率，虚线表示夏季(6、7、8 三个月)的风向频率。风由外面吹过建设区域中心的方向称为风向。风向频率是在一定的时间内某一方向出现风向的次数占总观察次数的百分比。

6. 树木、花草等的布置情况 用于反映整个场区的树木、花草的布置情况。

7. 喷泉、凉亭、雕塑等的布置情况

6.2.3 建筑总平面图图例符号

要能熟练识读建筑总平面图，必须熟悉常用的建筑总平面图图例符号，常用建筑总平面图图例符号见表 1-6-5。

表 1-6-5 总平面图常用图例

序号	名称	图　例	备　注	序号	名称	图　例	备　注
1	新建建筑物	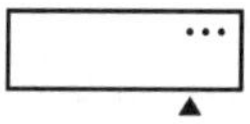 ··· ▲	1. 需要时，可用▲表示出入口，可在图形内右上角用点数或数字表示层数 2. 建筑物外形(一般以 ±0.00 高度处的外墙定位轴线或外墙面线为准)用粗实线表示，需要时，地面以上建筑用中粗实线表示，地面以下建筑用细虚线表示	2	原有建筑物		用细实线表示
				3	计划扩建的预留地或建筑物		用中粗虚线表示
				4	拆除的建筑物	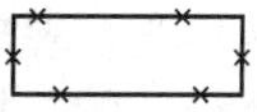	用细实线表示

（续）

序号	名称	图例	备注	序号	名称	图例	备注
5	围墙及大门	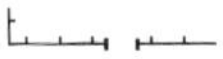 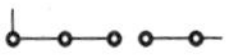	上图为实体性质的围墙，下图为通透性质的围墙，若仅表示围墙时不画大门	13	坐标	X105.00 / Y425.00　　A105.00 / B425.00	上图表示测量坐标 下图表示建筑坐标
6	室内标高	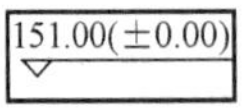 151.00(±0.00)		14	常绿针叶树		
7	室外标高	●143.00　▲143.00	室外标高也可采用等高线表示	15	落叶针叶树		
8	新建的道路	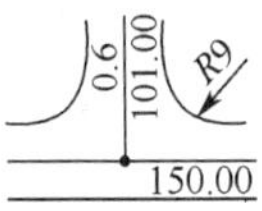 0.6 101.00 R9 150.00	"R9"表示道路转弯半径为9m，"150.00"为路面中心控制点标高，"0.6"表示0.6%的纵向坡度，"101.00"表示变坡点间的距离	16	常绿阔叶乔木		
				17	花卉		
9	原有道路						
10	计划扩建的道路			18	草坪		
11	拆除的道路	×　×　×　×		19	花篱		
				20	绿篱		
12	人行道			21	植草砖铺地		

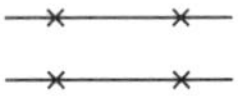

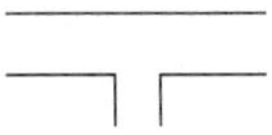

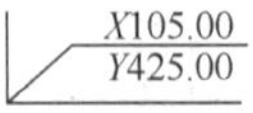

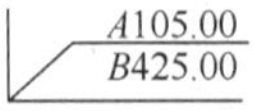

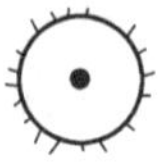

6.2.4 总平面图的识图示例

下面以某单位住宅楼总平面图为例说明总平面图的识读方法，如图1-6-1所示。

1）了解图名、比例。该平面图为总平面图，比例1:500。

2）了解工程性质、用地范围、地形地貌和周围环境情况。从图中可知，本次新建四栋住宅楼（粗实线表示），位于生活小区。

3）了解建筑的朝向和风向。在总平面图中通常画有代指北针的风向频率玫瑰花图（风玫瑰），用来表示该地区常年的风向和房屋的朝向，如图1-6-2所示。风玫瑰图是根据当地多年平均统计的各个方向吹风次数的百分数，按一定比例绘制的，风的吹向是指从外吹向中心。实线表示全年风向频率，虚线表示按6、7、8三个月统计的风向频率。明确风向有助于建筑构造的选用及材料堆场的选择，如有粉尘污染的材料应堆放在下风位。

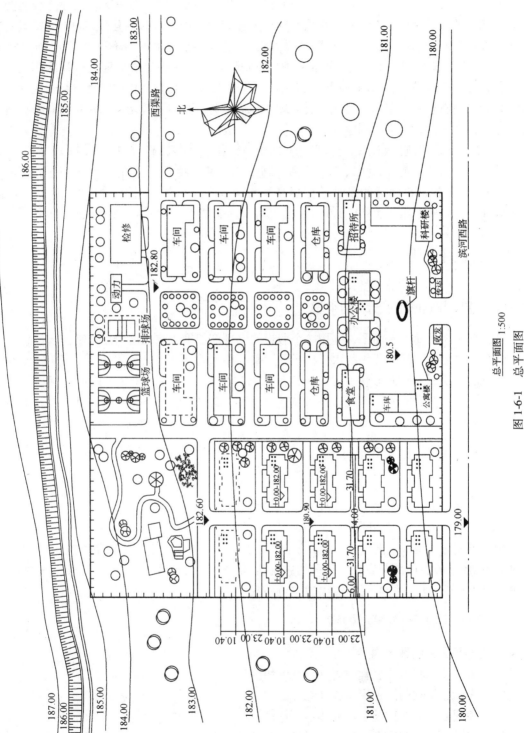

总平面图 1:500

图 1-6-1　总平面图

同时，从图中可知该厂总平面为上北下南、左西右东。新建建筑的方向坐北朝南。

4）了解地形地貌、工程性质、用地范围和新建房屋周围环境等情况。从等高线的变化可以看出，该厂区地形北部高，南部低。在总平面图的西侧，本次新建四栋住宅楼（粗实线图形中突出部分为阳台的投影），每栋为六层，室内一层地面 ±0.000 相当于绝对标高182.00m。后面预留两栋住宅楼的拟建空地（见细虚线框）。在住宅楼后面为一片绿化区，其内有需拆除的房屋两座。东侧的厂前区有办公楼、公寓楼、食堂、招待所等，在这些建筑的北面依此排列有仓库、车间，最北面有篮球场和排球场。而在北围墙后面是东西向的护坡和排水渠。该厂区的外围为砖围墙。

5）熟悉新建建筑的定形、定位尺寸。图中新建住宅楼的长宽为 31.70m 和 10.40m 的定形尺寸；两楼东西间距 14.00m、南北间距 23m，以及墙边距西围墙的尺寸 6m 是定位尺寸。

6）了解新建建筑附近的室外地面标高、明确室内外高差。图中新楼之间的路面标高180.90m，而室内底层地面为 182.00 m，所以室内外高差为 182.00 − 180.90 = 1.10m。

6.3 建筑平面图

6.3.1 建筑平面图的形成和用途

建筑平面图，简称平面图，是用一个假想的水平剖切平面将房屋沿略高于窗台位置剖切后，对剖切平面以下部分所作的水平投影图。平面图通常用 1:50、1:100、1:200 的比例绘制，它反映出房屋的平面形状、大小和房间的布置、墙（或柱）的位置、厚度、材料、门窗的位置、大小、开启方向等情况，作为施工时放线、砌墙、安装门窗、室内外装修及编制预算等的重要依据。

6.3.2 建筑平面图的图示方法

当建筑物各层的房间布置不同时应分别画出各层平面图；若建筑物的各层布置相同，则可以用两个或三个平面图表达，即只画底层平面图和楼层平面图（或顶层平面图）。此时楼层平面图代表了中间各层相同的平面，故称标准层平面图。

因建筑平面图是水平剖面图，故在绘制时，应按剖面图的方法绘制，被剖切到的墙、柱轮廓用粗实线（b），门的开启方向线可用中粗实线（$0.5b$）或细实线（$0.25b$），窗的轮廓线以及其他可见轮廓和尺寸线等用细实线（$0.25b$）表示。

6.3.3 建筑平面图的图示内容

1. 底层平面图的图示内容
（1）表示建筑物的墙、柱位置并对其轴线编号。
（2）表示建筑物的门、窗位置及编号。
（3）注明各房间名称及室内外楼地面标高。
（4）表示楼梯的位置及楼梯上、下行方向及踏步级数、楼梯平台标高。
（5）表示阳台、雨篷、台阶、雨水管、散水、明沟、花池等的位置及尺寸。
（6）表示室内设备（如卫生器具、水池等）的形状、位置。

（7）画出剖面图的剖切符号及编号。

（8）标注墙厚、墙段、门、窗、房屋开间、进深等各项尺寸。

（9）标注详图索引符号。

《建筑制图标准》规定：图样中的某一局部或构件，如需另见详图，应以索引符号索引。索引符号是由直径为10mm的圆和水平直径组成，圆和水平直径均应以细实线绘制。

索引符号按下列规定编写：

1）索引出的详图，如与被索引的详图同在一张图纸内，应在索引符号的上半圆中用阿拉伯数字注明该详图的编号，并在下半圆中间画一段水平细实线，如图1-6-2a。

2）索引出的详图，如与被索引的详图不同在一张图纸内，应在索引符号的上半圆中用阿拉伯数字注明该详图的编号，在索引符号的下半圆中用阿拉伯数字注明该详图所在图纸的编号。数字较多时，可加文字标注，如图1-6-2b。

3）索引出的详图，如采用标准图，应在索引符号水平直径的延长线上加注该标准图册的编号，如图1-6-3c。

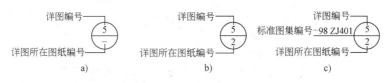

图1-6-2　索引符号

详图的位置和编号，应以详图符号表示。详图符号的圆应以直径为14mm粗实线绘制。

详图应按下列规定编号：

1）图与被索引的图样同在一张图纸内时，应在详图符号内用阿拉伯数字注明详图的编号，如图1-6-3a。

图1-6-3　详图符号

2）详图与被索引的图样不在同一张图纸内时，应用细实线在详图符号内画一水平直径，在上半圆中注明详图编号，在下半圆中注明被索引的图纸的编号，如图1-6-3b。

（10）画出指北针。指北针常用来表示建筑物的朝向。指北针外圆直径为24mm，采用细实线绘制，指北针尾部宽度为3mm，指北针头部应注明"北"或"N"字，如图1-6-4所示。

2. 标准层平面图的图示内容

（1）表示建筑物的门、窗位置及编号。

（2）注明各房间名称、各项尺寸及楼地面标高。

（3）表示建筑物的墙、柱位置并对其轴线编号。

（4）表示楼梯的位置及楼梯上、下行方向、踏步级数及平台标高。

（5）表示阳台、雨篷、雨水管的位置及尺寸。

（6）表示室内设备(如卫生器具、水池等)的形状、位置。

（7）标注详图索引符号。

图1-6-4　指北针

3. 屋顶平面图的图示内容

屋顶平面图就是屋顶外形的水平投影图。屋顶平面图一般表明：屋顶形状、屋面排水方向(用箭头表示)及坡度、分水线、女儿墙及屋脊线、落水口、屋顶檐沟、檐口、出屋顶水箱间、屋面检查人孔、雨水管、消防梯、其他构筑物的位置及详图索引符号等。

6.3.4 建筑平面图的图例符号

阅读建筑平面图应熟悉常用的图例符号，表 1-6-6 所示是从相关标准规范中摘录的部分图例符号，读者可参见 GB/T 5001—2001《房屋建筑制图统一标准》。

表 1-6-6　常用建筑平面图图例符号

序号	名称	图例	说明	序号	名称	图例	说明
1	墙体	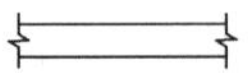	应加注文字或填充图例表示墙体材料，在项目设计图样说明中列材料图例表给予说明	7	检查孔		左图为可见检查孔 右图为不可见检查孔
2	隔断		1. 包括板条抹灰、木制、石膏板、金属材料等隔断 2. 适用于到顶与不到顶隔断	8	孔洞		阴影部分可以涂色代替
				9	坑槽		
3	栏杆			10	墙预留洞	宽×高或ϕ 底(顶或中心)标高××-×××	1. 以洞中心或洞边定位 2. 宜以涂色区别墙体和留洞位置
4	楼梯		1. 上图为底层楼梯平面，中图为中间层楼梯平面，下图为顶层楼梯平面 2. 楼梯及栏杆扶手的形式和梯段踏步数应按实际情况绘制	11	墙预留槽	宽×高×深或ϕ 底(顶或中心)标高××-×××	
				12	烟道	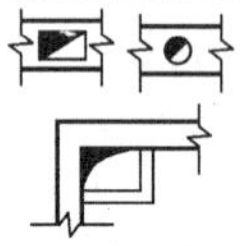	1. 阴影部分可以涂色代替 2. 烟道与墙体为同一材料，其相接处墙身线应断开
				13	通风道	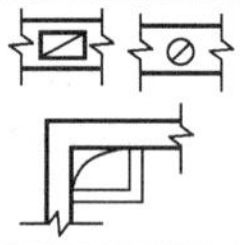	
5	坡道		上图为长坡道，下图为门口坡道	14	新建的墙和窗	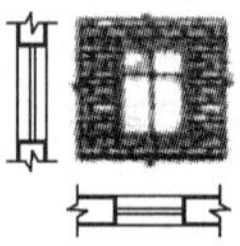	1. 本图以小墙砌块为图例，绘制时应按所用材料的图例绘制，不易以图例绘制的，可在墙面上以文字或代号注明 2. 小比例绘图时平、剖面窗线可用单粗实线表示
6	平面高差		适用于高差小于100mm 的两个地面或楼面相接处	15	改建时保留的原有墙和窗	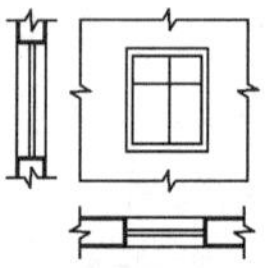	

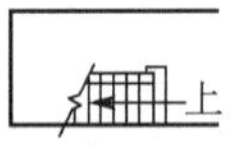

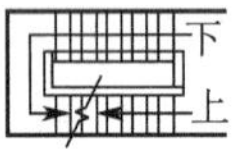

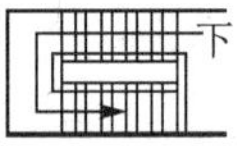

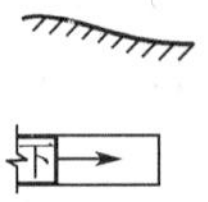

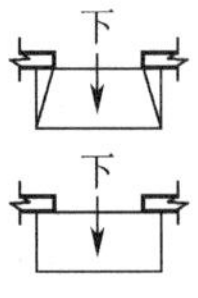

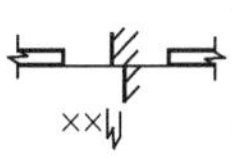

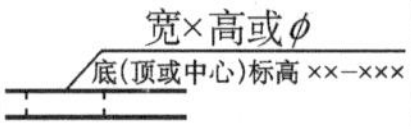

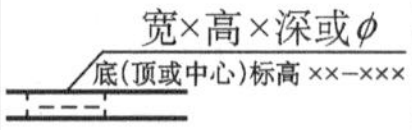

（续）

序号	名称	图例	说明	序号	名称	图例	说明
16	应拆除的墙			26	单层固定窗		
17	空门洞		h 为门洞高度	27	单层外开平开窗		
18	单扇门（包括平开或单面弹簧）			28	单层内开平开窗		1. 窗的名称代号用 C 表示 2. 立面图中的斜线表示窗的开启方向，实线为外开，虚线为内开；开启方向线交角的一侧为安装合页的一侧，一般设计图中可不表示 3. 图例中，剖面图所示左为外，右为内，平面图所示下为外，上为内 4. 平面图和剖面图上的虚线及说明开关方式，在设计图中不得表示 5. 窗的立面形式应按实际绘制 6. 小比例绘制时平、剖面的线可用单粗实线表示
19	双扇门（包括平开或单面弹簧）		1. 门的名称代号用 M 2. 图例中剖面图左为外、右为内、平面图下为外、上为内 3. 立面图上开启方向线交角的一侧为安装合页的一侧，实线为外开，虚线为内开 4. 平面图上门线应 90° 或 45° 开启，开启弧线宜绘出 5. 立面图上的开启线在一般设计图中可不表示，在详图及室内设计图上应表示 6. 立面形式应按实际情况绘制	29	双层内外开平开窗		
20	对开折叠门			30	推拉窗		
21	推拉门			31	高窗		
22	单扇双面弹簧门			32	单层内开下悬窗		
23	双扇双面弹簧门			33	立转窗		
24	单扇内外开双层门（包括平开或单面弹簧）						
25	双扇门外开双层门（包括平开或单面弹簧）						

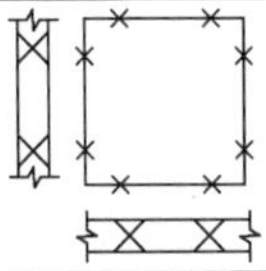

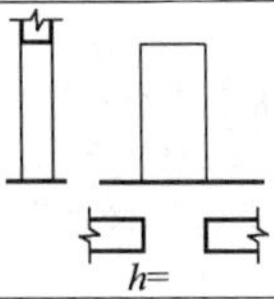

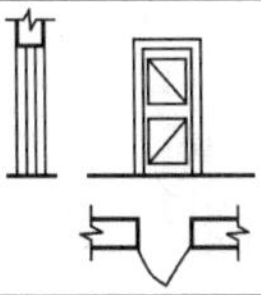

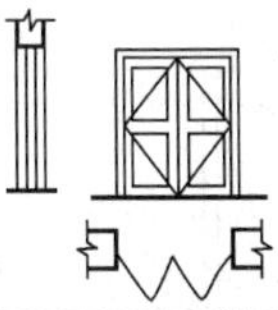

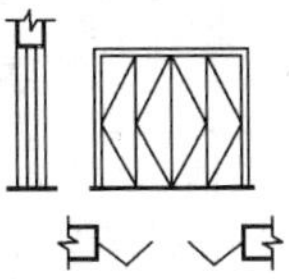

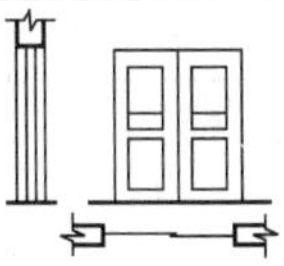

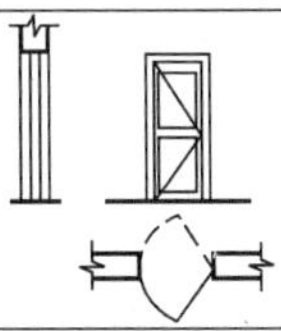

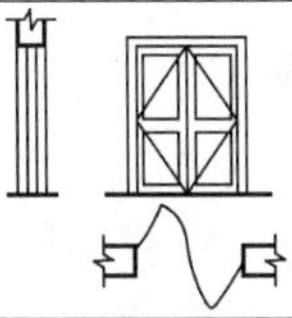

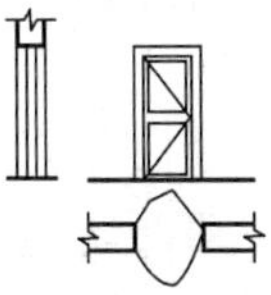

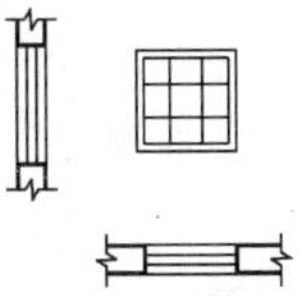

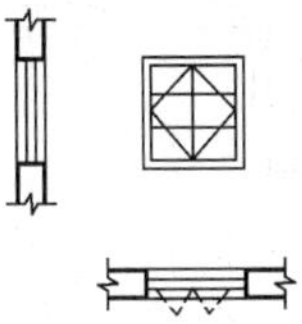

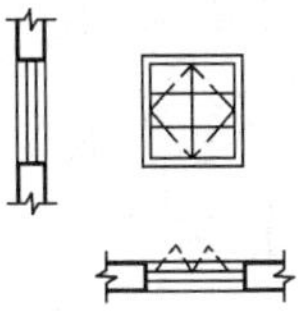

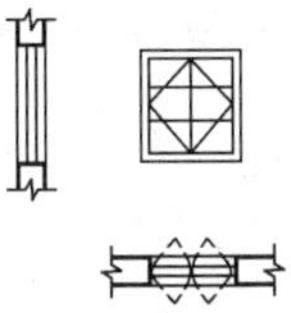

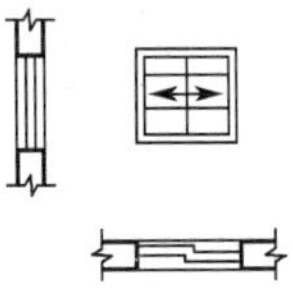

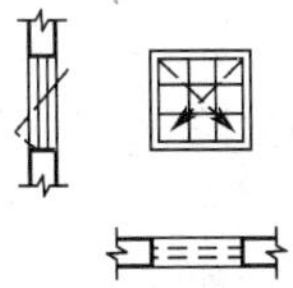

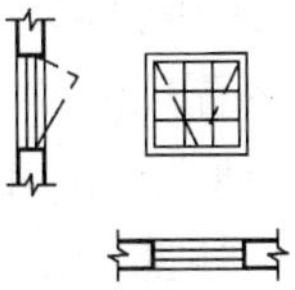

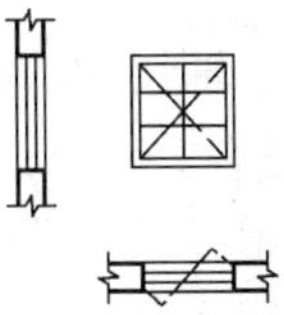

6.3.5 建筑平面图的识读举例

图 1-6-5、图 1-6-6、图 1-6-7 为某校学生宿舍的建筑平面图。

（1）从图名可知，该建筑平面图分底层平面图（图 1-6-5）、标准层平面图（图 1-6-6）及屋顶平面图（图 1-6-7）。比例均为 1:100。

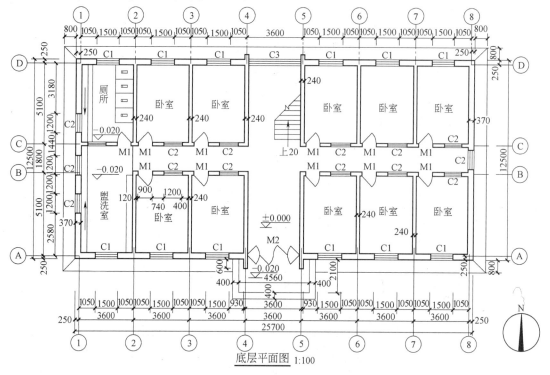

图 1-6-5 底层平面图

（2）通常底层平面图形外，画有一个指北针的符号，符号圆圈直径为 24mm，指北针下端的宽度为 3mm。从图中可知，本宿舍楼为坐北朝南方向。

（3）从平面图的形状与总长、总宽尺寸可计算出房屋的占地面积。

（4）从图中墙的分隔情况、房间的名称，可了解到房屋内部各房间的配置用途、数量及相互间的联系情况。

（5）从图中定位轴线的编号及其间距，可了解到各承重构件的位置及房间的大小。

（6）图中注有外部和内部尺寸。从各道尺寸的标注，可了解到各房间的开间、进深、门窗及设备的大小和位置。

1）外部尺寸。为便于读图和施工，一般在图形的下方及左侧注写三道尺寸：

第一道尺寸，表示外部轮廓的总尺寸，即指从一端外墙到另一端外墙边的总长和总宽尺寸。

第二道尺寸，表示轴线间的距离，用以说明房间的开间及进深尺寸。本例中房间的开间都是 3.6m，进深都是 5.1 m。

第三道尺寸，表示各细部的位置及大小，如门窗洞宽和位置、柱的大小和位置等。标注这道尺寸时，应与轴线联系起来，如房间的窗 C1 宽度为 1.5m，窗边距离轴线为 1.05m。

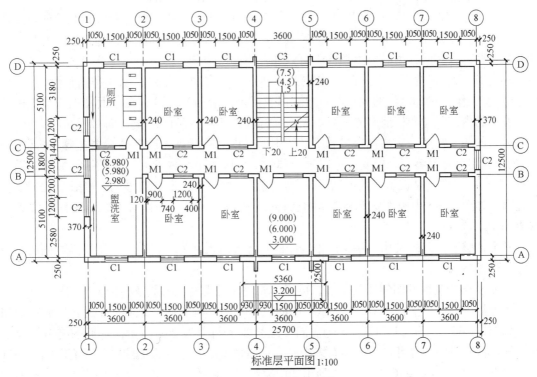

图 1-6-6　标准层平面图

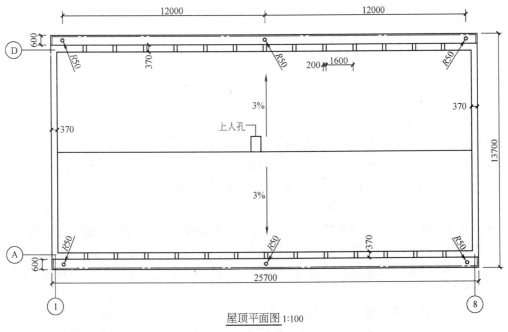

屋顶平面图 1:100

图 1-6-7　屋顶平面图

另外，台阶（或坡道）、花池及散水等细部的尺寸，可单独标注。

三道尺寸线之间应留有适当距离（一般为7mm，但第三道尺寸线应距离图形最外轮廓线10~15mm），以便注写数字。当房屋前后或左右不对称时，则平面图上四边都应注写三道尺寸。如有些部分相同，另一些不相同，可只注写不同的部分。

2）内部尺寸。为了说明房间的净空大小和室内门窗洞、孔洞、墙厚和固定设备（如厕所、盥洗室工作台、搁板等）的大小与位置，以及室内楼地面的高度，在平面图上应清楚地注写出有关的内部尺寸和楼地面的标高。楼地面标高是表明各房间的楼地面对标高零点（注写±0.000）的相对高度，标高符合与总平面图中的室内地坪标高相同。底层中主要用房（如卧室）的地面定为标高零点。标高数值以米为单位，一般注至小数点后三位数字。如标高数字前有："－"号的，是表示该处地面低于零点标高。如数字前没有符号的，则表示比零点标高处高。如图1-6-5中盥洗室和厕所的地面标高是－0.020，即表示该处地面比卧室地面低20mm。

其余各层平面图的尺寸，除标出轴线间的尺寸和总尺寸外，其余与底层平面相同的细部尺寸均可省略。

（7）从图中门窗的图例及其编号，可了解到门窗的类型、数量及其位置。"国标"所规定的各种常用门窗图例，如1-6-5所示。门的代号是M，窗的代号是C。在代号后面写上编号，如M1、M2……和C1、C2……等。同一编号表示同一类型的门窗，它们的构造和尺寸都一样。从所写的编号可知门窗共有多少种。一般情况下，在首页图或在与平面图同页图纸上，附有一门窗表（表1-6-4），表中列出的门窗编号、名称、尺寸、数量及其所选标准图集的编号等内容。至于门窗的具体做法，则要看门窗的构造详图。

（8）从图中还可了解其他细部（如楼梯、搁板、墙洞和各种卫生设备等）的配置和位置情况。

（9）图中还可表示出室外台阶、花池、散水和雨水管的大小与位置。有时散水在平面图上可不画出，或只在转角处部分表示。

（10）在底层平面图中，还应画出剖面图的剖切位置和编号，如1-1、2-2等，以便与剖面图对照查阅。

6.3.6 建筑平面图的绘制方法和步骤

如图1-6-8所示，建筑平面图的绘制方法和步骤如下：

（1）绘制墙身定位轴线及柱网，如图1-6-8a。

（2）绘制墙身轮廓线、柱子、门窗洞口等各种建筑构配件，如图1-6-8b。

（3）绘制楼梯、台阶、散水等细部，如图1-6-8c。

（4）检查全图无误后，擦去多余线条，按建筑平面图的要求加深加粗，并进行门窗编号，画出剖面图剖切位置线等，如图1-6-8d。

（5）尺寸标注。一般应标注三道尺寸，第一道尺寸为总尺寸，第二道为轴线尺寸，第三道为细部尺寸。

（6）图名、比例及其他文字内容。汉字写长仿宋字：图名字高一般为7~10号字，图内说明字一般为5号字。尺寸数字字高通常用3.5号。字形要工整、清晰不潦草。

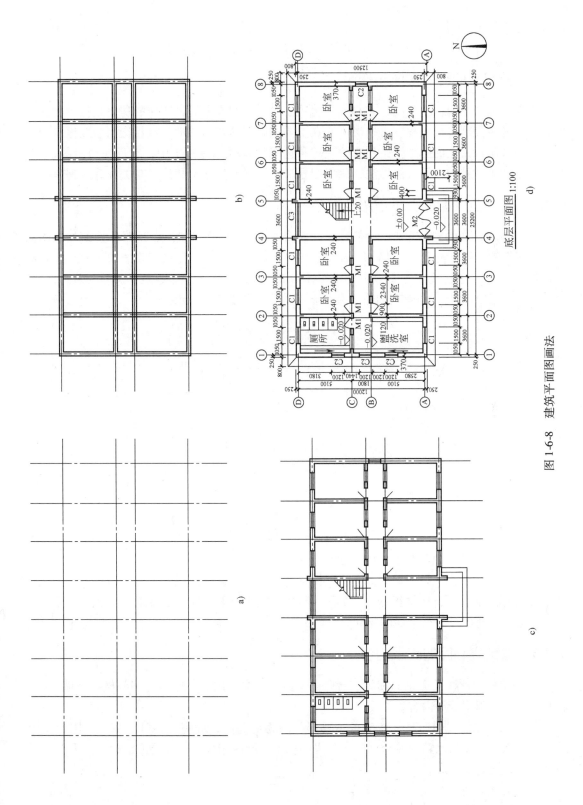

底层平面图 1:100

图 1-6-8 建筑平面图画法

6.4 建筑立面图

6.4.1 建筑立面图的形成与作用

建筑立面图，简称立面图，它是在与房屋立面平行的投影面上所作的房屋正投影图。一座建筑物是否美观，很大程度上取决于它在主要立面上的艺术处理，包括造型与装修是否优美。在设计阶段，立面图主要是用来研究这种艺术处理的。在施工中，它反映房屋的长度、高度、层数等外貌和立面装修做法，用以指导房屋外部装修施工和计算有关预算工程量。

6.4.2 建筑立面图的图示方法及其命名

1. 建筑立面图的图示方法 为使建筑立面图主次分明、图面美观，通常将建筑物不同部位采用粗细的线型来表示。最外轮廓线画粗实线(b)，室外地坪线用加粗实线($1.4b$)，所有突出部位如阳台、雨篷、线脚、门窗洞等中实线($0.5b$)，其余部分用细实线($0.35b$)表示。

2. 立面图的命名 立面图的命名方式有三种，如图1-6-9所示。

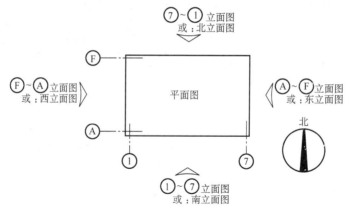

图1-6-9 建筑立面图的命名方法

(1) 用房屋的朝向命名，如南立面图、北立面图等。
(2) 根据主要出入口命名，如正立面图、背立面图、侧立面图。
(3) 用立面图上首尾轴线命名，如①～⑧轴立面图和⑧～①立面图。
立面图的比例一般与平面图相同。

6.4.3 建筑立面图的图示内容

(1) 室外地坪线及房屋的勒脚、台阶、花池、门窗、雨篷、阳台、室外楼梯、墙、柱、檐口、屋顶、雨水管等内容。
(2) 尺寸标注。用标高标注出各主要部位的相对高度，如室外地坪、窗台、阳台、雨篷、女儿墙顶、屋顶水箱间及楼梯间屋顶等的标高。同时用尺寸标注的方法标注立面图上的细部尺寸，层高及总高。
(3) 建筑物两端的定位轴线及其编号。

（4）外墙面装修。有的用文字说明，有的用详图索引符号表示。

6.4.4 建筑立面图的识读举例

现以图 1-6-10 为例，说明立面图的阅读方法：

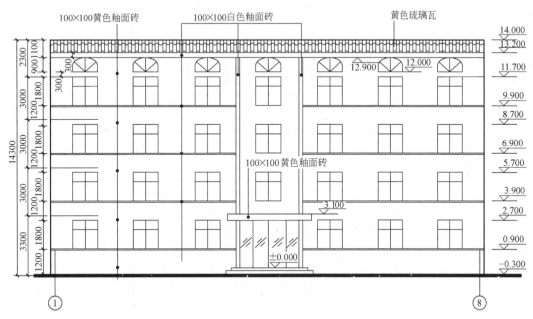

①—⑧立面图 1:100

图 1-6-10 建筑立面图

（1）从图名可知该图为①～⑧立面图，其两端的定位轴线编号分别为①轴和⑧轴，比例与剖面图一样为 1:100。

（2）从图示可看到该房屋的整个外貌形状，也可以了解到该房屋的屋面、门窗、雨篷、阳台、台阶、花池及勒脚等细部的形式和位置。

（3）在立面图中，一般只注写相对标高而不注写大小尺寸。通常要注写上室外地坪、出入口地面、勒脚、窗台、门窗顶及檐口等处的标高。立面图的标高符号与剖面图一样，只是在所需标注的地方作一引出线，如图中所示。一般标高注写在图形外，并做到符号大小一致，排在同一铅直线上，以达到整齐清晰的目的。本例室内外高差为 0.3m，层高 3m，共有四层，窗台高 0.9m；在建筑的主要出入口处设有一悬挑雨篷，有一个二级台阶，该立面外形规则，立面造型简单。

（4）图上应表示外墙面装修的做法，可用材料图例或文字来说明装修材料的类型和颜色等。本例外墙采用 100mm×100mm 黄色釉面瓷砖饰面，窗台线条用 100mm×100mm 白色釉面瓷砖点缀，金黄色琉璃瓦檐口；中间用墙垛形成竖向线条划分，使建筑给人一种高耸感。

（5）有时，在图上还用索引标志符号，表明局部剖面或断面的位置。

6.4.5 建筑立面图的绘图方法和步骤

如图 1-6-11 所示，建筑立面图的绘图方法和步骤如下：

116

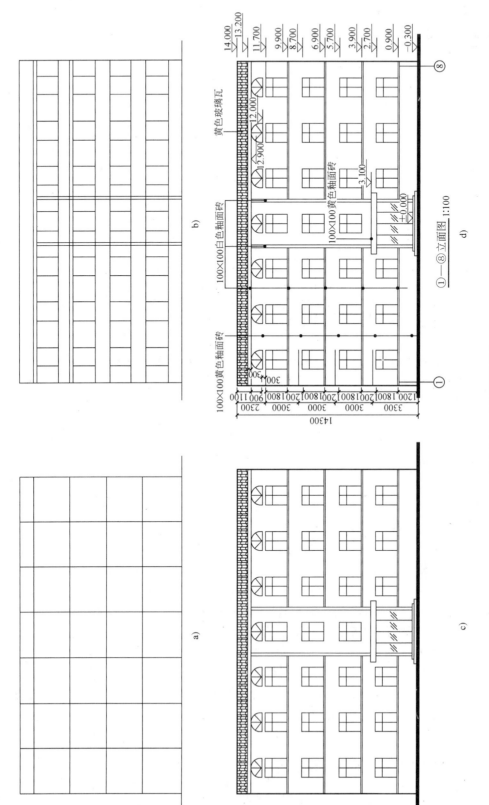

图 1-6-11　立面图的画法

（1）室外地坪线、定位轴线、各层楼面线、外墙边线和屋檐线，如图1-6-11a。

（2）画各种建筑构配件的可见轮廓，如门窗洞、楼梯间，墙身及其暴露在外墙外的柱子，如图1-6-11b。

（3）画门窗、雨水管、外墙分割线等建筑物细部，如图1-6-11c。

（4）画尺寸界线、标高数字、索引符号和相关注释文字。

（5）尺寸标注。

（6）检查无误后，按建筑立面图所要求的图线加深、加粗，并标注标高、首尾轴线号、墙面装修说明文字、图名和比例，说明文字用5号字，如图1-6-11d。

6.5 建筑剖面图

6.5.1 建筑剖面图的形成与作用

建筑剖面图，简称剖面图，它是假想用一铅垂剖切面将房屋剖切开后移去靠近观察者的部分，作出剩下部分的投影图。

剖面图用以表示房屋内部的结构或构造方式，如屋面(楼、地面)形式、分层情况、材料、做法、高度尺寸及各部位的联系等。它与平、立面图互相配合用于计算工程量，指导各层楼板和屋面施工、门窗安装和内部装修等。

剖面图的数量是根据房屋的复杂情况和施工实际需要决定的；剖切面的位置，要选择在房屋内部构造比较复杂，有代表性的部位，如门窗洞口和楼梯间等位置，并应通过门窗洞口。剖面图的图名符号应与底层平面图上剖切符号相对应。

6.5.2 建筑剖面图的图示内容

（1）必要的定位轴线及轴线编号。

（2）剖切到的屋面、楼面、墙体、梁等的轮廓及材料做法。

（3）建筑物内部分层情况以及竖向、水平方向的分隔。

（4）即使没被剖切到，但在剖视方向可以看到的建筑物构配件。

（5）屋顶的形式及排水坡度。

（6）标高及必须标注的局部尺寸。

（7）必要的文字注释。

6.5.3 建筑剖面图的识读方法

（1）结合底层平面图阅读，对应剖面图与平面图的相互关系，建立起建筑内部的空间概念。

（2）结合建筑设计说明或材料做法表，查阅地面、墙面、楼面、顶棚等的装修做法。

（3）根据剖面图尺寸及标高，了解建筑层高、总高、层数及房屋室内外地面高差。如图1-6-12所示，本建筑层高3m，总高14m，4层，房屋室内外地面高差0.3m。

（4）了解建筑构配件之间的搭接关系。

（5）了解建筑屋面的构造及屋面坡度的形成。该建筑屋面为架空通风隔热、保温屋面，材料找坡，屋顶坡度3%，设有外伸600mm天沟，属有组织排水。

118

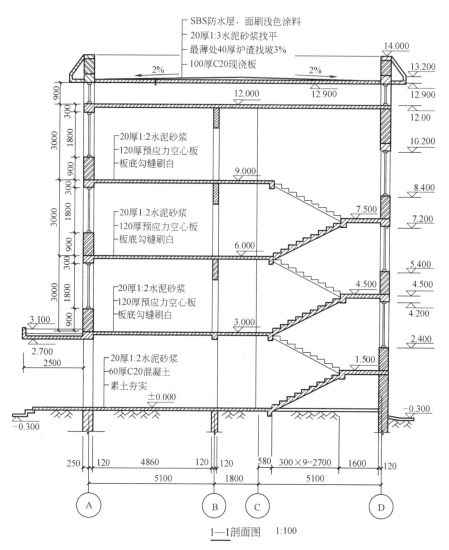

图 1-6-12　建筑剖面图

（6）了解墙体、梁等承重构件的竖向定位关系，如轴线是否偏心。该建筑外墙厚370mm，向内偏心90mm，内墙厚240mm，无偏心。

6.5.4　建筑剖面图的绘制方法和步骤

建筑剖面图的绘制方法和步骤如下：

（1）画地坪线、定位轴线、各层的楼面线、楼面，如图 1-6-13a。

（2）画剖面图门窗洞口位置、楼梯平台、女儿墙、檐口及其他可见轮廓线，如图1-6-13b。

（3）画各种梁的轮廓线以及断面。

（4）画楼梯、台阶及其他可见的细部构件，并且绘出楼梯的材质。

（5）画尺寸界线、标高数字和相关注释文字。

（6）画索引符号及尺寸标注，如图 1-6-13c。

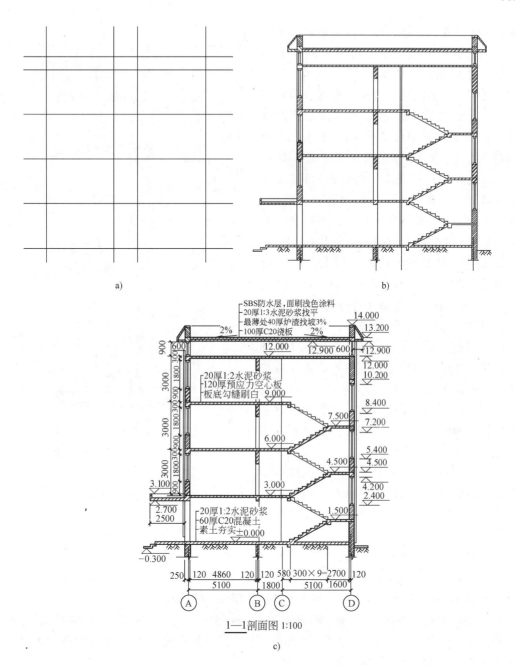

图 1-6-13　剖面图的画法

6.6　建筑详图

6.6.1　外墙身详图

墙身详图也叫墙身大样图，实际上是建筑剖面图的有关部位的局部放大图。它主要表达墙身与地面、楼面、屋面的构造连接情况以及檐口、门窗顶、窗台、勒脚、防潮层、散水、明沟的尺寸、材料、做法等构造情况，是砌墙、室内外装修、门窗安装、编制施工预算以及材料估算等的重要依据。有时在外墙详图上引出分层构造，注明楼地面、屋顶等的构造情况，而在建筑剖面图中省略不标。

外墙剖面详图往往在窗洞口断开，因此在门窗洞口处出现双折断线（该部位图形高度变小，但标注的窗洞竖向尺寸不变），成为几个节点详图的组合。在多层房屋中，若各层的构造情况一样时，可只画墙脚、檐口和中间层（含门窗洞口）三个节点，按上下位置整体排列。有时墙身详图不以整体形式布置，而把各个节点详图分别单独绘制，也称为墙身节点详图。

1. 墙身详图的图示内容 如图 1-6-14 所示，墙身详图的图示内容如下：

（1）墙身的定位轴线及编号，墙体的厚度、材料及其本身与轴线的关系。

（2）勒脚、散水节点构造。主要反映墙身防潮做法、首层地面构造、室内外高差、散水做法，一层窗台标高等。

（3）标准层楼层节点构造。主要反映标准层梁、板等构件的位置及其与墙体的联系，构件表面抹灰、装饰等内容。

（4）檐口部位节点构造。主要反映檐口部位包括封檐构造（如女儿墙或挑檐）、圈梁、过梁、屋顶泛水构造、屋面保温、防水做法和屋面板等结构构件。

（5）图中的详图索引符号等。

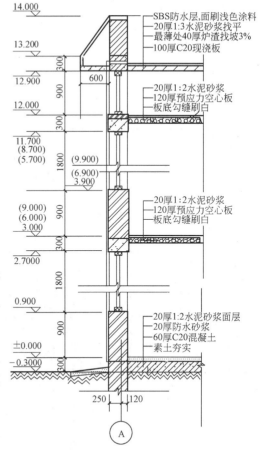

墙身节点详图 1:20

图 1-6-14　墙身节点详图

2. 墙身详图的阅读举例

（1）如图 1-6-14 所示，该墙体为Ⓐ轴外墙、厚度 370mm。

（2）室内外高差为 0.3m，墙身防潮采用 20mm 防水砂浆，设置于首层地面垫层与面层交接处，一层窗台标高为 0.9m，首层地面做法从上至下依次为 20 厚 1:2 水泥砂浆面层，20 厚防水砂浆一道，60 厚混凝土垫层，素土夯实。

（3）标准层楼层构造为 20 厚 1:2 水泥砂浆面层，120 厚预应力空心楼板，板底勾缝刷白；120 厚预应力空心楼板搁置于横墙上；标准层楼层标高分别为 3m、6m、9m。

（4）屋顶采用架空 900mm 高的通风屋面，下层板为 120 厚预应力空心楼板，上层板为 100 厚 C20 现浇钢筋混凝土板；采用 SBS 柔性防水，刷浅色涂料保护层；檐口采用外天沟，挑出 600mm，为了使立面美观，外天沟用斜向板封闭，并外贴金黄色琉璃瓦。

6.6.2　楼梯详图

楼梯详图主要表示楼梯的类型和结构形式。楼梯是由楼梯段、休息平台、栏杆或栏板组成。楼梯详图主要表示楼梯的类型、结构形式、各部位的尺寸及装修做法等，是楼梯施工放样的主要依据。

楼梯详图一般分建筑详图与结构详图，应分别绘制并编入建筑施工图和结构施工图中。对于一些构造和装修较简单的现浇钢筋混凝土楼梯，其建筑详图与结构详图可合并绘制，编入建筑施工图或结构施工图。

楼梯的建筑详图一般有楼梯平面图、楼梯剖面图以及踏步和栏杆等节点详图。

1. 楼梯平面图 楼梯平面图实际上是在建筑平面图中楼梯间部分的局部放大图，如图1-6-15 所示。

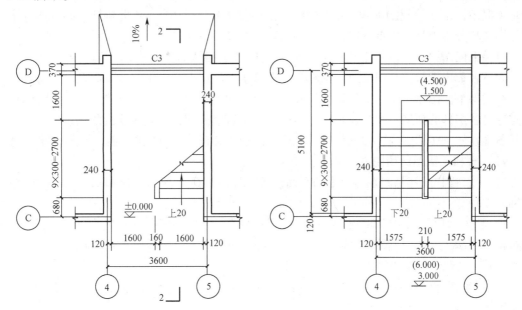

底层平面图 1:50　　　　　　　　　　　　标准层平面图 1:50

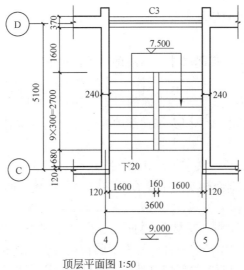

顶层平面图 1:50

图 1-6-15　楼梯平面图

楼梯平面图通常要分别画出底层楼梯平面图、顶层楼梯平面图及中间各层的楼梯平面图。如果中间各层的楼梯位置、楼梯数量、踏步数、梯段长度都完全相同时，可以只画一个中间层楼梯平面图，这种相同的中间层的楼梯平面图称为标准层楼梯平面图。在标准层楼梯平面图中的楼层地面和休息平台上应标注出各层楼面及平台面相应的标高，其次序应由下而上逐一注写。

楼梯平面图主要表明梯段的长度和宽度、上行或下行的方向、踏步数和踏面宽度、楼梯休息平台的宽度、栏杆扶手的位置以及其他一些平面形状。

楼梯平面图中，楼梯段被水平剖切后，其剖切线是水平线，而各级踏步也是水平线，为了避免混淆，剖切处规定画45°折断符号，首层楼梯平面图中的45°折断符号应以楼梯平台板与梯段的分界处为起始点画出，使第一梯段的长度保持完整。

楼梯平面图中，梯段的上行或下行方向是以各层楼地面为基准标注的。向上者称为上行，向下者称为下行，并用长线箭头和文字在梯段上注明上行、下行的方向及踏步总数。

在楼梯平面图中，除注明楼梯间的开间和进深尺寸、楼地面和平台面的尺寸及标高外，还需注出各细部的详细尺寸。通常用踏步数与踏步宽度的乘积来表示梯段的长度。通常三个平面图画在同一张图纸内，并互相对齐，这样既便于阅读，又可省略标注一些重复的尺寸。

（1）楼梯平面图的读图方法如下：

1）了解楼梯或楼梯间在房屋中的平面位置。如图 1-6-15 所示，楼梯间位于 $\bigodot$ ~ $\bigodot$ 轴 × $\textcircled{4}$ 轴~ $\textcircled{5}$ 轴。

2）熟悉楼梯段、楼梯井和休息平台的平面形式、位置、踏步的宽度和踏步的数量。本建筑楼梯为等分双跑楼梯，楼梯井宽 160mm，梯段长 2700mm、宽 1600mm，平台宽 1600mm，每层 20 级踏步。

3）了解楼梯间处的墙、柱、门窗平面位置及尺寸。本建筑楼梯间处承重墙宽 240mm，外墙宽 370mm，外墙窗宽 3240mm。

4）看清楼梯的走向以及楼梯段起步的位置。楼梯的走向用箭头表示。

5）了解各层平台的标高。本建筑一、二、三层平台的标高分别为 1.5m、4.5m、7.5m。

6）在楼梯平面图中了解楼梯剖面图的剖切位置。

（2）楼梯平面图的画法：

1）根据楼梯间的开间、进深尺寸，画楼梯间定位轴线、墙身以及楼梯段、楼梯平台的投影位置。如图 1-6-16a。

2）用平行线等分楼梯段，画出各踏面的投影，如图 1-6-16b。

3）画出栏杆、楼梯折断线、门窗等细部内容，并画出定位轴线，标出尺寸、标高和楼梯剖切符号等。

4）写出图名、比例、说明文字等，如图 1-6-16c。

2. 楼梯剖面图　楼梯剖面图实际上是在建筑剖面图中楼梯间部分的局部放大图，如图 1-6-17。

楼梯剖面图能清楚地注明各层楼（地）面的标高，楼梯段的高度、踏步的宽度和高度、级数及楼地面、楼梯平台、墙身、栏杆、栏板等的构造做法及其相对位置。

表示楼梯剖面图的剖切位置的剖切符号应在底层楼梯平面图中画出。剖切平面一般应通过第一跑，并位于能剖到门窗洞口的位置上，剖切后向未剖到的梯段进行投影。

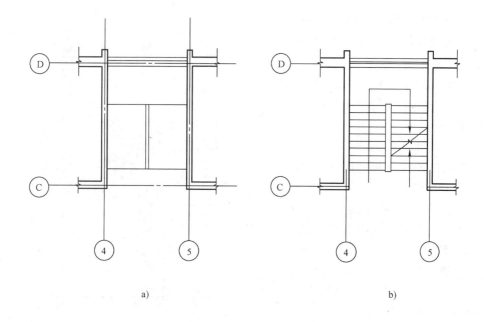

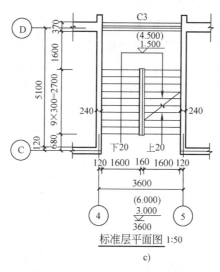

标准层平面图 1:50

c)

图 1-6-16　楼梯平面图的画法

在多层建筑中，若中间层楼梯完全相同时，楼梯剖面图可只画出底层、中间层、顶层的楼梯剖面，在中间层处用折断线符号分开，并在中间层的楼面和楼梯平台面上注写适用于其他中间层楼面的标高。若楼梯间的屋面构造做法没有特殊之处，一般不再画出。

在楼梯剖面图中，应标注楼梯间的进深尺寸及轴线编号，各梯段和栏杆、栏板的高度尺寸，楼地面的标高以及楼梯间外墙上门窗洞口的高度尺寸和标高。梯段的高度尺寸可用级数与踢面高度的乘积来表示，应注意的是级数与踏面数相差为 1，即踏面数 = 级数 - 1。

（1）楼梯剖面图的读图方法如下：

1）了解楼梯的构造形式。如图 1-6-17，该楼梯为双跑楼梯，现浇钢筋混凝土制作。

2）熟悉楼梯在竖向和进深方向的有关标高、尺寸和详图索引符号。该楼梯为等跑楼

124

梯，楼梯平台标高分别为 1.5m、4.5m、7.5m。

3）了解楼梯段、平台、栏杆、扶手等相互间的连接构造。

4）明确踏步的宽度、高度及栏杆的高度。该楼梯踏步宽 300mm，踢面高 150mm，栏杆的高度为 1100mm。

（2）楼梯剖面图的画法：

1）画定位轴线及各楼面、休息平台、墙身线，如图 1-6-18a。

2）确定楼梯踏步的起点，用平行线等分的方法，画出楼梯剖面图上各踏步的投影，如图 1-6-18b。

3）擦去多余线条，画楼地面、楼梯休息平台、踏步板的厚度以及楼层梁、平台梁等其他细部内容，如图 1-6-18c。

4）检查无误后，加深、加粗并画详图索引符号，最后标注尺寸、图名等，如图 1-6-18d。

3. 楼梯节点详图　楼梯节点详图主要是指栏杆详图、扶手详图以及踏步详图。它们分别用索引符号与楼梯平面图或楼梯剖面图联系。

踏步详图表明踏步的截面尺寸、大小、材料及面层的做法。如图 1-6-19 楼梯踏步的踏面宽 300mm，高 150mm；现浇钢筋混凝土楼梯，

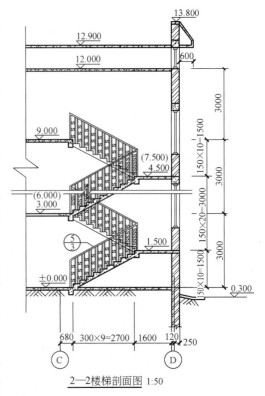

图 1-6-17　楼梯剖面图

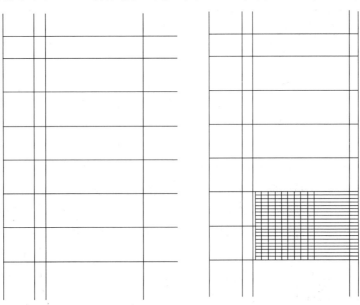

a)　　　　　　　　　　　　b)

图 1-6-18　楼梯剖面图画法

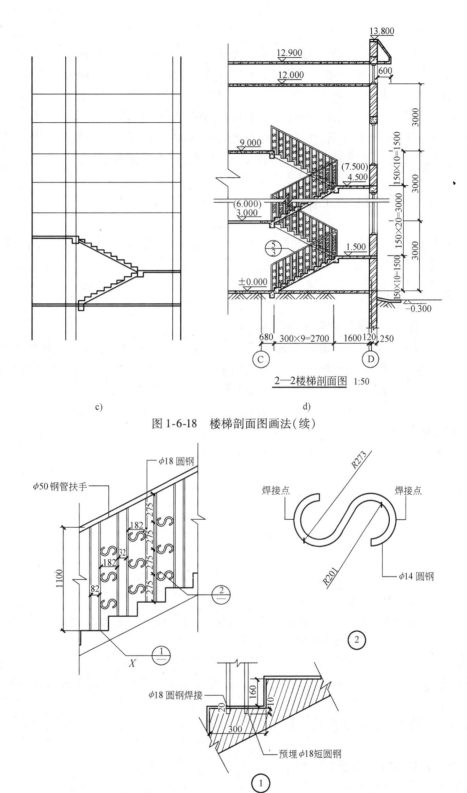

2—2楼梯剖面图 1:50

c)   d)

图 1-6-18 楼梯剖面图画法(续)

图 1-6-19 楼梯节点详图

面层为1:3水泥砂浆找平。

栏板与扶手详图主要表明栏板及扶手的形式、大小、所用材料及其与踏步的连接等情况。如图1-6-19楼梯扶手采用φ50无缝钢管，面刷黑色调和漆；栏杆用φ18圆钢制成，与踏步用预埋钢筋通过焊接连接。

4. 其他详图 在建筑、结构设计中，对大量重复出现的构配件如门窗、台阶、面层做法等，通常采用标准设计，即由国家或地方编制的一般建筑常用的构、配件详图，供设计人员选用，以减少不必要的重复劳动。在读图时要学会查阅这些标准图集。

6.7 工业厂房建筑施工图

工业建筑与民用建筑的显著区别是工业建筑必须满足工艺要求，此外是设置有吊车梁。多层厂房建筑施工图与民用建筑基本相同，这里主要介绍单层工业厂房建筑施工图。

6.7.1 单层工业厂房平面图

1. 单层工业厂房建筑平面图图示内容

（1）纵、横向定位轴线。如图中①、②、③、④、⑤、⑥轴为横向定位轴线，⑦、⑧、⑨、⑩轴纵向定位轴线，它们构成柱网，可以用来确定柱子的位置，横向定位轴线之间的距离确定厂房的柱距，纵向定位轴线确定厂房的跨度。厂房的柱距决定屋架的间距和屋面板、吊车梁等构件的长度，车间跨度则决定屋架的跨度和吊车的轨距。如图1-6-20所示，本厂房的柱距为6m，跨度为18m；由于平面为L形布置，⑥轴与⑦轴之间的距离应为墙厚+变形缝尺寸+600mm。厂房的柱距和跨度还应满足模数制的要求；纵、横向定位轴线是施工放线的重要依据。

（2）墙体、门窗布置。在平面图需表明墙体、门窗的位置、型号和数量。门窗的表示方法和民用建筑相同，在表示门窗的图例旁边注写代号，门的代号为M，窗的代号是C，在代号后注写数字表示门窗的不同型号。单层工业厂房的墙体一般为自承重墙，主要起围护作用，一般沿四周布置。

（3）吊车设置。单层工业厂房平面图应表明吊车的起重量及吊车轮距，这是它与民用建筑的重要区别，如图1-6-20所示。

（4）辅助用房的布置。辅助用房是为了实现工业厂房的功能而布置的，布置较简单，如本图中的⑦、⑧轴×Ⓐ、Ⓑ轴的两个办公室。

（5）尺寸标注。通常沿厂房长、宽两个方向分别标注三道尺寸：第一道是厂房的总长和总宽；第二道是定位轴线间尺寸；第三道是门窗宽度及墙段尺寸。此外还有连系尺寸、变形缝尺寸等。

（6）画出指北针、剖切符号、索引符号。它们的画法、用途与民用建筑相同，这里不再讲解。

2. 单层工业厂房平面图阅读举例

（1）了解厂房平面形状、朝向。如图1-6-20，根据工艺布置要求，本厂房采用L形平面布置，①—⑥轴车间坐北朝南。

（2）了解厂房柱网布置，该厂房柱距6m，跨度18m。

（3）了解厂房门、窗位置，形状，开启方向。该厂房在南、北、西向分别设有一条大门，外墙上设计为通窗。

（4）了解墙体布置。墙体为自承重墙，沿外围布置，起围护作用。

（5）了解吊车设置。本厂房吊车起重量为10t，吊车轮距为16.5m。

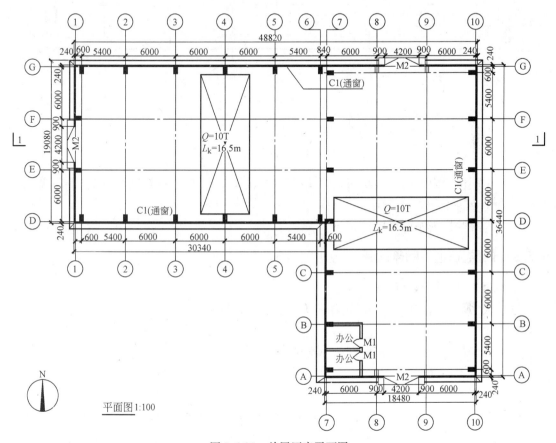

图1-6-20 单层厂房平面图

6.7.2 单层工业厂房立面图

1. 建筑立面图的图示内容

（1）屋顶、门、窗、雨篷、台阶、雨水管等细部的形状和位置。

（2）室外装修及材料做法等。

（3）立面外貌及其形状。

（4）室内外地面、窗台、门窗顶、雨篷底面及屋顶等处的标高。

（5）立面图两端的轴线编号及图名、比例。

2. 建筑立面图阅读举例

（1）如图1-6-21，本厂房为L布置，在本立面设有一大门，上方有一雨篷，屋顶为两坡排水，设有外天沟，为有组织排水。

（2）为了取得良好的采光通风效果，外墙设计通窗。

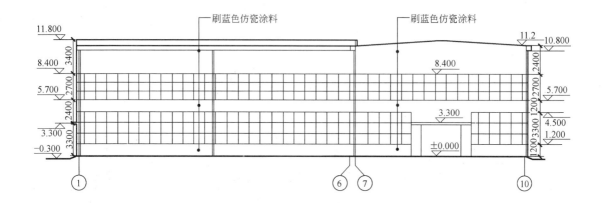

1—10 立面图1:100

图 1-6-21　单层厂房立面图

（3）本厂房室内外高差为 0.3m，下段窗台标高 1.2m，窗顶标高为 4.5m，上段窗窗台标高 5.7m，窗顶标高为 8.4m。

（4）外墙装修为刷蓝色仿瓷涂料。

6.7.3　单层工业厂房剖面图

1. 单层工业厂房剖面图图示内容

（1）表明厂房内部的柱、吊车梁断面及屋架、天窗架、屋面板以及墙、门窗等构配件的相互关系。

（2）各部位竖向尺寸和主要部位标高尺寸。

（3）屋架下弦底面标高及吊车轨顶标高，它们是单层工业厂房的重要尺寸。

2. 单层工业厂房建筑剖面图阅读举例

（1）如图 1-6-22 本厂房采用钢筋混凝土排架结构，排架柱在 5.3m 标高处设有牛腿，牛腿上设有 T 形吊车梁，吊车梁梁顶标高 5.7m，排架柱柱顶标高 8.4m。

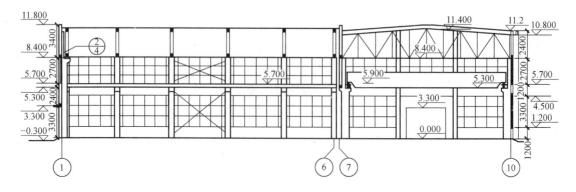

1—1剖面图1:100

图 1-6-22　单层厂房剖面图

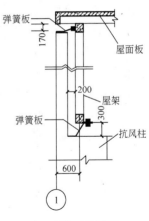

（2）屋面采用屋架承重，屋面板直接支承在屋架上，为无檩体系。

（3）厂房端部设有抗风柱，以协助山墙抵抗风荷载。

（4）在厂房中部设有柱间支撑，以增加厂房的整体刚度。

（5）了解厂房屋顶做法，屋面排水设计。

（6）在外墙上设有两道连系梁，以减少墙体计算高度，提高墙体的稳定性。

6.7.4 单层工业厂房施工详图

为了清楚地反映厂房细部及构配件的形状、尺寸、材料做法等需要绘制详图。一般包括墙身剖面详图、屋面节点、柱节点详图，如图1-6-23所示，为该厂房屋架与抗风柱连接详图。

抗风柱与屋架连接详图1:30

图1-6-23　单层厂房详图

小　结

本章是重点章节，是前面章节知识的具体应用；本章知识应用性、实践性强，能否掌握本章知识，将关系到后续有关课程的学习。

本章主要介绍了以下内容：

1. 施工图首页的作用、组成及各组成部分的作用。
2. 建筑总平面图的形成、用途、图示内容、画法及识读方法。
3. 建筑平面图的形成、用途、图示内容及画法识读方法。
4. 建筑立面图的形成、用途、图示内容及画法识读方法。
5. 建筑剖面图的形成、用途、图示内容及画法识读方法。
6. 墙身详图的形成、用途、图示内容及识读方法。
7. 楼梯详图的形成、用途、图示内容及识读方法。
8. 单层厂房的平、立、剖面图及详图的图示内容及识读方法。

学习本章除了要求掌握以上基本知识之外，关键在于以下能力的培养：培养学生的画图能力、识图能力，增强学生的空间想象能力，使学生具备工程技术人员应有的最基本的制、识图能力。

思　考　题

1. 建筑施工图由哪些部分组成？
2. 图样目录的作用是什么？
3. 设计总说明的内容有哪些？
4. 工程做法表的作用是什么？
5. 建筑总平面图是如何形成的？有何作用？图示内容有哪些？
6. 建筑平面图是如何形成的？有何作用？图示内容有哪些？
7. 建筑立面图是如何形成的？有何作用？图示内容有哪些？

8. 建筑剖面图是如何形成的？有何作用？图示内容有哪些？

9. 外墙身详图通常由哪些节点详图组成？图示内容有哪些？

10. 楼梯详图由哪些部分组成？楼梯平面图图示内容有哪些？楼梯剖面图图示内容有哪些？楼梯节点详图由哪些详图组成？

11. 单层工业厂房建筑平面图的图示内容有哪些？如何阅读？

12. 单层工业厂房建筑立面图的图示内容有哪些？如何阅读？

13. 单层工业厂房建筑剖面图的图示内容有哪些？如何阅读？

第 二 篇

建 筑 构 造

第1章 民用建筑概述

学习目标要求

1. 掌握民用建筑的构造组成、作用和分类。
2. 了解民用建筑的等级及划分原则，了解影响建筑构造的因素和建筑构造设计的基本要求。
3. 掌握建筑模数协调标准的意义及模数协调的适用范围。
4. 掌握定位轴线的意义、划分方式、定位轴线编号的原则。

学习重点与难点

本章重点是：民用建筑的构造组成、建筑模数协调标准的意义及模数协调的适用范围、定位轴线的划分方式、定位轴线编号的原则等。**本章难点是：**建筑模数协调标准的意义及模数协调的适用范围。

1.1 民用建筑构造的组成和分类

建筑是建筑物和构筑物的总称，是人们为了满足生产、生活和进行各项社会活动的需要，利用所掌握的物质技术条件，运用一定的科学规律和美学法则创造的人工环境。建筑总是以一定的空间形式而存在。

民用建筑是供人们居住和进行公共活动的建筑的总称。

1.1.1 民用建筑的构造组成及各组成部分的作用与设计要求

民用建筑通常是由基础、墙体(或柱)、楼板层(或楼地层)、楼梯、门窗、屋顶等六个主要部分所组成，如图 2-1-1 所示。各组成部分在不同的部位发挥着不同的作用，因而其设计要求也各不相同。

民用建筑除了上述几个主要组成部分之外，对不同使用功能的建筑，还有一些附属的构配件，如阳台、雨篷、台阶、散水、勒脚、通风道等。这些构配件称为民用建筑的次要组成部分。

1.1.2 民用建筑的分类与分级

1.1.2.1 民用建筑的分类

建筑物按照使用性质的不同，通常可以分为生产性建筑和非生产性建筑。生产性建筑是指工业建筑和农业建筑，非生产性建筑即指民用建筑。民用建筑的分类方法有多种：

1. 按使用功能分类

(1) 居住建筑：如住宅、宿舍、公寓等。

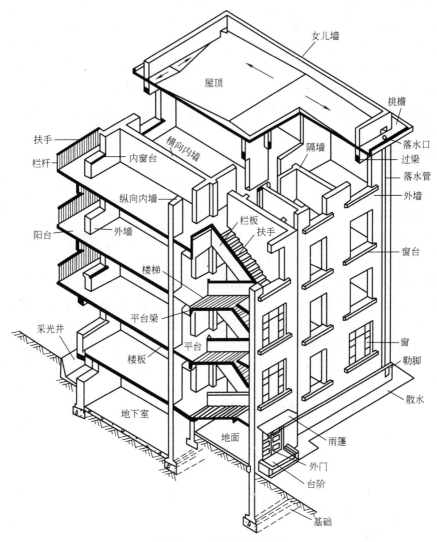

图 2-1-1　民用建筑的组成

（2）公共建筑

1）生活服务性建筑：如食堂、菜场、浴室、服务站等。

2）文教建筑：如教学楼、图书馆、文化宫等。

3）托幼建筑：如幼儿园、托儿所等。

4）科研建筑：如科研所、科学实验楼等。

5）医疗福利建筑：如医院、疗养院、养老院等。

6）商业建筑：如商店、商场、餐馆、食品店等。

7）行政办公建筑：如各类办公楼、写字楼等。

8）交通建筑：如车站、航站楼、水上客运站、地铁站等。

9）通信建筑：如广播电视楼、电信楼等。

10）体育建筑：如体育馆、体育场、训练馆、游泳馆、网球场等。

11）观演建筑：如电影院、剧院、音乐厅、杂技厅等。

12）展览建筑：如展览馆、博物馆、文化馆等。

13）旅馆建筑：如宾馆、旅馆、招待所等。

14）园林建筑：如公园、动物园、植物园等中的观赏性建筑。

15）纪念性建筑：如纪念碑、纪念堂、纪念馆、纪念塔等。

有些大型公共建筑内部功能比较复杂，可能同时具备上述两个以上的功能，一般称这类民用建筑为综合性建筑。

2. 按地上层数或高度分类

（1）GB 50352—2005 的分类

1）住宅建筑按层数分类：1~3 层为低层住宅，4~6 层为多层住宅，7~9 层为中高层住宅，10 层以上为高层住宅。

2）除住宅建筑之外的民用建筑，高度不大于 24m 者为单层和多层建筑，大于 24m 者为高层建筑（不包括建筑高度大于 24m 的单层公共建筑）。

3）建筑高度大于 100m 的民用建筑为超高层建筑。

建筑高度是指建筑物自室外设计地面至建筑主体檐口或屋面面层的高度。屋顶上的水箱间、电梯机房、排烟机房和楼梯出口小间等不计入建筑高度。

（2）高层建筑分类　世界各国对高层建筑的划分界限规定都不一致。我国现行的《高层民用建筑设计防火规范》（GB 50045—1995）（2005 年版）中规定，10 层和 10 层以上的居住建筑（包括首层设置商业服务网点的住宅），以及建筑总高度超过 24m 的公共建筑和综合性建筑为高层建筑。高层建筑按使用性质、火灾危险性、疏散和扑救难度又可以分为一类高层建筑和二类高层建筑，见表 2-1-1。

表 2-1-1　高层建筑分类

名称	一　类		二　类
居住建筑	19 层及 19 层以上的住宅		10~18 层的住宅
公共建筑	1. 医院 2. 高级旅馆 3. 建筑高度超过 50m 或 24m 以上部分的任一楼层的建筑面积超过 1000m² 的商业楼、展览馆、综合楼、电信楼、财贸金融楼 4. 建筑高度超过 50m 或 24m 以上部分的任一楼层的建筑面积超过 1500m² 的商住楼 5. 中央级和省级（含计划单列市）广播电视楼 6. 网局级和省级（含计划单列市）电力调度楼 7. 省级（含计划单列市）邮政楼、防灾指挥调度楼 8. 藏书超过 100 万册的图书馆、书库 9. 重要的办公楼、科研楼、档案楼 10. 建筑高度超过 50m 的教学楼和普通的旅馆、办公楼、科研楼、档案楼等		1. 除一类建筑以外的商业楼、展览楼、综合楼、电信楼、财贸金融楼、商住楼、图书馆、书库 2. 省级以下的邮政楼、防灾指挥调度楼、广播电视楼、电力调度楼 3. 建筑高度不超过 50m 的教学楼和普通的旅馆、办公楼、科研楼、档案楼等

1972 年国际高层建筑会议将高层建筑分为 4 类：

1）低高层建筑：为 9~16 层，最高 50m。

2）中高层建筑：为 17~25 层，最高 75m。

3）高高层建筑：为 26~40 层，最高 100m。

4）超高层建筑：为 40 层以上，高度 >100m。

3. 按规模和数量分类

（1）大量性建筑：指建造数量较多、建筑规模不大、与人们生活密切相关的分布面广的民用建筑，如住宅、中小学教学楼、医院、中小型影剧院等。广泛分布在城市及村镇。

（2）大型性建筑：指建筑单体规模大、耗资多的公共建筑，如大型体育馆、大型剧院、火车站、航站楼等。与大量性建筑相比，其修建数量是很有限的，这类建筑在一个国家或一个地区具有代表性，对城市面貌的影响也较大。

4. 按主要承重结构的材料分类

（1）木结构：是以木材作为房屋承重骨架的建筑。我国古代建筑大多采用木结构。木结构具有自重轻、构造简单、施工方便等优点，但木材易腐、易燃，又因我国森林资源缺少，现已较少采用。

（2）土木结构：是以生土墙和木屋架作为主要承重结构的建筑，这类建筑通常可就地取材，造价低，适用于村镇建筑。

（3）砖木结构：是以砖墙或砖柱、木屋架作为主要承重结构的建筑。这类建筑称砖木结构建筑。

（4）砖混结构：是以砖墙或砖柱、钢筋混凝土楼板及屋面板作为主要承重构件的建筑。这类建筑在大量民用建筑中应用最广泛。

（5）钢筋混凝土结构：指主要承重构件全部采用钢筋混凝土制作的建筑。这类建筑具有坚固耐久、防火和可塑性强等优点，主要用于大型公共建筑和高层建筑。

（6）钢结构：指主要承重构件全部采用钢材来制作的建筑。这类建筑与钢筋混凝土结构建筑比较，具有力学性能好、便于制作和安装、工期短、自重轻等优点。主要适用于高层和大跨度建筑中。随着我国高层、大跨度建筑的发展，采用钢结构的趋势正在增长。

1.1.2.2 民用建筑的等级划分

由于建筑的功能和社会生活中的地位和差异较大，为了使建筑充分发挥投资效益，避免造成浪费，适应社会经济发展的需要，我国对各类不同建筑的级别进行了明确的划分。民用建筑的等级是根据建筑的使用年限、防火性能、规模大小和重要性来划分等级的。

1. 按耐久年限分 民用建筑的耐久等级主要是根据建筑的重要性和规模大小划分的。作为基建投资和建筑设计的重要依据。《民用建筑设计通则》(GB 50352—2005)中规定见表 2-1-2。

表 2-1-2 设计使用年限分类

类　　别	设计使用年限/年	示　　例
1	5	临时性建筑
2	25	易于替换结构构件的建筑
3	50	普通建筑和构筑物
4	100	纪念性建筑和特别重要的建筑

2. 按耐火等级分 在建筑构造设计中，应该对建筑的防火与安全给予足够的重视，特

别是在选择结构材料和构造作法上，应按其性质分别对待。

所谓建筑的耐火等级，是衡量建筑物耐火程度的标准，它是由组成建筑物构件的燃烧性能和耐火极限的最低值所决定的。划分建筑物耐火等级的目的在于根据建筑物的用途不同提出不同的耐火等级要求，做到既有利于安全，又有利于节约基本建设投资。火灾实例说明，耐火等级高的建筑，火灾时烧坏倒塌的很少，而耐火等级低的建筑，火灾时不耐火，烧坏快，损失也大。

现行《建筑设计防火规范》（GB 50016—2006）将民用建筑的耐火等级划分为四级，见表2-1-3。

表 2-1-3　建筑构件的燃烧性能和耐火极限　　　　　　　（单位：h）

构 件 名 称		耐 火 等 级			
		一级	二级	三级	四级
墙	防火墙	不燃烧体 3.00	不燃烧体 3.00	不燃烧体 3.00	不燃烧体 3.00
	承重墙	不燃烧体 3.00	不燃烧体 2.50	不燃烧体 2.00	难燃烧体 0.50
	非承重外墙	不燃烧体 1.00	不燃烧体 1.00	不燃烧体 0.50	燃烧体
	楼梯间的墙 电梯井的墙 住宅单元之间的墙 住宅分户墙	不燃烧体 2.00	不燃烧体 2.00	不燃烧体 1.50	难燃烧体 0.50
	疏散走道两侧的隔墙	不燃烧体 1.00	不燃烧体 1.00	不燃烧体 0.50	难燃烧体 0.25
	房间隔墙	不燃烧体 0.75	不燃烧体 0.50	难燃烧体 0.50	难燃烧体 0.25
柱		不燃烧体 3.00	不燃烧体 2.50	不燃烧体 2.00	难燃烧体 0.50
梁		不燃烧体 2.00	不燃烧体 1.50	不燃烧体 1.00	难燃烧体 0.50
楼板		不燃烧体 1.50	不燃烧体 1.00	不燃烧体 0.50	燃烧体
屋顶承重构件		不燃烧体 1.50	不燃烧体 1.00	燃烧体	燃烧体
疏散楼梯		不燃烧体 1.50	不燃烧体 1.00	不燃烧体 0.50	燃烧体
吊顶（包括吊顶搁栅）		不燃烧体 0.25	难燃烧体 0.25	难燃烧体 0.15	燃烧体

注：1. 除《规范》另有规定者外，以木柱承重且以不燃烧材料作为墙体的建筑物，其耐火等级应按四级确定。

2. 二级耐火等级建筑的吊顶采用不燃烧体时，其耐火极限不限。

3. 在二级耐火等级的建筑中，面积不超过100m² 的房间隔墙，如执行本表的规定确有困难时，可采用耐火极限不低于 0.30h 的不燃烧体。

4. 一、二级耐火等级建筑疏散走道两侧的隔墙，按本表规定执行确有困难时，可采用耐火极限不低于 0.75h 的不燃烧体。

5. 住宅建筑构件的耐火极限和燃烧性能可按《规范》的规定执行。

6. 此表适用于民用建筑，厂房和库房略有差别。

所谓燃烧性能，是指建筑构件在明火或高温作用下是否燃烧，以及燃烧的难易程度。建筑构件按燃烧性能分为不燃烧体、难燃烧体和燃烧体。

不燃烧体：指用不燃材料做成的建筑构件，如天然石材、人工石材、砖、钢筋混凝土、金属材料等。

难燃烧体：指用难燃材料做成的建筑构件，或者用可燃材料做成但用不燃材料做保护层的建筑构件,如沥青混凝土构件、木板条抹灰、水泥刨花板、经防火处理的木材等。这类材料在空气中受到火烧或高温作用时难燃烧、难碳化。

燃烧体:指用可燃材料做成的建筑构件,如木材、胶合板、纸板等。这类材料在空气中受到火烧或高温作用时,立即起火燃烧,且离开火源后仍继续燃烧或微燃。

所谓耐火极限,是指对任一建筑构配件或结构在标准耐火试验条件下,从受到火的作用时起,到失去稳定性、完整性被破坏或失去隔火作用时止的这段时间,用小时表示。只要以下三个条件中出现任一个,就可以确定是否达到其耐火极限。

(1) 失去稳定性。指构件在受到火焰或高温作用下,由于构件材质性能的变化,使承载能力和刚度降低,承受不了原设计的荷载而破坏。例如受火作用后的钢筋混凝土梁失去稳定性;钢柱失稳破坏;非承重构件自身解体或垮塌等,均属失去稳定性。

(2) 完整性被破坏。指薄壁分隔构件在火中高温作用下,发生爆裂或局部塌落,形成穿透裂缝或孔洞,火焰穿过构件,使其背面可燃物燃烧起火。例如受火作用后的木板条抹灰墙内部可燃木板条先行自燃,一定时间后,背火面的抹灰层龟裂脱落,引起燃烧起火;预应力钢筋混凝土楼板使钢筋失去预应力,发生炸裂,出现孔洞,使火苗蹿到上层房间。在实际中这类火灾相当多。

(3) 失去隔火作用。指具有分隔作用的构件,背火面任一点的温度达到220℃时,构件失去隔火作用。例如一些燃点较低的可燃物(纤维系列的棉花、纸张、化纤品等)烤焦后以致起火。

1.2 影响建筑构造的因素和建筑构造的基本要求

由于建筑是建造在自然环境当中的,因此建筑的使用质量和使用寿命就要经受自然界各种因素的考验,同时还要充分考虑人为因素对建筑的影响。为了确保建筑能够充分地发挥其使用价值,延长建筑的使用年限,在进行建筑的构造设计时,必须要对影响建筑构造的因素进行综合分析,制定技术上可行、经济上合理的构造设计方案。

1.2.1 影响建筑构造的因素

1. 外力作用的影响 作用在建筑物上的各种外力统称为荷载。荷载可分为恒荷载(如建筑物的结构自重)和活荷载(如人群、家具、设备、风雪及地震荷载等)两种。荷载的大小是建筑设计的主要依据,也是结构选型的重要基础,它决定着构件的尺度和用料。而构件的选材、尺寸、形状等又与构造密切相关。所以,在确定建筑构造方案时,必须考虑外力的影响。

在外荷载中,风力的影响不可忽视。风力往往是高层建筑水平荷载的主要因素,风力随着地面高度的不同而变化。特别是在沿海、沿江地区,风力影响更大,设计时必须遵照有关设计规范执行。此外,地震力是目前自然界中对建筑物影响最大的一种因素。我国是地震多发国家之一,地震分布也相当广泛,因此必须引起高度重视。在进行建筑物抗震设计时,应以各地区所定抗震设防烈度为依据予以设防。地震烈度是指在地震过程中,地表及建筑物受到影响和破坏的程度。

2. 人为因素的影响 人们在从事生产、生活的活动过程中,往往会造成对建筑物的影响,如火灾、战争、爆炸、机械振动、化学腐蚀、噪声等,都属于人为因素的影响。所以,在进行建筑构造设计时，必须针对各种可能的因素，采取相应的防火、防爆、防振、防腐蚀、隔声等构造措施，以防止建筑物遭受不应有的损失。

3. 自然气候条件的影响 我国地域辽阔，各地区之间的地理环境不同，大自然的条件也有差异。由于南北纬度相差较大，从炎热的南方到寒冷的北方，气候条件差别也较大。由于气温的变化、太阳的热辐射，以及自然界的风、霜、雨、雪、地下水等，都会构成影响建筑物使用功能和建筑构配件使用质量的重要因素。有的会因材料的热胀冷缩而开裂，严重的甚至会遭受破坏；有的会出现渗漏水现象；有的会因室内温度过热或过冷而妨碍工作等。总之影响到建筑物的正常使用。故在建筑构造设计时，应针对建筑物所受影响的性质与程度，对各有关构配件及相关部位采取必要的防范措施。如设置防潮层、防水层、保温层、隔热层、隔蒸汽层、变形缝等，以保证建筑物的正常使用。

4. 建筑技术条件的影响 随着社会的进步，社会劳动生产力水平的不断提高，建筑材料、建筑结构、建筑设备、建筑施工技术等也在发生着翻天覆地的变化。因此，民用建筑的构造设计也随之变得更加丰富多彩了。例如新型材料在建筑工程中的应用，有效地解决了建筑结构的大跨度问题，新的装饰装修及采光通风构造不断涌现。所以，建筑构造也并非沿袭一成不变的固定模式。在建筑构造设计中要正确解决好采光、通风、保温、隔热、洁净、防潮、防水、防振、防噪声等问题，应以构造原理为基础，在利用原有的、标准的、典型的建筑构造的同时，不断发展和创造新的构造方案。

5. 经济条件的影响 随着建筑技术的不断发展和人们生活水平的不断提高，各类新型的节能材料，新型的防火、防水材料，配套家具设备、家用电器等大量中、高档产品相继涌现，人们对建筑的使用要求也越来越高。建筑标准的变化，必然带来建筑质量标准、建筑造价也发生较大的变化，所以，对建筑构造的要求也必将随着经济条件的改变而发生着较大的变化。

1.2.2 建筑构造的基本要求

1. 必须满足建筑使用功能要求 建筑物应给人们创造出舒适的使用环境。由于建筑物所处的条件、环境的不同，则对建筑构造有不同的要求。如影剧院和音乐厅要求具有良好的音响效果；展览馆则要求具有良好的光线效果；北方寒冷地区要求建筑在冬季具有良好的保温效果；南方炎热地区则要求建筑能通风、隔热。总之，为了满足建筑使用功能需要，在确定构造方案时，必须综合考虑各方面因素，以确定最经济合理的构造方案。

2. 确保结构安全的要求 建筑物除应根据荷载大小、结构的要求确定构件的必须尺度外，对于一些零、部件的设计，如阳台、楼梯的栏杆；顶棚、墙面、地面的装修；门、窗与墙体的结合以及抗振加固等，都必须在构造上采取必要的措施，以确保建筑物在使用时的安全。

3. 必须适应建筑工业化的要求 为提高建设速度，改善劳动条件，保证施工质量，在选择构造做法时，应大力推广先进的新技术，选用各种新型建筑材料，采用标准化设计和定型构件，为构、配件的生产工厂化、现场施工机械化创造有利条件，以适用建筑工业化的需要。

4. 必须注重建筑经济的综合效益 房屋的建造需要消耗大量的材料，在选择建筑构造方案时，应充分考虑建筑的综合经济效益，既要注意降低建筑造价、减少材料的能源消耗，又要有利于降低经济运行、维修和管理的费用，考虑其综合经济效益。另外，在提倡节约、降低造价的同时，还必须保证工程质量，绝不可为了追求经济效益而以牺牲工程质量为代价，偷工减料，粗制滥造。

5. 满足美观要求 建筑的美观主要是通过对其内部空间和外部造型的艺术处理来体现的。构造方案的处理需要考虑其造型、尺度、质感、色彩等艺术和美观问题，如有不当往往会影响建筑物的整体设计效果。因此对建筑物进行构造设计时，应充分运用构图原理和美学法则，创造出具有较高品位的建筑。

总之，在构造设计中，全面考虑坚固适用、技术先进、经济合理、美观大方是建筑构造设计最基本的原则。

1.3　建筑工业化和建筑模数协调

1.3.1　建筑工业化的意义和内容

建筑业是我国国民经济的支柱产业之一，其经济发展指标是国民经济的先行指标之一。而长期以来，建筑业分散的手工业生产方式与大规模的经济建设很不适应，必须改变目前这种落后的状况，尽快实现建筑工业化。发展建筑工业化的意义在于能够加快建设速度，降低劳动强度，减少人工消耗，提高施工质量和劳动生产率。

建筑工业化是指用现代工业的生产方式来建造房屋，它的内容包括四个方面，即建筑设计标准化、构配件生产工厂化、施工机械化和管理科学化。

1）设计标准化：就是从统一设计构配件入手，尽量减少它们的类型，进而形成单元或整个房屋的标准设计。

2）构配件生产工厂化：就是构配件生产集中在工厂进行，逐步做到商品化。

3）施工机械化：就是用机械取代繁重的体力劳动，用机械在施工现场安装构件与配件。

4）管理科学化：就是用科学的方法来进行工程项目管理，避免主观臆断或凭经验管理。

其中，设计标准化是实现建筑工业化目标的前提，构配件生产工厂化是建筑工业化的手段，施工机械化是建筑工业化的核心，管理科学化是建筑工业化的保证。

为保证建筑设计标准化和构配件生产工厂，建筑物及其各组成部分的尺寸必须统一协调，为此，我国制定了《建筑模数协调统一标准》（GBJ 2—1986）作为建筑设计的依据。

1.3.2　建筑标准化

建筑标准化主要包括两方面的内容：一个是建筑设计的标准方面，包括制定各种法规、规范、标准、定额与指标；另一个是建筑的标准设计方面，即根据上述设计标准，设计通用的构配件、单元和房屋。

标准化设计可以借助国家或地区通用的标准构配件图集来实现，设计者根据工程的具体情况选择标准的构配件，避免重复劳动。构配件生产厂家和施工单位也可以针对标准构配件的应用情况组织生产和施工，形成规模效益。

标准化设计的形式主要有三种：

1. 标准构件设计 由国家或地区编制一般建筑常用的构件和配件图，供设计人员选用，以减少不必要的重复劳动。

2. 整个房屋或单元的标准设计 由国家或地方编制整个房屋或单元的设计图，供建筑单位选用。整个房屋的设计图，经地基验算后即可据以建造房屋。单元标准设计，则需经设计单位用若干单元拼成一个符合要求的组合体，成为一栋房屋的设计图。

我国曾编制过一些专用性和通用性车间的定型设计、中小型公共建设的定型设计，都取得了很好的效果。特别是在住宅设计方面，各地区采用定型单元的组合住宅，对减少重复设计劳动、缩短设计周期、推动住宅建设方面起到了很大的作用。

3. 工业化建筑体系 为了适应建筑工业化的要求，不仅要使房屋的构配件和水、暖、电等设备标准化，还相应对它们的用料、生产、运输、安装乃至组织管理等问题进行通盘设计，作出统一的规定，这称为工业化建筑体系。

1.3.3　建筑模数协调

建设单位、施工单位、构配件生产厂家往往是各自独立的企业，甚至可能不属于同一地区、同一行业。为协调建筑设计、施工及构配件生产之间的尺度关系，达到简化构件类型，降低造价，保证建筑质量，提高施工效率的目的，我国制定有《建筑模数协调统一标准》（GBJ 2—1986），用以约束和协调建筑的尺度关系。

1.3.3.1　建筑模数与模数数列

1. 建筑模数 建筑模数是选定的尺寸单位，作为建筑构配件、建筑制品以及有关设备尺寸间互相协调中的增值单位，包括基本模数和导出模数。

（1）基本模数：是模数协调中选定的基本尺寸单位，数值为100mm，其符号为M，即1M = 100mm。整个建筑或建筑物的一部分或建筑组合件的模数化尺寸均应是基本模数的倍数。

（2）导出模数：由于建筑中需要用模数协调的各部位尺度相差较大，仅仅靠基本模数不能满足尺度的协调要求，因此在基本模数的基础上又发展了相互之间存在内在联系的导出模数。导出模数分为扩大模数和分模数。

1）扩大模数：是基本模数的整数倍。扩大模数的基数应符合下列规定：

水平扩大模数的基数为3M、6M、12M、15M、30M、60M，相应的尺寸分别是300mm、600mm、1200mm、1500mm、3000mm、6000mm；竖向扩大模数的基数为3M、6M，相应的尺寸是300mm、600mm。

2）分模数：是基本模数的分数值。分模数的基数是1/10M、1/5M、1/2M，对应的尺寸是10mm、20mm、50mm。

2. 模数数列 模数数列是以选定的模数基数为基础而展开的数值系统。它可以确保不同类型的建筑物及其各自组成部分间的尺寸统一与协调，减少建筑的尺寸范围（种类），并确保尺寸具有合理的灵活性。模数数列根据建筑空间的具体情况拥有各自的适应范围。建筑物的所有尺寸除特殊情况外，均应满足模数数列的要求。表2-1-4为我国现行的模数数列。

表 2-1-4　模数数列　　　　　　　（单位：mm）

基本模数	扩大模数						分　模　数		
1M	3M	6M	12M	15M	30M	60M	1/10M	1/5M	1/2M
100	300	600	1200	1500	3000	6000	10	20	50
100	300						10		
200	600	600					20	20	
300	900						30		
400	1200	1200	1200				40	40	
500	1500			1500			50		50
600	1800	1800					60	60	
700	2100						70		
800	2400	2400	2400				80	80	
900	2700						90		
1000	3000	3000		3000	3000		100	100	100
1100	3300						110		
1200	3600	3600	3600				120	120	
1300	3900						130		
1400	4200	4200					140	140	
1500	4500			4500			150		150
1600	4800	4800	4800				160	160	
1700	5100						170		
1800	5400	5400					180	180	
1900	5700						190		
2000	6000	6000	6000	6000	6000	6000	200	200	200
2100	6300							220	
2200	6600	6600						240	
2300	6900								250
2400	7200	7200	7200					260	
2500	7500			7500				280	
2600		7800						300	300
2700		8400	8400					320	
2800		9000		9000	9000			340	
2900		9600	9600						350
3000				10 500				360	
3100			10 800					380	
3200			12 000	12 000	12 000	12 000		400	400
3300					15 000				450
3400					18 000	18 000			500
3500					21 000				550
3600					24 000				600
					27 000				650
					30 000	30 000			700
					33 000				750
					36 000	36 000			800
									850
									900
									950
									1000

3. 模数数列的适用范围

（1）水平基本模数 1M～20M 的数列，主要用于门窗洞口和构配件截面等处。

（2）竖向基本模数 1M～36M 的数列，主要用于建筑物的层高、门窗洞口和构配件截面等处。

（3）水平扩大模数 3M、6M、12M、15M、30M、60M 的数列，主要用于建筑物的开间或柱距、进深或跨度、构配件尺寸和门窗洞口等处。

（4）竖向扩大模数 3M 的数列，主要用于建筑物的高度、层高和门窗洞口等处。

（5）分模数 1/10M、1/5M、1/2M 的数列，主要用于缝隙、构造节点、构配件截面等处。

1.3.3.2 几种尺寸及其关系

为了保证建筑制品、构配件等有关尺寸的统一与协调，《建筑模数协调统一标准》规定了标志尺寸、构造尺寸、实际尺寸及其相互关系，如图 2-1-2 所示。

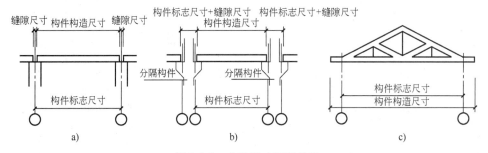

图 2-1-2　几种尺寸间的关系

a）标志尺寸大于构造尺寸　b）有分隔构件连接时举例　c）构造尺寸大于标志尺寸

1. 标志尺寸　应符合模数数列的规定，用以标注建筑物定位轴面、定位面或定位轴线、定位线之间的垂直距离（如开间或柱距、进深或跨度、层高等），以及建筑构配件、建筑组合件、建筑制品和有关设备界限之间的尺寸。

2. 构造尺寸　建筑构配件、建筑组合件、建筑制品等的设计尺寸。一般情况下，标志尺寸减去缝隙尺寸即为构造尺寸。缝隙尺寸的大小，应符合模数数列的规定。

3. 实际尺寸　建筑构配件、建筑组合件、建筑制品等生产制作后的实有尺寸。实际尺寸与构造尺寸之间的差值应符合建筑公差的规定。

1.3.4　定位轴线及其编号

定位轴线是确定建筑构造物主要结构或构件位置及标志尺寸的基准线。它既是建筑设计的需要，也是施工中定位、放线的重要依据。为了实现建筑工业化，尽量减少预制构件的类型，达到构件标准化、系列化、通用化和商品化，充分发挥投资效益，就应当合理选择定位轴线。

定位轴线用于平面时称为平面定位轴线（即定位轴线）；用于竖向时称为竖向定位轴线。定位轴线之间的距离（如跨度、柱距、层高等）应符合模数数列的规定。规定定位轴线的布置以及结构构件与定位轴线联系的原则，是为了统一与简化结构或构件尺寸和节点构造，减少规格类型，提高互换性和通用性，满足建筑工业化生产要求。

一幢建筑在平面上是由许多道墙体围合而成的，同时还有相当数量的柱子参与建筑平面的空间构成。为了设计和施工的方便，有利于不同专业人员的交流，定位轴线通常需要编号。

定位轴线应用细点画线绘制。轴线一般应编号，轴线编号应注写在轴线端部的圆圈内。圆圈应用细实线绘制，直径为 8mm，详图上可增为 10mm。定位轴线的圆心应位于定位轴线的延长线上或延长线的折线上，如图 2-1-3、图 2-1-4 所示。

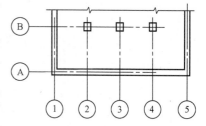

图 2-1-3　定位轴线的编号顺序

平面定位轴线的标注方法　在建筑平面图上，平面定位轴线一般按纵、横两个方向分别编号。横向定位轴线应用阿拉伯数字，从左至右顺序编号；纵向定位轴线应用大写拉丁字母，从下至上顺序编号，如图 2-1-3 所示。大写拉丁字母中的 I、O、Z 三个字母不得使用为轴线编号，以免与数字 1、0、2 混淆。如字母数量不够使用，可增用双字母或单字母加数字注脚，如 AA、BB、…YY 或 A1、B1、…Y1。

当建筑规模较大时，定位轴线也可采取分区编号，编号的注写形式应为"分区号-该区轴线号"，如图 2-1-4 所示。

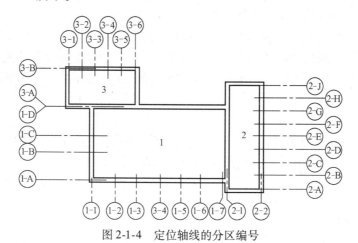

图 2-1-4　定位轴线的分区编号

在建筑设计中经常将一些次要的建筑部件用附加轴线进行编号，如非承重墙、装饰柱等。附加定位轴线的编号可用分数表示，采用在轴线圆圈内画一通过圆心的 45°斜线的方式，并按下列规定编写：

（1）两根轴线之间的附加轴线，应以分母表示前一轴线的编号，分子表示附加轴线的编号，编号宜用阿拉伯数字顺序编写，如：

⑴⁄₂ 表示 2 号轴线之后的第一根附加轴线。

③⁄C 表示 C 号轴线之后的第三根附加轴线。

（2）1 号轴线或 A 号轴线之前的附加轴线应以分母 01 或 0A 分别表示位于 1 号轴线或 A 号轴线之前的轴线，如：

⑴⁄₀₁ 表示 1 号轴线之前附加的第一根轴线。

③⁄₀A 表示 A 号轴线之前附加的第三根轴线。

当一个详图适用于几根定位轴线时，应同时注明各有关轴线的编号，注法如图 2-1-5 所示。通用详图中的定位轴线，应只画圆，不注写轴线编号。

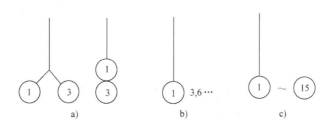

图 2-1-5 详图的轴线编号

a）用于两根轴线　b）用于 3 根或 3 根以上轴线

c）用于 3 根以上连续编号的轴线

小　结

1. 民用建筑主要由基础、墙或柱、楼（地）层、楼梯、门窗及屋顶等六大部分所组成。它们处在各自不同的部位、发挥着各自的作用。

2. 民用建筑按使用性质不同分为居住建筑和公共建筑；按地上层数或高度不同分为低层、多层、中高层、高层和超高层；按规模和数量不同分为大量性建筑和大型性建筑；按主要承重结构的材料分类为木结构、土木结构、砖木结构、砖混结构、钢筋混凝土结构、钢结构；按耐久性分为四类，按设计使用年限分为 5 年、25 年、50 年和 100 年；按建筑构件的耐火极限和燃烧性能分为四级。

3. 建筑工业化是指用现代工业的生产方式来建造房屋，它的内容包括四个方面，即建筑设计标准化、构配件生产工厂化、施工机械化和管理科学化。

4. 建筑标准化包括两方面的内容：一个是建筑设计的标准方面，包括制定各种法规、规范、标准、定额与指标；另一个是建筑的标准设计方面，即根据统一的设计标准，设计通用的构配件、单元和房屋。

5. 为协调建筑设计、施工及构配件生产之间的尺度关系，达到简化构件类型，降低造价，保证建筑质量，提高施工效率的目的，我国制定有《建筑模数协调统一标准》用以约束和协调建筑的尺度关系。我国以 100mm 为基本模数，用 M 表示。为适应不同要求，以基本模数为基础，又规定了导出模数——扩大模数和分模数及其适用范围。

6. 为了保证建筑制品、构配件等有关尺寸的统一与协调，《建筑模数协调统一标准》规定了标志尺寸、构造尺寸、实际尺寸及其相互关系。

$$构造尺寸 + 缝隙尺寸 = 标志尺寸$$
$$实际尺寸 + 允许误差 = 构造尺寸$$

即一般情况下，标志尺寸 > 构造尺寸 > 实际尺寸。但也有特例，在图 2-1-2c 所示排架结构厂房的屋架构造图示中，就出现了构造尺寸 > 标志尺寸的现象。

思　考　题

1. 简述民用建筑的构造组成，各部分的作用与设计要求。

2. 简述民用建筑按层数不同所确定的分类方法。

3. 什么是大量性建筑和大型性建筑？

4. 如何划分民用建筑的耐久等级？

5. 什么叫构件的耐火极限？民用建筑的耐火等级是如何划分的？

6. 建筑构造的影响因素有哪些？

7. 建筑构造设计应满足哪些要求？

8. 建筑工业化是指什么？其内容有哪些？

9. 实行建筑模数协调统一标准的意义何在？什么叫建筑模数、基本模数、扩大模数和分模数？

10. 什么叫模数数列？各模数数列的适用范围是什么？

11. 建筑模数协调中规定了哪几种尺寸？它们之间的关系是什么？

12. 简述定位轴线的意义及其标注方法。

第 2 章　基础与地下室

学习目标要求

1. 掌握基础的埋置深度、常见类型。
2. 掌握基础的基本构造。
3. 掌握地下室的组成。
4. 掌握地下室的防潮、防水构造。

学习重点与难点

本章重点是：基础的埋深，基础和地基的关系，基础的类型，地下室的组成和分类；**本章难点是**：基础的构造和地下室的防潮、防水构造。

2.1　地基与基础的基本概念

2.1.1　地基、基础及其与荷载的关系

基础是建筑物的重要组成部分，是位于建筑物的地面以下的承重构件，它直接与土层相接触，承受建筑物的全部荷载，并将这些荷载连同自重传给地基。地基是指支承建筑物荷载的那一部分土层(或岩层)。通常情况下，地基在建筑物荷载作用下的应力和应变随着土层深度的增加而减小，在到达一定深度后就可以忽略不计。直接承受荷载的土层称为持力层，持力层以下的土层称为下卧层。

地基分为天然地基和人工地基两大类。天然地基是指具有足够承载能力的天然土层(或岩层)，可直接在天然土层上建造建筑物的基础。如天然岩石、碎石、砂石、粘性土等，一般均可作为天然地基。当天然土层的承载力较差或土层质地虽然较好，但不能满足荷载的要求，为使地基具有足够承载能力，应对土层进行加固处理。这种经过人工加固的地基叫人工地基。人工地基的加固方法有压实法、换土法、桩基等多种方法。

建筑物的全部荷载用 N 表示。地基在保持稳定的条件下，每平方米所能承受的最大垂直压力称为地基的承载力(或地耐力)，用 R 表示。由于地基的承载力一般小于建筑物地上部分施加的荷载，所以基础底面需要宽出上部结构(底面宽为 B)，基础底面积用 A 表示。当三者的关系式：$R \geq N/A$ 成立时，说明建筑物传给基础底面的平均压力不超过地基承载力，地基就能够保证建筑物的稳定和安全。在建筑设计中，当建筑物总荷载确定时，可通过增加基础底面积或提高地基的承载力来保证建筑物的稳定和安全，如图 2-2-1 所示。

2.1.2　基础的埋置深度

基础的埋置深度，指从室外设计地坪到基础底面的距离。

室外地坪分为自然地坪和设计地坪。自然地坪指施工地段的现有地坪，而设计地坪指按设计要求工程竣工后室外场地整平的地坪。

根据基础埋置深度的不同，基础可分为浅基础和深基础。一般情况下，基础埋置深度≤5m 时为浅基础，基础埋置深度＞5m 时为深基础。在确定基础埋深时应优先选择浅基础，它的特点是：构造简单，施工方便，造价低廉且不需要特殊施工设备。只有在表层土质极弱、总荷载较大或其他特殊情况下，才选用深基础。除此，基础埋置深度也不能过小，因为地基受到建筑荷载作用后可能将四周土挤走，使基础失稳，或地面受到雨水的冲刷、机械破坏而导致基础暴露，影响建筑的安全。基础的最小埋置深度不应小于 500mm，如图 2-2-2 所示。

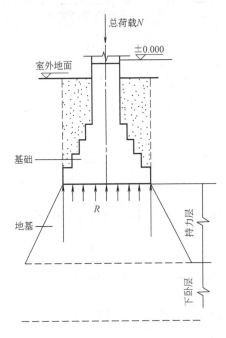

图 2-2-1　地基、基础与荷载的关系

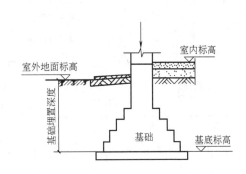

图 2-2-2　基础的埋置深度

2.2　基础的类型及构造

基础所用的材料一般有砖、毛石、混凝土或毛石混凝土、灰土、三合土、钢筋混凝土等，其中由砖、毛石、混凝土或毛石混凝土、灰土、三合土等制成的墙下条形基础或柱下独立基础称为无筋扩展基础；由钢筋混凝土制成的基础称为扩展基础。

2.2.1　无筋扩展基础和扩展基础

2.2.1.1　无筋扩展基础

当上部荷载较大，地基承载力较小时，基础底面 b 就会很大，挑出部分 b_2 很宽，相当于悬臂梁，对于由砖、毛石、灰土、混凝土等这类抗压强度高，而抗拉、抗剪、抗弯强度较低的材料所做的基础，在地基反力作用下底部会因受拉、受剪和受弯而破坏。为了保证基础不因受拉、受剪、受弯破坏，基础必须有足够的高度，即基础台阶的宽高比要受到一定的限制，基础高度应符合下式要求：

$$H_0 \geqslant (b - b_0)/2\tan\alpha$$

式中　　b——基础底面宽度；

　　　　b_0——基础顶面的墙体宽度或柱脚宽度；

　　　　H_0——基础高度；

　　$\tan\alpha$——基础台阶宽高比 $b_2 : H_0$，其允许值可按表 2-2-1 选用。

　　　　b_2——基础台阶宽度；

表 2-2-1　无筋扩展基础台阶宽高比的允许值

基础材料	质量要求	台阶宽高比的允许值		
		$P_k \leqslant 100$	$100 < P_k \leqslant 200$	$200 < P_k \leqslant 300$
混凝土基础	C15 混凝土			
毛石混凝土基础	C15 混凝土	1:1.00	1:1.00	1:1.25
砖基础	砖不低于 MU10、砂浆不低于 M5	1:1.00	1:1.25	1:1.50
毛石基础	砂浆不低于 M5	1:1.25	1:1.50	—
灰土基础	体积比为 3:7 或 2:8 的灰土，其最小干密度： 粉土 1.55t/m³ 粉质粘土 1.50t/m³ 粘土 1.45t/m³	1:1.25	1:1.50	—
三合土基础	体积比 1:2:4 ~ 1:3:6（石灰:砂:骨料），每层约虚铺 220mm，夯实至 150mm	1:1.50	1:2.00	—

　　采用无筋扩展基础的钢筋混凝土柱，其柱脚高度 h_1 不得小于 b_1，如图 2-2-3 所示，并不应小于 300mm 且不小于 $20d$（d 为柱中的纵向受力钢筋的最大直径）。

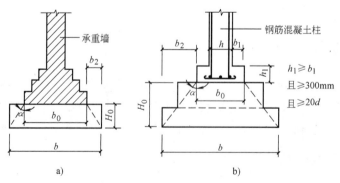

图 2-2-3　无筋扩展基础构造示意

d—柱中纵向钢筋直径

　　当柱纵向钢筋在柱脚内的竖向锚固长度不满足锚固要求时，可沿水平方向弯折，弯折后的水平锚固长度不应小于 $10d$，也不应大于 $20d$，无筋扩展基础适用于 6 层和 6 层以下民用建筑和墙承重的轻型厂房。

1. 砖基础 砌筑砖基础的普通粘土砖，其强度等级要求在 MU7.5 以上，砂浆强度等级一般不低于 M5。砖基础采用逐级放大的台阶式，其台阶的宽高比应小于 1:1.5，一般采用每 2 皮砖挑出 1/4 砖或每 2 皮砖挑出 1/4 砖与每 1 皮砖挑出 1/4 砖相间的砌筑方法，砌筑前基槽底面要铺 20mm 砂垫层或灰土垫层。

砖基础具有取材容易、价格低廉、施工方便等特点，由于砖的强度及耐久性较差，故砖基础常用于地基土质好、地下水位较低、5 层以下的砖混结构中，如图 2-2-4 所示。

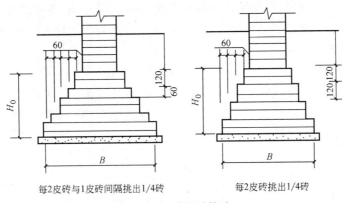

图 2-2-4 砖基础构造

2. 毛石基础 毛石基础是由石材和不小于 M5 的砂浆砌筑而成。毛石是指开采后未经雕凿成型的石块，形状不规则。由于石材抗压强度高，抗冻、抗水、抗腐蚀性能均较好，所以毛石基础可以用于地下水位较高、冻结深度较大的底层或多层民用建筑，但整体性欠佳，有震动的房屋很少采用。

毛石基础的剖面形式多为阶梯形。基础顶面要比墙或柱每边宽出 100mm，基础的宽度、每个台阶挑出的高度均不宜小于 400mm，每个台阶挑出的宽度不应大于 200mm，其台阶的宽高比应小于 1:1.25 ~ 1:1.50，当基础底面宽度小于 700mm 时，毛石基础可做成矩形截面，如图 2-2-5 所示。

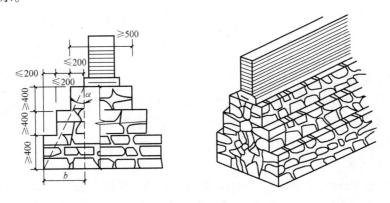

图 2-2-5 毛石基础构造

3. 灰土与三合土基础 灰土基础是由粉状的石灰与松散的粉土加适量水拌和而成，用于灰土基础的石灰与粉土的体积比为 3:7 或 4:6，灰土每层均需铺 220mm 厚，夯实后厚度为 150mm。由于灰土的抗冻、耐水性差，灰土基础只适用于地下水位较低的低层建筑。

三合土是指将石灰、砂、骨料（碎石、碎砖或矿渣），按体积比 1∶3∶6 或 1∶2∶4 加水拌和而成。三合土基础的总厚度大于 300mm，宽度大于 600mm。三合土基础广泛用于南方地区，适用于 4 层以下的建筑。与灰土基础一样，应埋在地下水位以上，顶面应在冰冻线以下，如图 2-2-6 所示。

4. 混凝土基础　混凝土基础具有坚固、耐久、耐腐蚀、耐水等特点，与前几种基础相比，可用于地下水位较高和有冰冻的地方。由于混凝土可塑性强，基础断面形式可做成矩形、阶梯形和锥形。为了施工方便，当基础宽度小于 350mm 时多做成矩形；大于 350mm 时，多做成阶梯形；当基础底面宽度大于 2000mm 时，还可做成锥形，锥形断面能节约混凝土，从而减轻基础自重。

混凝土基础的刚性角 α 为 45°，阶梯形断面宽高比应小于 1∶1 或 1∶1.5。混凝土强度等级为 C7.5～C10。混凝土浇筑前应进行验槽，轴线、基坑（槽）尺寸和土质等均应符合设计要求，基坑（槽）内浮土、积水、淤泥、杂物等均应清除干净，基底局部软弱土层应挖去，用灰土或砂砾回填夯实至基底相平，如图 2-2-7 所示。

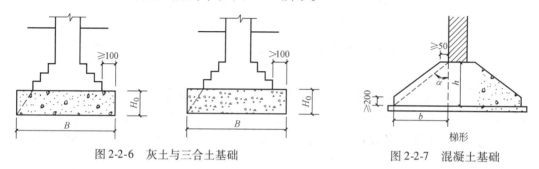

图 2-2-6　灰土与三合土基础　　　　　　图 2-2-7　混凝土基础

5. 毛石混凝土基础　为了节约水泥用量，对于体积较大的混凝土基础，可以在浇筑混凝土时加入 20%～30% 的粒径不超过 300mm 的毛石，这种基础叫毛石混凝土基础。所用毛石尺寸应小于基础宽度的 1/3，且毛石在混凝土中应分布均匀。当基础埋深较大时，也可将毛石混凝土做成台阶形，每阶宽度不应小于 400mm。如果地下水对普通水泥有侵蚀作用，应采用矿渣水泥或火山灰水泥拌制混凝土，如图 2-2-8 所示。

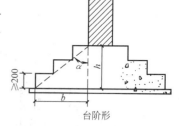

图 2-2-8　毛石混凝土基础

毛石混凝土基础的构造要点：

（1）混凝土中掺用的毛石应选用坚实、未风化的石料，其极限抗压强度不应低于 30N/mm²，毛石尺寸不应大于所浇筑部位最小宽度的 1/3，并不得大于 300mm，石料表面污泥、水锈应在填充前用水冲洗干净。

（2）浇筑前应先铺一层 100～150mm 厚混凝土打底，再铺上毛石，继续浇捣混凝土，每浇捣一层（约 200～250mm 厚），铺一层毛石，直至基础顶面，保持毛石顶部有不少于 100mm 厚的混凝土覆盖层，所掺用的毛石数量不得超过基础体积的 25%。

（3）毛石铺放应均匀排列，使大头向下，小头向上，毛石的纹理应与受力方向垂直，毛石间距一般不小于 100mm，离开模板或槽壁距离不应小于 150mm，以保证每块毛石均被混凝土包裹，使振动棒能在其中进行振捣。振捣时应避免振捣棒触及毛石和模板。

（4）对于阶梯形基础，每一阶高内应分层浇捣，每阶顶面要基本抹平；对于锥形基础，应注意保持锥形斜面坡度的正确与平整。

（5）混凝土应连续浇筑完毕，如必须留设施工缝时，应留在混凝土与毛石交接处，使毛石露出混凝土面一半，并按有关要求进行接缝处理。

（6）浇捣完毕，混凝土终凝后，外露部分加以覆盖，并适当洒水养护。

2.2.1.2 扩展基础

扩展基础是指柱下的钢筋混凝土独立基础和墙下的钢筋混凝土条形基础，它们是在混凝土基础下部配置钢筋来承受底面的拉力，所以，基础不受宽高比的限制，可以做得宽而薄，一般为扁锥形，端部最薄处的厚度不宜小于200mm。基础中受力钢筋的数量应通过计算确定，但钢筋直径不宜小于8mm，间距不宜大于200mm。基础混凝土的强度等级不宜低于C20。为了使基础底面能够均匀传力和便于配置钢筋，基础下面一般用强度等级为C10的混凝土做垫层，厚度宜为50～100mm。有垫层时，钢筋下面保护层的厚度不宜小于40mm，不设垫层时，保护层的厚度不宜小于70mm，如图2-2-9所示。

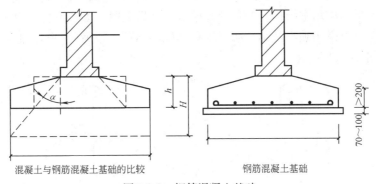

混凝土与钢筋混凝土基础的比较 　　　　钢筋混凝土基础

图 2-2-9　钢筋混凝土基础

钢筋混凝土基础的适用范围广泛，尤其是适用于有软弱土层的地基。

2.2.2 基础的构造类型

2.2.2.1 条形基础

基础为连续的长条形状时称为条形基础。条形基础一般用于墙下，也可用于柱下。当建筑采用墙承重结构时，通常将墙底加宽形成墙下条形基础；当建筑采用柱承重结构，在荷载较大且地基较软弱时，为了提高建筑物的整体性，防止出现不均匀沉降，可将柱下基础沿一个方向连续设置成条形基础，如图2-2-10所示。

1. 墙下条形基础　一般用于多层混合结构的墙下，低层或小型建筑物常用砖、混凝土等刚性条形基础。如上部为钢筋混凝土墙，或地基较差，荷载较大时，可采用钢筋混凝土条形基础。

2. 柱下条形基础　当上部结构为框架结构或排架结构，荷载较大或荷载分布不均匀，地基承载力偏低时，为了增加基底面积或增强整体刚度，以减少不均匀沉降，常用钢筋混凝土条形基础，将各柱下基础用基础梁相互连接成一体，形成井格基础。

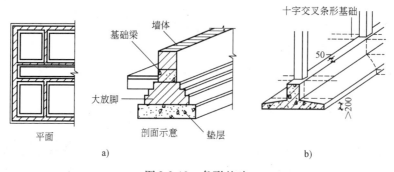

图 2-2-10　条形基础

a）墙下条形基础　b）柱下条形基础

2.2.2.2　独立基础

当建筑物上部采用柱承重，且柱距较大时，将柱下扩大形成独立基础。独立基础的形状有阶梯形、锥形和杯形等。其优点是土方工程量少，便于地下管道穿越，节约基础材料。但基础相互之间无联系，整体刚度差，因此一般适用于土质均匀、荷载均匀的骨架结构建筑中。

当建筑物上部为墙承重结构，并且基础要求埋深较大时，为了避免开挖土方量过大和便于穿越管道，墙下可采用独立基础。墙下独立基础的间距一般为 3～4m，上面设置基础梁来支承墙体，如图 2-2-11 所示。

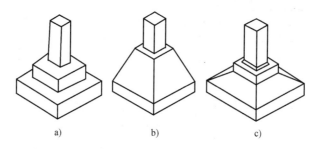

图 2-2-11　独立基础

a）阶梯形基础　b）锥形基础　c）杯形基础

目前在工业建筑和一些框架结构的民用建筑中常用到杯形基础，杯形基础主要用作装配式钢筋混凝土柱的基础，形式有一般杯口基础、双杯口基础、高杯口基础等。

2.2.2.3　筏形基础

当地基条件较弱或建筑物的上部荷载较大，如采用简单条形基础或井格基础不能满足要求时，常将墙或柱下基础连成一片，使其建筑物的荷载承受在一块整板上，成为筏形基础。筏形基础有平板式和梁板式两种，前者板的厚度大，构造简单，后者板的厚度较小，但增加了双向梁，构造较复杂，筏形基础的选型应根据工程地质，上部结构体系、柱距、荷载大小，以及施工条件等因素确定。不埋板式基础是筏形基础的另一种形式，是在天然地表面上，用压路机将地表土壤压密实，在较好的持力层上浇注钢筋混凝土基础，在构造上使基础如同一只盘子反扣在地面上，以此来承受上部荷载。这种基础大大减少了土方工程量，且适宜于软弱地基，特别适宜于 5～6 层整体刚度较好的居住建筑，但在冻土深度较大地区不宜采用，故多用于南方，如图 2-2-12 所示。

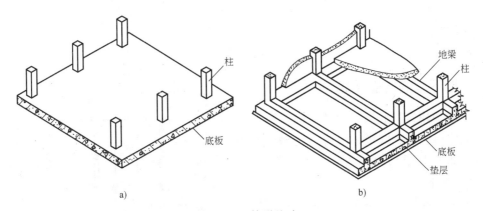

图 2-2-12　筏形基础

a）平板式基础　b）梁板式基础

2.2.2.4　箱形基础

箱形基础是由钢筋混凝土底板、顶板、侧墙及一定数量的内隔墙构成的封闭箱体，基础中部可在内隔墙开门洞作地下室。这种基础整体性和刚度都好，调整不均匀沉降的能力及抗震能力较强，可减少因地基变形引起建筑物开裂的可能性，可减少基底处应力，降低总沉降量。适用于作软弱地基上的面积较小、平面形状简单、荷载较大或上部结构分布不均的高层重型建筑物的基础及对沉降有严格要求的设备基础或特殊建筑物的基础。这种基础混凝土及钢材用量较多，造价较高，但在一定条件下必须采用时，如能充分利用地下部分，那么在技术上、经济效益上也是较好的，如图 2-2-13 所示。

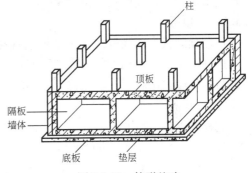

图 2-2-13　箱形基础

2.2.2.5　桩基础

当建筑物荷载较大，地基软弱土层的厚度在 5m 以上，基础不能埋在软弱土层内，或对软弱土层进行人工处理较困难或不经济时，常采用桩基础。桩基础由桩身和承台组成，桩身伸入土中，承受上部荷载；承台用来连接上部结构和桩身，如图 2-2-14 所示。

桩基础类型很多，按照桩身的受力特点，分为摩擦桩和端承桩。上部荷载如果主要依靠桩身与周围土层的摩擦阻力来承受，这种桩基础称为摩擦桩；上部荷载如果主要依靠下面坚硬土层对桩端的支承来承受，这种桩基础称为端承桩。桩基础按材料不同，有木桩、钢筋混凝土桩和钢桩等；按断面形式不同，有圆形桩、方形桩、环形桩、六角形桩和工字形桩等；按桩入土方法的不同，有打入桩、振入桩、压入桩和灌注桩等。

采用桩基础可以减少挖填土方工程量，改善工人的劳动条件，缩短工期，节省材料。因此近年来桩基础的应用较为广泛。

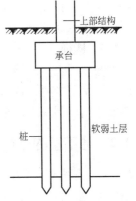

图 2-2-14　桩基础组成示意图

2.3 地下室构造

2.3.1 地下室的构造组成

地下室是建筑物底层下面的房间，地下室一般由墙体、顶板、底板、门窗、楼梯五大部分组成，如图2-2-15所示。

2.3.1.1 墙体

地下室的外墙不仅承受垂直荷载，还承受土、地下水和土壤冻胀的侧压力。因此地下室的外墙应按挡土墙设计，如用钢筋混凝土或素混凝土墙，应按计算确定，其最小厚度除应满足结构要求外，还应满足抗渗厚度的要求。其最小厚度不低于300mm，外墙应做防潮或防水处理，如用砖墙，其厚度不小于490mm。

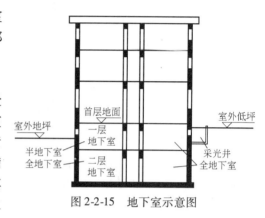

图2-2-15 地下室示意图

2.3.1.2 顶板

可用预制板、现浇板或者预制板上做现浇层（装配整体式楼板）。如为防空地下室，必须采用现浇板，并按有关规定决定厚度和混凝土强度等级，在无采暖的地下室顶板上，即首层地板处应设置保温层，保证首层房间的使用舒适。

2.3.1.3 底板

底板处于最高地下水位以上，并且无压力作用时，可按一般地面工程处理，即垫层上现浇混凝土60～80mm厚，再做面层；如底板处于最高地下水位以下时，底板不仅承受上部垂直荷载，还承受地下水的浮力荷载，因此应采用钢筋混凝土底板，并双层配筋，底板下垫层上还应设置防水层，以防渗漏。

2.3.1.4 门窗

普通地下室的门窗与地上房间门窗相同，地下室外窗如在室外地坪以下时，应设置采光井和防护箅，以利室内采光、通风和室外行走安全。防空地下室一般不允许设窗，如需开窗，应设置战时堵严措施。防空地下室的外门应按防空等级要求，设置相应的防护构造。

2.3.1.5 楼梯

可与地面上房间结合设置，层高小或用作辅助房间的地下室，可设置单跑楼梯，防空要求的地下室至少要设置两部楼梯通向地面的安全出口，并且必须有一个是独立的安全出口，这个安全出口周围不得有较高建筑物，以防空袭倒塌，堵塞出口，影响疏散。

2.3.2 地下室的分类

2.3.2.1 按埋入地下深度分

1. 全地下室 当地下室地面低于室外地坪的高度超过该地下室净高的1/2时为全地下室。

2. 半地下室 当地下室地面低于室外地坪的高度超过该地下室净高的1/3，但不超过

1/2 时为半地下室。

2.3.2.2　按使用性质分

1. 普通地下室　是指普通的地下空间。一般按地下楼层进行设计。如：设备用房、储藏用房、商场、餐厅、车库等。

2. 人防地下室　是指有人民防空要求的地下空间。人防地下室应满足紧急状态下的人员隐蔽与疏散要求。

人防地下室按其重要性分为六级，其区别在指挥所的性质及人防的重要程度。

1）一级人防：指中央一级的人防工事。

2）二级人防：指省、直辖市一级的人防工事。

3）三级人防：指县、区一级及重要的通讯枢纽一级的人防工事。

4）四级人防：指医院、救护站及重要的工业企业的人防工事。

5）五级人防：指普通建筑物下部的人员掩蔽工事。

6）六级人防：指抗力为 0.05MPa 的人员掩蔽和物品储存的人防工事。

当建筑物较高时，基础的埋深很大，利用这个深度设置地下室，既可在有限的占地面积中争取到更多的使用空间，提高建设用地的利用率，又不需要增加太多的投资，所以设置地下室有一定的实用和经济意义。

2.3.3　地下室的防潮构造

当地下水的常年水位和丰水期最高水位都在地下室地坪标高以下时，地下水不可能直接侵入室内，墙和地坪仅受土层中地潮的影响。地潮是指土层中毛细管水和地面水下渗而造成的无压力水。这时地下室只需做防潮，砌体必须用水泥砂浆砌筑，墙外侧抹 20mm 厚水泥砂浆抹面后，涂刷冷底子油一道及热沥青两道，然后回填低渗透性的土壤，如粘土、灰土等，并逐层夯实。这部分回填土的宽度为 500mm 左右。此外，在墙身与地下室地坪及室内地坪之间设墙身水平的防潮层，以防止土中潮气和地面雨水因毛细作用沿墙体上升而影响结构。

地下室所有的墙体都必须设两道水平防潮层，一道设在地下室地坪附近，一般设置在内、外墙与地下室地坪交接处；另一道设在距室外地面散水以上 150～200mm 的墙体中，以防止土层中的水分因毛细管作用沿基础和墙体上升，导致墙体潮湿和增大地下室及首层室内的湿度，如图 2-2-16 所示。

2.3.4　地下室的防水构造

防水做法按选用材料的不同，通常有以下四种：

1. 防水混凝土　防水混凝土是在普通混凝土的基础上，从"集料级配"法发展而来，通过调整配合比或掺外加剂等手段，改善混凝土自身密实性，使其具有抗渗能力大于 60MPa 的混凝土，用于立墙时厚度为 200～250mm，用于底板时厚度为 250mm。防水混凝土的抗渗性能取决于最大水头（H）和墙厚（h）的比值 H/h 大小，如图 2-2-17 所示。

2. 防水卷材　现代工程中，卷材防水层一般采用高聚物改性沥青防水卷材（如 SBS 改性沥青防水卷材、APP 改性沥青防水卷材）或高分子防水卷材（如三元乙丙橡胶防水卷材、再生胶防水卷材等）与相应的胶结材料粘结形成防水层。按照卷材防水层的位置不同，分外防水和内防水。

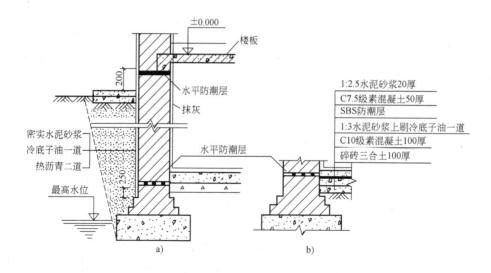

图 2-2-16　地下室防潮处理

a）墙身防潮　b）地坪防潮

（1）外防水是将卷材防水层满包在地下室墙体和底板外侧的做法，其构造要点是：先做底板防水层，并在外墙外侧伸出接茬，将墙体防水层与其搭接，并高出最高地下水位 500～1000mm，然后在墙体防水层外侧砌半砖保护墙。应注意在墙体防水层的上部设垂直防潮层与其连接，如图 2-2-18 所示。

（2）内防水是将卷材防水层满包在地下室墙体和地坪的结构层内侧的做法，内防水施工方便，但属于被动式防水，对防水不利，所以一般用于修缮工程，如图 2-2-19 所示。

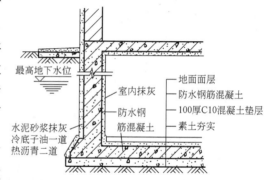

图 2-2-17　地下室混凝土构件自防水构造

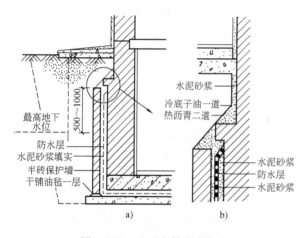

图 2-2-18　地下室外防水构造

a）外包防水　b）墙身防水层收头处理

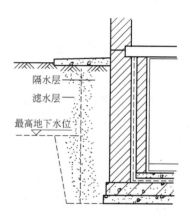

图 2-2-19　地下室内防水构造

3. 涂料防水　涂料防水种类有水乳型(普通乳化沥青、再生胶沥青等)、溶剂型(再生胶沥青)和反应型(聚氨酯涂膜)涂料,能防止地下无压水(渗流水、毛细水等)及小于 1.5m 水头的静压水的侵入,适用于新建砖石或钢筋混凝土结构的迎水面作专用防水层,或新建防水钢筋混凝土结构的迎水面作附加防水层,加强防水、防腐能力;或已建防水或防潮建筑外围结构的内侧,作补漏措施;不适用或慎用于含有油脂、汽油或其他能溶解涂料的地下环境。且涂料和基层应有很好的粘结力,涂料层外侧应做砂浆或砖墙保护层。

4. 水泥砂浆防水　水泥砂浆防水分为多层普通水泥砂浆防水层和掺外加剂水泥砂浆防水层两种,属于刚性防水,适用于主体结构刚度较大,建筑物变形小及面积较小(不超过 300m²)的工程,不适用于有侵蚀性、有剧烈震动的工程。一般条件下做内防水为好,地下水压较高时,宜增做外防水。防水层高度应高出室外地坪 0.15m,但对钢筋混凝土外墙、柱,应高出室外地坪 0.5m。

上述四种做法,前两种应用较多。

小　　结

本章主要讲述民用建筑基础的埋置深度、常见类型、基本构造和设计要求,以及地下室的组成和分类、人防地下室的等级、地下室的防潮、防水的构造做法。其重点是基础的构造和地下室的防潮、防水的构造。在学习中应注意以下几个方面:

1. 地基与基础的关系。基础是建筑物的最下部分,直接作用于土层上并埋于地下并将建筑物的全部荷载传给地基的承重构件。地基是承受建筑物全部荷载的土壤层。两者密不可分,但概念不同。根据地基土质种类的不同,地基可分为天然地基与人工地基,设计中应优先选择地基承载力高的土质作为天然地基。同时应掌握人工地基的加固方法。

2. 地基与基础的设计中应在保证承载力要求的前提下,确定合理的基础埋置深度。

3. 基础按材料和受力特点分为无筋扩展基础和扩展基础,掌握基础的概念及扩展基础的几种不同类型;基础按构造形式分为条形基础、独立基础、筏形基础、箱形基础、桩基础,了解不同类型基础的使用特点。

4. 地下室作为建筑物处于室外地坪以下的房间,根据使用性质分为普通地下室和人防地下室。

5. 地下室的防潮、防水做法取决于地下室地坪与地下水位的关系,地下室无渗水可能时采用防潮的做法,否则应做好防水。防水的构造做法通常为防水混凝土自防水、卷材防水、涂料防水、水泥砂浆防水。掌握地下室的防潮、防水构造做法,并能绘图说明。

思 考 题

1. 什么是地基和基础? 地基和基础有何区别?
2. 何谓天然地基和人工地基? 天然地基和人工地基有什么不同?
3. 什么是基础的埋深? 其影响因素有哪些?
4. 何谓无筋扩展基础和扩展基础? 无筋扩展基础有哪些类型?
5. 基础按构造形式分为哪几类? 一般适用于什么情况?
6. 桩基础由哪些部分组成?

7. 地下室由哪些部分组成？

8. 地下室是如何分类的？

9. 地下室在什么情况下需要做防潮、什么情况下需要做防水？

习 题

1. 抄绘下列地下室防潮处理详图并简要说明构造做法（其中的尺寸请按常规做法自行设计）。

（1）抄绘图时，请注意如下问题：比例、线型、图例符号、尺寸标注、文字说明、工程字体。

（2）做法：当地下水的常年水位和最高水位都在地下室地坪标高以下时，地下水位不可能直接侵入室内，墙和地坪仅受土层中地潮的影响。地潮是指土层中毛细管水和地面水下渗而造成的无压力水。这时地下室只需做防潮，砌体必须用水泥砂浆砌筑，墙外侧抹 20mm 厚水泥砂浆后，涂刷冷底子油一道及热沥青两道，然后回填低渗透性的土壤，如粘土、灰土等，并逐层夯实。这部分回填土的宽度为 500mm 左右。此外，在墙身与地下室地坪及室内地坪之间设墙身水平的防潮层，以防止土中潮气和地面雨水因毛细作用沿墙体上升而影响结构。

地下室所有的墙体都必须设两道水平防潮层，一道设在地下室地坪附近，一般设置在内、外墙与地下室地坪交接处；另一道设在距室外地面散水以上 150～200mm 的墙体中，以防止土层中的水分因毛细管作用沿基础和墙体上升，导致墙体潮湿和增大地下室及首层室内的湿度。

2. 抄绘下列地下室混凝土构件自防水构造详图并简要说明构造做法（其中的尺寸请按常规做法自行设计）。

（1）抄绘图时，请注意如下问题：比例、线型、图例符号、尺寸标注、文字说明、工程字体。

（2）做法：防水混凝土是在普通混凝土的基础上，从"集料级配"法发展而来，通过调整配合比或掺外加剂等手段，改善混凝土自身密实性，使其具有抗渗能力大于 60MPa（60N/mm²）的混凝土，用于立墙时厚度为 200mm～250mm，用于底板时厚度为 250mm。防水混凝土的抗渗性能取决于最大水头（H）和墙厚（h）的比值 H/h 大小。

3. 抄绘下列地下室外防水构造详图并简要说明构造做法（其中的尺寸请按常规做法自行设计）。

（1）抄绘图时，请注意如下问题：比例、线型、图例符号、尺寸标注、文字说明、工程字体。

（2）做法：外防水是将卷材防水层满包在地下室墙体和底板外侧的做法，其构造要点是：先做底板防水层，并在外墙外侧伸出接茬，将墙体防水层与其搭接，并高出最高地下水位 500～1000mm，然后在墙体防水层外侧砌半砖保护墙。应注意在墙体防水层的上部设垂直防潮层与其连接。

4. 抄绘下列地下室内防水构造详图并简要说明构造做法（其中的尺寸请按常规做法自行设计）。

（1）抄绘图时，请注意如下问题：比例、线型、图例符号、尺寸标注、文字说明、工程字体。

（2）做法：内防水是将卷材防水层满包在地下室墙体和地坪的结构层内侧的做法，内防水施工方便，但属于被动式防水，对防水不利，所以一般用于修缮工程。

第3章 墙 体

学习目标要求

1. 掌握墙体的作用、类型及设计要求。
2. 掌握砖墙构造及细部构造。
3. 掌握隔墙与隔断的构造。
4. 掌握砌块墙的构造。
5. 掌握墙面装修的构造。

学习重点与难点

本章重点是：墙体的类型、砖墙的构造、砖墙的细部构造、砌块墙的构造、墙面装修的构造及隔墙与隔断的相关构造。**本章难点是：**砖墙的尺度和组砌方式，墙身防潮层、门窗过梁、墙身加固等砖墙的细部构造。

  墙是建筑物的重要构件之一。在一般的砖混结构建筑中，墙是重要的承重构件，同时又是主要的围护和分隔构件。墙体的造价约占工程总造价的30%~40%，墙的重量约占房屋总重量的40%~65%。如何选择墙体材料和构造方法，将直接影响房屋的使用质量、自重、造价、材料和施工工期。

3.1 墙体的作用、类型及设计要求

3.1.1 墙体的作用

  1. 承重作用 承受墙体自重，同时承受屋顶、楼板（梁）传给它的荷载以及风荷载、地震荷载等。

  2. 围护作用 墙体遮挡了风、雨、雪的侵袭，能防止太阳的辐射、噪声干扰以及室内热量的散失，起到保温、隔热、隔声、防风、防水等作用。

  3. 分隔作用 通过墙体将房屋内部划分为若干个房间和使用空间，以适应人的使用要求。

  4. 装饰作用 墙面装饰是建筑装饰的重要部分，墙面装饰对整个建筑物的装饰效果作用较大。

3.1.2 墙体的类型

  根据墙体在建筑物中的位置、受力情况、材料选用、构造施工方法的不同，可将墙体分为不同类型。

3.1.2.1 按墙体在房屋所处的位置分类

1. 内墙 位于房屋内部的墙，主要起分隔室内使用空间的作用。

2. 外墙 位于房屋四周的墙，外墙是房屋的外围护结构，起着挡风、阻雨、保温、隔热等围护室内房间不受侵袭的作用。

3.1.2.2 按墙体的方向分类

1. 纵墙 指沿房屋长轴方向布置的墙，又有外纵墙与内纵墙之分，外纵墙亦称檐墙。

2. 横墙 指沿房屋短轴方向布置的墙，又有外横墙与内横墙之分，外横墙亦称山墙。

在一面墙上，窗与窗之间或窗与门之间的墙称为窗间墙，窗洞下部的墙称为窗下墙。屋顶上部的墙称为女儿墙，如图 2-3-1 所示。

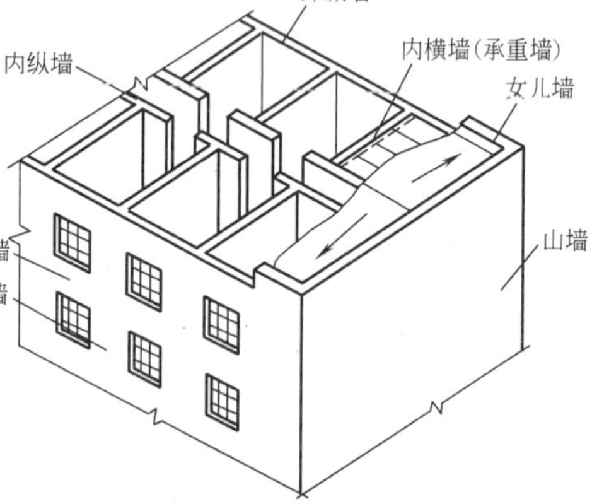

图 2-3-1 墙体的名称

3.1.2.3 按墙体受力情况分类

1. 承重墙 凡直接承受上部屋顶、楼板等传来的荷载，同时还承受水平风荷载和地震作用的墙，称为承重墙。

2. 非承重墙 凡不直接承受上部屋顶、楼板等传来荷载的墙，称为非承重墙。非承重墙可分为：

（1）自承重墙：指不承受外来荷载，仅承受自身重力并将其传至基础的墙。

（2）隔墙：指仅起分隔作用，自身重力由楼板或梁来承担的墙。

（3）填充墙：指在框架结构中，填充在柱子之间的墙。

（4）幕墙：悬挂在建筑物外部骨架之间的轻质外墙。

幕墙和外填充墙虽不能承受楼板和屋顶的荷载，但承受着风荷载，并把风荷载传给骨架结构。

3.1.2.4 按墙体的构造方式分类

1. 实体墙 指由单一材料实砌组成，如砖墙、砌块墙等。

2. 空体墙 指由单一材料将墙体内部砌成空腔，或由具有孔洞的材料砌筑的墙。

3. 组合墙 指由两种以上材料组合而成的墙，如混凝土、加气混凝土复合板材墙，其中混凝土起承重作用，加气混凝土起保温、隔热作用，墙体构造形式如图 2-3-2 所示。

3.1.2.5 按施工方法分类

1. 块材墙 指用砂浆等胶结材料将砖石块材等组砌而成的墙，如：砖墙、各种砌块墙等。

2. 板筑墙 是在施工现场立模板、现浇而成的墙体，如现浇混凝土墙。

3. 板材墙 指预先制成墙板，在施工现场安装、拼凑而成的墙体，如预制混凝土大板墙、各种

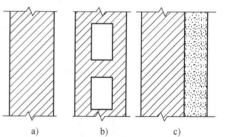

图 2-3-2 墙体构造形式
a）实体墙 b）空体墙 c）组合墙

轻质条板内隔墙等。

3.1.3　墙体的设计要求

墙体在建筑中主要起承重、围护和分隔作用，在选择墙体材料和构造方案时，应根据墙体的作用，分别满足以下要求：

1. 具有足够的强度和稳定性　墙体的强度是指墙体承受荷载的能力，它与所采用的材料、材料强度等级，以及墙体的截面积、构造和施工方式有关。作为承重墙的墙体，必须具有足够的强度以保证结构的安全。

墙体的稳定性与墙的高度、长度和厚度及纵横向墙体间的距离有关。墙的稳定性可通过验算确定。可采用限制墙体高厚比例，增加墙厚，提高砂浆强度等级，增加墙垛，设置构造柱和圈梁，以及墙内加筋等办法来保证墙体的稳定性。

2. 满足保温、隔热等热工方面的要求　我国北方的气候寒冷，要求外墙具有较好的保温能力，以减少热量损失。墙厚应根据热工计算确定，同时应防止外墙内表面与保温材料内部出现凝结水现象。构造上要防止热桥的产生。可通过增加墙体厚度，选择热导率小的墙体材料，在保温层高温侧设置隔气层等方法提高墙体保温性能和耐久年限。

我国南方地区气候炎热，设计中除考虑朝阳、通风等因素外，外墙应具有一定的隔热性能。可通过选择浅色而平滑的外饰面，设置遮阳设施，利用植被降温等措施提高墙体的隔热能力。

3. 满足隔声要求　为保证建筑的室内有一个良好的声学环境，墙体必须具备一定的隔声能力。设计中可通过选用体积质量小的材料，加大墙厚，在墙中设空气间层等措施提高墙体的隔声能力。

4. 满足防火要求　在防火方面，应符合防火规范中相应的构件燃烧性能和耐火极限的规定。当建筑的占地面积或长度较大时，还应按防火规范要求设置防火墙，防止火灾蔓延。

5. 满足防水防潮要求　卫生间、厨房、实验室等用水房间的墙体以及地下室的墙体应满足防水、防潮要求。通过选用良好的防水材料及恰当的构造做法，可保证墙体的坚固耐久，使室内有良好的卫生环境。

6. 满足建筑工业化要求　在大量民用建筑中，墙体工程量占相当的比重，同时其劳动力消耗大，施工工期长。因此，建筑工业化的关键是墙体改革，可通过提高机械化施工程度来提高工效，降低劳动强度，并应采用轻质高强的墙体材料，以减轻自重，降低成本。

3.2　砖墙构造

砖墙是用砖和砌筑砂浆按一定的规律和组砌方式砌筑而成的砌体结构。

我国采用砖墙从战国时期到现在，已有两千多年的历史。主要因为砖墙取材容易、制造简单，既能承重又具有一定的保温、隔热、隔声及防水性能。当然，砖墙也存在不少缺点，如强度低、施工速度慢、自重大，特别是粘土砖的生产要占用并毁坏农田，必须改革。但从我国国情出发，砖墙在今后相当长的一段时间内还会使用。

3.2.1 砖墙的材料

砖墙的主要材料是砖和砂浆。

3.2.1.1 砖

1. 砖按材料不同分 有粘土砖、页岩砖、粉煤灰砖、灰砂砖、炉渣砖等。

2. 按形状不同分 有实心砖、多孔砖、空心砖，其中常用的是普通粘土砖。

普通粘土砖以粘土为原料，经成型、干燥、焙烧而成。有红砖、青砖之分。一般青砖比红砖强度高、耐久性好。

砖的规格尺寸见表2-3-1。

表2-3-1 砖的规格与尺寸

名称	规格/(mm×mm×mm)	标号	密度/(kg/m³)	主要产地	简 图
普通砖	240×115×53	75~200	1600~1800	全国各地	
多孔砖	190×190×90 240×115×90 240×180×115	75~200	1200~1300	全国各地	
空心砖	300×300×100 300×300×150 400×300×80	75~150	1100~1450	全国各地	

砖的强度由其抗压及抗折等因素确定，用强度等级表示，分别有 MU30、MU25、MU20、MU15、MU10 五个级别。如：MU30 表示砖的抗压强度平均值为 30MPa，即每平方米可承受 30000kN 的压力。其中建筑中砌墙常用的是 MU7.5 和 MU10。

3.2.1.2 砂浆

建筑砂浆是由胶凝材料、细骨料、掺加料和水按一定比例配制而成的。它与普通混凝土的主要区别是组成材料中没有粗骨料，因此，建筑砂浆也称为细骨料混凝土。建筑砂浆主要起粘结、衬垫、传递荷载的作用，其用途主要有以下几个方面：将单块的砖、石、砌块等胶结起来形成砌体，建筑物内外表面(如墙面、地面、顶棚)的抹面，大型墙板和砖石墙的勾缝，用于镶贴天然石材、人造石材、瓷砖、锦砖等装饰材料。

砂浆的种类很多，根据用途不同，建筑砂浆可以分为砌筑砂浆、抹面砂浆(普通抹面砂浆、装饰砂浆)、特种砂浆(防水砂浆、隔热砂浆、耐腐蚀砂浆、吸声砂浆等)。根据所用的胶凝材料不同，建筑砂浆分为水泥砂浆、石灰砂浆、混合砂浆和聚合物砂浆等。

1. 水泥砂浆 由水泥、砂加水拌和而成，属水硬性材料，强度高，但可塑性和保水性差，适宜砌筑潮湿环境下的砌体。如：地下室、砖基础等。

2. 石灰砂浆 由石灰膏、砂加水拌和而成。由于石灰膏为塑性掺和料，所以石灰砂浆的可塑性很好，但它的强度较低，且属于气硬性材料，遇水强度立即降低，所以适宜砌筑次要的民用建筑的地上部分的砌体。

3. 混合砂浆 由水泥、石灰膏、砂加水拌和而成，既有较高的强度，也有良好的可塑性，故在民用建筑地上部分砌体中被广泛采用。

4. 聚合物砂浆 聚合物砂浆，是指在建筑砂浆中添加聚合物粘结剂，从而使砂浆性能得到很大改善的一种新型建筑材料。其中的聚合物粘结剂作为有机粘结材料与砂浆中的水泥或石膏等无机粘结材料完美地组合在一起，大大提高了砂浆与基层的粘结强度、砂浆的可变形性及柔性、砂浆的内聚强度等性能。聚合物的种类和掺量则在很大程度上决定了聚合物砂浆的性能。聚合物砂浆是保温系统的核心技术，主要用于聚苯颗粒胶浆，以及 EPS 薄抹灰墙面保温系统的抹面。另外还有一类聚合物防水砂浆，可用于平立面防水层等部位。

砌筑砂浆的强度等级是由它的抗压强度确定的，可分为 M15、M10、M7.5、M5.0、M2.5 共 5 个级别。其中常用的砌筑砂浆是 M2.5 和 M5.0。

3.2.2 砖墙的尺寸

砖墙的尺寸包括墙体厚度、墙段长度和洞口尺寸等。

1. 砖墙的厚度 砖墙的厚度视其在建筑物中的作用不同，所考虑的因素也不同，如承重墙根据强度和稳定性的要求确定，围护墙则需要考虑保温、隔热、隔声等要求来确定。

标准砖的规格为 240mm×115mm×53mm，砖的这种规格正好使砖的长：宽：厚约为1:2:4 (砖宽、砖厚包括了灰缝厚度)。用标准砖砌筑墙体时，灰缝厚度一般取 10mm。正因为标准砖的尺寸有这个基本特征，砖墙组砌非常灵活。砖墙的厚度以砖块的长、宽、高作为基数，墙厚与砖规格的关系如图 2-3-3 所示。

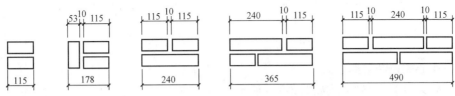

图 2-3-3 墙厚与砖规格的关系

砖墙的厚度习惯上以砖长为基数来称呼，如半砖墙、一砖墙、一砖半墙等。工程上以它们的标志尺寸来称呼，如一二墙，二四墙，三七墙等。

2. 墙段长度和洞口尺寸 用标准砖砌筑墙体时，在工程实践中，常以砖宽度的倍数 (115mm + 10mm = 125mm) 为基数确定墙体各部分尺寸，这与我国现行《建筑模数协调统一标准》中的基本模数 1M = 100mm 不协调。这是由于标准砖尺寸的确定时间要早于模数协调的确定时间。因此，在使用中必须注意标准砖的这一特征。

由于普通粘土砖墙的模数为 125mm，所以墙段长度和洞口宽度都应以此为递增基数，

即墙段长度为 $(125n-10)$ mm，洞口宽度为 $(125n+10)$ mm，如图 2-3-4 所示。这样，符合砖模数的墙段长度系列为 115mm、240mm、365mm、490mm、615mm、740mm、865mm、990mm、1115mm、1240mm、1365mm、1490mm 等。符合砖模数的洞口宽度系列为 135mm、260mm、385mm、510mm、635mm、760mm、885mm、1010mm 等。而我国现行的《建筑模数协调统一标准》的基本模数为 100mm。房屋的开间、进深、门窗洞口尺寸都采用了 3M 的倍数。一般门窗

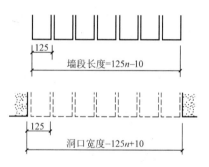

图 2-3-4　墙段长度和洞口宽度

洞口宽、高的尺寸采用 300mm 的倍数，例如 600mm、900mm、1200mm、1500mm、1800mm 等。这样，在一幢房屋中采用两种模数，必然会在设计、施工工作中出现不协调现象，必然会出现砍砖现象，而砍砖过多会影响砌体强度，也给施工带来麻烦。解决这一问题的办法是调整灰缝的大小，灰缝的调整范围为 8～12mm。

3.2.3　砖墙的组砌方式

砖墙的组砌是指砌块在砌体中的排列，组砌的关键是上下错缝，内外搭接，使上下皮砖的垂直缝交错，保证砖墙的整体性。图 2-3-5 为砖墙组砌名称及错缝。当墙面不抹灰作清水墙时，组砌还应考虑墙面图案美观。在砖墙的组砌中，将砖长方向垂直于墙长方向砌筑的砖叫丁砖，将砖长方向平行于墙长方向砌筑的砖叫顺砖。上下皮之间的水平灰缝称横缝，左右两块砖之间的垂直缝称竖缝。要求丁砖和顺砖交替砌筑，灰浆饱满，横平竖直。

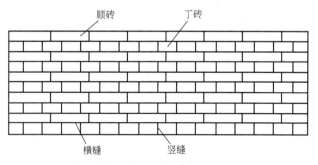

图 2-3-5　砖墙组砌名称及错缝

3.2.3.1　实心砖墙的组砌方式

实心砖墙常用的组砌方式如图 2-3-6 所示。

1. 一顺一丁式　丁砖和顺砖隔层砌筑，上下皮的灰缝错开 60mm。这种砌筑方式的整体性好，适用于砌筑一砖墙以上的各种墙（图 2-3-6a）。

2. 多顺一丁式　指多层顺砖和一层丁砖相间砌成，目前多采用三顺一丁式（图 2-3-6b）。

3. 每皮丁顺相间式　每皮丁顺相间式，又称沙包式、梅花丁式。这种砌法是指在一皮之内丁砖和顺砖相间，上下皮错缝砌成。其优点是墙面美观，但砌筑时费工，常用于不抹灰的清水墙（图 2-3-6c）。

4. 全顺式　指每皮砖均为顺砖叠砌，砖的条面外露，上下皮错缝 120mm，适用于砌筑半砖墙（图 2-3-6e）。

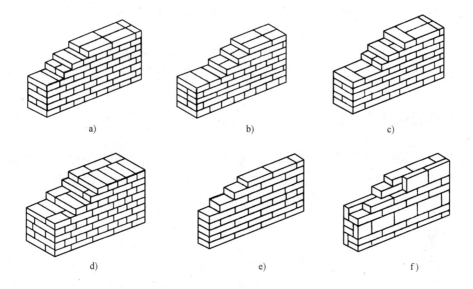

图 2-3-6　砖墙组砌方式

a）一砖墙一顺一丁砌法　b）一砖墙三顺一丁砌法　c）一砖墙每皮丁顺相间砌法

d）一砖半墙砌法　e）半砖墙全顺砌法　f）3/4 砖墙两平一侧砌法

5. 两平一侧式　3/4 砖墙（一八墙），是由两皮顺砖和一皮侧砖为一层交替砌筑而成。这种砌筑方式由于砖要侧砌（俗称斗砖），所以砌筑费工，对工人的技术要求也高（图 2-3-6f）。

3.2.3.2　空斗砖墙的组砌方式

空斗砖墙是指用普通砖侧砌或平砌结合砌成，墙体内部形成较大的空心。空斗砖墙的特点是用料省，自重轻，缺点是对砖的质量要求高，对工人的技术水平要求高。在空斗墙中，侧砌的砖称为斗砖，平砌的砖称为眠砖。空斗墙的砌法有如下两种：

1. 有眠空斗墙　用普通砖每隔一至三皮斗砖砌一皮眠砖。

（1）每隔一皮斗砖砌一皮眠砖称一眠一斗（图 2-3-7b）。

（2）每隔两皮斗砖砌一皮眠砖称一眠二斗。

（3）每隔三皮斗砖砌一皮眠砖称一眠三斗（图 2-3-7c）。

2. 无眠空斗墙　无眠空斗墙全由斗砖砌成，没有眠砖。在一皮内可由一块丁斗砖和一块顺斗砖相间砌成，也可以由两块丁斗砖和一块顺斗砖相间砌成。如图 2-3-7a 所示，空斗

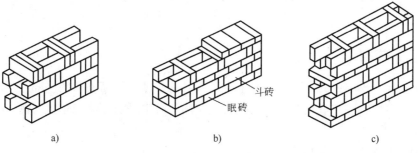

图 2-3-7　空斗墙的组砌方式

a）无眠空斗墙　b）一眠一斗空斗墙　c）一眠三斗空斗墙

墙的厚度一般为 240mm，无眠空斗墙可用于二层以下房屋，有眠空斗墙可用于三层以下房屋。

空斗墙的基础、勒脚、门窗洞口两侧，墙的转角等处要砌成实心墙，在钢筋混凝土楼板、梁和屋架支座处六皮砖范围内也要砌成实心墙，用以承受荷载。

3.3 砖墙的细部构造

砖砌墙体由多种构件组成，为保证墙体的耐久性，满足各种构件的使用功能要求及墙体与其他构件的连接，应在相应的位置进行构造处理，这就是砖墙的细部构造。主要包括勒脚、墙身防潮层、散水、明沟、窗台、门窗过梁、墙身加固等内容。

3.3.1 勒脚

外墙身外侧接近室外地面的部位叫勒脚。勒脚具有保护外墙角的作用，能防止因外界各种机械性碰撞而使墙身受损，能避免墙角受雨雪的直接侵蚀、受冻以致破坏，对建筑立面处理产生一定的美观效果。勒脚的高度不低于 500mm，一般为室内地面与室外地面之差，也有的为了立面造型的美观，将勒脚的高度提高到底层窗台。勒脚常见的做法有以下几种：

1. 抹灰 在勒脚部位，抹 20～30mm 厚 1:2 或 1:2.5 的水泥砂浆，或作 1:2 水泥白石子水刷石或斩假石，如图 2-3-8a 所示。

2. 贴面 在勒脚部位，镶贴防水性能好的材料，如花岗石板、水磨石板、面砖等，如图 2-3-8b 所示。

3. 墙体加厚 在勒脚部位，将墙加厚 60～120mm，再用水泥砂浆或水刷石等罩面。

4. 石材砌筑 在山区或取材方便的地方，可用天然石材砌筑勒脚，如图 2-3-8c 所示。

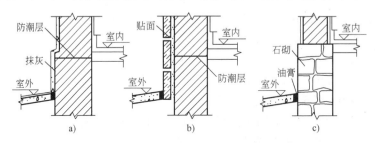

图 2-3-8 勒脚的构造作法
a）抹灰 b）贴面 c）石材砌筑

3.3.2 墙身防潮层

为了防止地下土壤中的潮气沿墙身上升对墙身的侵蚀，提高墙体的坚固性与耐久性，保证室内干燥、卫生，应在墙身中设置防潮层。防潮层有水平防潮层和垂直防潮层两种。墙身防潮层的作用如下：

（1）阻断地下潮气沿勒脚上升至墙身。

（2）保持室内干燥和卫生。

（3）提高建筑物的坚固性与耐久性。

3.3.2.1 水平防潮层

水平防潮层的位置应沿建筑物内外墙连续交圈设置，位于室内地坪以下60mm处，如图2-3-9所示。墙身防潮层的构造做法如下：

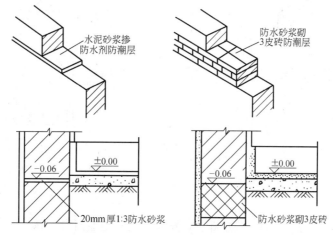

图 2-3-9　水平防潮层的位置

1. 卷材防潮层　在防潮层部位先做15~20mm厚1:3水泥砂浆找平层，然后干铺油毡卷材一层，形成一个不透水层（图2-3-10）。油毡卷材的宽度应与墙厚一致或稍大些，卷材沿长度方向铺设，搭接长度大于或等于100mm。这种做法具有较好的韧性、伸长性及良好的防潮性，但油毡卷材将防潮层上下的砌体分开，破坏了砌体的整体性，所以不能用于地震区。

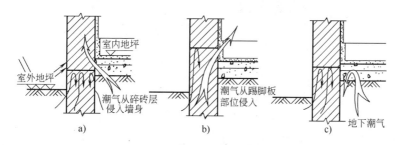

图 2-3-10　卷材防潮层
a）错误　b）不理想　c）正确

2. 防水砂浆防潮层　有两种做法，一种做法是用1:2~1:3水泥砂浆加3%~5%的防水剂（以水泥用量为基数），在防潮层部位的砌体上抹一层20~25mm厚砂浆即成。另一种做法是在防潮层部位用防水砂浆砌筑三至五皮砖即达到防潮目的，如图2-3-11所示。

3. 细石混凝土防潮层　在防潮层位置铺设60mm厚C15或C20细石混凝土，内配$3\phi6$或$3\phi8$钢筋以抗裂。由于混凝土密实性好，有一定的防水性能，并与砌体结合紧密，故适用于整体刚度要求较高的建筑，如图2-3-12所示。

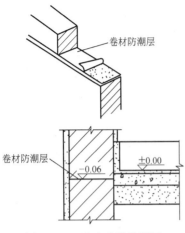

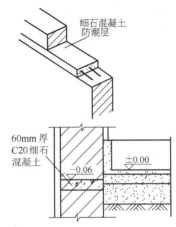

图 2-3-11　防水砂浆防潮层　　　　　图 2-3-12　细石混凝土防潮层

3.3.2.2　垂直防潮层

当内墙两侧地面有标高差时，防潮层应分别设在两侧地面以下 60mm 处，并在两防潮层间靠回填土一侧墙面加设垂直防潮层。先用水泥砂浆抹面，刷上冷底子油一道，再刷热沥青两道，也可以采用掺有防水剂的砂浆抹面的做法，如图 2-3-13 所示。

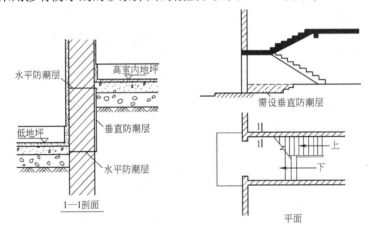

图 2-3-13　垂直防潮层

3.3.3　明沟与散水

为防止屋顶落水或地表水侵入勒脚危害基础，必须沿房屋四周设置明沟或散水，将地表水及时排走。

1. 散水　散水又叫散水坡或护坡，其作用是保护墙基不受雨水侵蚀，将雨水排至离开墙基的远处。散水宽度不小于 600mm，一般为 600~1200mm。当屋面为自由落水时，散水宽度应比屋檐挑出宽度大 150~200mm。散水坡度为 3%~5%，外缘高出室外地面以 20~30mm 为宜。混凝土散水每隔 6~12m 设伸缩缝一道，散水与外墙的接缝及伸缩缝，均应用热沥青填充。

2. 明沟　明沟又叫排水沟，或阳沟，位于外墙四周，将通过雨水管流下的屋面雨水有组织地导入地下集水井而流入下水道，起到保护墙基的作用。明沟宽度通常不小于 200mm，并使沟的中心与无组织排水时的檐口边缘线重合，沟底纵波一般为 1% 左右。

明沟和散水的材料用混凝土现浇或用砖石等材料铺砌而成，现在的建筑多用混凝土现浇，如图2-3-14所示。

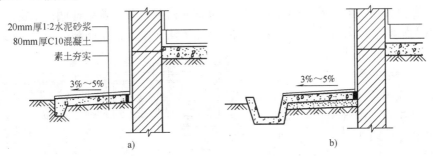

20mm厚1:2水泥砂浆
80mm厚C10混凝土
素土夯实
3%～5%

3%～5%

a)

b)

图2-3-14　明沟和散水
a）混凝土散水　b）混凝土散水与明沟

3.3.4　窗台

窗台是窗洞下部的排水构造，设于室外的称为外窗台，设于室内的称为内窗台。外窗台的作用是排除窗外侧流下的雨水，并防止雨水流入室内。内窗台的作用则是排除窗上的凝结水，保护室内的墙面及存放东西、摆放花盆等。外窗台底面外缘处应做滴水，即做成锐角或半圆凹槽，以免排水时沿窗台底面流至墙身。

1. 外窗台的做法

（1）砖窗台　有不悬挑的窗台和悬挑窗台，表面抹1:3水泥砂浆，并应有10%左右的坡度，挑出尺寸大多为60mm。

（2）混凝土窗台　一般是现场浇筑而成。

2. 内窗台的做法

（1）水泥砂浆抹窗台　在窗台上表面抹20mm厚的水泥砂浆，窗台前部则突出墙面60mm。

（2）预制窗台板　对于装修要求较高而且窗台下设置暖气的房间，一般均采用预制窗台板。窗台板可用预制水磨石板或木窗台板。

窗台构造如图2-3-15所示。

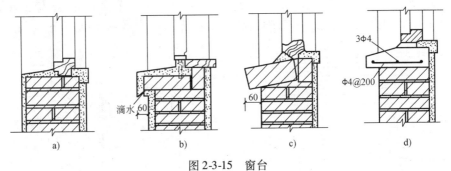

滴水 60

60

3Φ4

Φ4@200

a)

b)

c)

d)

图2-3-15　窗台
a）不设悬挑窗台　b）抹滴水的悬挑窗台　c）侧砌砖窗台　d）预制钢筋混凝土窗台

3.3.5　门窗过梁

为了承受门窗洞口上部墙体的重力和楼盖传来的荷载，并把这些荷载传给窗间墙，在门窗洞口上沿设置的梁称为过梁。过梁分砖砌过梁和钢筋混凝土过梁两类。其中，砖砌过梁有砖砌平拱过梁和钢筋砖过梁两种。

1. 砖砌平拱过梁　砖砌平拱过梁（图2-3-16）是我国传统做法，这种过梁采用普通砖侧砌和立砌形成，砖应为单数并对称于中心向两边倾斜。灰缝呈上宽（不大于15mm）下窄（不小于5mm）的楔形。砌过梁的砖强度不应低于MU10，砂浆强度非抗震设计时不低于M2.5。这种平拱的最大跨度为1.8m。这种过梁节

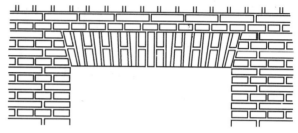

图 2-3-16　砖砌平拱过梁

约钢材和水泥，但施工麻烦，整体性差，不宜用于上部有集中荷载、有较大振动荷载或可能产生不均匀沉降的建筑。

2. 钢筋砖过梁　钢筋砖过梁（图2-3-17）是在门窗洞口上部的砂浆层内配置钢筋的平砌砖过梁。钢筋砖过梁的高度应经计算确定，一般不少于5皮砖，且不少于洞口跨度的1/5。过梁范围内用强度等级不低于MU10的砖和不低于M2.5的砂浆砌筑，砌法与砖墙一样。洞口上部应先支木模，在第一皮砖下设置不小于30mm厚的砂浆层，并在其中放置钢筋，钢筋的数量为：每120mm墙厚不少于1φ6。钢筋两端伸入墙内240mm，并在端部做60mm高的垂直弯钩。这种过梁的跨度最大为2m。

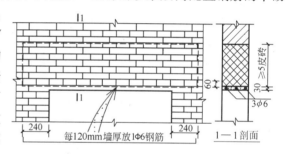

图 2-3-17　钢筋砖过梁

3. 钢筋混凝土过梁　当门窗洞口跨度超过2m或上部有集中荷载时，需要采用钢筋混凝土过梁。钢筋混凝土过梁（图2-3-18）是目前应用比较普遍的一种过梁。它坚固耐久、施工方便，有现浇和预制两种。为加快施工进度、减少现场湿作业，应优先采用预制钢筋混凝土过梁。

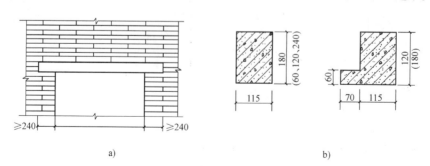

a)　　　　　　　　　　　　　　　b)

图 2-3-18　钢筋混凝土过梁

a）过梁立面　b）过梁断面形状和尺寸

钢筋混凝土过梁的截面尺寸及配筋应根据跨度和荷载经计算确定，并应是砖厚的整数倍，宽度等于墙厚，常用高度有60mm、120mm和240mm等。过梁两端伸入墙内的长度不小于240mm。钢筋混凝土过梁的截面形状有矩形和L形。矩形多用于内墙和外混水墙中，L形多用于外清水墙和有保温要求的墙体中，此时应注意L口朝向室外。

3.3.6 墙体的防震措施

《建筑抗震设计规范》(GB 50011—2010)要求：抗震设防烈度为6度及以上地区的建筑，必须进行抗震设计。

抗震设防烈度和设计基本地震加速度取值的对应关系，应符合表2-3-2的规定。

表2-3-2 抗震设防烈度和设计基本地震加速度取值的对应关系

抗震设防烈度	6	7	8	9
设计基本地震加速度值	0.05g	0.10(0.15)g	0.20(0.30)g	0.40g

多层砌体房屋和底部框架砌体房屋的抗震构造应以《建筑抗震设计规范》(GB 50011—2010)的有关规定为准。而这些规定与墙身做法有关的有以下几个方面：

1. 限制房屋的层数和高度

（1）一般情况下，房屋的层数和高度不应超过表2-3-3的规定。

表2-3-3 房屋的层数和总高度限制 （单位：m）

房屋类别		最小抗震墙厚度/mm	烈度和设计基本地震加速度											
			6		7				8				9	
			0.05g		0.10g		0.15g		0.20g		0.30g		0.40g	
			高度	层数	高度	层数	高度	层数	高度	层数	高度	层数	高度	层数
多层砌体房屋	普通砖	240	21	7	21	7	21	7	18	6	15	5	12	4
	多孔砖	240	21	7	21	7	18	6	18	6	15	5	9	3
	多孔砖	190	21	7	18	6	15	5	15	5	12	4	—	—
	多孔砖	190	21	7	21	7	18	6	18	6	15	9	9	3
底部框架-抗震墙砌体房屋	普通砖多孔砖	240	22	7	22	7	19	6	16	5	—	—	—	—
	多孔砖	190	22	7	18	6	16	5	13	4	—	—	—	—
	多孔砖	190	22	7	22	7	18	6	16	5	—	—	—	—

（2）横墙较少的多层砌体房屋，总高度应比表2-3-3的规定降低3m，层数相应减少一层；各层横墙很少的多层砌体房屋，还应再减少一层。

（3）抗震设防烈度为6、7度时，横墙较少的丙类多层砌体房屋，当按规定采取加强措施并满足抗震承载力要求时，其高度和层数应允许仍按表2-3-3的规定采用。

（4）采用蒸压灰砂砖和蒸压粉煤灰砖的砌体的房屋，当砌体的抗剪强度仅达到普通粘土砖砌体的70%时，房屋的层数应比普通砖房减少一层，总高度应减少3m；当砌体的抗剪强度达到普通粘土砖砌体的取值时，房屋的层数和总高度的要求同普通粘土砖房屋。

2. 限制房屋的层高

多层砌体承重房屋的层高, 不应超过 3.6m。

3. 限制建筑体型高宽比

限制高宽比可减少过大的侧移, 保证建筑物的稳定。多层砌体房屋总高度与总宽度的最大比值, 宜符合表 2-3-4 的要求。

表 2-3-4　多层砌体房屋最大高宽比

烈度	6	7	8	9
最大高宽比	2.5	2.5	2.0	1.5

4. 多层砌体房屋的建筑布置和结构体系要求

(1) 应优先采用横墙承重或纵横墙共同承重的结构体系。不应采用砌体墙和混凝土墙混合承重的结构体系。

(2) 纵横向砌体抗震墙的布置应满足: 沿平面内宜对齐, 沿竖向应上下连续, 且纵横向墙体的数量不宜相差过大; 同一轴线上的窗间墙宽度宜均匀, 墙面洞口的面积, 抗震设防烈度为 6、7 度时不宜大于墙面总面积的 55%, 8、9 度时不宜大于墙面总面积的 50%。

(3) 楼梯间不宜设置在尽端或转角处。

(4) 不应在房屋转角处设置转角窗。

5. 设置防震缝

防震缝是为了防止建筑物各部分在地震时相互撞击引起破坏而设置的缝隙。

6. 限制横墙最大间距

房屋抗震横墙的最大间距, 不应超过表 2-3-5 的要求。

表 2-3-5　房屋抗震横墙的间距

房 屋 类 别		烈　　度			
		6	7	8	9
多层砌体房屋	现浇或装配整体式钢筋混凝土、屋盖	15	15	11	7
	装配式钢筋混凝土楼、屋盖	11	11	9	4
	木屋盖	9	9	4	—
底部框架-抗震墙砌体房屋	上部各层	同多层砌体房屋			—
	底部或底部两层	18	15	11	—

7. 限制房屋的细部尺寸

多层砌体房屋中砌体墙段的局部尺寸限值, 宜符合表 2-3-6 的要求。

表 2-3-6　房屋的局部尺寸限值　　　　　　　　　　　　　(单位:m)

部　　位	6 度	7 度	8 度	9 度
承重窗间墙最小宽度	1.0	1.0	1.2	1.5
承重外墙尽端至门窗边的最小距离	1.0	1.0	1.2	1.5
非承重外墙尽端至门窗洞边的最小距离	1.0	1.0	1.0	1.0
内墙阳角至门窗洞边的最小距离	1.0	1.0	1.5	2.0
无锚固女儿墙(非出入口处)的最大高度	0.5	0.5	0.5	0.0

8. 设置圈梁

圈梁的作用是增强楼层平面的整体刚度，防止地基的不均匀沉降并与构造柱一起形成骨架，提高抗震能力。

9. 增设构造柱

构造柱与圈梁一起形成骨架，提高结构的抗震能力。

10. 后砌砖墙与先砌墙体的拉结

砌体结构中的隔墙大多为后砌砖墙。在与先砌墙体连接时，应在先砌墙体内加设拉结钢筋。具体是上下间距每隔 8 皮砖(约 500mm)加设 2 ¢ 6 钢筋，并在先砌墙体内顶留凸岔(每 5 皮砖留一块)，伸出墙面 60mm。钢筋伸入隔墙长度应不小于 500mm。抗震设防烈度为 8、9 度时，对长度超过 5.1m 的后砌砖墙，在其顶部还要求与楼板或梁拉结。

3.3.7 墙体的抗震构造

地震时，作用在建筑上的惯性力就是地震力。地震时，首先到达的是纵波，使建筑产生上下的颠簸；随之而来的是横波，使建筑产生左右或前后的摇晃，受到水平方向的地震力。垂直地震力产生的破坏一般在震中附近或高烈度区，才能产生。只有在设计烈度为 8 度及 9 度时，悬臂结构、长跨结构及烟囱等才考虑垂直地震力的作用。在水平地震力作用下，房屋产生的破坏有：墙体的薄弱部位、梁支承处被压酥，或有密集的竖向裂纹；外墙及山墙被压曲外鼓，严重时将内墙咬接处附近的砌体拉裂；门窗过梁上的墙体产生水平裂缝；钢筋混凝土预制板、梁被颠折或颠裂，混凝土发生竖向裂缝等。因此，要考虑对墙身采取加固措施，通常可以采取以下办法：

3.3.7.1 设置圈梁

圈梁是指沿房屋四周外墙、内纵承重墙和部分横墙在墙内设置的连续封闭的梁。它的作用是增加墙体的稳定性，加强房屋的空间刚度和整体性，减少不均匀沉降和加强抗震能力。圈梁的数量与房屋的高度、层数及地震烈度等有关，圈梁的位置根据结构的要求确定。圈梁有钢筋砖圈梁和钢筋混凝土圈梁两种。

1. 钢筋砖圈梁 圈梁的高度为 4~6 皮砖高，用强度等级不低于 M5 的砂浆砌筑，在砖缝中夹纵向钢筋不少于 4ϕ6，分上下两层设置在圈梁的顶部和底部的水平灰缝内，如图 2-3-19b 所示。

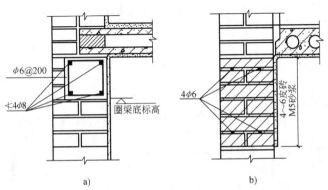

图 2-3-19 圈梁的构造

a) 钢筋混凝土圈梁 b) 钢筋砖圈梁

2. 钢筋混凝土圈梁　砖混结构房屋通常采用现浇钢筋混凝土圈梁。钢筋混凝土圈梁的截面形状一般为矩形，宽度宜与墙厚相同，当墙厚 $h \geq 240mm$ 时，其宽度不宜小于 $2h/3$，高度不小于120mm，并应符合砖厚的倍数。现浇钢筋混凝土圈梁构造要求如图2-3-19a所示。

在砖混结构房屋中，圈梁的设置位置通常有：基础顶面、窗顶（此时圈梁有可能与过梁合二为一，也可能分属两个构件）、檐口。

钢筋混凝土外墙圈梁顶一般与楼板持平（如图2-3-20a、b所示），或在楼板层之下（如图2-3-20c、d所示）；铺预制楼板的内承重墙的圈梁一般设在楼板之下（如图2-3-20e所示）。

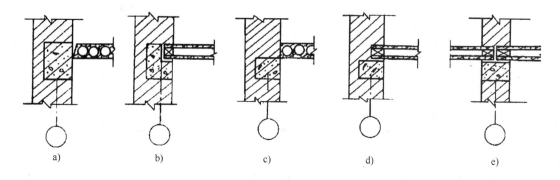

图 2-3-20　圈梁在墙中的位置

a)、b) 圈梁与屋（楼盖）层持平　c)、d) 圈梁位于屋（楼盖）层之下

e) 内承重墙的圈梁一般设在楼板之下

圈梁应连续地设在同一水平面上，并形成封闭状，当圈梁被门窗洞口截断时，应在洞口上部增设一道断面不小于圈梁的附加圈梁，如图2-3-21。附加圈梁与圈梁的搭接长度不应小于其垂直间距的两倍，且不得小于1m。圈梁不是承重梁，注意与承重梁加以区别。

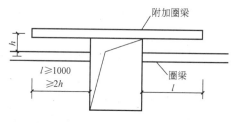

图 2-3-21　附加圈梁

3.3.7.2　设置构造柱

构造柱是设在墙体内的钢筋混凝土现浇柱，主要作用是与圈梁一起共同形成空间骨架，以增加房屋的整体刚度，提高房屋的抗震能力。构造柱的设置要求见表2-3-7。

表 2-3-7　多层砖砌体房屋构造柱设置要求

房 屋 层 数				设 置 部 位	
6 度	7 度	8 度	9 度		
四、五	三、四	二、三		楼、电梯间四角，楼梯斜梯段上下端对应的墙体处；外墙四角和对应转角；错层部位横墙与外纵墙交接处；大房间内外墙交接处；较大洞口两侧	隔12m或单元横墙与内纵墙交接处；楼梯间对应的另一侧内横墙与外纵墙交接处
六	五	四	二		隔开间横墙（轴线）与外墙交接处；山墙与内纵墙交接处
七	≥六	≥五	≥三		内墙（轴线）与外墙交接处；内墙的局部较小墙垛处；内纵墙与横墙（轴线）交接处

钢筋混凝土构造柱不单设基础，但应伸入室外地面以下 500mm 的基础内，或锚固于地圈梁内。构造柱断面尺寸不小于 240mm×180mm，主筋不少于 4φ12，箍筋 φ6@200mm。墙与柱之间沿墙高每 500mm 设 2φ6 钢筋拉结，每边伸入墙内不小于 1m。构造柱在施工时，应先砌墙并留马牙槎，随着墙体的上升，逐段浇筑钢筋混凝土构造柱，构造柱混凝土标号一般为 C20，见图 2-3-22。

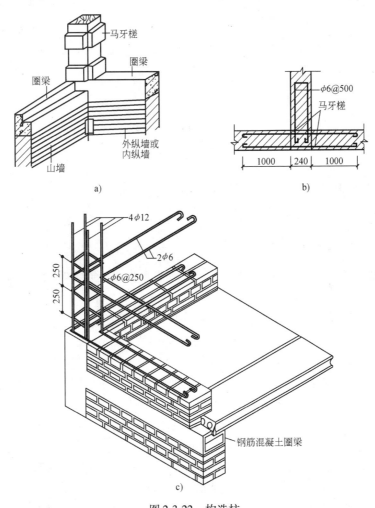

图 2-3-22　构造柱

a）构造柱马牙槎　b）内外墙相交处构造柱　c）外墙转角处构造柱

3.3.7.3　设置壁柱、门垛

当墙体的窗间墙上出现集中荷载，而墙厚又不足以承受其荷载时，或当墙体的长度和高度超过一定限度并影响墙体稳定性时，常在墙身局部适当位置增设凸出墙面的壁柱以提高墙体刚度。壁柱突出墙面的尺寸一般为 120mm×370mm、240mm×370mm、240mm×490mm 等，如图 2-3-23a 所示。

凡在墙上开设门洞且门洞开在两墙转角处或丁字墙交接处时为了便于门框的安装和保证墙体的承载力及稳定性，应在靠墙的转角部位或丁字墙交接的一边设置门垛。门垛的尺寸不应小于 120mm，如图 2-3-23b 所示。

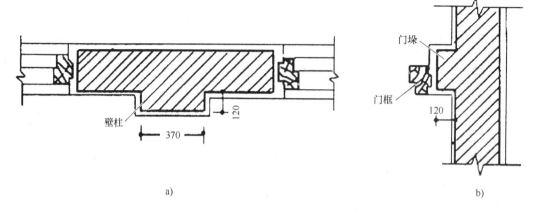

图 2-3-23 壁柱与门垛
a）壁柱 b）门垛

3.4 隔墙与隔断的构造

3.4.1 隔墙与隔断的基本概念

隔墙是分隔室内房间或空间的非承重内墙，其自重由楼板或梁等构件支承，能在较大程度上限定空间，还能在一定程度上满足隔声、遮挡光线等要求，同时能起到一定的装饰作用。隔断是不完全分隔房间或空间的隔墙，其高度一般不到顶，可产生一种似隔非隔、似断非断的空间效果，装拆灵活性较强。隔断限定空间的程度较小，甚至有一定的空透性。对隔墙和隔断的要求如下：

1. 质轻 隔墙（或隔断）在首层，搁置在地面垫层上；在楼层搁置在承重梁或楼板上，因而要求质轻，以减少梁或楼板承受的荷载。

2. 厚度薄 在满足稳定要求的前提下，隔墙（隔断）的厚度应尽量薄，以增加房屋的使用面积。

3. 隔声性能好 有些隔墙（如公共建筑的隔墙、住宅的户间隔墙等）要求有一定的隔声能力。

4. 耐火、防水、防潮 有些隔墙（隔断）有耐火、防水、防潮及耐腐蚀等要求。如厨房的隔墙应耐火、防水，盥洗室、厕所的隔墙应耐湿等。

5. 便于装拆 为了适应房间分隔可以变化的要求，隔墙（隔断）应做到便于装拆。

3.4.2 隔墙的构造

隔墙的类型很多，按构造方式不同，隔墙可分为块材式隔墙、骨架式隔墙、板材式隔墙三大类。

3.4.2.1 块材式隔墙

块材隔墙是用普通砖、空心砖、加气混凝土等块材砌筑而成的。常用的有普通砖隔墙和砌块隔墙。块材隔墙隔声效果好，坚固耐久，防火、防湿性能好，但自重大，不易装拆。

1. 普通砖隔墙 普通砖隔墙有半砖（120mm）和 1/4 砖（60mm）两种。

半砖隔墙用普通砖顺砌，砌筑砂浆宜大于 M2.5。当墙体高度超过 5m 时应加固，一般沿高度每隔 0.5m 砌入 ϕ4 钢筋 2 根，或每隔 1.2～1.5m 设一道 30～50mm 厚的水泥砂浆层，内放 2 根 ϕ6 钢筋。顶部与楼板相接处用立砖斜砌，填塞墙与楼板间的空隙。隔墙上有门时，要预埋铁件或将带有木楔的混凝土预制块砌入隔墙中以固定门框。半砖隔墙下一般应设过梁，如图 2-3-24 所示。

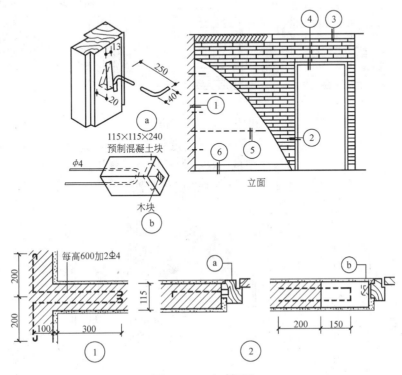

图 2-3-24　半砖隔墙

1/4 砖隔墙是由普通砖侧砌而成，由于厚度较薄、稳定性差，对砌筑砂浆强度要求较高，一般不低于 M5.0，隔墙的高度和长度不宜过大，且常用于不设门窗洞的部位，如厨房与卫生间之间的隔墙。若面积大又需开设门窗洞时，须采取加固措施，常用方法是在高度方向每隔 500mm 砌入 ϕ4 钢筋 2 根，或在水平方向每隔 1200mm 立 C20 细石混凝土柱 1 根，并沿垂直方向每隔 7 皮砖砌入 ϕ6 钢筋 1 根，使之与两端墙连接。

2. 砌块隔墙　为了减少隔墙的自重，可采用质轻块大的各种砌块，目前最常用的是加气混凝土砌块、粉煤灰硅酸盐砌块、水泥炉渣空心砖等砌筑的隔墙。隔墙厚度根据砌块尺寸而定，一般为 90～120mm。砌块大多具有质轻、孔隙率大、隔热性能好等优点，但吸水性强，因此，砌筑时应在墙下先砌 3～5 皮粘土砖。

砌块隔墙厚度较薄，也需采取加强稳定性措施，其方法与砖隔墙类似，如图 2-3-25 所示。

3.4.2.2　骨架式隔墙

骨架式隔墙是以木材、钢材或其他材料构成骨架，再将面层钉结、涂抹或粘贴在骨架上形成隔墙。骨架式隔墙自重轻、厚度薄、构造简单，便于装拆，但防火、防湿（防水、防潮）、隔声性能差，耗木材和钢材。

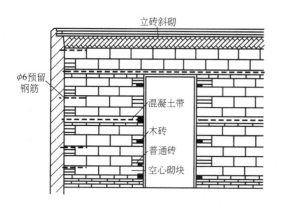
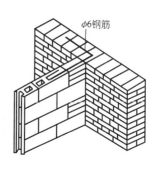

图 2-3-25　砌块隔墙

1. 骨架　常用的骨架有木骨架和型钢骨架。近年来，为节约木材和钢材，出现了不少采用工业废料和地方材料及轻金属制成的骨架，如石棉水泥骨架、浇注石膏骨架、水泥刨花骨架、轻钢和铝合金骨架等。图 2-3-26 为一种薄壁轻钢骨架的隔墙。

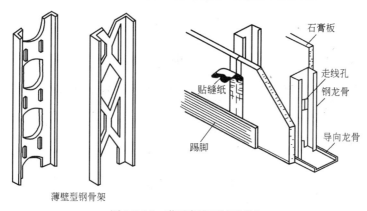

图 2-3-26　薄壁轻钢骨架隔墙

2. 面层　骨架式隔墙的面层有抹灰面层和人造板材面层。抹灰面层常用木骨架，即传统的板条灰隔墙；人造板材面层可用木骨架或轻钢骨架。隔墙的名称一般以面层材料而定。

（1）板条抹灰面层是在木骨架上钉灰板条，然后抹灰，灰板条尺寸一般为 1200mm × 24mm × 6mm。板条间留出 7 ~ 10mm 的空隙，使灰浆能挤到板条缝的背面，咬住板条。

（2）人造板材面层一般是在轻钢骨架或木骨架上安装面板，面板多为人造面板，如胶合板、纤维板、石膏板等。胶合板是用阔叶树或松木经旋切、胶合等多种工序制成，常用的是 1830mm × 915mm × 4mm（三合板）和 2135mm × 915mm × 7mm（五合板）。硬质纤维板是用碎木加工而成的，常用的规格是 1830mm × 1220mm × 3（或 4.5）mm 和 2135mm × 915mm × 4（或 5）mm。石膏板是用一、二级建筑石膏加入适量纤维、胶粘剂、发泡剂等经辊压等工序制成。我国生产的石膏板规格为 3000mm × 800mm × 12mm 和 3000mm × 800mm × 9mm。

胶合板、硬质纤维板等以木材为原料的板材多用木骨架，石膏面板多用石膏或轻钢骨架，如图 2-3-27 所示。

3.4.2.3　板材式隔墙

板材式隔墙是指单板高度相当于房间净高，面积较大，且不需要做骨架，直接装配而成

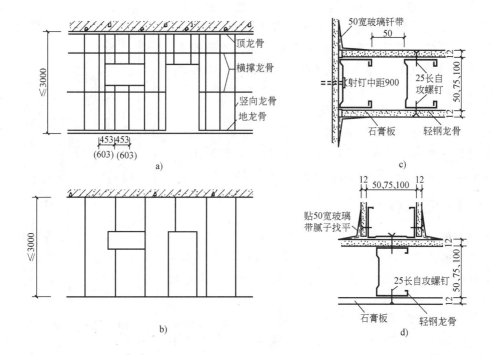

图 2-3-27　轻钢龙骨石膏板

a）龙骨排列　b）石膏板排列　c）靠墙节点　d）丁字靠墙节点

的隔墙。目前采用的大多为条板，如加气混凝土条板、石膏条板、碳化石灰板、蜂窝纸板、水泥刨花板等。

1. 加气混凝土条板隔墙　加气混凝土条板具有自重轻，节省水泥，运输方便，施工简单，可锯、刨、钉等优点，但吸水性大、耐腐蚀性差、强度较低，运输、施工过程中易损坏，不宜用于高温、高湿环境中。加气混凝土条板规格为长 2700～3000mm，宽 600～800mm，厚 80～100mm。隔墙板之间用水玻璃砂浆或 107 胶砂浆粘结。

2. 增强石膏空心板　增强石膏空心板分为普通条板、钢木窗框条板和防水条板三类，规格为 600mm 宽、60mm 厚、2400～3000mm 长，9 个孔，孔径为 38mm，能满足防火、隔声及抗撞击的要求，如图 2-3-28 所示。

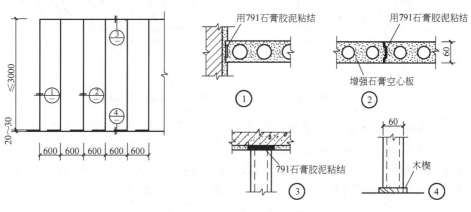

图 2-3-28　增强石膏空心板

3. 复合板隔墙 用几种材料制成的多层板为复合板。复合板的面层有石棉水泥板、石膏板、铝板、树脂板、硬质纤维板、压型钢板等。夹心材料可用矿棉、木质纤维、泡沫塑料和蜂窝状材料等。复合板充分利用材料的性能，大多具有强度高、耐火、防水、隔声性能好的优点，且安装、拆卸简便，有利于建筑工业化。

4. 泰柏板 泰柏板是由 $\phi 2$ 低碳冷拔镀锌钢丝焊接成三维空间网笼，中间填充聚苯乙烯泡沫塑料构成的轻质板材。泰柏板隔墙与楼、地坪的固定连接如图 2-3-29 所示。

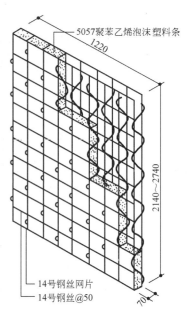

图 2-3-29 泰柏板隔墙

3.4.3 隔断的构造

按照隔断的外部形式和构造方式一般将其分为花格式、屏风式、移动式、玻璃墙式和家具式等。隔断与周边构件的联系往往不如隔墙那样紧密，因此在安装时更应注重其稳定性。

1. 花格式隔断 花格式隔断主要是划分与限定空间，不能完全遮挡视线和隔声，主要用于分隔和沟通在功能上要求既需隔离，又需保持一定联系的两个相邻空间，具有很强的装饰性，广泛用于宾馆、商店、展览馆、园林及住宅建筑中。

花格式隔断有木制、金属、混凝土等制品，形式多种多样，如图 2-3-30 所示。

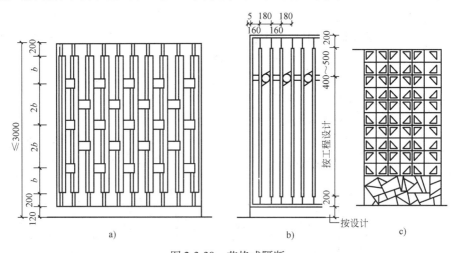

图 2-3-30 花格式隔断
a）木制花格隔断 b）金属花格隔断 c）混凝土制品隔断

2. 屏风式隔断 屏风式隔断现今大量用于办公等空间中，其构造往往由各专业制造公司专门设计，而且与设备管道等综合考虑。图 2-3-31 是屏风式隔断的实例。

3. 玻璃墙式隔断 玻璃墙式隔断是用玻璃砖通过胶结材料一块一块安装而成，是住宅建筑常用的隔断形式，具有很好的装饰效果，如图 2-3-32 和图 2-3-33 所示。

图 2-3-31　屏风式隔断实例

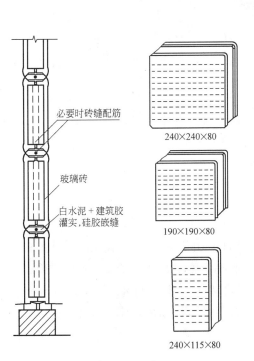

必要时砖缝配筋

玻璃砖

白水泥＋建筑胶
灌实,硅胶嵌缝

240×240×80

190×190×80

240×115×80

图 2-3-32　用传统方式安装的玻璃砖隔断

图 2-3-33　玻璃砖隔断实例

3.5　砌块墙的构造

砌块墙是采用比实心粘土砖大的预制块材(称砌块)砌筑而成的墙体。砌块与普通粘土砖相比，能充分利用工业废料和地方材料，且具有生产投资少，见效快，不占耕地，节约能源，保护环境等优点。同时用砌块砌筑墙体生产效率高，改善了墙体的保温、隔热性能，增加了房屋的使用面积，减轻了墙体的自重，因此，砌块在砌筑工程中广泛采用。砌块墙也是我国目前墙体改革的主要途径之一。

3.5.1 砌块的类型与规格

3.5.1.1 砌块的类型

砌块生产应结合各地区实际情况，因地制宜、就地取材，充分利用各地自然资源和工业废渣。目前各地采用的砌块有不同的材料、规格和形式。

1. 按所用材料分 按所用材料不同可分为混凝土砌块、轻骨料混凝土砌块、加气混凝土砌块、工业废料砌块等。其中工业废料砌块常见的有蒸养粉煤灰硅酸盐砌块和炉渣砌块。

2. 按砌块的形式分 按砌块形式的不同可分为实心砌块和空心砌块。其中空心砌块又有单排方孔、单排圆孔和多排窄孔三种形式，多排窄孔对保温有利，如图 2-3-34 所示。

图 2-3-34 空心砌块的形式

a)、b) 单排方孔　c) 单排圆孔　d) 多排窄孔

3. 按砌块的重量分 按单块砌块重量的不同可分为小型砌块、中型砌块和大型砌块。单块重量小于 20kg 的为小型砌块，单块重量为 20 ~ 350kg 的属中型砌块，单块重量大于 350kg 的为大型砌块。

3.5.1.2 砌块的规格

在考虑砌块规格时，首先必须符合《建筑模数协调统一标准》的规定；其次是砌块的型号愈少愈好，且其主要砌块在排列组合中使用的次数愈多愈好；再次，砌块的尺寸应考虑到生产工艺条件、施工和起重、吊装的能力以及砌筑时错缝、搭接的可能性；最后，在确定砌筑方式时既要考虑到砌体的强度和稳定性，也要考虑到墙体的热工性能。

目前我国采用的小型砌块的主块外形尺寸多为 190mm × 190mm × 390mm，辅块尺寸为 90mm × 190mm × 190mm 和 190mm × 190mm × 190mm。中型砌块尺寸各地不一，根据各自的习惯和生产条件确定。目前中型空心砌块常见的尺寸有 180mm × 845mm × 630mm、180mm × 845mm × 1280mm 和 180mm × 845mm × 2130mm，实心砌块常见的尺寸有 240mm × 380mm × 280mm、240mm × 380mm × 430mm、240mm × 380mm × 580mm、240mm × 380mm × 880mm 等。大型砌块安装时，需用大型起重运输设备，所以，我国目前采用的砌块以中、小型为主。

3.5.2 砌块的组砌

砌块墙在砌筑前，必须进行砌块排列与组合设计，使砌块排列整齐有序、减少砌块规格类型，尽量提高主块的使用率和避免镶砖或少镶砖。砌块的排列应使上下皮错缝，搭接长度一般为砌块长度的 1/4，并且不应小于 150mm。砌体墙施工过程中应按排列设计图进料和砌筑，排列组合图包括各层平面、内外墙立面分块图。图 2-3-35 为此种图的一个实例。

砌块墙砌筑时的灰缝宽度一般为 10 ~ 15mm，用 M5 砂浆砌筑。当垂直灰缝大于 30mm 时，则需用 C10 细石混凝土灌实。由于砌块的尺寸大，一般不存在内外皮间的搭接问题，因此更应注意保证砌块墙的整体性。在纵横墙交接处和外墙转角处均应咬接，如图2-3-36。

3.5.3 砌块墙的圈梁与构造柱

为加强砌块墙的整体性，多层砌块建筑应设圈梁。圈梁有现浇和预制两种。现浇圈梁整体性强，对加固墙身有利，但施工较复杂。不少地区采用 U 形槽预制构件，在 U 形槽内配置钢筋，现浇混凝土形成圈梁（图2-3-37）。墙体的竖向加强措施是在外墙转角以及某些内外墙相接的"T"字接头处增设构造柱，将砌块在垂直方向连成一体。多利用空心砌块上下孔洞对齐，在孔内配置 $\phi10$ 或 $\phi12$ 的钢筋，然后用细石混凝土分层灌实，形成构造柱，如图2-3-38，构造柱与圈梁共同增强了砌块墙的整体稳定性。

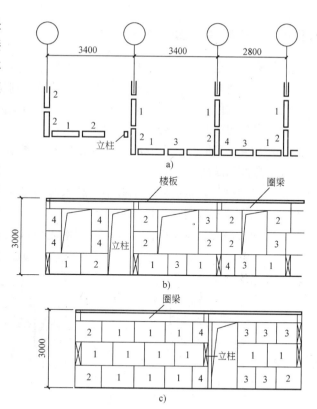

图 2-3-35　砌块排列组合图

a）平面　b）外墙立面　c）内墙立面

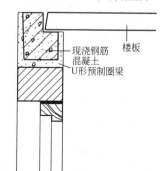

图 2-3-37　砌块墙的圈梁

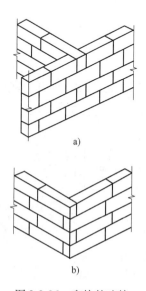

图 2-3-36　砌块的咬接

a）纵横墙交接　b）外墙转角交接

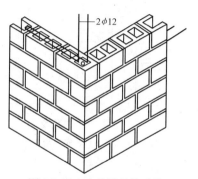

图 2-3-38　砌块墙的构造柱

3.5.4　门窗框与墙体的连接

普通粘土砖砌体与门窗框的连接，一般是在砌体中预埋木砖，通过钉子将门窗框固定其上或将钢门窗框与砌体中的预埋铁件焊牢。为简化砌块生产和减少砌块的规格类型，砌块中不宜设木砖和铁件，另外有些砌块强度低，直接用圆钉固定门窗框容易松动。因此，在工程中一般采取如图 2-3-39 的做法。

（1）用 4in ⊖ 圆钉每隔 300mm 钉入门窗框，然后将钉头打弯，嵌入砌块端头竖向小槽内，从门窗框两侧嵌入砂浆。

（2）将木楔打入空心砌块窄缝中代替木砖，以固定门窗框。

（3）在砌块灰缝内窝木榫或铁件。

（4）加气混凝土砌块砌体常埋胶粘圆木或塑料膨胀管来固定门窗框。

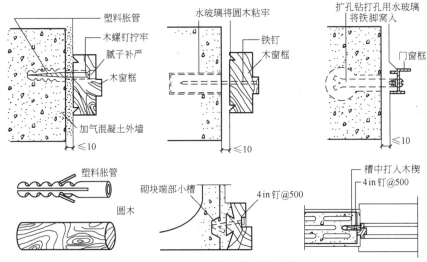

图 2-3-39　砌块墙的门窗框固定

3.5.5　砌块墙的防潮构造

砌块多为多孔材料，吸水性强，容易遇水受潮，特别是在檐口、窗台、勒脚及落水管附近墙面等部位，对于不同部位，应作相应的防潮处理。在湿度较大的房间中，砌块墙也须有相应的防潮措施。图 2-3-40 为砌块墙勒脚处的防潮处理。

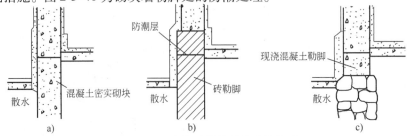

图 2-3-40　砌块墙勒脚处的防潮构造

a）密实混凝土砌块　b）实心砖砌体　c）现浇混凝土勒脚

⊖　1in＝0.0254m。

3.6 墙面装修构造

3.6.1 墙面装修的作用

墙面装修是墙体构造的重要组成部分，其主要作用有：

1. 保护墙体，提高墙体的耐久性 外墙面装修层能防止墙体直接受到风吹日晒、雨淋、冰冻等的影响，提高了墙体的防潮、防水能力；内墙装修层能防止人们使用建筑物时的水、污物和机械碰撞等对墙体的直接危害，延长墙的使用年限。

2. 改善墙体的物理性能，保证室内的使用条件 装修层增加了墙体的厚度，提高了墙体的保温、隔热能力。内墙装修改善了室内的卫生条件、物理条件。内墙面经过装修变得平整、光洁，可以加强光线的反射，提高室内的照度，内墙若采用吸声材料装修，还可以改善室内音质效果。

3. 美化环境，丰富建筑的艺术形象 墙面装修是建筑空间艺术处理的重要手段之一。墙面的色彩、质感、线脚和纹样等都在一定程度上改善建筑的内外形象和气氛，表现出建筑的艺术个性。

3.6.2 墙面装修的构造

墙面装修按所用材料和施工方式的不同可分为勾缝、抹灰类、贴面类、涂料类、裱糊类、铺钉类和幕墙类等。

3.6.2.1 勾缝

仅限用于砌体基层的墙面，俗称清水墙。砌体墙砌好后，为了美观和防止雨水侵入，需用1:1或1:1.5水泥砂浆勾缝，为进一步提高装饰性，可在勾缝砂浆中掺入颜料。随着建筑业的发展，这种装修已逐渐减少。

3.6.2.2 抹灰类墙面装修

抹灰类墙面装修是以水泥、石灰膏为胶结材料，加入砂或石渣与水拌和成砂浆或石渣浆，如石灰砂浆、混合砂浆、水泥砂浆，以及纸筋灰、麻刀灰等作为饰面材料抹到墙面上的一种操作工艺。它是一种传统的墙面装修方式，属于湿作业范畴。这种饰面具有耐久性低，易开裂，易变色，且多为手工操作，湿作业施工，工效较低等缺点，但材料多为地方材料，施工方便，造价低廉，因而在大量性建筑中仍得到广泛的应用。

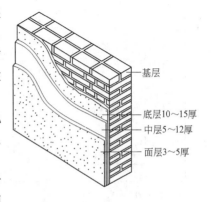

图2-3-41 抹灰墙面分层

基层
底层10～15厚
中层5～12厚
面层3～5厚

1. 墙面抹灰的组成 为保证抹灰平整、牢固，避免龟裂、脱落，在构造上需分层。抹灰装修一般由底层、中层和面层抹灰组成，如图2-3-41所示。

底层的主要作用是与基层粘结，同时对基层作初步找平。底层所用材料视基层材料而异，如普通砖墙可用石灰砂浆或混合砂浆；混凝土墙面则需用混合砂浆或水泥砂浆；木板条墙面应在石灰砂浆或混合砂浆中加入适量的纸筋、麻刀或玻璃纤维类材料。

底层厚度一般不大于10mm。

中层的主要作用是进一步找平,有时可兼作底层与面层之间的粘结,所用材料与底层基本相同,厚度一般为5~8mm。

面层的主要作用是装饰,要求表面平整、色彩均匀、无裂纹。面层根据要求可做成光滑的表面,也可做成粗糙的表面,如水刷石、拉毛灰、斩假石等饰面。

一般抹灰根据质量要求可分为普通抹灰、中级抹灰和高级抹灰三种。仅设底层和面层抹灰的称为普通抹灰;设有一层中层抹灰的称为中级抹灰;当中层有两层及以上时称为高级抹灰。外墙面抹灰的总厚度一般为15~25mm;内墙面抹灰的总厚度一般为15~20mm。

2. 抹灰类装修的种类和构造　墙面抹灰的种类很多,根据面层材料的不同,常见的抹灰装修构造作法举例见表2-3-8。

表2-3-8　常见的抹灰装修构造作法举例

名　称	构造作法举例	适用范围
水泥砂浆	12厚1:3水泥砂浆打底,8厚1:2.5水泥砂浆罩面	外墙或内墙受水部位
混合砂浆	12厚1:1:6水泥石灰砂浆,8厚1:1:4水泥石灰砂浆	内墙、外墙
纸筋(麻刀)灰	12~17厚1:2~1:2.5石灰砂浆,2~3厚纸筋(麻刀)灰罩面	内墙
水刷石	15厚1:3水泥砂浆素水泥浆一道,10厚1:1.5水泥石子,后用水刷	外墙
干粘石	12厚1:3水泥砂浆,6厚1:3水泥砂浆,粘石碴拍平压实	外墙
水磨石	12厚1:3水泥砂浆,素水泥浆一道,10厚水泥石碴罩面、磨光	勒脚、墙裙
剁斧石(斩假石)	12厚1:3水泥砂浆,素水泥浆一道,10厚水泥石碴罩面、赶平压实剁斧斩毛	外墙
砂浆拉毛	15厚1:1:6水泥石灰砂浆,5厚1:0.5:5水泥石灰砂浆,拉毛	内墙、外墙

在人群活动频繁,较易碰撞或有放水要求的内墙下段墙面,常采用1:3水泥砂浆打底,1:2水泥砂浆或水磨石罩面高约1.5m的墙裙,如图2-3-42。对于易碰撞的内墙阳角,还须做护角保护,如图2-3-43。

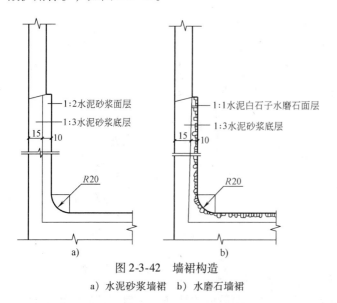

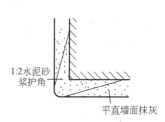

图2-3-42　墙裙构造

a)水泥砂浆墙裙　b)水磨石墙裙

图2-3-43　护角做法

3.6.2.3　贴面类墙面装修

贴面类装修是指将各类天然石材或人造板材、块材，直接粘贴于基层表面或通过构造连接固定于基层上的装修做法。它具有耐久性好、装饰性强、容易清洗等优点。常用的贴面材料有花岗岩板、大理石板等天然石板和水磨石板、水刷石板、剁斧石板等人造石板；以及面砖、瓷砖、锦砖等陶瓷和玻璃制品。质地细腻，耐酸性差的各种大理石、瓷砖等一般适用于内墙面的装修，而质感粗糙、耐酸性好的材料，如面砖、锦砖、花岗岩板等适用于外墙装修。

1. 面砖、瓷砖饰面装修　面砖是以陶土为原料，经压制成型煅烧而成的饰面块，分挂釉和不挂釉、平滑和有一定纹理质感等不同类型，色彩和规格多种多样。面砖具有质地坚硬、防冻、耐腐蚀、色彩丰富等优点，常用规格有 113mm×77mm×17mm、145mm×113mm×17mm、233mm×113mm×17mm、265mm×113mm×17mm 等。瓷砖具有表面光滑、容易擦洗、美观耐用、吸水率低等特点，常用规格有 151mm×151mm×5mm、110mm×110mm×5mm 等，并配有各种边角制品。

外墙面砖的安装是先在墙体基层上以 15mm 厚 1:3 水泥砂浆打底，再以 5mm 厚 1:1 水泥砂浆粘贴面砖，见图 2-3-44a。粘贴时常于面砖之间留出宽约 10mm 的缝隙，让墙面有一定的透气性，有利于湿气的排除，也增加了墙面的美观。瓷砖安装亦采用 15mm 厚 1:3 水泥砂浆打底，用 8~10mm 厚 1:0.3:3 水泥石灰砂浆或 3mm 厚内掺 6%~10%107 胶的白水泥浆作粘结层，外贴瓷砖面层，见图 2-3-44b。

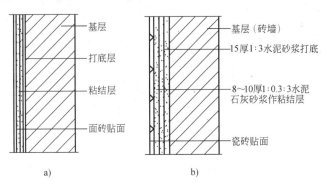

图 2-3-44　面砖、瓷砖粘贴构造

a）外墙面砖贴面　b）瓷砖贴面

2. 锦砖饰面装修　锦砖有陶瓷锦砖和玻璃锦砖之分。陶瓷锦砖是以优质陶土烧制成的小块瓷砖；玻璃锦砖是以玻璃为主要原料，加入外加剂，经高温熔化、压块、烧结、退火而成。由于锦砖尺寸较小，为便于粘贴，出厂前已按各种图案反贴在牛皮纸上。锦砖饰面具有质地坚硬、色调柔和典雅、性能稳定、不褪色和自重轻等特点。

锦砖饰面构造与粘贴面砖相似，所不同的是在粘贴前先在牛皮纸背面每块瓷片见的缝隙中抹以白水泥浆（加 5%107 胶），然后将纸面朝外粘贴于 1:1 水泥砂浆上，用木板压平，待砂浆结硬后，洗去牛皮纸即可。若发现个别瓷片不正的，可进行局部调整。

3. 天然石材、人造石板贴面

（1）天然石材墙面包括花岗石、大理石和碎拼大理石墙面等几种做法，它们具有强度高、结构致密、色彩丰富、不易被污染等优点。但由于施工复杂、价格较高等因素，多用于高级装修。花岗石主要用于外墙面，大理石主要用于内墙面。

花岗石纹理多呈斑点状，色彩有暗红、灰白等。根据加工方式的不同，从装饰质感上可分为磨光石、剁斧石、蘑菇石三种。花岗石质地坚硬，不易风化，能在各种气候条件下采用。大理石是一种变质岩，属于中硬石材，主要由方解石和白云石组成。大理石质地比较密实，抗压强度较高，可以锯成薄板，经过多次抛光打蜡加工，制成表面光滑的板材。大理石板和花岗石板有正方形和长方形两种。常见的尺寸有 600mm×600mm、600mm×800mm 和 800mm×1000mm，厚度为 20~25mm。亦可根据使用需要，加工成所需的各种规格。碎拼大理石是生产厂家裁割的边角废料，经过适当的分类加工而成。采用碎拼大理石可降低工程造价。

天然石材贴面装修构造通常采用拴挂法，即预先在墙面或柱面上固定钢筋网，再将石板用铜丝、不锈钢丝或镀锌铅丝穿过事先在石板上钻好的孔眼绑扎在钢筋网上。因此，固定石板的水平钢筋的间距应与石板高度尺寸一致。当石板就位并用木楔校正后，绑扎牢固，然后在石板与墙或柱之间浇注 30mm 厚 1:3 的水泥砂浆，见图 2-3-45。石材贴面有时也可采用连接件锚固法。

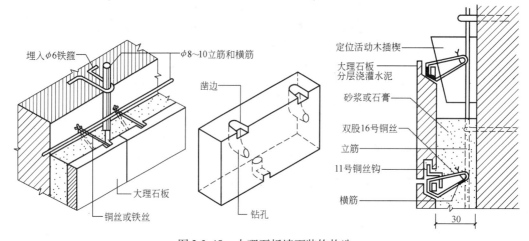

图 2-3-45　大理石板墙面装饰构造

（2）人造石材墙面　常见的有人造大理石、水磨石板等。其构造与天然石材相同，但不必在预制板上钻孔，而用预制板背面在生产时露出的钢筋将板用铅丝绑牢在墙面所设的钢筋网上即可，见图 2-3-46。当预制板为 8~12mm 厚的薄型板材，且尺寸在 300mm×300mm 以内时，可采用粘贴法，即在基层上用 10mm 厚 1:3 水泥砂浆打底，随后用 6mm 厚 1:2.5 水泥砂浆找平，然后用 2~3mm 厚 YJ—4 型粘结剂粘贴饰面材料。

3.6.2.4　涂料类墙面装修

涂料类墙面装修是将各种涂料喷刷于基层表面而形成牢固的保护膜，达到保护和装修墙面的目的。它具有省工、省料、工期短、工效高、自重轻、更新方便、造价低廉等优点，是一种最有发展前景的装修做法。实践中应根据建筑的使用功能、墙体所处环境、施工和经济条件等，尽量选择附着力强、无毒、耐久、耐污染、装饰效果好的涂料。

建筑涂料的种类很多，按其主要成膜物的不同可分为有机涂料和无机涂料两大类。

1. 无机涂料　无机涂料包括石灰浆、大白浆、水泥浆及各种无机高分子涂料等。

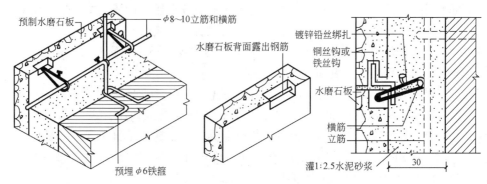

预制水磨石板　　　φ8～10立筋和横筋

水磨石板背面露出钢筋

镀锌铅丝绑扎

铜丝钩或铁丝钩

水磨石板

横筋
立筋

灌1:2.5水泥砂浆

30

预埋φ6铁箍

图 2-3-46　预制水磨石板装饰构造

石灰浆采用石灰膏加水拌和而成。根据需要可掺入颜料，为增强灰浆与基层的粘结力和耐久性，还可在石灰浆中加入食盐、107 胶或聚醋酸乙烯乳液等。石灰浆的耐久性、耐候性、耐水性以及耐污染性均较差，主要用于室内墙面。一般喷或刷两遍即成。

大白浆是由大白粉掺入适量胶料配制而成，亦可掺入颜料而成色浆。大白浆覆盖力强，涂层细腻洁白，价格低，施工和维修方便，多用于内墙饰面。一般喷或刷两遍即可。

2. 有机合成涂料　有机合成涂料依其稀释剂的不同可分为溶剂型涂料、水溶型涂料、乳胶涂料。

（1）常见的溶剂型涂料有苯乙烯内墙涂料、聚乙烯醇缩丁醛内外墙涂料、过氯乙烯内墙涂料、812 建筑涂料等。这类涂料用作墙面装修具有较好的耐水性和耐候性，但有机溶剂在施工时挥发出有害气体，污染环境，同时在潮湿的基层上施工会引起脱皮现象。

（2）常见的水溶型涂料有聚乙烯醇水玻璃内墙涂料、聚合物水泥砂浆饰面涂料、改性水玻璃内墙涂料、108 内墙涂料等。这类涂料价格低，无毒、无怪味，具有一定的透气性，在较潮湿的基层上亦可操作。

（3）常见的乳胶涂料有乙—丙乳胶涂料、苯—丙乳胶涂料、氯—偏乳胶涂料等。这类涂料无毒、无味，不易燃烧，耐水性及耐候性较好，具有一定的透气性，可在潮湿基层上施工，多用作外墙饰面。

3.6.2.5　裱糊类墙面装修

裱糊类墙面装修是将各类装饰性的墙纸、墙布等卷材类材料用粘结剂裱糊在墙面上的一种装修饰面。材料和花色品种繁多，主要有塑料壁纸、纸基涂塑壁纸、纸基织物壁纸、玻璃纤维印花墙布、无纺墙布等。裱糊类墙面仅适用于室内装修。

1. 墙纸　墙纸又称壁纸。墙纸的种类很多，依其构成材料和生产方式的不同主要有PVC 塑料墙纸、纺织物面墙纸、金属面墙纸、天然木纹面墙纸等四种。

（1）PVC 塑料墙纸由面层和衬底层组成。面层以聚氯乙烯塑料薄膜或发泡塑料为原料，经配色、喷花而成。发泡面层具有弹性，花纹起伏多变，立体感强，美观豪华。墙纸的衬底一般分纸基和布基两类。纸基加工简单，价格低，但抗拉性能较差；布基则有较高的抗拉能力，但价格较高。

（2）纺织物面墙纸是采用各种植物以及人造纤维等纺织物作为面料复合于纸质衬底而制成的墙纸。由于各种纺织面料质感细腻、古朴典雅，多用于较高级房间的装修。

（3）金属面墙纸采用铝箔、金粉、金银等原料制成各种花纹图案，并与用以衬托金属效果的漆面相间配制而成面层，然后将面层与纸质衬底复合压制而成墙纸。这种墙纸可形成多种图案，色彩艳丽，可耐酸，防油污，多用于高级房间的装修。

（4）天然木纹面墙纸采用名贵木材加工成极薄的木皮，贴于布质衬底上而制成的墙纸。它类似于胶合板，具有特殊的装饰效果。

2. 墙布　墙布是以纤维织物直接制成的墙面装饰材料，有玻璃纤维墙布及织锦等。

（1）玻璃纤维墙布采用玻璃纤维织物为基衬，表面涂合成树脂，经印花而成。这种墙布具有耐水、防火、抗拉力强、可以擦洗、价格低等优点，缺点是日久变黄并易泛色。

（2）织锦是将锦缎裱糊于墙面上形成一种装饰饰面。这种墙面颜色艳丽、色调柔和，但价格昂贵，仅用于少量的高级装修工程。

墙纸及墙布的裱贴主要是在抹灰基层上进行，因而要求基层应平整、致密，对不平的基层需用腻子刮平。

3.6.2.6　铺钉类墙面装修

铺钉类墙面装修是把天然木板或各种人造薄板铺钉或胶粘在墙体的龙骨上，形成装修层的做法。这种做法一般不需要对墙面抹灰，故属于干作业范畴，可节省人工，提高工效，一般适用于装修要求较高或有特殊使用功能的建筑中。铺钉类装修一般由骨架和面板两部分组成。

1. 骨架　骨架有木骨架和金属骨架之分。木骨架由墙筋和横档组成，通过预埋在墙上的木砖钉到墙体上。墙筋和横档方木断面常用 50mm×50mm 和 40mm×40mm，其间距视面板的尺寸规格而定，一般为 450~600mm。金属骨架中的墙筋多采用冷轧薄钢板制成槽形断面。为防止骨架与面板受潮而损坏，可先在墙体上刷热沥青一道再干铺油毡一层，也可在墙面上抹 10mm 厚混合砂浆并涂刷热沥青两道。

2. 面板　装饰面板多为人造板，如纸面石膏板、硬木条、胶合板、装饰吸声板、纤维板、彩色钢板及铝合金板等。

石膏板与金属骨架的连接可先钻孔后用自攻螺钉或镀锌螺钉固定，亦可采用粘结剂粘结，如图 2-3-47。石膏板与木质骨架的连接一般用圆钉或木螺钉固定，如图 2-3-48。金属板材与金属骨架的连接主要靠螺栓和铆钉固接。图 2-3-49 为铝合金板材墙面的安装构造。硬木条或硬木板装修是指将装饰性木条或凹凸型板竖直铺钉于墙筋或横档上，背面可衬以胶合板，使墙面产生凹凸感，其构造如图 2-3-50 所示。胶合板、纤维板多用圆钉与墙筋或横档固定。为保证面板有微量伸缩的可能，在钉面板时，板与板之间可留出 5~8mm 的缝隙。缝

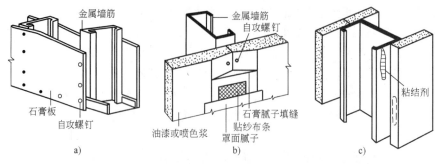

a)　　　　　　　　　　　　b)　　　　　　　　　　　　c)

图 2-3-47　石膏板与金属骨架的连接

a）石膏板与金属墙筋钉结　b）石膏板接缝构造　c）石膏板与金属墙筋粘结

隙可以是方形、三角形,对要求较高的装修可用木压条或金属压条嵌固,如图 2-3-51。

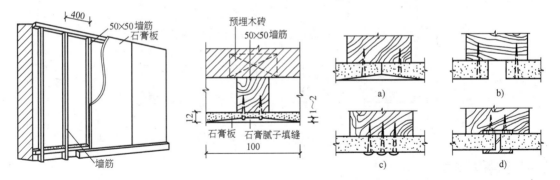

图 2-3-48　石膏板与木质骨架的连接

a) 拼留缝　b) 留凹缝　c) 钉金属压条　d) 嵌金属压条

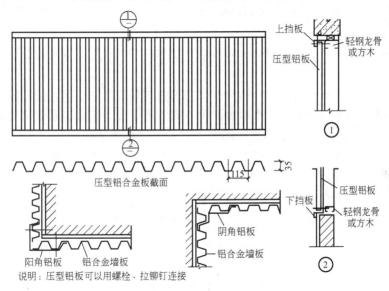

图 2-3-49　铝合金板材墙的安装

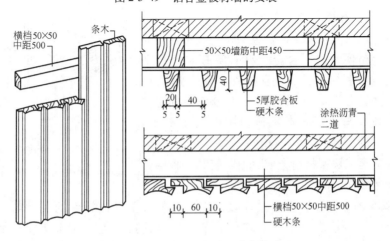

图 2-3-50　木质面板墙面装饰构造

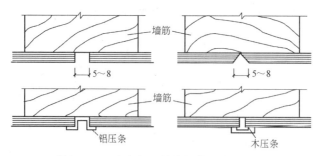

图 2-3-51　胶合板、纤维板等的接缝处理

3. 6. 2. 7　幕墙装修

幕墙悬挂在建筑物结构上，形成外围护墙的立面。幕墙是建筑物外围护墙的一种新的形式，形似挂幕，一般不承重，又称为悬挂墙。幕墙的特点是装饰效果好、质量轻、安装速度快，是外墙轻型化、装配化较理想的形式，因此在现代大型和高层建筑上得到广泛应用。

按照幕墙板材的不同，常见的有玻璃幕墙、金属幕墙、石材幕墙及轻质钢筋混凝土墙板幕墙等类型。

玻璃幕墙一般由三部分组成，即结构框架、填衬材料和幕墙玻璃。按照施工方法的不同可分为分件式玻璃幕墙和板块式玻璃幕墙两种。前者需要现场组合，后者只要在工厂预制后再到现场安装即可。由于其组合形式和构造方式的不同而做成框架外露系列或框架隐藏系列，即显框幕墙和隐框幕墙，还有用玻璃做肋的无框架系列。下面以分件式玻璃幕墙为例介绍玻璃幕墙的构造。

分件式玻璃幕墙是在施工现场将金属框架、玻璃、填充材料和内衬墙，以一定顺序进行组装。玻璃幕墙通过金属框架把自重和风荷载传递给主体结构，框架横档的跨度不能太大，否则要增设结构立柱。目前主要采用框架竖梃承力方式，竖梃一般支撑在楼板上，布置比较灵活。分件式组装，施工速度相对较慢，精度低，施工要求也低，如图2-3-52 所示。

1. 金属框料的断面　金属框料有铝合金、铜合金和不锈钢型材。现在大多采用铝合金型材，其特点是质轻、易加工、价格便宜。铝合金型材有实腹和空腹两种，通常采用空腹型材，不仅节省材料，而且刚度好。竖梃和横档根据受力状况、连接方式、玻璃安装固定位置和凝结水及雨水排除等因素来确定其断面形状。目前，各生产厂家的产品系列各不相同。为了便于安装，也可以由两块甚至三块型材组合成一根竖梃和一根横档来构成所需要的断面。

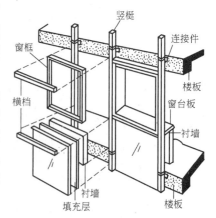

图 2-3-52　分件式玻璃幕墙示意图

2. 金属框料的连接　竖梃通过连接件固定在楼板上，连接件的设计与安装要考虑竖梃能在上下、左右、前后三个方向均可调节，所以连接件上的所有螺栓孔都设计成椭圆形的长孔。连接件可以置于楼板的上表面、侧面和下表面，由于操作方便，故一般情况

是将连接件安置于楼板的上表面。由于要考虑型材的热胀冷缩，每根竖梃不得长于建筑的层高，且每根竖梃只固定在上层楼板上，上下层竖梃之间通过一个内衬套管连接，两段竖梃之间还必须留 15～20mm 的伸缩缝，并用密封胶堵严。竖梃与横档可通过角形铝铸件连接，如图 2-3-53。

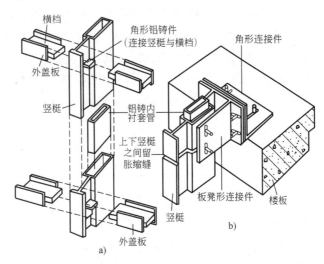

图 2-3-53　幕墙铝框连接构造
a) 竖梃与横档的连接　b) 竖梃与楼板的连接

3. 玻璃的选择　玻璃幕墙的玻璃作为建筑外的围护材料，应选择热工性能良好、抗冲击能力强的特种玻璃，通常有钢化玻璃、吸热玻璃、镜面玻璃和中空玻璃等。

4. 玻璃的镶嵌　玻璃镶嵌在金属框上，必须考虑接缝处的防水密闭、玻璃的热胀冷缩问题。要解决这些问题，通常在玻璃与金属框接触的部位设置密封条、密封衬垫和定位垫块，如图 2-3-54 所示。密封条有现注式和成型式两种。现注式接缝严密，密封性好，采用较广；成型式密封条是在工厂挤压成型的，在幕墙玻璃安装时嵌入边框的槽内，施工方便。目前采用的密封条材料有硅酮橡胶和聚硫橡胶。密封衬垫通常只是在现注式密封条注前安置的，目的在于给现注式密封条定位，使密封条不至于注

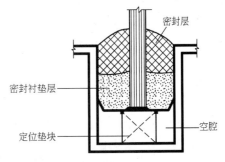

图 2-3-54　玻璃安装

满整个金属框内的空腔。密封衬垫一般采用富有弹性的聚氯乙烯条。定位垫块是安装在金属框内支撑玻璃的，使玻璃与金属框之间具有一定的间隙，调节玻璃的热胀冷缩，同时垫块两边形成了空腔，空腔可防止挤入缝内的雨水因毛细现象进入室内。

小　结

1. 墙体是建筑物的重要组成部分，它在建筑中的位置不同，功能、作用和设计要求也不同。墙体应具有足够的强度和稳定性，满足保温、隔热、隔声、防火等方面的要求，并适

应工业化生产的要求。

2. 墙体按受力情况分承重墙和非承重墙，非承重墙包括自承重墙和框架填充墙、隔墙、幕墙。墙体的承重结构方案有横墙承重、纵墙承重、纵横墙混合承重及墙与柱混合承重方案。

3. 墙体的构造有常用砖墙的构造和框架结构的砌块墙构造。实心墙体的组砌方式有一顺一丁式、多顺一丁式、同层一顺一丁式和两平一侧式。墙体的局部构造主要包括勒脚、墙身防潮层、散水、排水沟、窗台、门窗过梁、圈梁、构造柱等内容。

4. 隔墙是建筑物中不承重而只起分隔室内空间作用的墙体。隔墙应具有质量轻、厚度薄、隔声、便于安装等特点，常用的隔墙有砖隔墙、砌块隔墙、板条灰隔墙、加气混凝土条板隔墙等。

5. 墙面装修是墙体构造的重要组成部分，常见的墙面装修类型有抹灰类、贴面类、涂料类、裱糊类、铺钉类和幕墙类等。

思 考 题

1. 建筑砂浆按所用的胶凝材料不同分为哪些类别？简述其适用范围。

2. 砖墙的尺度包括哪些内容？确定砖墙基本尺寸应考虑哪些因素？

3. 实砌砖墙、空斗砖墙有哪些组砌方式？其构造特点如何？

4. 试述隔墙的种类。

5. 墙身防潮层有哪几种做法？

6. 勒脚、散水、排水沟的作用有哪些？简述其各自的构造做法。

7. 何谓门窗过梁？试述过梁的作用及种类。

8. 砖砌体房屋墙体的防震措施通常有哪些？

9. 何谓圈梁？试述圈梁的作用。

10. 简述圈梁的设置位置和构造方法。

11. 试述幕墙的类型及幕墙的特点。

12. 为了使构造柱与墙体连接牢固，应从构造方面和施工方面采取什么措施？

13. 为什么要提倡砌块建筑？对小型砌块墙体的构造有哪些要求？

14. 墙面装修有哪些做法？各举一例说明各类墙面装修的优缺点。

习 题

1. 写出图 2-3-55 中注号墙体的名称。

① _____ ② _____ ③ _____ ④ _____

⑤ _____ ⑥ _____ ⑦ _____ ⑧ _____

2. 为了使构造柱与墙体连接牢固，应从构造方面和施工方面采取什么措施？

3. 画一块普通砖并注上它的规格尺寸，然后按砖的尺寸要求写出 1.5m 以内各个墙段和洞口的构造尺寸。

4. 勒脚、散水、明沟的主要作用是什么？各绘出 1~2 种构造做法示意图。

5. 为什么要提倡砌块建筑？对小型砌块墙体的构造有哪些要求？

6. 为什么要对墙面装修？各举一例说明抹灰、贴面、涂刷和裱糊类墙面装修的构造层次及其优缺点。

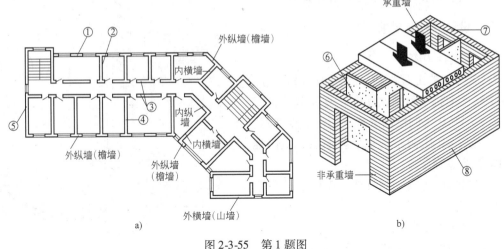

图 2-3-55　第 1 题图

设计作业一　外墙身节点设计作业指导

一、设计目的

通过本设计，了解墙身从明沟到楼面各主要部位的节点构造，在制图课的基础上进一步训练绘制和识读施工图的能力。

二、已知条件

（一）模型图

图 2-3-56 为外墙身模型图，图中包括了从明沟到楼面的各主要节点部位。

（二）工程材料、做法和尺寸

1. 层高 3000mm，室内外地坪高差 300mm，基础埋置深度 800mm。

2. 基础垫层为 C10 素混凝土，100mm 厚，820mm 宽；砖基础，等高退台，大放脚底宽 620mm，基础墙厚 240mm，防潮层为防水砂浆 30mm 厚，顶面标高 -0.060m。

3. 墙身厚 240mm，窗台高 1000mm，窗高 1800mm，过梁高 180mm。

4. 独立窗套，挑沿宽 60mm，厚 60mm，抹水泥砂浆刷涂料，内窗台为水泥砂浆面，木制窗，单层玻璃外开。

5. 地面为素土夯实、3:7 灰土 100mm 厚、C10 素混凝土 60mm 厚、现浇水磨石面层及找平层共 30mm 厚，水磨石踢脚高 120mm。

6. 楼板层为板底抹纸筋灰 15mm 厚、预制空心板 120mm 厚，找平层和水磨石面层共 60mm 厚，水磨石踢脚 120mm 高。

7. 内墙面为纸筋灰面 20mm 厚。

8. 外墙面为贴面砖。

9. 明沟为素土夯实、C10 素混凝土 100mm 厚、720mm 宽，砖砌沟壁，壁厚分别为 240mm 和 120mm，高 250mm，顶部高于室外地坪 60mm，沟顶、沟内壁抹 1:2.5 水泥砂浆

20mm 厚，沟底抹 1∶2.5 水泥砂浆并找坡 1%。

三、设计内容及要求

（一）设计内容

1. 按已知的工程材料、构造做法和尺寸，用 1∶100 比例将模型图设计成外墙身详图。

2. 按 1∶20 比例绘制散水、明沟节点详图。

3. 按 1∶20 比例绘制水平防潮层、室内地面和踢脚节点详图。

4. 按 1∶20 比例绘制过梁、圈梁与楼板节点详图。

（二）设计要求

1. 用 2 号图纸（横式）一张，铅笔绘制。

2. 绘出定位轴线及编号圆圈。

3. 绘出砖砌墙身、勒脚构造和内外装修厚度，并绘出其不同材料的图例。

4. 按制图标准用多层构造引出线标注散水、明沟、室内外地面等部位材料、做法与厚度。

5. 画出楼板、楼层地面、顶棚、并用多层构造引出线标注各层厚度、材料和做法，标注楼面标高。

6. 未尽事宜自行设计。

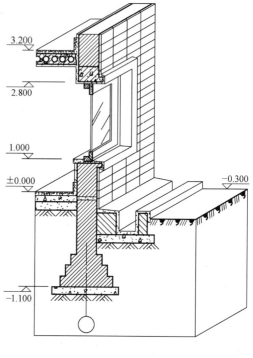

图 2-3-56

第4章 楼板层与地坪层

学习目标要求

1. 掌握楼面的分类。
2. 掌握钢筋混凝土楼板的构造要求。
3. 掌握楼地面的构造组成及做法。
4. 掌握顶棚的类型及构造做法等。
5. 掌握阳台的构造。
6. 掌握防水、防潮、隔声构造。

学习重点与难点

本章重点是：现浇钢筋混凝土楼板中板式楼板和梁板式楼板的构造要求以及预制装配式钢筋混凝土楼板的布置与细部构造，楼地面的构造组成及做法，楼板层的防水构造，顶棚的类型及构造做法等。

4.1 楼板层的作用、类型、组成及设计要求

4.1.1 楼板层与地坪层的作用

楼板层与地坪层是建筑空间的水平分隔构件，同时又是建筑结构的承重构件，一方面承受自重和楼板层上的全部荷载，并合理有序地把荷载传给墙和柱，增强房屋的刚度和整体稳定性。另一方面对墙体起水平支撑作用，以减少风和地震产生的水平力对墙体的影响，增加建筑物的整体刚度；此外，楼地层还具备一定的防火、隔声、防水、防潮等能力，并具有一定的装饰和保温作用。

4.1.2 楼板层的类型

楼板层按结构层所用材料的不同，可分为木楼板、砖拱楼板、钢筋混凝土楼板、钢楼板及压型钢板与混凝土组合楼板等，如图2-4-1所示。

1. 木楼板 木楼板是在木搁栅之间设置剪刀撑，形成有足够整体性和稳定性的骨架，并在木搁栅上下铺钉木板所形成的楼板，如图2-4-1a。这种楼板构造简单，自重轻，热导率小，但耐久性和耐火性差，耗费木材量大，除木材产区外较少采用。

2. 钢筋混凝土楼板 钢筋混凝土楼板的强度高、刚度大、耐久性和耐火性好，具有良好的耐久、防火和可塑性，便于工业化生产，是目前应用最广泛的楼板类型，如图2-4-1b。

3. 钢楼板 钢楼板自重轻、强度高、整体性好、易连接、施工方便、便于建筑工业化，但用钢量大、造价高、易腐蚀、维护费用高、耐火性比钢筋混凝土差。一般用于工业类

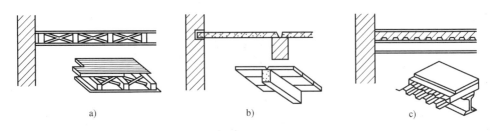

图 2-4-1 楼板的类型

a）木楼板 b）钢筋混凝土楼板 c）压型钢板组合楼板

建筑。

4. 压型钢板组合楼板 组合楼板是利用压型钢板做衬板与混凝土浇注在一起支承在钢梁上构成，刚度大、整体性好、可简化施工程序，需经常维护，如图 2-4-1c。

4.1.3 楼板层与地坪层的组成

楼板层通常由面层、结构层、顶棚及附加层组成，各层所起的作用各不相同，如图 2-4-2a、b所示。

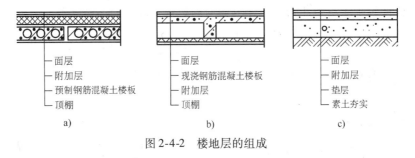

图 2-4-2 楼地层的组成

1. 面层 又称楼面或地面，位于楼板层的最上层。起着保护楼板层、承受并传递荷载的作用，同时又对室内起美化装饰作用。根据使用要求和选用材料的不同，可有多种做法。

2. 结构层 又称楼板，是楼板层的承重构件，一般包括梁和板，主要功能是承受楼板层上的全部荷载，并将荷载传给墙和柱，同时对墙身起支撑作用，以加强建筑物的刚度和整体性。

3. 顶棚 又称天花板，位于楼板层的最下层。主要作用是保护楼板、安装灯具、遮掩各种水平管线设备、改善室内光照条件、装饰美化室内空间，在构造上有直接抹灰顶棚、粘贴类顶棚和吊顶等多种形式。

4. 附加层 又称功能层，根据使用功能的不同而设置，用以满足保温、隔声、隔热、防水、防潮、防腐蚀、防静电等作用。

地坪层是由建筑物底层与土壤相接触的构件，和楼板一样，它承受着地坪上的荷载，并均匀地传给地基。

地坪是由面层、结构层、垫层和素土夯实层构成，根据需要还可以设各种附加构造层，如找平层、结合层、防潮层、保温层、管道敷设层等，如图 2-4-2c 所示。

4.1.4 楼板层的设计要求

楼板层的设计应满足建筑的使用、结构、施工以及经济等多方面的要求:

1. 楼板层应具有足够的强度和刚度 楼板层必须具有足够的强度和刚度才能保证楼板正常和安全使用。足够的强度是指楼板能够承受自重和不同的使用要求下的使用荷载(如人群、家具设备等,也称活荷载)而不损坏。自重是楼板层构件材料的净重,其大小也将影响墙、柱、墩、基础等支承部分的尺寸。足够的刚度使楼板在一定的荷载作用下,不发生超过规定的形变挠度,以及人走动和重力作用下不发生显著的振动,否则就会使面层材料以及其他构配件损坏,产生裂缝等。刚度用相对挠度来衡量,即绝对挠度与跨度的比值。

楼板层是在整体结构中保证房屋总体强度、刚度和稳定性的构件之一,对房屋起稳定作用。比如:在框架建筑中,楼板是保证全部结构在水平方向不变形的水平支承构件;在砖混结构建筑中,当横向隔墙间距较大时,楼板构件也可以使外墙承受的水平风力传至横向隔墙上,以增加房屋的稳定性。

2. 满足隔声要求 为了防止噪声通过楼板传到上下相邻的房间,影响其使用,楼板层应具有一定的隔声能力。不同使用要求的房间对隔声的要求不同,如居住建筑因为量大面广,所以必须考虑经济条件,我国对住宅楼板的隔声标准中规定:一级隔声标准为65dB,二级隔声标准为75dB等。对一些有特殊使用要求的公共建筑使用空间,如医院、广播室、录音室等,则有着更高的隔声要求。

楼板的隔声包括隔绝空气传声和固体传声两方面,后者更为重要。空气传声如说话声及演奏乐器的声音都是通过空气来传播的。隔绝空气传声应采取使楼板无裂缝、无孔洞及增加楼板层的重度等措施。

3. 满足热工、防火、防潮等要求 在冬季采暖建筑中,假如上下两层温度不同,应在楼板层构造中设置保温材料,尽可能使采暖方面减少热损失,并应使构件表面的温度与房间的温度相差不超过规定数值。在不采暖的建筑中如起居室、卧室等房间,从满足人们卫生和舒适出发,楼面铺设材料亦不宜采用蓄热系数过小的材料,如红砖、石块、锦砖、水磨石等,因为这些材料在冬季容易传导人们足部的热量而使人缺乏舒适感。

采暖建筑中楼板等构件搁入外墙部分应具备足够的热阻,或可以设置保温材料提高该部分的隔热性能;否则热量可能通过此处散失,而且易产生凝结水,影响卫生及构件的寿命。

从防火和安全角度考虑,一般楼板层承重构件,应尽量采用耐火与半耐火材料制造。如果局部采用可燃材料时,应作防火特殊处理;木构件除了防火以外,还应注意防腐、防蛀。

潮湿的房间如卫生间、厨房等应要求楼板层有不透水性。除了支承构件采用钢筋混凝土以外,还可以设置有防水性能,易于清洁的各种铺面,如面砖、水磨石等。与防潮要求较高的房间上下相邻时,还应对楼板层作特殊处理。

4. 经济方面的要求 在多层房屋中,楼板层的造价一般约占建筑造价的20%~30%,因此,楼板层的设计应力求经济合理。应尽量就地取材和提高装配化的程度,在进行结构布置和确定构造方案时,应与建筑物的质量标准和房间的使用要求相适应,并须结合施工要求,避免不切合实际而造成浪费。

5. 建筑工业化的要求 在多层或高层建筑中,楼板结构占相当大的比重,要求在楼板层设计时,应尽量考虑减轻自重和减少材料的消耗,并为建筑工业化创造条件,以加快建设速度。

4.2　钢筋混凝土楼板

钢筋混凝土楼板按其施工方式不同分为现浇式、预制装配式和装配整体式三种类型。

现浇式钢筋混凝土楼板系指在施工现场通过支模、绑扎钢筋、整体浇筑混凝土及养护等工序而成型的楼板。这种楼板具有整体性好、刚度大、利于抗震、梁板布置灵活等特点，但其模板耗材大，施工进度慢，施工受季节限制。适用于地震区及平面形状不规则或防水要求较高的房间。

预制式钢筋混凝土楼板系指在构件预制厂或施工现场预先制作，然后在施工现场装配而成的楼板。这种楼板可节省模板、改善劳动条件、提高生产效率、加快施工速度并利于推广建筑工业化，但楼板的整体性差。适用于非地震区、平面形状较规整的房间。

装配整体式钢筋混凝土楼板系指预制构件与现浇混凝土面层叠合而成的楼板。它既可节省模板、提高其整体性，又可加快施工速度，但其施工较复杂。目前多用于住宅、宾馆、学校、办公楼等大量性建筑中。

4.2.1　现浇钢筋混凝土楼板

现浇式钢筋混凝土楼板是在施工现场通过支模、绑扎钢筋、浇筑混凝土及养护等工序所形成的楼板。这种楼板具有能够自由成型、整体性强、抗震性能好的优点，但模板用量大、工序多、工期长、工人劳动强度大，并且施工受季节影响较大。

现浇式钢筋混凝土楼板根据受力和传力情况分为板式、梁板式、井字梁楼板、无梁楼板和压型钢板组合楼板。

1. 板式楼板　楼板内不设置梁，将板直接搁置在墙上的楼板称为板式楼板。板式楼板有单向板与双向板之分，如图 2-4-3。当板的长边与短边之比大于 2 时，板基本上沿短边方向传递荷载，这种板称为单向板，板内受力钢筋沿短边方向设置。单向板的代号如 B/80，

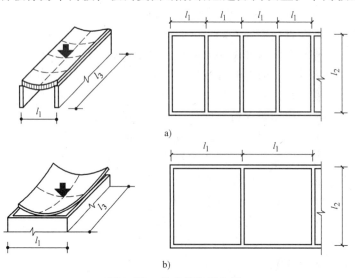

图 2-4-3　单向板和双向板

a）单向板（$l_2/l_1 > 2$）　b）双向板（$l_2/l_1 \leqslant 2$）

其中 B 代表板，80 代表板厚为 80mm。双向板长边与短边之比不大于 2，荷载沿双向传递，短边方向内力较大，长边方向内力较小，受力主筋平行于短边，并摆在下面。双向板的代号如图 2-4-3 所示，B 代表板，100 代表厚度为 100mm，双向箭头表示双向板。板厚的确定原则与单向板相同。

板式楼板底面平整、美观、施工方便。适用于小跨度房间，如走廊、厕所和厨房等。

2. 梁板式楼板 当跨度较大时，常在板下设梁以减小板的跨度，使楼板结构更经济合理，楼板上的荷载先由板传给梁，再由梁传给墙或柱。这种楼板称为梁板式楼板或梁式楼板，也称为肋形楼板，如图 2-4-4 所示。梁板式楼板中的梁有主梁、次梁之分，次梁与主梁一般垂直相交，板搁置在次梁上，次梁搁置在主梁上，主梁搁置在墙或柱上，主梁可沿房间的纵向或横向布置。

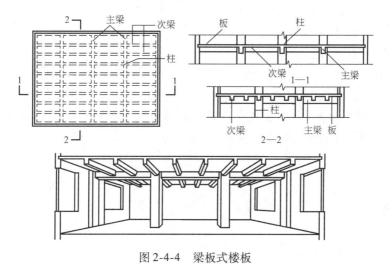

图 2-4-4 梁板式楼板

当梁支承在墙上时，为避免墙体局部压坏，支承处应有一定的支承面积，一般情况下，次梁在墙上的支承长度宜采用 240mm，主梁宜采用 370mm。

3. 井式梁楼板 井式梁楼板是肋形楼板的一种特殊形式。当房间尺寸较大，并接近正方形时，常沿两个方向布置等距离、等截面高度的梁，板为双向板，形成井格形的梁板结构，纵梁和横梁同时承担着由板传递下来的荷载。井式楼板的跨度一般为 6～10m，板厚为 70～80mm，井格边长一般在 2.5m 之内。井式楼板有正井式和斜井式两种。梁与墙之间成正交梁系的为正井式，如图 2-4-5a；长方形房间梁与墙之间常作斜向布置形成斜井式，如图

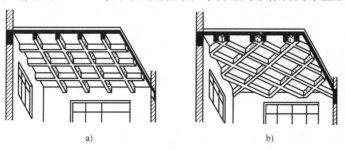

图 2-4-5 井式楼板
a) 正井式 b) 斜井式

2-4-5b。井式楼板常用于跨度为 10m 左右、长短边之比小于 1.5 的公共建筑的门厅、大厅。如果在井格梁下面加以艺术装饰处理，抹上腰线或绘上彩画，则可使顶棚更加美观。

4. 无梁楼板　无梁楼板是在楼板跨中设置柱子来减小板跨，不设梁的楼板，如图 2-4-6。在柱与楼板连接处，柱顶构造分为有柱帽和无柱帽两种。当楼面荷载较小时，采用无柱帽的形式；当楼面荷载较大时，为提高板的承载能力、刚度和抗冲切能力，可以在柱顶设置柱帽和托板来减小板跨、增加柱对板的支托面积。无梁楼板的柱间距宜为 6m，成方形布置。由于板的跨度较大，故板厚不宜小于 150mm，一般为 160~200mm。

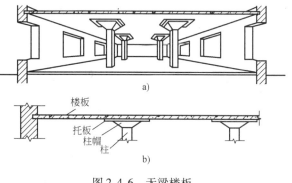

图 2-4-6　无梁楼板

a）直观图　b）投影图

无梁楼板的板底平整，室内净空高度大，采光、通风条件好，便于采用工业化的施工方式，适用于楼面荷载较大的公共建筑（如商店、仓库、展览馆等）和多层工业厂房。

5. 压型钢板组合楼板　压型钢板组合楼板的基本构造形式，见图 2-4-7。它是由钢梁、压型钢板和现浇钢筋混凝土三部分组成。

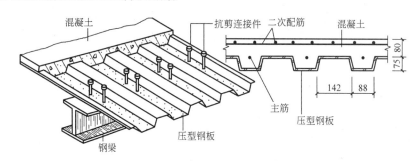

图 2-4-7　压型钢板组合楼板

压型钢板组合楼板的整体连接是由栓钉（又称抗剪螺钉）将钢筋混凝土、压型钢板和钢梁组合成整体。栓钉是组合楼板的抗剪连接件，楼面的水平荷载通过它传递到梁、柱上，所以又称剪力螺栓，其规格和数量是按楼板与钢梁连接的剪力大小确定的。栓钉应与钢梁焊接。

压型钢板的跨度一般为 2~3m，铺设在钢梁上，与钢梁之间用栓钉连接。上面浇筑的混凝土厚 100~150mm。压型钢板组合楼板中的压型钢板承受施工时的荷载，是板底的受拉钢筋，也是楼板的永久性模板。这种楼板简化了施工程序，加快了施工进度，并且具有较强的承载力、刚度和整体稳定性，但耗钢量较大，适用于多、高层的框架或框剪结构建筑中。

使用压型钢板组合楼板应注意的问题：

（1）有腐蚀的环境中应避免应用；

（2）应避免压型钢板长期暴露，以防钢板和梁生锈，破坏结构的连接性能；

（3）在动荷载作用下，应仔细考虑其细部设计，并注意保持结构组合作用的完整性和共振问题。

4.2.2 预制装配式钢筋混凝土楼板

预制装配式钢筋混凝土楼板，是将楼板的梁、板预制成各种形式和规格的构件，在现场装配而成。

1. 预制装配式钢筋混凝土楼板的类型

（1）实心板平板：实心平板上下板面平整，制作简单，但自重较大，隔声效果差。宜用于跨度小的走廊板、楼梯平台板、阳台板、管沟盖板等处。板的两端支承在墙或梁上，板厚一般为 50～80mm，跨度在 2.4m 以内为宜，板宽约为 500～900mm。由于构件小，对起吊机械要求不高，如图 2-4-8。

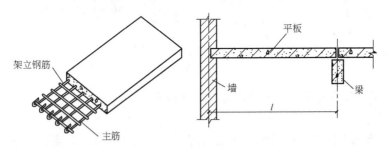

图 2-4-8　实心板平板

（2）空心板：根据板的受力情况，结合考虑隔声的要求，并使板面上下平整。可将预制板抽孔做成空心板。空心板的孔洞有矩形、方形、圆形、椭圆形等。矩形孔较为经济但抽孔困难，圆形孔的板刚度较好，制作也较方便，因此使用较广。根据板的宽度，孔数有单孔、双孔、三孔、多孔。目前我国预应力空心板的跨度尺寸可达到 6m、6.6m、7.2m 等。板的厚度为 120～300mm。空心板的优点是节省材料、隔声隔热性能较好，缺点是板面不能任意打洞。目前以圆孔板的制作最为方便，应用最广，如图 2-4-9。

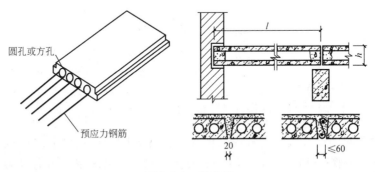

图 2-4-9　空心板

（3）槽形板：当板的跨度尺寸较大时，为了减轻板的自重，根据板的受力状况，可将板做成由肋和板构成的槽形板。板长为 3～6m 的非预应力槽形板，板肋高为 120～240mm，板的厚度仅 30mm。槽形板减轻了板的自重，具有省材料、便于在板上开洞等优点，但隔声效果差。当槽形板正放（肋朝下）时，板底不平整。槽形板倒放（肋向上）时，需在板上进行构造处理，使其平整。槽内可填轻质材料起保温、隔声作用。槽形板正放常用作厨房、卫生间、库房等楼板。当对楼板有保温、隔声要求时，可考虑采用倒放槽形板，如图 2-4-10。

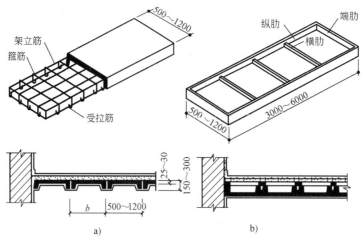

图 2-4-10　槽形板示意图

2. 预制装配式钢筋混凝土楼板的布置与细部构造

（1）板的布置

1）对建筑方案进行楼板布置时，首先应根据房间的使用要求确定板的种类，再根据开间与进深尺寸确定楼板的支承方式，然后根据现有板的规格进行合理的安排。板的支承方式有板式和梁板式，预制板直接搁置在墙上的称板式布置，若预制楼板支承在梁上，梁再搁置在墙上的称为梁板式布置，如图 2-4-11。在确定板的规格时，应首选以房间的短边长度作为板跨。一般要求板的规格、类型愈少愈好。

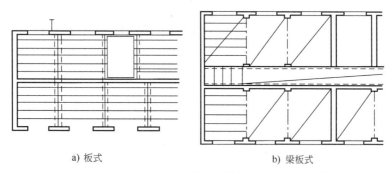

图 2-4-11　预制板的结构布置

2）板在梁上的搁置方式。当采用梁板式支承方式时，板在梁上的搁置方案一般有两种，一种是板直接搁在梁顶上，如图 2-4-12a；另一种是将板搁置在花篮梁或十字形梁两翼梁肩上，如图 2-4-12b，板面与梁顶相平，当梁高不变的情况下，这种方式相应地提高了室内净空高度。但这时在选用预制板的规格时应注意，它的搁置长度不能按梁中线计算，而是要减去梁顶宽度。

（2）板的细部构造

1）板缝处理。为了便于板的安装铺设，板与板之间常留有 10～20mm 的缝隙。为了加强板的整体性，板缝内须灌入细石混凝土，并要求灌缝密实，避免在板缝处出现裂缝而影响楼板的使用和美观。板的侧缝构造一般有三种形式：V 形缝、U 形缝和凹槽缝，如

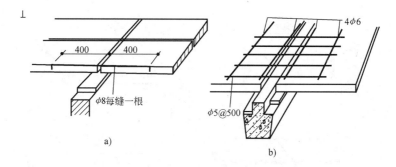

图 2-4-12　板在梁上的搁置

a）板直接搁置在矩形或 T 形梁上　　b）板搁在花篮或十字形梁肩上

图 2-4-13。

V 形板缝与 U 形板缝构造简单，便于灌缝，所以应用较广，凹形板缝有利于加强楼板的整体刚度，板缝能起到传递荷载的作用，使相邻板能共同工作，但施工较麻烦。

2）板缝差的调整与处理。板的排列受到板宽规格的限制，因此，排板的结果常出现较大的缝隙。根据排板数量和缝隙的大小，可考虑采用调整板缝的方式解决。当板缝宽在 30mm 时，用细

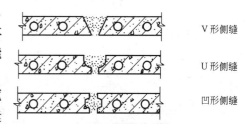

图 2-4-13　板的侧缝构造

石混凝土灌实即可。当板缝宽达 50mm 时，常在缝中配置钢筋再灌以细石混凝土，如图 2-4-14a、b。也可以将板缝调至靠墙处，当缝宽 ≤120mm 时，可沿墙挑砖填缝，当缝宽 ≥120mm 时，采用钢筋骨架现浇板带处理，如图 2-4-14c、d。

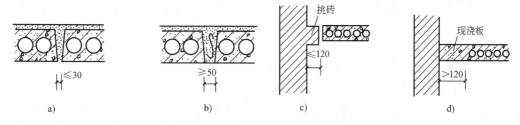

图 2-4-14　板缝及板缝差的处理

a）缝宽 <50mm 时用水泥砂浆或细石混凝土灌缝　　b）缝宽 ≥50mm 需配筋灌缝

c）缝宽 ≤120mm 时可沿墙挑砖处理　　d）缝宽 ≥200mm 时用现浇板填补

3）板的锚固。为增强建筑物的整体刚度，特别是处于地基条件较差地段或地震区，应在板与墙及板端与板端连接处设置锚固钢筋，如图 2-4-15 所示。

4）楼板与隔墙。隔墙若为轻质材料时，可直接立于楼板之上。如果采用自重较大的材料，如粘土砖等作隔墙，则不宜将隔墙直接搁置在楼板上，特别应避免将隔墙的荷载集中在一块楼板上。对有小梁搁置的楼板或槽形板，通常将隔墙搁置在小梁上或槽形板的边肋上，如果是空心板作楼板，可在隔墙下作现浇板带或设置预制梁解决，如图2-4-16所示。

5）板的面层处理。由于预制构件的尺寸误差或施工上的原因造成板面不平，需做找平层，通常采用 20~30mm 厚水泥砂浆或 30~40mm 厚的细石混凝土找平，然后再做面层，电线

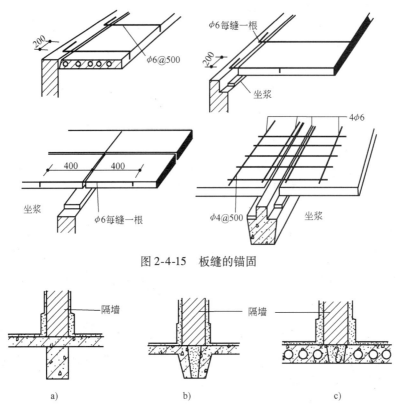

图 2-4-15　板缝的锚固

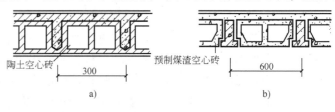

图 2-4-16　隔墙的楼板的关系

a）隔墙支承在梁上　b）隔墙支承在纵筋上　c）板缝配筋

管等小口径管线可以直接埋在整浇层内。装修标准较低的建筑物，可直接将水泥砂浆找平层或细石混凝土整浇层表面抹光，即可作为楼面，如果要求较高，则须在找平层上另做面层。

4.2.3　装配整体式钢筋混凝土楼板

装配整体式钢筋混凝土楼板是先预制部分构件，然后在现场安装，再以整体浇筑方法连成一体的楼板。它克服了现浇板消耗模板量大、预制板整体性差的缺点，整合了现浇式楼板整体性好和装配式楼板施工简单、工期短的优点。装配整体式钢筋混凝土楼板按结构及构造方式可分为密肋填充块楼板和预制薄板叠合楼板。

1. 密肋填充块楼板　密肋填充块楼板的密肋小梁有现浇和预制两种。现浇密肋填充块楼板是以陶土空心砖、矿渣混凝土实心块等作为肋间填充块来现浇密肋和面板而成。预制小梁填充块楼板是在预制小梁之间填充陶土空心砖、矿渣混凝土实心块、煤渣空心块，然后现浇面层而成。密肋填充块楼板板底平整，有较好的隔声、保温、隔热效果，在施工中空心砖还可起到模板作用，也有利于管道的敷设。此种楼板常用于学校、住宅、医院等建筑中，如图2-4-17。

图 2-4-17　密肋楼板

2. 预制薄板叠合楼板 预制薄板叠合楼板是由预制薄板和现浇钢筋混凝土层叠合而成的装配整体式楼板。预制板既是叠合楼板结构的组成部分，又是现浇钢筋混凝土叠合层的永久性模板，现浇叠合层内可敷设水平管线。预制板底面平整，可直接喷涂或粘贴其他装饰材料做顶棚。

为了保证预制薄板与叠合层有较好的连接，薄板上表面需做处理。如将薄板表面作刻槽处理、板面露出较规则的三角形结合钢筋等。预制薄板跨度一般为 2.4～6m，最大可达到 9m，板宽为 1.1～1.8m，板厚通常不小于 50mm。现浇叠合层厚度一般为 100～120mm，以大于或等于薄板厚度的两倍为宜。叠合楼板的总厚度一般为 150～250mm。叠合楼板的预制部分，也可采用普通的钢筋混凝土空心板，只是现浇叠合层的厚度较薄，一般为 30～50mm，如图 2-4-18。

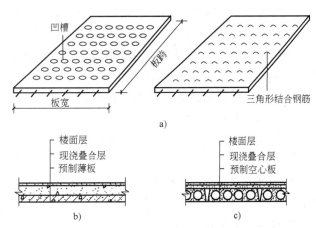

图 2-4-18　预制薄板叠合楼板

a) 预制薄板的板面处理　b) 预制薄板叠合楼板　c) 预制空心板叠合楼板

4.3 楼地面构造

4.3.1 地面的构造组成

楼地面构造是指楼板层和地坪层的地面面层。楼板层的面层和地坪的面层在构造和要求上是一致的，均属室内装修范畴，统称地面。其基本组成有面层、垫层和基层三部分，如图 2-4-19。当有特殊要求时，常在面层和垫层之间增设附加层。地坪层的面层和附加层与楼板层类似。基层为地坪层的承重层，一般为土壤。可采用原土夯实或素土分层夯实，当荷载较大时，则需进行换土或加入碎砖、砾石等并夯实，以增加其承载能力。

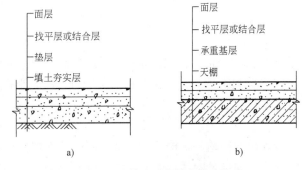

图 2-4-19　楼地面的基本构造组成

a) 底层地面的组成　b) 楼层地面的组成

（1）素土夯实层是地坪的基层，也称地基。素土即为不含杂质的砂质粘土，经夯实后，才能承受垫层传下来的地面荷载。

（2）垫层是面层和基层之间的填充层，是承受并传递荷载给基层的结构层，有刚性垫层和非刚性垫层之分。刚性垫层用于地面要求较高及薄而脆的面层，如水磨石地面、瓷砖地面、大理石地面等，常用低标号混凝土，一般采用 C15 混凝土，其厚度为 80～100mm；非刚性垫层常用于厚而不易断裂的面层，如混凝土地面、水泥制品块状地面等，可用50mm厚砂垫层、80～100mm厚碎石灌浆、70～120mm厚三合土等。

（3）面层应坚固耐磨、表面平整、光洁、易清洁、不起尘。面层材料的选择与室内装修的要求有关。

（4）附加层，又称为功能层。根据使用要求和构造要求，主要设置管道敷设层、隔声层、防水层、找平层、隔热层、保温层等附加层，它们可以满足人们对现代化建筑的要求。

1. 对地面的要求 地面是人们日常工作、生活和生产时，必须接触的部分，也是建筑物直接承受荷载，经常受到摩擦、清扫和冲洗的部分，因此，它应具备下列功能要求。

（1）具有足够的坚固性，即要求在各种外力作用下不易被磨损、破坏，且要求表面平整、光洁、不起灰和易清洁。

（2）保温性能好。作为人们经常接触的地面，应给人们以温暖舒适的感觉，保证寒冷季节脚部舒适。

（3）满足隔声要求。隔声要求主要针对楼地面。可通过选择楼地面垫层的厚度与材料类型来达到要求。

（4）具有一定的弹性。当人们行走时不致有过硬的感觉，同时有弹性的地面有利于减轻撞击声。

（5）美观要求。地面是建筑内部空间的重要组成部分，应具有与建筑功能相适应的外观形象。

（6）其他要求。对经常有水的房间，地面应防潮、防水；对有火灾隐患的房间，应防火、耐燃烧；有酸碱等腐蚀性介质作用的房间，则要求具有耐腐蚀的能力等。

选择适宜的面层和附加层，从构造设计到施工，确保地面具有坚固、耐磨、平整、不起灰、易清洁、有弹性、防火、防水、防潮、保温、防腐蚀等特点。

2. 地面的类型 地面的名称通常依据面层所用材料来命名。按材料的不同，常见地面可分为以下几类：

（1）整体类地面，包括水泥砂浆、细石混凝土、水磨石及菱苦土地面等。

（2）块状类地面，包括水泥花砖、缸砖、大阶砖、陶瓷锦砖、人造石板、天然石板以及木地板等。

（3）粘贴类地面，包括橡胶地毡、塑料地毡、油地毡以及各种地毯等。

（4）涂料类地面，包括各种高分子合成涂料形成的地面。

4.3.2　楼地面的构造做法

楼地面的构造是指楼板层和地坪层的地面层的构造做法。面层一般包括表面面层及其下面的找平层两部分。楼地面的名称是以面层的材料和做法来命名的，如面层为水磨石，则该地面称为水磨石地面；面层为木材，则称为木地面。楼地面按其材料和做法可分为4大类型，即：整体类地面、块材类地面、粘贴类地面、涂料类地面。

4.3.2.1　整体类地面

地面面层没有缝隙，整体效果好，一般是整片施工，也可分区分块施工。按材料不同有水泥砂浆地面、混凝土地面、水磨石地面及菱苦土地面等。

1. 水泥砂浆地面 它具有构造简单、施工方便、造价低等特点，但易起尘、易结露。

适用于标准较低的建筑物中。常见做法有普通水泥地面、干硬性水泥地面、防滑水泥地面、磨光水泥地面、水泥石屑地面和彩色水泥地面等，如图 2-4-20。

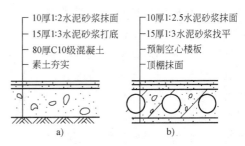

图 2-4-20　水泥砂浆地面
a）底层地面　b）楼板层地面

水泥砂浆地面有单层与双层构造之分，当前以双层水泥砂浆地面居多。

2. 细石混凝土地面　这种地面刚性好、强度高且不易起尘。其做法是在基层上浇筑 30 ~ 40mm 厚 C20 细石混凝土随打随压光。为提高整体性、满足抗震要求可内配 $\phi 4@200$ 的钢筋网。也可用沥青代替水泥做胶结剂，做成沥青砂浆和沥青混凝土地面，增强地面的防潮、耐水性。

3. 水磨石地面　水磨石地面是将水泥作胶结材料、大理石或白云石等中等硬度的石屑做骨料而形成的水泥石屑面层，经磨光打蜡而成。这种地面坚硬、耐磨、光洁、不透水、装饰效果好，常用于较高要求的地面。

水磨石地面一般分为两层施工。先在刚性垫层或结构层上用 10 ~ 20mm 厚的 1:3 水泥砂浆找平，然后在找平层上按设计图案嵌 10mm 高分格条（玻璃条、钢条、铝条等），并用 1:1 水泥砂浆固定，最后，将拌和好的水泥石屑浆铺入压实，经浇水养护后磨光、打蜡，如图 2-4-21。

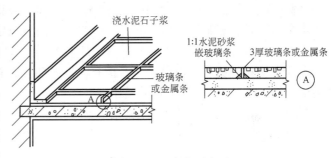

图 2-4-21　水磨石地面

4. 菱苦土地面　菱苦土面层是用菱苦土、锯木屑和氯化镁溶液等拌和铺设而成。菱苦土地面保温性能好，又有一定的弹性，且美观。缺点是不耐水，易产生裂缝。因氯化镁溶液遇水溶解，木屑遇水膨胀之故。其构造做法有单面层和双面层两种。

4.3.2.2　块材类地面

利用各种人造或天然的预制板材、块材镶铺在基层上的地面。

按材料不同有粘土砖、水泥砖、石板、陶瓷锦砖、塑料板和木地板等。

1. 粘土砖、水泥砖预制混凝土砖地面　其铺设方法有两种：干铺和湿铺。

（1）干铺是指在基层上铺一层 20 ~ 40mm 厚的砂子，将砖块直接铺在砂上，校正平整后用砂或砂浆填缝。

（2）湿铺是在基层上抹 1:3 水泥砂浆 12 ~ 20mm 厚，再将砖块铺平压实，最后用 1:1 水泥砂浆灌缝。

2. 缸砖、陶瓷地砖及陶瓷锦砖地面　缸砖是用陶土焙烧而成的一种无釉砖块，形状有正方形（尺寸为 100mm × 100mm 和 150mm × 150mm，厚 10 ~ 19mm）、六边形、八角形等。颜色也有多种，由不同形状和色彩可以组成各种图案图。缸砖背面有凹槽，使砖块和基层粘结牢固。铺贴时一般用 15 ~ 20mm 厚 1:3 水泥砂浆做结合材料，要求平整，横平竖直，如图 2-4-22。缸砖具有质地坚硬、耐磨、耐水、耐酸碱、易清洁等优点。

陶瓷地砖又称墙地砖，其类型有釉面地砖、无光釉面砖和无釉防滑地砖及抛光同质地砖。陶瓷地砖有红、浅红、白、浅黄、浅绿、蓝等各种颜色。地砖色调均匀，砖面平整，抗腐耐磨，施工方便，且块大缝少，装饰效果好，特别是防滑地砖和抛光地砖又能防滑因而越来越多的用于办公、商店、旅馆和住宅中。

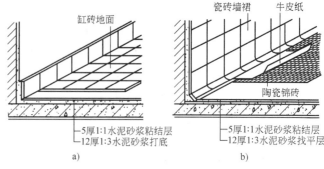

图 2-4-22　缸砖、陶瓷砖地面构造做法
a) 缸砖地面　b) 陶瓷锦砖地面

陶瓷地砖一般厚 6 ~ 10mm，其规格有 400mm × 400mm，300mm × 300mm，250mm × 250mm，200mm × 200mm，一般来说，块越大价格越高，装饰效果越好。

陶瓷锦砖又称马赛克，其特点与面砖相似。陶瓷锦砖有不同大小、形状和颜色并由此而可以组合成各种图案，使饰面能达到一定艺术效果。

陶瓷锦砖主要用于防滑、卫生要求较高的卫生间、浴室等房间的地面，也可用于外墙面。

陶瓷锦砖同玻璃锦砖一样，出厂前已按各种图案反贴在牛皮纸上，以便于施工，如图 2-4-22。

3. 天然石板地面　常用的天然石板有大理石和花岗石板，天然石板具有质地坚硬、色泽艳丽的特点，多用于高标准的建筑中。

其构造做法是：先在基层上刷素水泥浆一道，抹 1:3 干硬性水泥砂浆找平层 30mm 厚，再撒 2mm 厚素水泥(洒适量清水)，后粘贴 20mm 厚大理石板(花岗石)。另外，再用素水泥浆擦缝，如图 2-4-23。

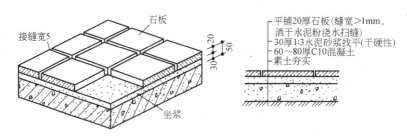

图 2-4-23　大理石和花岗石地面构造做法

4. 木地面　木地面按其所用木板规格不同有普通木地面、硬木条地面和拼花木地面三种。按其构造形式不同有空铺、实铺和粘贴三种。

空铺木地面常用于底层地面，其做法是砌筑地垄墙，将木地板架空，以防止木地板受潮腐烂，如图 2-4-24。

实铺木地面是在刚性垫层或结构层上直接钉铺小搁栅，再在小搁栅上

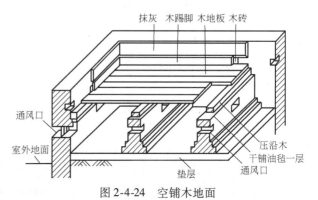

图 2-4-24　空铺木地面

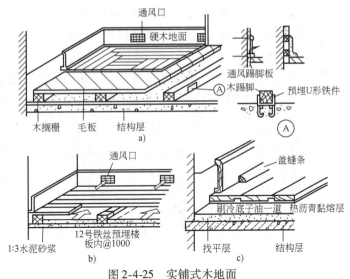

图 2-4-25　实铺式木地面

a）双层木地板　b）单层木地板　c）粘贴式木地板

固定木板。其搁栅间的空档可用来安装各种管线，如图 2-4-25。

粘贴式木地面是将木地板用沥青胶或环氧树脂等粘结材料直接粘贴在找平层上，若为底层地面时，找平层上应做防潮处理。

4.3.2.3　粘贴类地面

粘贴类地面以粘贴卷材为主，常见的有塑料地毡、橡胶地毡以及各种地毯等。这些材料表面美观、干净，装饰效果好，具有良好的保温、消声性能，适用于公共建筑和居住建筑。

随着石油化工业的发展，塑料地面的应用日益广泛。塑料地面材料的种类很多，目前聚氯乙烯塑料地面材料应用最广泛。有块材、卷材之分。其材质有软质和半硬质两种，目前在我国应用较多的是半硬质聚氯乙烯块材，其规格尺寸一般为 100mm × 100mm ~ 500mm × 500mm，厚度为 1.5 ~ 2.0mm。塑料板块地面的构造做法是先用 15 ~ 20mm 厚 1 : 2 水泥砂浆找平，干燥后再用胶粘剂粘贴塑料板。

地毯类型较多，常见的有化纤地毯、棉织地毯和纯羊毛地毯等，具有柔软舒适、清洁吸声、保温、美观适用等特点，是美化装饰房间的最佳材料之一。有局部、满铺、干铺和固定等不同铺法。固定式一般用粘结剂满贴在地面上或将四周钉牢。

4.3.2.4　涂料类地面

涂料类地面是利用涂料涂刷或涂刮而成。它是水泥砂浆或混凝土地面的一种表面处理形式，用以改善水泥砂浆地面在使用和装饰方面的不足。地面涂料品种较多，有溶剂型、水溶型和水乳型等地面涂料。

涂料地面对解决水泥地面易起灰和美观问题起到了重要作用，涂料与水泥表面的粘结力强，具有良好的耐磨、抗冲击、耐酸、耐碱等性能，水乳型和溶剂型涂料还具有良好的防水性能。

4.3.3　楼地面的细部构造

1. 踢脚线与墙裙　为保护墙面，防止外界碰撞损坏墙面，或擦洗地面时弄脏墙面，通常在墙面靠近地面处设踢脚线（又称踢脚板）。踢脚线的材料一般与地面相同，故可看作是地面的一部分，即地面在墙面上的延伸部分。踢脚线通常凸出墙面，也可与墙面平齐或凹进墙面，其高度一般为 100~150mm。

踢脚板是楼地面与内墙面相交处的一个重要构造节点。它的主要作用是遮盖楼地面与墙面的接缝；保护墙面，以防搬运东西、行走或做清洁卫生时将墙面弄脏，如图 2-4-26。

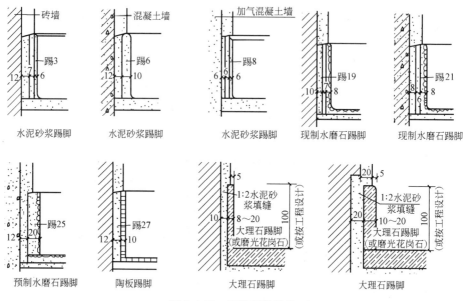

图 2-4-26　踢脚板的构造

墙裙是踢脚线沿墙面往上的继续延伸，做法与踢脚类似，常用不透水材料做成。如油漆、水泥砂浆、瓷砖、木材等，通常为贴瓷砖的做法。墙裙的高度和房间的用途有关，一般为 900~1200mm，对于受水影响的房间，高度为 900~2000mm。其主要作用是防止人们在建筑物内活动时碰撞或污染墙面，并起一定的装饰作用。

2. 楼地面变形缝　地面变形缝包括温度伸缩缝、沉降缝和防震缝。其设置的位置和大小应与墙面、屋面变形缝一致。构造上要求变形缝应贯通楼地层的各个层次，并在构造上保证楼板层和地坪层能够满足美观和变形需求。缝内常用可压缩变形的玛碲脂、金属调节片、沥青麻丝等材料做封缝处理，如图 2-4-27。

3. 楼地层的防潮、防水

（1）地层防潮。由于地下水位升高、室内通风不畅，房间湿度增大，引起地面受潮，使室内人员感觉不适，造成地面、墙面、甚至家具霉变，还会影响结构的耐久性、美观和人体健康。因此，应对可能受潮的房屋进行必要的防潮处理，处理方法有设防潮层、设保温层等。

1）设防潮层。具体做法是在混凝土垫层上，刚性整体面层下，先刷一道冷底子油，然后铺热沥青或防水涂料，形成防潮层，以防止潮气上升到地面。也可在垫层下铺一层粒径均匀的卵石或碎石、粗砂等，以切断毛细水的上升通路，如图 2-4-28a、b 所示。

2）设保温层。室内潮气大多是因室内与地层温差引起，设保温层可以降低温差。设保温层有两种做法：一种是在地下水位低、土壤较干燥的地面，可在垫层下铺一层 1:3 水泥炉渣或其他工业废料做保温层；第二种是在地下水位较高的地区，可在面层与混凝土垫层间设

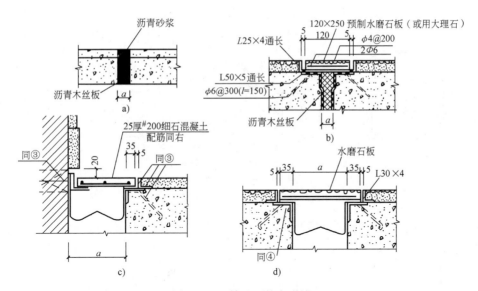

图 2-4-27 楼地面的变形缝

a) 水泥地面伸缩缝 b) 水磨石或大理石地面伸缩缝 c) 水泥地面沉降缝
d) 马赛克、水磨石、大理石或缸砖地面沉降缝

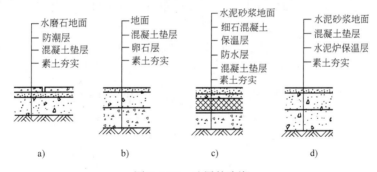

图 2-4-28 地层的防潮

a) 设防潮层 b) 铺卵石层 c) 设保温和防水层 d) 设保温层

保温层，并在保温层下做防水层，如图 2-4-28c、d 所示。

另外，也可将地层底板搁置在地垄墙上，将地层架空，使地层与土壤之间形成通风层，以带走地下潮气。

（2）楼地层防水。用水房间，如厕所、盥洗室、实验室、淋浴室等，地面易集水，发生渗漏现象，要做好楼地面的排水和防水。

1）地面排水。为排除室内积水，地面一般应有 1%～1.5% 的坡度，同时应设置地漏，使水有组织地排向地漏；为防止积水外溢，影响其他房间的使用，有水房间地面应比相邻房间的地面低 20～30mm；当两房间地面等高时，应在门口做门槛高出地面 20～30mm，如图 2-4-29 所示。

2）地面防水。常用水房间的楼板以现浇钢筋混凝土楼板为佳，面层材料通常为整体现浇水泥砂浆、水磨石或瓷砖等防水性较好的材料。当防水要求较高时，还应在楼板与面层之间设置防水层。常见的防水材料有卷材、防水砂浆和防水涂料。为防止房间四周墙脚受水，

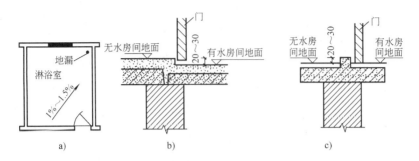

图 2-4-29　房间的排水、防水

a）走廊　b）地面低于无水房间　c）与无水房间地面齐平，设门槛

应将防水层沿周边向上泛起至少 150mm，如图 2-4-30a。当遇到门洞时，应将防水层向外延伸 250mm 以上，如图 2-4-30b。

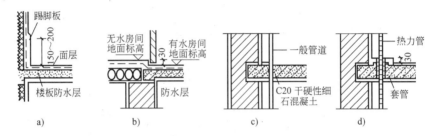

图 2-4-30　楼地面的防水构造

a）防水层沿周边上卷　b）防水层向无水房间延伸　c）一般立管穿越楼层　d）热力立管穿越楼层

当楼地面有竖向管道穿越时，也容易产生渗透，一般有两种处理方法：对于冷水管道，可在穿越竖管的四周用 C20 干硬性细石混凝土填实，再以卷材或涂料做密封处理，如图 2-4-30c；对于热水管道，为防止温度变化引起的热胀冷缩现象，常在穿管位置预埋比竖管管径稍大的套管，高出地面 30mm 左右，并在缝隙内填塞弹性防水材料，如图 2-4-30d。

4.4　顶棚构造

顶棚是指建筑物屋顶和楼层下表面的装饰构件，又称天棚、天花板。顶棚是室内空间的顶界面，同墙面、楼地面一样，是建筑物主要装修部位之一。当悬挂在承重结构下表面时，又称吊顶。顶棚的构造设计与选择应从建筑功能、建筑声学、建筑照明、建筑热工、设备安装、管线敷设、维护检修、防火安全以及美观要求等多方面综合考虑。顶棚要求光洁、美观，能通过反射光照来改善室内采光及卫生状况，对某些特殊要求的房间，还要求顶棚具有隔声、防水、保温、隔热等功能。

一般顶棚多为水平式，但根据房间用途的不同，顶棚可作成弧形、凹凸形、高低形、折线型等。

1. 顶棚的作用

（1）改善室内环境，满足使用要求。顶棚的处理不仅要考虑室内使用功能对建筑技术的要求，同时还要考虑照明、通风、保温、隔热、吸声或反射、音响、防火等技术性能的要求。如剧场的顶棚，要综合考虑光学、声学两个方面的设计问题。在表演区，多采用综合照明，面光、耳光、追光、顶光甚至脚光一并采用；观众厅的顶棚则应以声学为主，结合光学的要求，做成多种形式的造型，以满足声音反射、漫射、吸收和混响等方面的需要。

（2）装饰室内空间。顶棚是室内装饰的一个重要组成部分，除满足使用要求外，还要考虑室内的装饰效果、艺术风格的要求。即从空间造型、光影、材质等方面，来渲染环境，烘托气氛。

不同功能的建筑和建筑空间对顶棚装饰的要求不一样，装饰构造的处理手法也有区别。顶棚选用不同的处理方法，可以取得不同的空间感觉。有的可以延伸和扩大空间感，对人的视觉起导向作用；有的可使人感到亲切、温暖、舒适，以满足人们生理和心理对环境的需要。如建筑物的大厅、门厅，是建筑物的出入口、人流进出的集散场所，它们的装饰效果往往极大地影响人的视觉对该建筑物及其空间的第一印象。所以，入口常常是重点装饰的部位。它们的顶棚，在造型上多运用高低错落的手法，以求得富有生机的变化；在材料选择上，多选用一些不同色彩、不同纹理和富于质感的材料；在灯具选择上，多选用高雅、华丽的吊灯，以增加豪华气氛。

（3）隐蔽设备管线和结构构件。现代建筑的各种管线越来越多，如照明、空调、消防管线、给排水等管网均较多。在建筑装饰过程中，可以充分利用吊顶棚空间对各种管线和结构构件进行隐蔽处理，既能使建筑空间整洁统一，又能保证各种设备管线的正常使用。

2. 顶棚的分类　顶棚按饰面与基层的关系可归纳为直接式顶棚与悬吊式顶棚两大类。

（1）直接式顶棚。直接式顶棚是在屋面板或楼板结构底面直接做饰面材料的顶棚。它具有构造简单、构造层厚度小，施工方便，可取得较高的室内净空，造价较低等特点，但没有供隐蔽管线、设备的内部空间，故用于普通建筑或空间高度受到限制的房间。

直接式顶棚按施工方法可分为直接式抹灰顶棚、直接喷刷式顶棚、直接粘贴式顶棚、直接固定装饰板顶棚及结构顶棚。

（2）悬吊式顶棚。悬吊式顶棚是指顶棚的装饰表面悬吊于屋面板或楼板下，并与屋面板或楼板留有一定距离的顶棚，俗称吊顶。悬吊式顶棚可结合灯具、通风口、音响、喷淋、消防设施等进行整体设计，形成变化丰富的立体造型，改善室内环境，满足不同使用功能的要求。

悬吊式顶棚的类型很多，从外观上分有平滑式顶棚、井格式顶棚、叠落式顶棚、悬浮式顶棚；以龙骨材料分类，有木龙骨悬吊式顶棚、轻钢龙骨悬吊式顶棚、铝合金龙骨悬吊式顶棚；以饰面层和龙骨的关系分类，有活动装配式悬吊式顶棚、固定式悬吊式顶棚；以顶棚结构层的显露状况分类，有开敞式悬吊式顶棚、封闭式悬吊式顶棚；以顶棚面层材料分类，有木质悬吊式顶棚、石膏板悬吊式顶棚、矿棉板悬吊式顶棚、金属板悬吊式顶棚、玻璃发光悬吊式顶棚、软质悬吊式顶棚；以顶棚受力大小分类，有上人悬吊式顶棚、不上人悬吊式顶棚；以施工工艺不同分类，有暗龙骨悬吊式顶棚和明龙骨悬吊式顶棚。

4.4.1　直接式顶棚

直接在结构层底面进行喷浆、抹灰、粘贴壁纸、粘贴面砖、粘贴或钉接石膏板条与其他板材等饰面材料或铺设固定搁栅所做成的顶棚。

4.4.1.1 饰面特点

直接式顶棚一般具有构造简单，构造层厚度小，可以充分利用空间的特点；采用适当的处理手法，可获得多种装饰效果；材料用量少，施工方便，造价也较低。但这类顶棚没有供隐藏设备、设施等管线的内部空间，故小口径的管线应预埋在楼、屋盖结构及其构造层内，大口径的管道，则无法隐蔽。它适用于普通建筑及室内建筑高度空间受到限制的场所。

4.4.1.2 材料选用

直接式顶棚常用的材料有：

1. 各类抹灰　纸筋灰抹灰、石灰砂浆抹灰、水泥砂浆抹灰等。普通抹灰用于一般房间，装饰抹灰用于要求较高的房间。

2. 涂刷材料　石灰浆、大白浆、彩色水泥浆、可赛银等，用于一般房间。

3. 壁纸等各类卷材　墙纸、墙布、其他织物等，用于装饰要求较高的房间。

4. 面砖等块材　常用釉面砖，用于有防潮、防腐、防霉或清洁要求较高的房间。

5. 各类板材　胶合板、石膏板、各种装饰面板等，用于装饰要求较高的房间。

还有石膏线条、木线条、金属线条等。

4.4.1.3 基本构造

1. 直接喷刷顶棚　直接喷刷顶棚是在楼板底面填缝刮平后直接喷或刷大白浆、石灰浆等涂料，以增加顶棚的反射光照作用，通常用于观瞻要求不高的房间。

2. 抹灰顶棚　抹灰顶棚是在楼板底面勾缝或刷素水泥浆后进行抹灰装修，抹灰表面可喷刷涂料，适用于一般装修标准的房间。

抹灰顶棚一般有麻刀灰(或纸筋灰)顶棚、水泥砂浆顶棚和混合砂浆顶棚等，其中麻刀灰顶棚应用最普遍。麻刀灰顶棚的做法是先用混合砂浆打底，再用麻刀灰罩面，如图 2-4-31a、b 所示。

图 2-4-31　直接式顶棚构造做法

a)、b) 抹灰顶棚　c) 贴面顶棚

3. 贴面顶棚　贴面顶棚是在楼板底面用砂浆打底找平后，用胶粘剂粘贴墙纸、泡沫塑胶板或装饰吸声板等，一般用于楼板底部平整、不需要顶棚敷设管线而装修要求又较高的房间，或有吸声、保温隔热等要求的房间，如图 2-4-31c 所示。

4.4.2　吊顶

吊顶(悬吊式顶棚)，是将饰面层悬吊在楼板结构上而形成的顶棚，见图 2-4-32。

吊顶应具有足够的净空高度，以便于照明、空调、灭火喷淋、感应器、广播设备等管线及其装置各种设备管线的敷设；合理地安排灯具、通风口的位置，以符合照明、通风要求；选择合适的材料和构造做法，使其燃烧性能和耐火极限符合防火规范的规定；吊顶棚应便于制作、安装和维修，自重宜轻，以减少结构负荷。同时，吊顶棚还应满足美观和经济等方面的要求。对有些房间，吊顶棚应满足隔声、音质等特殊要求。

1. 饰面特点　可埋设各种管线，可镶嵌灯具，可灵活调节顶棚高度，可丰富顶棚空间层次和形式等。或对建筑起到保温隔热、隔声的作用，同时，悬吊式顶棚的形式不必与结构形式相对应。但要注意：若无特殊要求时，悬挂空间越小越利于节约材料和造价；必要时应留检修孔、铺设走道以便检修，防止破坏面层；饰面应根据设计留出相应灯具、空调等电器设备安装和送风口、回风口的位置。这类顶棚多适用于中、高档次的建筑顶棚装饰。

2. 吊顶的类型

（1）根据结构构造形式的不同，吊顶可分为整体式吊顶、活动式装配吊顶、隐蔽式装配吊顶和开敞式吊顶等。

（2）根据材料的不同，常见的吊顶有板材吊顶、轻钢龙骨吊顶、金属吊顶等。

3. 悬吊式顶棚的构造

（1）悬吊式顶棚的构造组成。悬吊式顶棚一般由悬吊部分、顶棚骨架、饰面层和连接部分组成，如图 2-4-32 所示。

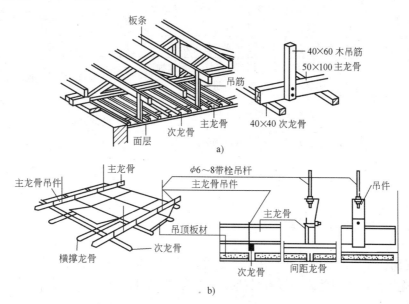

图 2-4-32　吊顶的组成
a）木骨架吊顶　b）金属骨架吊顶

1）悬吊部分。悬吊部分包括吊点、吊杆和连接杆。

① 吊点。吊杆与楼板或屋面板连接的节点为吊点。在荷载变化处和龙骨被截断处要增设吊点。

② 吊杆（吊筋）。吊杆（吊筋）是连接龙骨和承重结构的承重传力构件。吊杆的作用是承受整个悬吊式顶棚的重量（如饰面层、龙骨以及检修人员），并将这些重量传递给屋面板、楼板、屋架或屋面梁，同时还可调整、确定悬吊式顶棚的空间高度。

吊杆按材料分有钢筋吊杆、型钢吊杆、木吊杆。钢筋吊杆的直径一般为6~8mm，用于一般悬吊式顶棚；型钢吊杆用于重型悬吊式顶棚或整体刚度要求高的悬吊式顶棚，其规格尺寸要通过结构计算确定；木吊杆用40mm×40mm或50mm×50mm的方木制作，一般用于木龙骨悬吊式顶棚。

2）顶棚骨架。顶棚骨架又叫顶棚基层，是由主龙骨、次龙骨、小龙骨(或称主搁栅、次搁栅)所形成的网格骨架体系。其作用是承受饰面层的重量并通过吊杆传递到楼板或屋面板上。

悬吊式顶棚的龙骨按材料分有木龙骨、型钢龙骨、轻钢龙骨、铝合金龙骨。

3）饰面层。饰面层又叫面层，其主要作用是装饰室内空间，并且还兼有吸声、反射、隔热等特定的功能。

饰面层一般有抹灰类、板材类、开敞类。饰面常用板材性能及适用范围见表2-4-1。

表2-4-1　常用板材性能及适用范围

名　称	材料性能	适用范围
纸面石膏板、石膏吸声板	质量轻、强度高、阻燃防火、保温隔热，可锯、钉、刨、粘贴，加工性能好，施工方便	适用于各类公共建筑的顶棚
矿棉吸声板	质量轻、吸声、防火、保温隔热、美观、施工方便	适用于公共建筑的顶棚
珍珠岩吸声板	质量轻、防火、防潮、防蛀、耐酸，装饰效果好，可锯、可割，施工方便	适用于各类公共建筑的顶棚
钙塑泡沫吸声板	质量轻、吸声、隔热、耐水、施工方便	适用于公共建筑的顶棚
金属穿孔吸声板	质量轻、强度高、耐高温、耐压、耐腐蚀、防火、防潮、化学稳定性好、组装方便	适用于各类公共建筑的顶棚
石棉水泥穿孔吸声板	质量大，耐腐蚀，防火、吸声效果好	适用于地下建筑、降低噪声的公共建筑和工业厂房的顶棚
金属面吸声板	质量轻、吸声、防火、保温隔热、美观、施工方便	适用于各类公共建筑的顶棚
贴塑吸声板	导热系数低、不燃、吸声效果好	适用于各类公共建筑的顶棚
珍珠岩织物复合板	防火、防水、防霉、防蛀、吸声、隔热，可锯、可钉、加工方便	适用于公共建筑的顶棚

4）连接部分。连接部分是指悬吊式顶棚龙骨之间、悬吊式顶棚龙骨与饰面层、龙骨与吊杆之间的连接件、紧固件。一般有吊挂件、插挂件、自攻螺钉、木螺钉、圆钢钉、特制卡具、胶粘剂等。

(2) 顶棚饰面层连接构造。吊顶面层分为抹灰面层和板材面层两大类。

1）抹灰类饰面层。在龙骨上钉木板条、钢丝网或钢板网，然后再做抹灰饰面层，抹灰面层为湿作业施工，费工费时。目前这种做法已不多见。

2）板材类饰面层。板材类饰面层也可称悬吊式顶棚饰面板。最常用的饰面板有植物板材(木材、胶合板、纤维板、装饰吸声板、木丝板)、矿物板(各类石膏板、矿棉板)、金属板(铝板、铝合金板、薄钢板)，板材面层，既可加快施工速度，又容易保证施工质量。

各类饰面板与龙骨的连接，有以下几种方式。

① 钉接。用铁钉、螺钉将饰面板固定在龙骨上。木龙骨一般用铁钉，轻钢、型钢龙骨

用螺钉，钉距视板材材质而定，要求钉帽要埋入板内，并作防锈处理，如图 2-4-33a 所示。适用于钉接的板材有植物板、矿物板、铝板等。

② 粘接。用各种胶粘剂将板材粘贴于龙骨底面或其他基层板上，如图 2-4-33b 所示。也可采用粘、钉结合的方式，连接更牢靠。

③ 搁置。将饰面板直接搁置在倒 T 形断面的轻钢龙骨或铝合金龙骨上，如图 2-4-33c 所示。有些轻质板材采用此方式固定，遇风易被掀起，应用物件夹住。

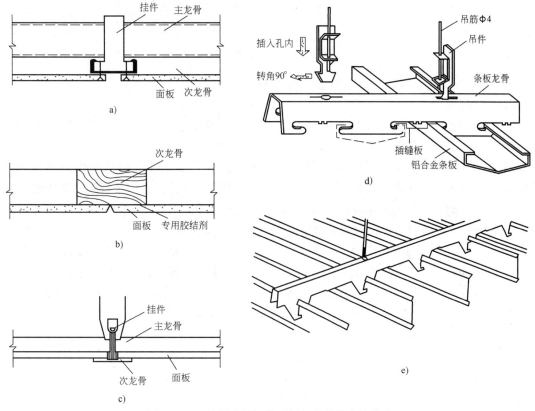

图 2-4-33　悬吊式顶棚饰面板与龙骨的连接构造
a）钉接　b）粘接　c）搁置　d）卡接　e）吊挂

④ 卡接。用特制龙骨或卡具将饰面板卡在龙骨上，这种方式多用于轻钢龙骨、金属类饰面板，如图 2-4-33d 所示。

⑤ 吊挂。利用金属挂钩龙骨将饰面板按排列次序组成的单体构件挂于其下，组成开敞式悬吊式顶棚，如图 2-4-33e 所示。

4.5　阳台与雨篷构造

4.5.1　阳台

阳台是连接室内的室外平台，给居住在建筑里的人们提供了一个舒适的室外活动空间，是多层住宅、高层住宅和旅馆等建筑中不可缺少的一部分。

4.5.1.1 阳台的类型和设计要求

1. 类型 阳台按其与外墙的相对位置分为挑阳台、凹阳台、半挑半凹阳台、转角阳台。按结构处理不同分有挑梁式、挑板式、压梁式及墙承式，如图 2-4-34 所示。

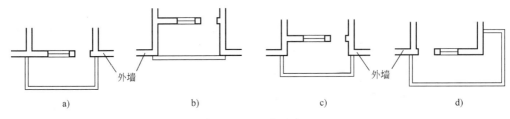

图 2-4-34　阳台的类型

阳台按使用功能不同又可分为生活阳台(靠近卧室或客厅)和服务阳台(靠近厨房)。

2. 设计要求

(1) 安全适用。悬挑阳台的挑出长度不宜过大，应保证在荷载作用下不发生倾覆现象，以 1.2~1.8m 为宜。低层、多层住宅阳台栏杆净高不低于 1.05m，中高层住宅阳台栏杆净高不低于 1.1m，但也不大于 1.2m。阳台栏杆形式应防坠落(垂直栏杆间净距不应大于 110mm)，防攀爬(不设水平栏杆)，以免造成恶果。放置花盆处，也应采取防坠落措施。

(2) 坚固耐久。阳台所用材料和构造措施应经久耐用，承重结构宜采用钢筋混凝土结构，金属构件应作防锈处理，表面装修应注意色彩的耐久性和抗污染性。

(3) 排水顺畅。为防止阳台上的雨水流入室内，设计时要求将阳台地面标高低于室内地面标高 60mm 左右，并将地面抹出 0.5% 的排水坡将水导入排水孔，使雨水能顺利排出。

此外，阳台在设计时还应考虑地区气候特点。南方地区宜采用有助于空气流通的空透式栏杆，而北方寒冷地区和中高层住宅应采用实体栏杆，并满足立面美观的要求，为建筑物的形象增添风采。

4.5.1.2 阳台结构布置方式

阳台承重结构通常是楼板的一部分，因此应与楼板的结构布置统一考虑。钢筋混凝土阳台可采用现浇或装配两种施工方式，如图 2-4-35 所示。

1. 墙承式 将阳台板直接搁置在墙上。这种结构形式稳定、可靠、施工方便，多用于凹阳台。

2. 挑梁式 从横墙内外伸挑梁，其上搁置预制楼板，这种结构布置简单、传力直接明确、阳台长度与房间开间一致。挑梁根部截面高度 H 为 $(1/5~1/6)L$，L 为悬挑净长，截面宽度为 $(1/2~1/3)h$。为美观起见，可在挑梁端头设置面梁，既可以遮挡挑梁头，又可以承受阳台栏杆重量，还可以加强阳台的整体性。

3. 挑板式 当楼板为现浇楼板时，可选择挑板式，悬挑长度一般为 1.2m 左右。即从楼板外沿挑出平板，板底平整美观而且阳台平面形式可做成半圆形、弧形、梯形、斜三角等各种形状。挑板厚度不小于挑出长度的 1/12，一般有两种做法：一种是将房间楼板直接向墙外悬挑形成阳台板；另一种是将阳台板和墙梁现浇在一起，利用梁上部墙体的重量来防止阳台倾覆。

4.5.1.3 阳台细部构造

1. 阳台栏杆 栏杆是在阳台外围设置的竖向构件，其作用有：一方面是承担人们推倚的侧向力，以保证人的安全；另一方面是对建筑物起装饰作用。因而栏杆的构造要求坚固和

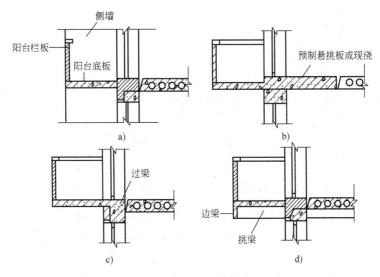

图 2-4-35　阳台的结构布置

a）墙承式　b）楼板悬挑式　c）墙梁悬挑式　d）挑梁式

美观。栏杆的高度应高于人体的重心，一般不宜低于 1.05m，高层建筑不应低于 1.1m，但不宜超过 1.2m。

（1）按阳台栏杆空透的情况不同有实体、空花和混合式，如图 2-4-36 所示。

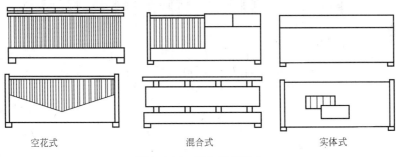

空花式　　　　　　　　混合式　　　　　　　　实体式

图 2-4-36　阳台栏杆形式

（2）按材料可分为砖砌、钢筋混凝土和金属栏杆，如图 2-4-37 所示。

2. 栏杆扶手

扶手是供人手扶使用的，有金属和钢筋混凝土两种。金属扶手一般为钢管与金属栏杆焊接。钢筋混凝土扶手应用广泛，形式多样，一般直接用作栏杆压顶，宽度有 80mm、120mm、160mm。当扶手上需放置花盆时，需在外侧设保护栏杆，一般高 180～200mm，花台净宽为 240mm。栏杆扶手有金属和钢筋混凝土两种。

钢筋混凝土扶手用途广泛，形式多样，有不带花台、带花台和带花池等，如图 2-4-38 所示。

3. 细部构造　阳台细部构造主要包括栏杆与扶手的连接、栏杆与面梁（或称止水带）的连接、栏杆与墙体的连接等。

（1）栏杆与扶手的连接方式有焊接、现浇等方式，如图 2-4-39 所示。

（2）栏杆与面梁或阳台板的连接方式有焊接、榫接坐浆、现浇等，如图 2-4-40 所示。

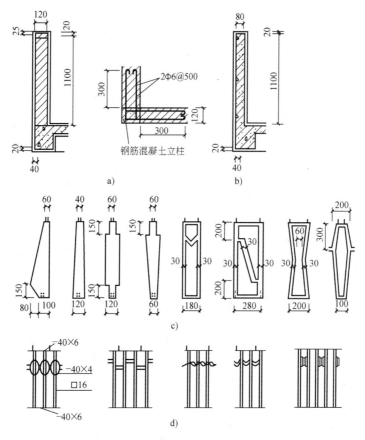

图 2-4-37　栏杆构造

a）砖砌栏板　b）混凝土栏板　c）混凝土栏杆　d）金属栏杆

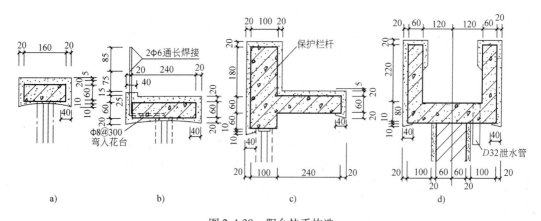

图 2-4-38　阳台扶手构造

a）不带花台　b）、c）带花台　d）带花池

（3）扶手与墙的连接，应将扶手或扶手中的钢筋伸入外墙的预留洞中，用细石混凝土或水泥砂浆填实固牢；现浇钢筋混凝土栏杆与墙连接时，应在墙体内预埋 240mm × 240mm × 120mm C20 细石混凝土块，从中伸出 2ϕ6，长 300mm，与扶手中的钢筋绑扎后再进行现浇，如图 2-4-41 所示。

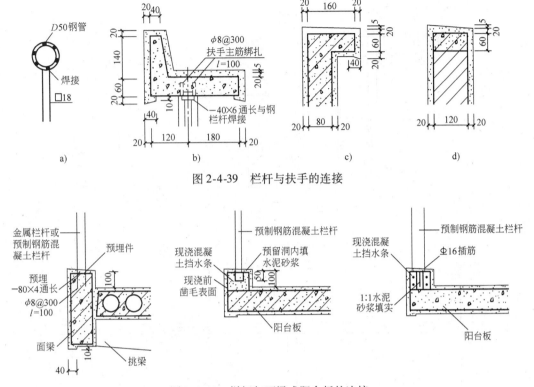

图 2-4-39　栏杆与扶手的连接

图 2-4-40　栏杆与面梁或阳台板的连接

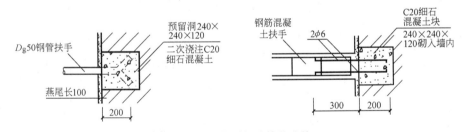

图 2-4-41　扶手与墙体的连接

4. 阳台隔板　阳台隔板用于连接双阳台，有砖砌和钢筋混凝土隔板两种。砖砌隔板一般采用 60mm 和 120mm 厚两种，由于荷载较大且整体性较差，所以现多采用钢筋混凝土隔板。隔板采用 C20 细石混凝土预制 60mm 厚，下部预埋铁件与阳台预埋铁件焊接，其余各边伸出 $\phi6$ 钢筋与墙体、挑梁和阳台栏杆、扶手相连，如图 2-4-42 所示。

5. 阳台排水　由于阳台为室外构件，须采取措施保证地面排水通畅。阳台地面的设计标高应比室内地面低 30～50mm，以防止雨水流入室内，并以不小于 1% 的坡度坡向排水口。

阳台排水有外排水和内排水两种：外排水是在阳台外侧设置泄水管将水排出，泄水管设置 $\phi40～50$ 镀锌铁管或塑料管水舌，外挑长度不少于 80mm，以防雨水溅到下层阳台，如图 2-4-43a 所示，外排水适用于低层和多层建筑；内排水是在阳台内侧设置排水立管和地漏，将雨水直接排入地下管网，内排水适用于高层建筑和高标准建筑，如图 2-4-43b 所示。

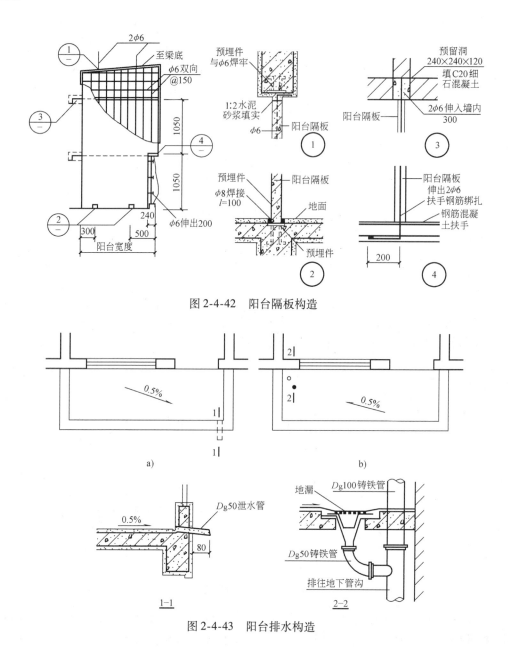

图 2-4-42　阳台隔板构造

图 2-4-43　阳台排水构造

4.5.2　雨篷

雨篷是指设置在建筑物外墙出入口的上方用以挡雨并有一定装饰作用的水平构件，位于建筑物出入口的上方，用来遮挡雨雪，保护外门免受侵蚀，给人们提供一个从室外到室内的过渡空间，并起到保护门和丰富建筑立面的作用。

根据雨篷板的支承方式不同，有悬板式和梁板式两种。

1. 悬板式　悬板式雨篷外挑长度一般为 0.9～1.5m，板根部厚度不小于挑出长度的 1/12，雨篷宽度比门洞每边宽 250mm，雨篷排水方式可采用无组织排水和有组织排水两种。雨篷顶面距过梁顶面 250mm 高，板底抹灰可抹 1∶2 水泥砂浆内掺 5% 防水剂的防水砂浆

15mm 厚, 多用于次要出入口。悬板式雨篷构造见图 2-4-44a 所示。

2. 梁板式 当门洞口尺寸较大, 雨篷挑出尺寸也较大时, 雨篷应采用梁板式结构。即雨篷由梁和板组成, 为使雨篷底面平整, 梁一般翻在板的上面成翻梁, 如图 2-4-44b 所示。当雨篷尺寸更大时, 可在雨篷下面设柱支撑。

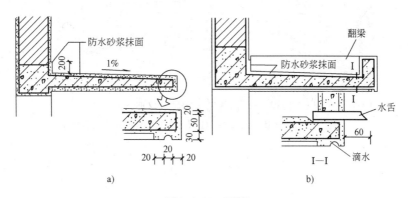

图 2-4-44　雨篷

a) 悬板式雨篷　b) 梁板式雨篷

雨篷顶面应作好防水和排水处理, 见图 2-4-45, 一般采用 20mm 厚的防水砂浆抹面进行防水处理, 防水砂浆应沿墙面上升, 高度不小于 250mm, 同时在板的下部边缘做滴水, 防止雨水沿板底漫流。雨篷顶面需设置 1% 的排水坡, 并在一侧或双侧设排水管将雨水排除。为了立面需要, 可将雨水由雨水管集中排除, 这时雨篷外缘上部需做挡水边坎。

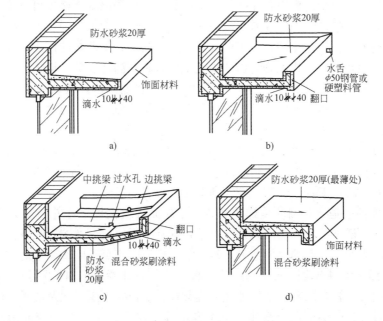

图 2-4-45　雨篷防水和排水处理

a) 自由落水雨篷　b) 有翻口有组织排水雨篷

c) 折挑倒梁有组织排水雨篷　d) 下翻口自由落水雨篷

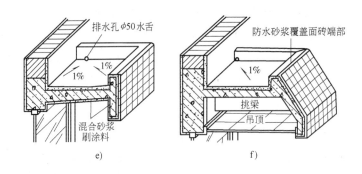

图 2-4-45　雨篷防水和排水处理（续）

e）上下翻口有组织排水雨篷　f）下挑梁有组织排水带吊顶雨篷

小　　结

1. 楼板层、地坪层是建筑物的水平承重构件。楼板层由面层、结构层、顶棚三部分组成；地坪层由面层、结构层（垫层）和基层组成。为满足使用功能设有附加层，以解决隔声、保温、隔热、防水、防火等问题。

2. 楼板层按结构层所用材料的不同，可分为木楼板、砖拱楼板、钢筋混凝土楼板、钢楼板及压型钢板与混凝土组合楼板等，其中现浇式钢筋混凝土楼板分为板式楼板（当板的长边与短边之比大于 2 时，称为单向板，双向板：长边与短边之比不大于 2）、梁板式楼板、无梁楼板、井字梁楼板、压型钢板组合楼板等。预制装配式钢筋混凝土楼板可分为实心平板、空心板、槽形板等，其整体性相对较差，故应采用一定构造措施来加强。装配整体式钢筋混凝土楼板整合了现浇式楼板整体性好和装配式楼板施工简单、工期短的优点。装配整体式钢筋混凝土楼板按结构及构造方式可分为密肋填充块楼板和预制薄板叠合楼板。

3. 楼地面的构造是指楼板层和地坪层的地面层的构造做法。楼地面按其材料和做法可分为 4 大类型，即：整体类地面、块材类地面、粘贴类地面、涂料类地面。

4. 顶棚按饰面与基层的关系可归纳为直接式顶棚与悬吊式顶棚两大类。

（1）直接式顶棚是在屋面板或楼板结构底面直接做饰面材料的顶棚。它具有构造简单、构造层厚度小，施工方便，可取得较高的室内净空，造价较低等特点，但没有供隐蔽管线、设备的内部空间，故用于普通建筑或空间高度受到限制的房间。

（2）悬吊式顶棚是指顶棚的装饰表面悬吊于屋面板或楼板下，并与屋面板或楼板留有一定距离的顶棚，俗称吊顶。悬吊式顶棚可结合灯具、通风口、音响、喷淋、消防设施等进行整体设计，形成变化丰富的立体造型，改善室内环境，满足不同使用功能的要求。

5. 阳台是楼房各层与房间相连的室外平台，按其与外墙的相对位置分为挑阳台、凹阳台、半挑半凹阳台、转角阳台。结构处理有挑梁式、挑板式、压梁式及墙承式。悬挑阳台的挑出长度不宜过大，应保证在荷载作用下不发生倾覆现象，以 1.2～1.8m 为宜。低层、多层住宅阳台栏杆净高不低于 1.05m，中高层住宅阳台栏杆净高不低于 1.1m，但也不大于 1.2m。阳台栏杆形式应防坠落（垂直栏杆间净距不应大于 110mm），防攀爬（不设水平栏杆），以免造成恶果。放置花盆处，也应采取防坠落措施。

6. 雨篷是指在建筑物外墙出入口的上方用以挡雨并有一定装饰作用的水平构件，根据雨篷板的支承方式不同，有悬板式和梁板式两种。

思 考 题

1. 楼板层、地坪层的基本组成有哪些?
2. 楼板层的设计要满足哪些要求?
3. 现浇钢筋混凝土楼板的种类及其传力特点是什么?
4. 预制空心板的制作原理、常用尺寸? 优缺点有哪些?
5. 楼地层的防水构造有哪些要点?
6. 简述压型钢板组合楼板的构造组成?
7. 顶棚的作用有哪些? 顶棚是怎样分类的?
8. 简述阳台的种类及其作用。
9. 雨篷的作用是什么? 其构造要点有哪些?
10. 图示悬板式雨篷的构造。

第5章 楼 梯

学习目标要求

1. 掌握楼梯的组成及分类。
2. 掌握钢筋混凝土楼梯的构造要求。
3. 掌握坡道、台阶的构造。
4. 掌握栏杆、扶手的尺寸要求。

学习重点与难点

本章重点是：现浇钢筋混凝土楼梯的形式、楼梯的尺度、楼梯的构造设计及细部构造。**本章难点是**：楼梯的构造设计。

5.1 楼梯概述

房屋各个不同楼层之间需设置上下交通联系的设施，这些设施有楼梯、电梯、自动扶梯、爬梯、坡道、台阶等。楼梯作为竖向交通和人员紧急疏散的主要交通设施，使用最广泛；电梯主要用于高层建筑或有特殊要求的建筑；自动扶梯用于人流量大的场所；爬梯用于消防和检修；坡道用于建筑物入口处方便行车用；台阶用于室内外高差之间的联系。

5.1.1 楼梯的作用

楼梯作为建筑物垂直交通设施之一，首要的作用是联系上下交通通行；其次，楼梯作为建筑物主体结构还起着承重的作用，除此之外，楼梯有安全疏散、美观装饰等功能。

设有电梯或自动扶梯等垂直交通设施的建筑物也必须同时设有楼梯。在设计中要求楼梯坚固、耐久、安全、防火，做到上下通行方便，便于搬运家具物品，有足够的通行宽度和疏散能力。

5.1.2 楼梯的组成

楼梯一般由楼梯段、楼梯平台、栏杆（或栏板）和扶手三部分组成，如图 2-5-1 所示。楼梯所处的空间称为楼梯间。

1. 楼梯段 楼梯段又称楼梯跑，是楼层之间的倾斜构件，同时也是楼梯的主要使用和承重部分。它由若干个踏步组成。为减少人们上下楼梯时的疲劳和适应人们行走的习惯，一个楼梯段的踏步数要求最多不超过 18 级，最少不少于 3 级。

2. 楼梯平台 楼梯平台是指楼梯梯段与楼面连接的水平段或连接两个梯段之间的水平段，供楼梯转折或使用者略作休息之用。平台的标高有时与某个楼层相一致，有时介于两个楼层之间。与楼层标高相一致的平台称为楼层平台，介于两个楼层之间的平台称为中间平台。

3. 栏杆(栏板)和扶手 栏杆(栏板)和扶手是楼梯段的安全设施,一般设置在梯段和楼梯平台的临空边缘。要求它必须坚固可靠,有足够的安全高度,并应在其上部设置供人们使用的扶手。在公共建筑中,当楼梯段较宽时,常在楼梯段和平台靠墙一侧设置靠墙扶手。

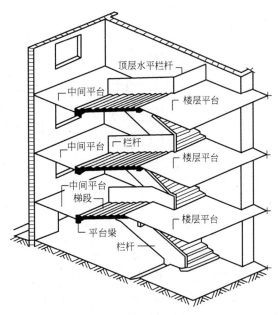

图 2-5-1 楼梯的组成

5.1.3 楼梯的设计要求

楼梯作为建筑空间竖向联系的主要部件,其位置应明显,起到提示引导人流的作用,并要充分考虑其造型美观,人流通行顺畅,行走舒适,结构坚固,防火安全,同时还应满足施工和经济条件的要求。因此,需要合理地选择楼梯的形式、坡度、材料、构造做法,精心地处理好其细部构造,设计时需综合权衡这些因素。

(1)主要楼梯应与主要出入口邻近且位置明显,同时还应避免垂直交通与水平交通在交接处拥挤、堵塞。

(2)楼梯的间距、数量及宽度应经过计算确定,并应满足防火疏散要求。楼梯间内不得有影响疏散的凸出部分,以免碰伤人。楼梯间除允许直接对外开窗采光外,不得向室内任何房间开窗;楼梯间四周墙壁必须为防火墙。对防火要求高的建筑物特别是高层建筑,应设计成封闭式楼梯或防烟楼梯。

(3)楼梯间必须有良好的自然采光。

5.1.4 楼梯的类型

建筑中楼梯的形式较多,楼梯的分类一般可按以下原则进行:

(1)按楼梯的材料分类,有钢筋混凝土楼梯、钢楼梯、木楼梯及组合材料楼梯。

(2)按照楼梯的位置分类,有室内楼梯和室外楼梯。

(3)按照楼梯的使用性质分类,有主要楼梯、辅助楼梯、疏散楼梯及消防楼梯。

(4)按照楼梯间的平面形式分类,有开敞楼梯间、封闭楼梯间、防烟楼梯间,如图2-5-2所示。

(5)按楼梯的平面形式分类,可分为如下几种:

1)单跑楼梯,见图2-5-3a。单跑楼梯不设中间平台,由于其梯段踏步数不能超过18步,所以一般用于层高较少的建筑内。

2)交叉式楼梯,见图2-5-3b。由两个直行单跑梯段交叉并列布置而成。通行的人流量较大,且为上下楼层的人流提供了两个方向,对于空间开敞,楼层人流多方向进入有利,但仅适合于层高小的建筑。

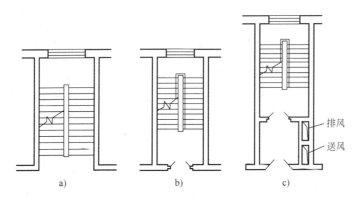

图 2-5-2　楼梯间平面形式

a）开敞楼梯间　b）封闭楼梯间　c）防烟楼梯间

3）双跑楼梯，见图 2-5-3c、d、e。双跑楼梯由两个梯段组成，中间设休息平台。图 2-5-3c 所示为双跑折梯，这种楼梯可通过楼梯平台改变人流方向，导向较自由。折角可改变。当折角≥90°时，由于其行进方向似直行双跑梯，故常用于仅上二层楼的门厅、大厅等处。当折角<90°成锐角时，往往用于不规则楼梯间中。

图 2-5-3d 所示为双跑直楼梯。直楼梯也可以是多跑（超过二个梯段）的，用于层高较高的楼层或连续上几层的高空间。这种楼梯给人以直接、顺畅的感受，导向性强，在公共建筑中常用于人流较多的大厅。用在多层楼面时会增加交通面积并加长人流行走的距离。

图 2-5-3e 所示为双跑平行楼梯，这种楼梯由于上完一层楼刚好回到原起步方位，与楼梯上升的空间回转往复性吻合，比直跑楼梯省面积并缩短人流行走的距离，是应用最为广泛的楼梯形式。

4）双分/双合式平行楼梯。见图 2-5-3f、g。图 2-5-3f 所示为双分式平行楼梯，这种形式是在双跑平行楼梯基础上演变出来的。第一跑位置居中且较宽，到达中间平台后分开两边上，第二跑一般是第一跑的二分之一宽，两边加在一起与第一跑等宽。通常用在人流多，需要梯段宽度较大时。由于其造型严谨对称，经常被用作办公建筑门厅中的主楼梯。图 2-5-3g 所示为双合式平行楼梯，情况与双分式楼梯相似。

5）剪刀式楼梯，见图 2-5-3h。

剪刀式楼梯实际上是由两个双跑直楼梯交叉并列布置而形成的。它既增大了人流通行能力，又为人流变换行进方向提供了方便，适用于商场、多层食堂等人流量大，且行进方向有多向性选择要求的建筑中。

6）转折式三跑楼梯，见图 2-5-3i。这种楼梯中部形成较大梯井，有时可利用作电梯井位置。由于有三跑梯段，踏步数量较多，常用于层高较大的公共建筑中。

7）螺旋楼梯，见图 2-5-3j。螺旋楼梯平面呈圆形，通常中间设一根圆柱，用来悬挑支承扇形踏步板。由于踏步外侧宽度较大，并形成较陡的坡度，行走时不安全，所以这种楼梯不能用作主要人流交通和疏散楼梯。螺旋楼梯构造复杂，但由于其流线形造型比较优美，故常作为观赏楼梯。

8）弧形楼梯，见图 2-5-3k。弧形楼梯的圆弧曲率半径较大，其扇形踏步的内侧宽度也较大，使坡度不至于过陡。一般规定这类楼梯的扇形踏步上下级所形成的平面角不超过

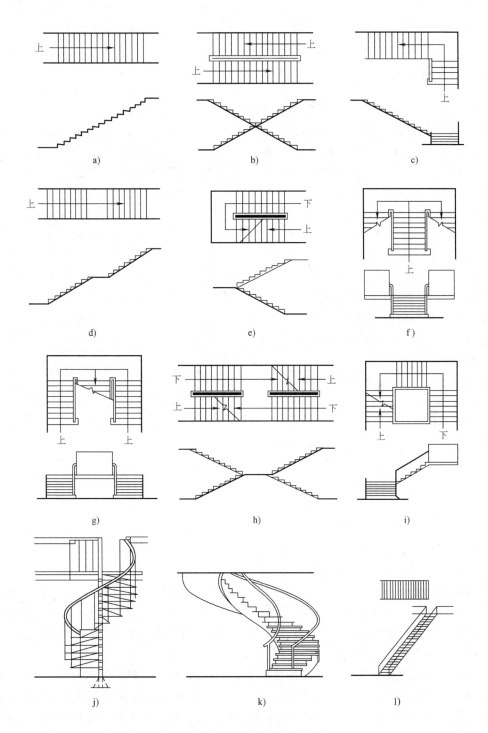

图 2-5-3　楼梯形式示意

a) 单跑楼梯　b) 交叉式楼梯　c) 双跑折梯　d) 双跑直楼梯　e) 双跑平行楼梯　f) 双分式平行楼梯
g) 双合式平行楼梯　h) 剪刀式楼梯　i) 转折式三跑楼梯　j) 螺旋楼梯　k) 弧形楼梯　l) 专用楼梯

$10°$，且每级离内扶手 $0.25m$ 处的踏步宽度超过 $0.22m$ 时，可用作疏散楼梯。弧形楼梯常布置在大空间公共建筑门厅里，用来通行一至二层之间较多的人流，也丰富和活跃了空间处理。但其结构和施工难度较大，成本高。

5.1.5 楼梯的尺寸

楼梯涉及梯段、踏步、平台、净高等多个尺寸，如图2-5-4所示。

1. 楼梯段的宽度 楼梯段的宽度是指墙面至扶手中心线或扶手中心线之间的水平距离，如图2-5-5所示。楼梯段的宽度除应符合防火规范的规定外，供日常主要交通用的楼梯的梯段宽度应根据建筑物使用特征，按每股人流宽为 $0.55 + (0 \sim 0.15)m$ 的人流股数确定，并不应少于两股人流。$0 \sim 0.15m$ 为人流在行进中人体的摆幅，公共建筑人流众多的场所应取上限值。住宅建筑中，楼梯段净宽不应小于 $1.1m$，六层及六层以下住宅，一边设有栏杆的梯段净宽不应小于 $1m$。

楼梯应至少于一侧设扶手，梯段净宽达三股人流时应两侧设扶手，达四股人流时宜加设中间扶手。

在两梯段或三梯段之间形成的竖向空隙称为梯井。在住宅建筑和公共建筑中，根据使用和空间效果不同而确定不同的梯井宽度。住宅建筑应尽量减小梯井宽度，

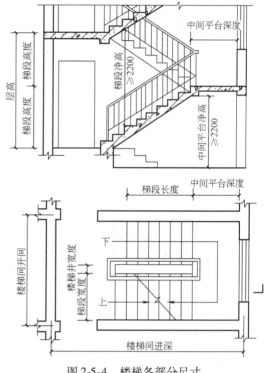

图2-5-4 楼梯各部分尺寸

以增大梯段净宽，一般取值为 $100 \sim 200mm$。公共建筑梯井宽度的取值一般不小于 $160mm$，并应满足消防要求。对于托儿所、幼儿园、中小学及儿童专用活动场所的楼梯，当梯井宽度大于 $0.20m$ 时，必须采取防止少年儿童攀滑的措施。

2. 楼梯平台的深度 楼梯平台是连接楼地面与梯段端部的水平部分，有中间平台和楼层平台，平台深度不应小于楼梯梯段的宽度，并不应小于 $1.2m$，当有搬运大型物件需要时应适当加宽。但直跑楼梯的中间平台深度以及通向走廊的开敞式楼梯的楼层平台深度，可不受此限制，如图2-5-6所示。

3. 楼梯的坡度与踏步尺寸 楼梯的坡度是指梯段的坡度，即楼梯段的倾斜角度，如图2-5-7所示。它有两种表示方法，即角度法和比值法。用楼梯段与水平面的倾斜夹角来表示楼梯坡度的方法称为角度法；用楼梯段在垂直面上的投影高度与在水平面上的投影长度的比值来表示楼梯坡度的方法称为比值法。一般来说，楼梯的坡度越大，楼梯段的水平投影长度越短，楼梯占地面积就越小，越经济，但行走吃力；反之，楼梯的坡度越小，行走较舒适，但占地面积大，不经济。所以，在确定楼梯坡度时，应综合考虑使用和经济因素。

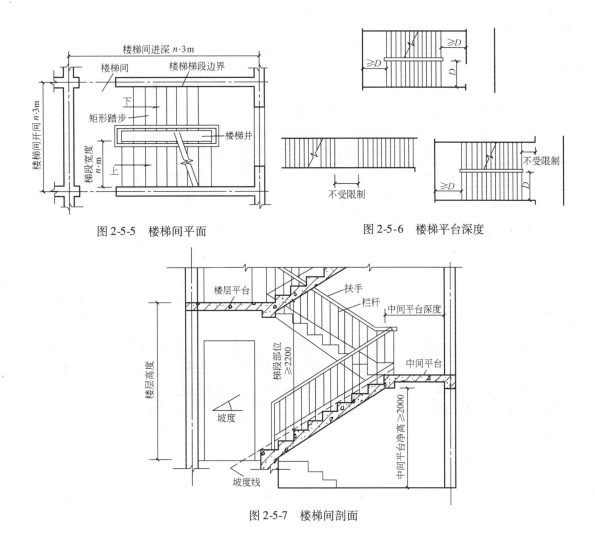

图 2-5-5　楼梯间平面　　　　　　图 2-5-6　楼梯平台深度

图 2-5-7　楼梯间剖面

　　一般楼梯的坡度范围在 23°～45°，适宜的坡度为 30°左右。坡度过小时(小于 23°)，可做成坡道；坡度过大时(大于 45°)，可做成爬梯。公共建筑的楼梯坡度较平缓，常用26°34′(正切为 1/2)左右。住宅中的共用楼梯坡度可稍陡些，常用 33°42′(正切为 2/3)左右。

　　楼梯坡度一般不宜超过 38°，供少量人流通行的内部交通楼梯，坡度可适当加大。楼梯、坡道、爬梯的坡度范围如图 2-5-8 所示。

　　楼梯的坡度取决于踏步的高度与宽度之比，因此必须选择合适的踏步尺寸以控制坡度。踏步高度与人们的步距有关，宽度则应与人脚长度相适应。确定和计算踏步尺寸的方法和公式有很多，通常采用两倍的踏步高度加踏步宽度等于一般人行走时的步距的经

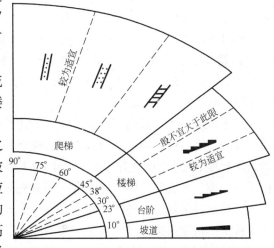

图 2-5-8　楼梯、台阶和坡道坡度的适用范围

验公式确定，即

$$2h + b = 600 \sim 620 \text{mm}$$

式中　h——踏步高度；

　　　b——踏步宽度。

$600 \sim 620$mm 为一般人行走时的平均步距。

民用建筑中，楼梯踏步的最小宽度与最大高度的限制值，见表 2-5-1。

表 2-5-1　楼梯踏步的最小宽度和最大高度的限制值　　　　　　　　（单位：mm）

楼 梯 类 别	最小宽度	最大高度
住宅公用楼梯	260	175
幼儿园、小学校等楼梯	260	150
电影院、剧场、体育馆、商场、医院、旅馆和大中学校等楼梯	280	160
其他建筑楼梯	260	170
专用疏散楼梯	250	180
服务楼梯、住宅套内楼梯	220	200

对成年人而言，楼梯踏步高度以 150mm 左右较为舒适，不应高于 175mm。踏步的宽度以 300mm 左右为宜，不应窄于 250mm。当踏步宽度过大时，将导致梯段长度增加；而踏步宽度过窄时，会使人们行走时产生危险。在实际中经常采用出挑踏步面的方法，使得在梯段总长度不变情况下增加踏步面宽，如图 2-5-9 所示。一般踏步的出挑长度为 20 ~ 30mm。

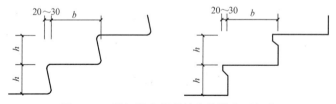

图 2-5-9　增加踏步宽度的出挑踏步面方法

4. 楼梯栏杆扶手的高度　楼梯栏杆扶手的高度，指踏步前沿至扶手顶面的垂直距离。楼梯扶手的高度与楼梯的坡度、楼梯的使用要求有关，很陡的楼梯，扶手的高度矮些，坡度平缓时高度可稍大。在 30°左右的坡度下常采用 900mm；儿童使用的楼梯一般为 600mm；一般室内楼梯 ≥900mm，通常取 1000mm。靠梯井一侧水平栏杆长度 >500mm，其高度 ≥1000mm，室外楼梯栏杆高 ≥1050mm。高层建筑的栏杆高度应再适当提高，但不宜超过 1200mm。

5. 楼梯的净高　楼梯的净高包括楼梯段间的净高和平台净高。楼梯段间的净高是指梯段空间的最小高度，即下层梯段踏步前缘至其正上方梯段下表面的垂直距离，梯段间的净高与人体尺度、楼梯的坡度有关；平台净高是指平台地面至上部结构最低点（通常为平台梁）的垂直距离。在确定这两个净高时，还应充分考虑人们肩扛物品对空间的实际需要，避免产生压抑感。我国规定，楼梯段间净高不应小于 2.2m，平台净高不应小于 2.0m，起止踏步前缘与顶部凸出物内边缘线的水平距离不应小于 0.3m，如图 2-5-10 所示。

当楼梯底层中间平台下做通道时，为使平台净高满足要求，常采用以下几种处理方法：

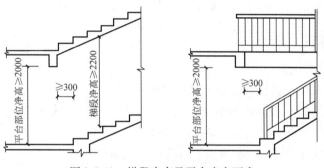

图 2-5-10　梯段净高及平台净高要求

（1）降低底层楼梯中间平台下的地面标高，即将部分室外台阶移至室内，如图 2-5-11a 所示。但应注意两点：其一，降低后的室内地面标高至少应比室外地面高出一级台阶的高度，即 100～150mm；其二，移至室内的台阶前缘线与顶部平台梁的内边缘之间的水平距离不应小于 300mm。

（2）增加楼梯底层第一个梯段踏步数量，即抬高底层中间平台，如图 2-5-11b 所示。

（3）将上述两种方法结合，即降低楼梯中间平台下的地面标高的同时，增加楼梯底层第一个梯段的踏步数量，如图 2-5-11c 所示。

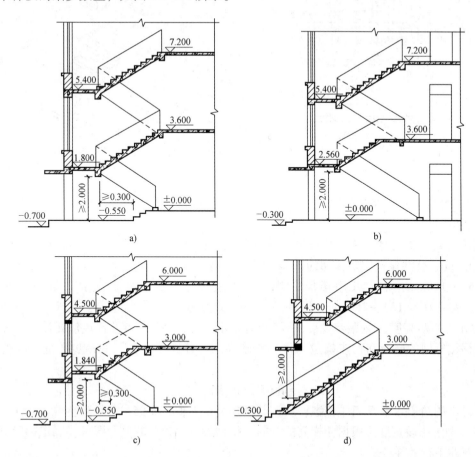

图 2-5-11　楼梯底层中间平台下做通道的几种处理方法

另外，也可考虑采用其他办法，如底层采用直跑楼梯等，如图 2-5-11d 所示。

5.1.6 楼梯的设计与实例分析

5.1.6.1 设计步骤及方法

1. 已知楼梯间开间、进深和层高，进行楼梯设计

（1）选择楼梯形式。根据已知的楼梯间尺寸，选择合适的楼梯形式。进深较大而开间较小时，可选用双跑平行楼梯，如图 2-5-12 所示；开间和进深均较大时，可选用双分式平行楼梯；进深不大且与开间尺寸接近时，可选用三跑楼梯。

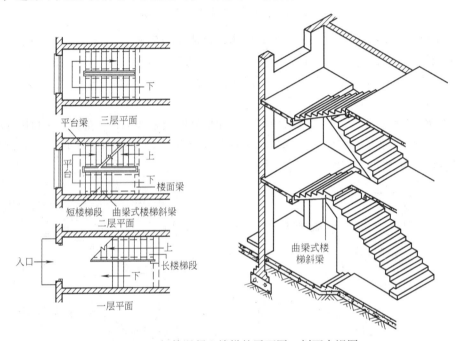

图 2-5-12　钢筋混凝土楼梯的平面图、剖面内视图

（2）确定踏步尺寸和踏步数量。根据建筑物的性质和楼梯的使用要求，确定踏步尺寸参见表 2-5-1。

通常公共建筑主要楼梯的踏步尺寸适宜范围为：踏步宽度 300mm、320mm，踏步高度 140～150mm；公共建筑次要楼梯的踏步尺寸适宜范围为：踏步宽度 280mm、300mm，踏步高度 150～170mm；住宅共用楼梯的踏步尺寸适宜范围为：踏步宽度 250mm、260mm、280mm，踏步高度 160～180mm。设计时，可选定踏步宽度，由经验公式 $2h + b = 600 \sim 620mm$（h 为踏步高度，b 为踏步宽度），可求得踏步高度，且各级踏步高度应相同。

根据楼梯间的层高和初步确定的楼梯踏步高度，计算楼梯各层的踏步数量，即踏步数量为

$$N = 层高(H)/踏步高度(h)$$

若得出的踏步数量 N 不是整数，可调整踏步高度 h 值，使踏步数量为整数。

（3）确定梯段宽度。根据楼梯间的开间、楼梯形式和楼梯的使用要求，确定梯段宽度。如双跑平行楼梯：

$$梯段宽度(B) = (楼梯间净宽 - 梯井宽)/2$$

楼梯井宽度一般为 100 ~ 200mm，梯段宽度应采用 1M 或 1/2M 的整数倍数。

（4）确定各梯段的踏步数量。根据各层踏步数量、楼梯形式等，确定各梯段的踏步数量。

如双跑平行楼梯的踏步数量为

$$各梯段踏步数量(n) = 各层踏步数量(N)/2$$

各层踏步数量宜为偶数。若为奇数，每层的两个梯段的踏步数量相差一步。

（5）确定梯段长度和梯段高度。根据踏步尺寸和各梯段的踏步数量，计算梯段长度和高度，计算式为：

$$梯段长度 = (该梯段踏步数量 n - 1) \times 踏步宽度 b$$
$$梯段高度 = 该梯段踏步数量 n \times 踏步高度 h$$

（6）确定平台深度。根据楼梯间的尺寸、梯段宽度等，确定平台深度。平台深度不应小于梯段宽度，对直接通向走廊的开敞式楼梯间而言，其楼层平台的深度不受此限制，如图 2-5-6 所示。但为了避免走廊与楼梯的人流相互干扰并便于使用，应留有一定的缓冲余地，此时，一般楼层平台深度至少为 500 ~ 600mm。

（7）确定底层楼梯中间平台下的地面标高和中间平台面标高。若底层中间平台下设通道，平台梁底面与地面之间的垂直距离应满足平台净高的要求，即不小于 2000mm。否则，应将地面标高降低，或同时抬高中间平台面标高。此时，底层楼梯各梯段的踏步数量、梯段长度和梯段高度需进行相应调整。

（8）校核。根据以上设计所得结果，计算出楼梯间的进深。

若计算结果比已知的楼梯间进深小，通常只需调整平台深度；当计算结果大于已知的楼梯间进深，而平台深度又无调整余地时，应调整踏步尺寸，按以上步骤重新计算，直到与已知的楼梯间尺寸一致为止。

（9）绘制楼梯间各层平面图和剖面图。楼梯平面图通常有底层平面图、标准层平面图和顶层平面图。

绘图时应注意以下几点：

1）尺寸和标高的标注应整齐、完整。平面图中应主要标注楼梯间的开间和进深、梯段长度和平台深度、梯段宽度和楼梯井宽度等尺寸，以及室内外地面、楼层和中间平台面等标高。剖面图中应主要标注层高、梯段高度、室内外地面高差等尺寸，以及室内外地面、楼层和中间平台面等标高。

2）楼梯平面图中应标注楼梯上行和下行指示线及踏步数量。上行和下行指示线是以各层楼面(或地面)标高为基准进行标注的，踏步数量应为上行或下行楼层踏步数。

3）在剖面图中，若为平行楼梯，当底层的两个梯段做成不等长梯段时，第二个梯段的一端会出现错步，错步的位置宜安排在二层楼层平台处，不宜布置在底层中间平台处，如图 2-5-12 所示。

2. 已知建筑物层高和楼梯形式，进行楼梯设计，并确定楼梯间的开间和进深

（1）根据建筑物的性质和楼梯的使用要求，确定踏步尺寸；再根据初步确定的踏步尺寸和建筑物的层高，确定楼梯各层的踏步数量。设计方法同上。

（2）根据各层踏步数量、梯段形式等，确定各梯段的踏步数量。再根据各梯段踏步数量和踏步尺寸计算梯段长度和梯段高度。楼梯底层中间平台下设通道时，可能需要调整底层各梯段的踏步数量、梯段长度和梯段高度，以使平台净高满足 2000mm 要求。设计方法同上。

（3）根据楼梯的使用性质、人流量的大小及防火要求，确定梯段宽度。通常住宅共用楼梯的梯段净宽不应小于 1100mm，不超过六层时，可不小于 1000mm。公共建筑的次要楼梯的梯段净宽不应小于 1100mm，主要楼梯梯段净宽一般不宜小于 1650mm。

（4）根据梯段宽度和楼梯间的形式等，确定平台深度。设计方法同上。

（5）根据以上设计所得结果，确定楼梯间的开间和进深。开间和进深应以 3M 为模数。

（6）绘制楼梯各层平面图和楼梯剖面图。

5.1.6.2 楼梯设计实例分析

【例 2-5-1】 如图 2-5-13 所示，某内廊式综合楼的层高为 3.60m，楼梯间的开间为 3.30m，进深为 6m，室内外地面高差为 450mm，墙厚为 240mm，轴线居中，试设计该楼梯。

【解】 （1）选择楼梯形式。对于开间为 3.30m，进深为 6m 的楼梯间，适合选用双跑平行楼梯。

（2）确定踏步尺寸和踏步数量。作为公共建筑的楼梯，初步选取踏步宽度 $b = 300$mm，由经验公式 $2h + b = 600$mm 求得踏步高度 $h = 150$mm，初步取 $h = 150$mm。各层踏步数量为

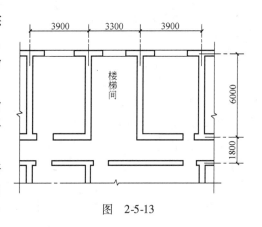

图 2-5-13

$$N = 层高 H/h = 3600/150 = 24（级）$$

（3）确定梯段宽度。取楼梯井宽为 160mm，楼梯间净宽为 $(3300 - 2 \times 120)$mm = 3060mm，则梯段宽度为

$$B = (3060 - 160)/2mm = 1450mm$$

（4）确定各梯段的踏步数量。各层两梯段采用等跑，则各层两个梯段踏步数量为

$$n_1 = n_2 = N/2 = 24/2 = 12（级）$$

（5）确定梯段长度和梯段高度。

梯段长度 $L_1 = L_2 = (n-1)b = (12-1) \times 300$mm = 3300mm

梯段高度 $H_1 = H_2 = n \times h = 12 \times 150$mm = 1800mm

（6）确定平台深度。中间平台深度 B_1 不小于 1450mm（梯段宽度），取 1600mm，楼梯平台深度 B_2 暂取 600mm。

（7）校核。

$$L_1 + B_1 + B_2 + 120mm = (3300 + 1600 + 600 + 120)mm = 5620mm < 6000mm（进深）$$

将楼层平台深度 B_2 加大至 600mm + (6000 - 5620)mm = 980mm。

由于层高较大，楼梯底层中间平台下的空间可有效利用，作为储藏空间。为增加净高，可降低平台下的地面标高至 -0.300。根据以上设计结果，绘制楼梯各层平面图和楼梯剖面图，见图 2-5-14（此图按三层综合楼绘制。设计时，按实际层数绘图）。

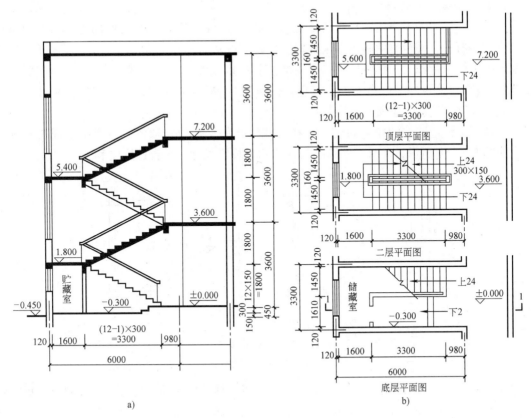

图 2-5-14　楼梯平面图和剖面图

a) 1—1 剖面图　b) 平面图

5.2　钢筋混凝土楼梯

楼梯是建筑中重要的安全疏散设施，对其自身耐火性能要求较高。钢材是非燃烧体，但受热后易变形，一般要经特殊的防火处理之后，才能用于制作楼梯。钢筋混凝土的耐火和耐久性能均好于木材和钢材，因此在民用建筑中大量采用钢筋混凝土楼梯。按施工方法不同，钢筋混凝土楼梯可分为现浇楼梯和预制装配式楼梯两大类。

由于建筑的层高、功能与楼梯间的开间、进深均对楼梯的尺寸有直接的影响，楼梯的平面形式多种多样，而且预制装配式钢筋混凝土楼梯消耗钢材量大、安装构造复杂、整体性差、不利于抗震，故预制装配式楼梯在实际中很少使用。目前建筑中较多采用的是现浇钢筋混凝土楼梯。

5.2.1　现浇钢筋混凝土楼梯

现浇钢筋混凝土楼梯是把楼梯段和楼梯平台整体浇筑在一起的楼梯，其整体性好、刚度大、抗震性能好，不需要大型起重设备，但施工进度慢、耗费模板多、施工程序较复杂。可以根据楼梯段的传力与结构形式的不同，将现浇钢筋混凝土楼梯分成板式和梁板式两种。

1. 板式楼梯 板式楼梯的梯段分别与两端的平台梁整浇在一起，由平台梁支承。梯段相当于是一块斜放的现浇板，平台梁是支座，如图 2-5-15a 所示。梯段内的受力钢筋沿梯段的长度方向布置，平台梁的间距即为梯段板的跨度。从力学和结构角度要求，梯段板的跨度大或梯段上使用荷载大，都将导致梯段板的截面高度加大。所以板式楼梯适用于荷载较小、建筑层高较小(建筑层高对梯段长度有直接影响)的情况，如住宅、宿舍建筑。板式楼梯梯段的底面平整、美观，也便于装饰。

为保证平台过道处的净空高度，可在板式楼梯的局部位置取消平台梁，形成折板式楼梯，如图 2-5-15b 所示，此时板的跨度为梯段水平投影长度与平台深度之和。

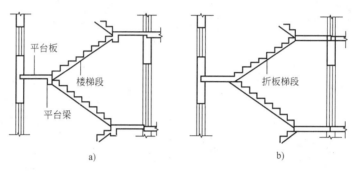

图 2-5-15　板式楼梯

a) 板式　b) 折板式

近年在公共建筑和庭园建筑的外部楼梯出现了一种造型新颖、具有空间感的悬臂板式楼梯，其特点是楼梯梯段和平台均无支承，完全靠上下梯段和楼梯平台组成的空间结构与上下层楼板共同受力。

2. 梁板式楼梯 梁板式楼梯在楼梯段两侧设有斜梁，斜梁搭在平台梁上。荷载由踏步经由斜梁再传到平台梁上，通过平台梁传给墙或柱。

楼梯段由踏步板和斜梁组成，斜梁一般设两根，位于踏步板两侧的下部，这时踏步外露，称为明步，如图 2-5-16a 所示。斜梁也可以位于踏步板两侧的上部，这时踏步被斜梁包在里面，称为暗步，如图 2-5-16b 所示。

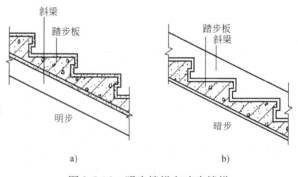

图 2-5-16　明步楼梯和暗步楼梯

a) 明步楼梯　b) 暗步楼梯

斜梁有时只设一根，通常有两种形式：一种是在踏步板的一侧设斜梁，将踏步板的另一侧搁置在楼梯间墙上，如图 2-5-17a 所示；另一种是将斜梁布置在踏步板的中间，踏步板向两侧悬挑，如图 2-5-17c 所示。单梁式楼梯受力较复杂，但外形轻巧、美观，多用于对建筑空间造型有较高要求的情况。

梁板式楼梯的楼梯板跨度小，适用于荷载较大、层高较大的建筑，如教学楼、商场等。

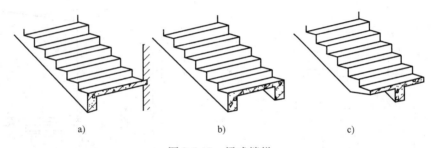

图 2-5-17 梁式楼梯

a）梯段一侧设斜梁　b）梯段两侧设斜梁　c）梯段中间设斜梁

5.2.2 预制装配式钢筋混凝土楼梯

预制装配式钢筋混凝土楼梯根据生产、运输、吊装和建筑体系的不同，有许多不同的构造形式。根据组成楼梯的构件尺寸及装配的程度，大致可分为小型构件装配式和中大型构件装配式两大类。

5.2.2.1 小型构件装配式楼梯

小型构件装配式楼梯主要有梁承式、墙承式和悬臂踏步式三种。

1. 梁承式楼梯 梁承式楼梯指梯段由平台梁支撑的楼梯构造方式。预制构件可按梯段（板式或梁板式梯段）、平台梁、平台板三部分进行划分，如图 2-5-18 所示。

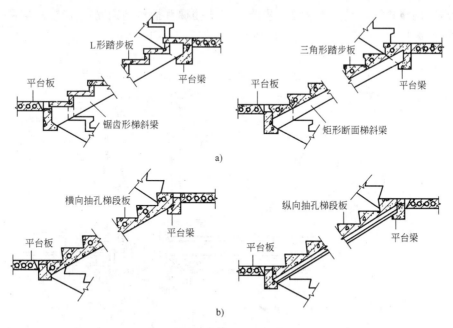

图 2-5-18 预制装配梁承式楼梯

a）梁板式梯段　b）板式梯段

2. 墙承式楼梯 墙承式楼梯指预制钢筋混凝土踏步板直接搁置在墙上的一种楼梯形式，其踏步板一般采用一字形、L 形断面，如图 2-5-19 所示。

由于在梯段之间有墙，这种楼梯搬运家具不方便，也阻挡视线，上下人流易相撞。通常

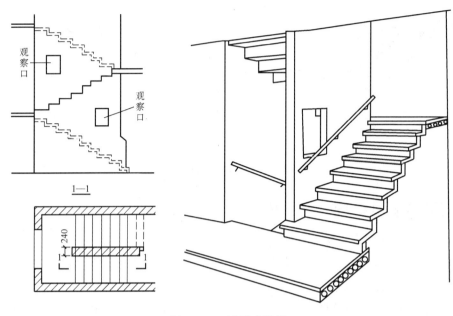

图 2-5-19　墙承式楼梯

在中间墙上开设观察口,以使上下人流视线流通。也可将中间墙两端靠平台部分局部收进,以使空间通透,有利于改善视线和搬运家具物品。但这种方式对抗震不利,施工也较麻烦。

3. 悬臂踏步式钢筋混凝土楼梯　悬臂踏步式楼梯系指预制钢筋混凝土踏步板一端嵌固于楼梯间侧墙上,另一端凌空悬挑的楼梯形式,如图 2-5-20 所示。

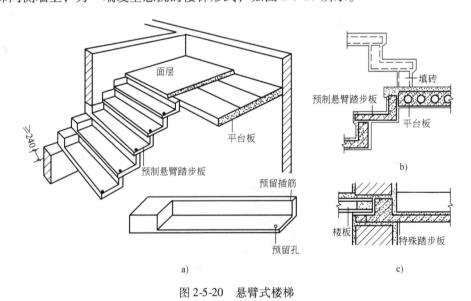

图 2-5-20　悬臂式楼梯

悬臂式楼梯用于嵌固踏步板的墙体厚度不应小于 240mm,踏步板悬挑长度一般≤1800mm。踏步板一般采用 L 形带肋断面形式,其入墙嵌固端一般做成矩形断面,嵌入深度 240mm。

5.2.2.2　中大型构件装配式楼梯

从小型构件改变为中大型构件,主要可以减少预制构配件的数量和种类,对于简化施工过程、提高工作效率、减轻劳动强度等非常有好处。

5.2.3　楼梯的细部构造

1. 踏步及踏面的防滑处理　踏步由踏面和踢面构成。建筑物中，楼梯踏面最容易受到磨损，影响行走和美观，所以踏面应耐磨、防滑，便于清洗，并应有较强的装饰性。楼梯踏面材料一般与门厅或走道的地面材料一致，常用的有水磨石、花岗石、大理石、瓷砖等，见图2-5-21。

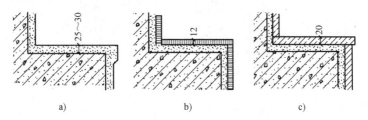

图 2-5-21　踏面面层的类型

a）水磨石面层　b）缸砖面层　c）花岗石、大理石或人造石面层

由于踏步面层比较光滑，行人容易滑跌，因此在踏步前缘应有防滑措施，尤其是人流较为集中的建筑物的楼梯。踏步前缘也是踏步磨损最厉害的部位，同时也容易受到其他硬物的破坏。设置防滑措施可以提高踏步前缘的耐磨程度，起到保护作用。常用的有两种防滑措施做法：一种是在距踏步面层前缘40mm处设2～3道防滑凹槽；另一种是在距踏步面前缘40～50mm处设防滑条，防滑条的材料可用金刚砂、金属条、陶瓷锦砖、硬橡胶条等，如图2-5-22所示。

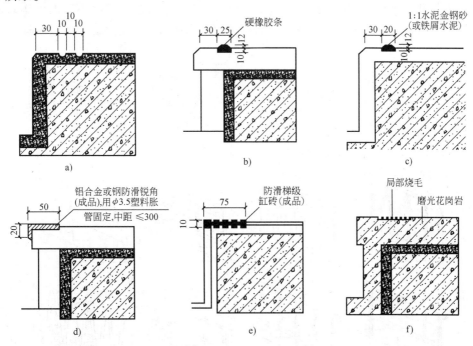

图 2-5-22　踏步防滑措施

a）水泥砂浆踏步面防滑槽　b）硬橡胶防滑条　c）水泥金刚砂防滑条　d）铝合金或钢筋防滑包角　e）缸砖面踏步防滑砖　f）花岗岩踏步烧毛贴面条

底层楼梯的第一个踏步常做成特殊的样式，或方或圆，以增加美观，栏杆或栏板也有变化，以增加多样性，如图 2-5-23 所示。

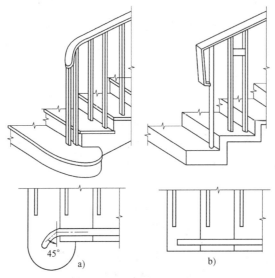

图 2-5-23 底层第一个踏步详图

2. 栏杆、栏板 栏杆和栏板是楼梯中保护行人上下安全的围护措施。栏杆多采用方钢、圆钢、钢管或扁钢等材料，并可焊接或铆接成各种图案，既起防护作用，又起装饰作用，如图 2-5-24 所示。对于住宅、托儿所、幼儿园、中小学及少年儿童专用活动场所的栏杆必须采用防止少年儿童攀登的构造，当采用垂直杆件做栏杆时，其杆间净距不应大于 0.11m。栏板多用钢筋混凝土或加筋砖砌体制作，也有用钢丝网水泥板的。钢筋混凝土栏板有预制和现浇两种。

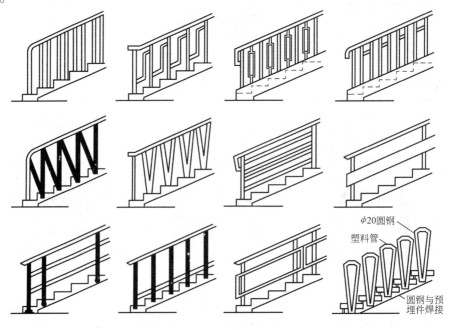

图 2-5-24 栏杆的形式

栏杆与梯段板的连接方式有锚接、焊接和栓接三种。

锚接是在梯段板上预留孔洞，然后将钢条插入孔内，预留孔一般为 $50mm \times 50mm$，插入孔内至少 $80mm$，孔内浇筑水泥砂浆或细石混凝土嵌固。焊接则是在浇筑楼梯踏步时，在需要设置栏杆的部位，沿踏面预埋钢板或在踏步内埋套管，然后将钢条焊接在预埋钢板或套管上。栓接系指利用螺栓将栏杆固定在踏步上，方式可有多种，见图 2-5-25。

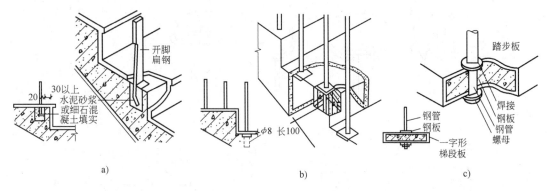

图 2-5-25　栏杆与踏步的连接方式

a）锚接　b）焊接　c）螺栓连接

3. 混合式　混合式是指栏杆和栏板两种形式的组合，栏杆竖杆作为主要抗侧力构件，栏板则作为防护和美观装饰构件，其栏杆竖杆常采用钢材或不锈钢等材料，其栏板部分常采用轻质美观材料制作，如木板、塑料贴面板、铝板、有机玻璃板和钢化玻璃板等，见图 2-5-26。

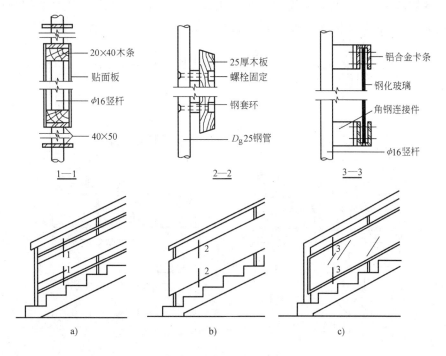

图 2-5-26　混合式构造

4. 扶手　楼梯扶手按材料分有木扶手、金属扶手、塑料扶手等，以构造分为栏杆扶手、栏板扶手和靠墙扶手等。

木扶手、塑料扶手借木螺钉通过扁钢与漏空栏杆连接；金属扶手则通过焊接或螺钉连接；靠墙扶手则由预埋的扁钢借木螺钉来固定。栏板上的扶手多采用抹水泥砂浆或水磨石粉面的处理方式，见图2-5-27。

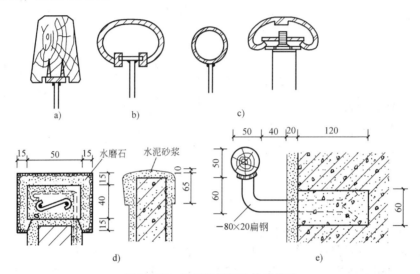

图 2-5-27　栏杆及栏板的扶手构造

a）木扶手　b）塑料扶手　c）金属扶手　d）栏板扶手　e）靠墙扶手

5. 楼梯的基础　楼梯的基础简称梯基。梯基的做法有两种：一是楼梯直接设砖、石或混凝土基础；另一种是楼梯支承在钢筋混凝土基础梁上，如图2-5-28所示。

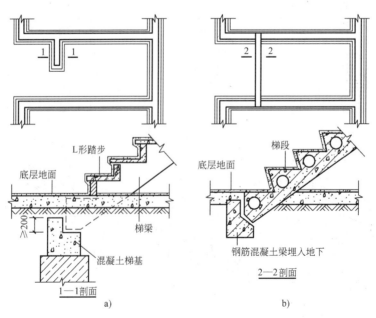

图 2-5-28　梯基的构造

5.3 台阶与坡道

台阶与坡道是建筑物出入口的辅助配件，用于解决由于建筑物地坪高差形成的出入问题。一般多采用台阶，当有车辆出入或高差较小时，可采用坡道。台阶与坡道的形式如图2-5-29所示。

台阶与坡道在雨天也一样使用，所以面层材料必须防滑，坡道表面常做成锯齿形或带防滑条。

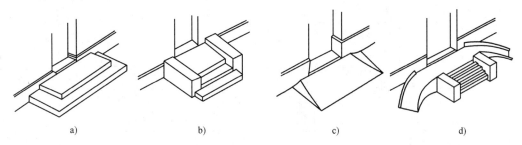

图2-5-29　台阶与坡道的形式
a）三面踏步式　b）单面踏步式　c）坡道式　d）踏步坡道结合式

5.3.1 台阶

室外台阶由平台和踏步组成。平台面应比门洞口每边宽出500mm左右，并比室内地面低20～50mm，向外做出约1%的排水坡度。由于处在人流较为集中的建筑物出入口处，其坡度应较缓。台阶踏步宽一般取300～400mm，高度取值不超过150mm。当台阶高度超过1m时，宜设置护栏设施。

室外台阶应在建筑物主体工程完成后再进行施工，并与主体结构之间留出约10mm的沉降缝。台阶易受雨水侵蚀、日晒、霜冻等影响，其面材应考虑用防滑、抗风化、抗冻融强的材料制作，如水泥砂浆面层、水磨石面层、防滑地砖面层、斩假石面层、天然石材面层等，如图2-5-30a、b所示。台阶的构造与地面构造基本相同，由基层、垫层和面层等组成。一般用素土夯实或用三合土或灰土夯实做成基层，用C10素混凝土做垫层即可。对于较大型的台阶或地基土质较差的台阶，可视情况改C10素混凝土为C15钢筋混凝土或架空做成钢筋混凝土台阶；对于严寒地区的台阶需考虑地基土冻胀因素，可改用含水率低的砂石垫层至冰冻线以下，如图2-5-30c、d所示。

室外台阶是建筑出入口处室内外高差之间的交通联系部件，属于垂直交通设施之一。由于其位置明显，人流量大，须慎重处理。一般不直接紧靠门口设置台阶，应在出入口前留1m宽以上平台作为缓冲；在人员密集的公共场所、观众厅的入场门口、太平门，在紧靠门口1.4m范围内不应设置踏步；室内外高差较少，不经常开启的外门可在距外墙面0.3m以外设踏步。入口平台的表面应作成向室外倾斜1%～4%的坡度，以利排水。

5.3.2 坡道

室外门前为便于车辆进出，常作坡道。坡道多为单面坡形式，极少三面坡的。坡道坡度

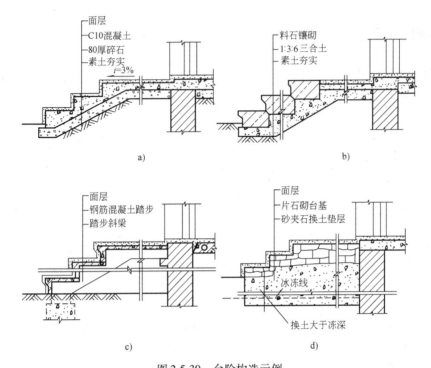

图 2-5-30　台阶构造示例

a）混凝土台阶　b）石砌台阶　c）钢筋混凝土架空台阶　d）换土地基台阶

应以有利于车辆通行为佳，一般为 1/12～1/6，也有 1/30 的。还有些大型公共建筑，为汽车能在大门入口处通行，常采用台阶与坡道相结合的形式，即台阶与坡道同时应用，平台的左右设置坡道，正面做台阶。

1. 坡道的分类　坡道按照其用途的不同，可以分成行车坡道和轮椅坡道两类。

行车坡道分为普通行车坡道与回车坡道两种，如图 2-5-31 所示。前者布置在有车辆进出的建筑入口处，如车库、库房等。回车坡道与台阶踏步组合在一起，布置在某些大型公共建筑的入口处，如办公楼、旅馆、医院等。轮椅坡道是专供乘坐轮椅的人员使用的。

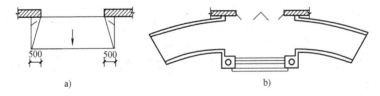

图 2-5-31　行车坡道

a）普通行车坡道　b）回车坡道

2. 坡道的尺寸和坡度　普通行车坡道的宽度应大于所连通的门洞口宽度，一般每边至少 $\geqslant 500$mm。坡道的坡度与建筑的室内外高差及坡道的面层处理方法有关。光滑材料坡道 $\leqslant 1:12$；粗糙材料坡道（包括设置防滑条的坡道）的坡度 $\leqslant 1:6$；带防滑齿坡道的坡度 $\leqslant 1:4$。

回车坡道的宽度与坡道半径及车辆规格有关，坡道的坡度应 $\leqslant 1:10$。轮椅坡道的宽度不应小于0.9m。每段坡道的坡度、允许最大高度和水平长度应符合表2-5-2的规定；当坡道的高度和长度超过表2-5-2的规定时，应在坡道中部设休息平台，其深度不应小于1.20m；坡道在转弯处应设休息平台，其深度不应小于1.50m。在坡道的起点和终点，应留有深度不小于1.50m的轮椅缓冲地带；在坡道两侧0.9m高度处设扶手，如图2-5-32所示，两段坡道之间应扶手保持连贯；坡道起点和终点处扶手应水平延伸0.3m以上。坡道两侧临空时，在栏杆下端设高度不小于50mm的安全挡台。

表 2-5-2　坡道的坡度与长度之比

坡道坡度（高/长）	1/8	1/10	1/12
每段坡道允许高度/m	0.35	0.60	0.75
每段坡道允许水平长度/m	2.8	6.00	9.00

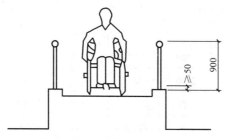

图 2-5-32　坡道扶手和安全挡台

3. 坡道的构造　坡道材料常见的有混凝土或石块等，面层亦以水泥砂浆居多，对经常处于潮湿环境、坡度较陡或采用水磨石作面层的，在其表面必须作防滑处理，如图2-5-33所示。

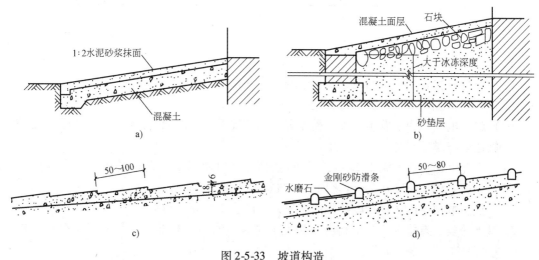

图 2-5-33　坡道构造

a）混凝土坡道　b）块石坡道　c）锯齿防滑坡道　d）防滑条坡道

5.4 电梯与自动扶梯

5.4.1 电梯

为了解决人们上下楼时的体力及时间消耗问题，对于住宅七层以上(含七层)、楼面高度16m以上、标准较高的建筑和有特殊需要的建筑等，一般设置电梯。

对于高层住宅应该根据层数、人数和面积米确定如何设置。一部电梯的服务人数在400人以上，服务面积在 $450\sim500m^2$，服务层数应在10层以上，比较经济。

设置电梯的建筑，楼梯还应照常规做法设置。常见电梯产品数据见表2-5-3 图2-5-34 所示为电梯的构造。

表 2-5-3　常见电梯产品数据

额定速度 /(m/s)	额定起重量 /kg	轿厢/mm		井道/mm		机房/mm		厅门/mm	
		A	B	A_1	B_1	A_2	B_2	M	Mi
1	500	1250	1450	1700	1950	3000	4500	750	900
1, 1.5, 1.75	750	1750	1450	2200	1950	3500	4500	1000	1200
1, 1.5, 1.75	1000	1750	1650	2200	2200	3500	4500	1000	1200
1, 1.5	1500	2100	1850	2600	2400	3500	4500	1100	1300

额定速度/(m/s)	顶层高 H_1/mm	底坑深 H_2/mm
1	4600	1450
1.5	5300	1800
1.75	5500	2100

5.4.1.1 电梯的类型

1. 按使用性质分

(1) 客梯：主要用于人们在建筑物中的垂直联系。

(2) 货梯：主要用于运送货物及设备。

(3) 消防电梯：用于发生火灾、爆炸等紧急情况下安全疏散人员和消防人员紧急救援。

2. 按电梯行驶速度分

(1) 高速电梯：速度大于2m/s，梯速随层数增加而提高，消防电梯常用高速。

(2) 中速电梯：速度在2m/s之内，一般货梯速度按中速考虑。

(3) 低速电梯：运送食物电梯常用低速，速度在1.5m/s以内。

3. 其他分类　有按单台、双台分；按交流电梯、直流电梯分；按轿厢容量分；按电梯门开启方向分等。

4. 观光电梯　观光电梯是把竖向交通工具和登高流动观景相结合的电梯。透明的轿厢使电梯外景观全方位呈现。

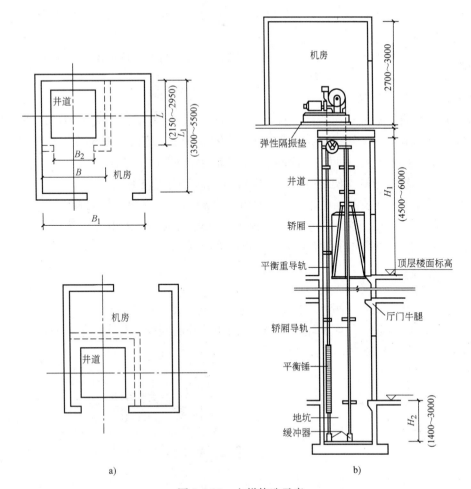

图 2-5-34　电梯构造示意

a）平面　b）通过电梯门剖面(无隔声层)

5.4.1.2　电梯的组成

1. 电梯井道　电梯井道是电梯运行的通道，井道内包括出入口、电梯轿厢、导轨、导轨撑架、平衡锤及缓冲器等。不同用途的电梯，井道的平面形式不同，见图 2-5-35。

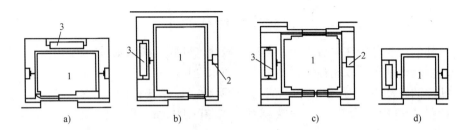

图 2-5-35　电梯分类及井道平面

a）客梯(双扇推拉门)　b）病床梯(双扇推拉门)　c）货梯(中分双扇推拉门)　d）小型杂物货梯

1—轿厢　2—导轨及支架　3—平衡重

2. 电梯机房　电梯机房一般设在井道的顶部。机房和井道的平面相对位置允许机房任意向一个或两个相邻方向伸出，并满足机房有关设备安装的要求。机房楼板应按机器设备要求的部位预留孔洞。

3. 井道地坑　考虑电梯停靠时的冲力，井道地坑在最底层平面标高下≥1.4m，作为轿厢下降时所需的缓冲器的安装空间。

4. 组成电梯的有关部件

（1）轿厢是直接载人、运货的厢体。电梯轿厢应造型美观，经久耐用。轿厢采用金属框架结构，内部用光洁有色钢板壁面或有色有孔钢板壁面、花格钢板地面，荧光灯局部照明以及不锈钢操纵板等。入口处则采用钢材或坚硬铝材制成的电梯门槛。

（2）井壁导轨和导轨支架是支撑、固定轿厢上下升降的轨道。

（3）牵引轮及其钢支架、钢丝绳、平衡锤、轿厢门、检修起重吊钩等。

（4）有关电器部件。交流电动机、直流电动机、控制柜、继电器、选层器、动力、照明、电源开关、厅外层数指示灯和厅外上下召唤盒开关等。

5.4.2　自动扶梯

自动扶梯适用于车站、码头、空港、商场等人流量大的建筑层间，是连续运输效率高的载客设备。自动扶梯可正、逆方向运行，停机时可当作临时楼梯行走。平面布置可单台设置或双台并列，如图 2-5-36 所示。

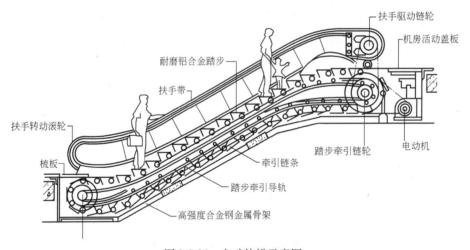

图 2-5-36　自动扶梯示意图

自动扶梯的机房悬挂在楼板下面，楼层下做装饰外壳，底层则做地坑。机房上方的自动扶梯口处应做活动地板，以利检修，地坑应作防水处理。

自动扶梯的驱动方式分为链条式和齿条式两种。自动扶梯的角度有 27.3°、30°、35°，其中 30° 是优先选用的角度。自动扶梯的宽度有 600mm（单人）、800mm（单人携物）、1000mm、1200mm（双人）。

自动扶梯一般设在室内，也可以设在室外。根据自动扶梯在建筑中的位置及建筑平面布局，自动扶梯的布置方式主要有以下几种：

（1）并联排列式，见图 2-5-37a：楼层交通乘客流动可以连续，升降两方向交通均分离清楚，外观豪华，但安装面积大。

（2）平行排列式，见图2-5-37b：安装面积小，但楼层交通不连续。

（3）串联排列式，见图2-5-37c：楼层交通乘客流动可以连续。

（4）交叉排列式，见图2-5-37d：乘客流动升降两方向均为连续，且搭乘场地相距较远，升降客流不发生混乱，安装面积小。

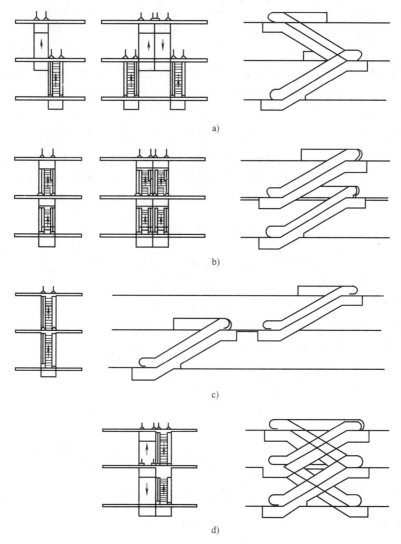

图 2-5-37　自动扶梯的布置方式

a）并联排列式　b）平行排列式　c）串联排列式　d）交叉排列式

小　结

1. 楼梯作为建筑物垂直交通设施之一，应满足交通和疏散的要求，一般由楼梯段、平台及栏杆（或栏板）三部分组成。梯段、踏步、平台、净空高度等多个尺寸均应满足相关要求。

2. 钢筋混凝土楼梯包括现浇钢筋混凝土楼梯和预制装配式钢筋混凝土楼梯。现浇钢筋混凝土楼梯根据楼梯段的传力与结构形式的不同，分成板式和梁板式楼梯两种。预制装配式钢筋混凝土楼梯由组成楼梯的构件尺寸及装配的程度，大致可分为小型构件装配式和中大型构件装配式两大类。

3. 室外台阶由踏步和平台组成。其形式有单面踏步式、三面踏步式等。台阶坡度较楼梯平缓，每级踏步高为 100~150mm，踏步面宽为 300~400mm。当台阶高度超过 1m 时，宜有护栏设施。

4. 坡道多为单面坡形式，极少三面坡的，坡道坡度应以有利于车辆通行为佳，一般为 1/12~1/6，也有 1/30 的。还有些大型公共建筑，为汽车能在大门入口处通行，常采用台阶与坡道相结合的形式。

5. 对于住宅七层以上（含七层）、楼面高度 16m 以上、标准较高的建筑和有特殊需要的建筑等，一般设置电梯。对于高层住宅应该根据层数、人数和面积来确定如何设置。一部电梯的服务人数在 400 人以上，服务面积在 450~500m^2，服务层数应在 10 层以上，比较经济。电梯的组成一般由电梯井道、电梯机房、井道地坑及其他有关零部件。

思 考 题

1. 楼梯的作用是什么？主要是由哪几部分组成？
2. 楼梯是怎样分类的？
3. 楼梯和坡道的坡度范围是多少？楼梯的适宜坡度是多少？
4. 楼梯段的最小净宽有何规定？平台宽度和梯段宽度的关系如何？
5. 楼梯的净空高度有哪些规定？如何调整首层通行平台下的净高？
6. 现浇钢筋混凝土楼梯有哪几种？在荷载的传递上有何不同？
7. 简述室外台阶的构造，并图示。
8. 踏步的防滑措施有哪些？各有何特点？

设计作业二　楼梯设计作业指导

依据下列条件和要求，设计某住宅的钢筋混凝土双跑楼梯。

一、设计条件

该住宅为六层砖混结构，层高 2.8m，楼梯间 2700mm×5400mm。墙体均为 240mm 砖墙，轴线居中，底层设有住宅出入口，室内外高差 600mm。

二、设计内容及难度要求

用一张 A2 图纸完成以下内容：

1. 楼梯间底层、标准层和顶层三个平面图，比例 1:50。

（1）绘出楼梯间的墙、门窗、踏步、平台、栏杆的扶手等。底层平面图还应绘出室外台阶或坡道、部分散水的投影等。

（2）标注两道尺寸线。

开间方向：

第一道：细部尺寸，包括梯段宽、楼梯井宽和墙内缘至轴线尺寸；

第二道：轴线尺寸。

进深方向：

第一道：细部尺寸，包括梯段长度、平台深度和墙内缘至轴线的尺寸；

第二道：轴线尺寸。

（3）内部标注楼层和中间平台标高、室内外地面标高，标注楼梯上下行指示线，并注明该层楼梯的踏步数和踏步尺寸。

（4）注写图名、比例，底层平面图还应标注剖切符号。

2. 楼梯间剖面图，比例 1：30

（1）绘出梯段、平台、栏杆扶手，室内外地面、室外台阶或坡道、雨篷以及剖切到投影所见的门窗、楼梯间墙等，剖切到的部分用材料图例表示。

（2）标注两道尺寸线

水平方向：

第一道：细部尺寸，包括梯段长度、平台宽度和墙内缘至轴线尺寸。

第二道：轴线尺寸。

垂直方向：

第一道：各梯段的级数及高度。

第二道：层高尺寸。

（3）标注各楼层和中间平台标高、室内外地面标高、底层平台梁底标高、栏杆扶手高度等。注写图名和比例。

3. 楼梯构造节点详图(2～5个)，比例 1：10。

要求表示清楚各细部构造、标高有关尺寸和做法说明。

三、图纸内容

1. 楼梯底层平面图、二层平面图、及顶层平面图 1：50。

2. 楼梯剖面图(屋顶可断开不画)1：30 或 1：50。

3. 楼梯详图(包括栏杆详图、栏杆与扶手连接详图、栏杆与梯段连接详图)。

四、图纸要求

1. 采用 A2 图幅，手绘图纸或 CAD 绘图。

2. 图面要求字迹工整、图样布局均匀，线型粗细及材料图例等应符合施工图要求及建筑制图国家标准。

五、几点提示

1. 楼梯平面图应绘出楼梯间的墙体、住宅入户门洞(宽度 900mm)、楼梯段平面、踏步及休息平台外墙栏板或窗洞等；标出开间、进深尺寸(画轴线圆圈,不编号)、墙厚、梯段宽度、梯段长度(含踏步宽度)、梯井宽度、平台宽度、楼梯上下箭头方向及步数；标出楼面、地坪、休息平台表面及室内外地坪标高；画出雨篷轮廓线及尺寸(二层平面)、门洞出口处室外坡道轮廓线(底层平面);标出剖面图的剖切位置符号。

2. 楼梯剖面图应绘出剖到及未剖到的梯段、踏步;剖到的楼板、平台板、平台梁、墙体、栏板(或窗洞)及门洞(包括过梁及雨篷)、室内外地坪坡道等;标出各梯段的高度(含踏步高度)、进深尺寸;标出门洞顶部标高、楼地面标高、休息平台标高、室内外地坪标高;标出详图索引符号。

3. 楼梯详图可合成一个详图。主要表示栏杆、扶手形式、材料及尺寸;面层做法及栏杆与扶手、栏杆与梯段的连接等。

六、主要参考资料

1.《建筑构造与识图》教材。

2. 建筑设计资料集(3)中国建筑工业出版社(第 2 版)。

3. 标准图集:住宅建筑构造(03J930—1)、楼梯建筑构造(99SJ403)。

第6章 屋 顶

学习目标要求

1. 掌握平屋顶的排水构造。
2. 掌握卷材防水屋面和刚性防水屋面的构造。
3. 掌握坡屋顶的类型和节点构造。

学习重点与难点

本章重点是：平屋顶的坡度形式，卷材防水屋面和刚性防水屋面的构造组成，坡屋顶的承重结构体系。**本章难点是：**平屋顶的排水构造，坡屋顶的排水节点构造。

6.1 屋顶概述

6.1.1 屋顶的作用

屋顶位于房屋的最顶部，是房屋最上层的水平围护结构，也是房屋的重要组成部分。屋顶的作用有三个方面：

（1）承重作用。承受作用于屋顶上的荷载，包括风、雪、检修、设备荷载和屋顶自重等。

（2）维护作用。能抵御自然界的风霜雨雪、太阳辐射热和冬季低温等各种不利因素对建筑物的影响。

（3）美观作用。屋顶的形式对建筑立面和整体造型有重要影响，可以使房屋形体美观、造型协调。

6.1.2 屋顶的设计要求

屋顶在构造上需要满足防水、保温、隔热、隔声以及防火等要求。在结构上需要满足构件的强度、刚度和整体空间的稳定性要求。在立面和整体造型上，要满足美观的要求。总之，屋顶设计时要力求做到自重轻、构造简单、施工方便、就地取材、造价经济、抗震性能良好。

6.1.3 屋顶的类型

1. 根据屋顶的外形和坡度划分 屋顶可分为平屋顶、坡屋顶和曲面屋顶，如图 2-6-1 所示。

（1）平屋顶的屋面应采用防水性能好的材料，但为了排水也要设置坡度，平屋顶的屋面坡度小于 5%，常用的坡度范围为 2%~5%，其一般构造是用现浇或预制的钢筋混凝土屋

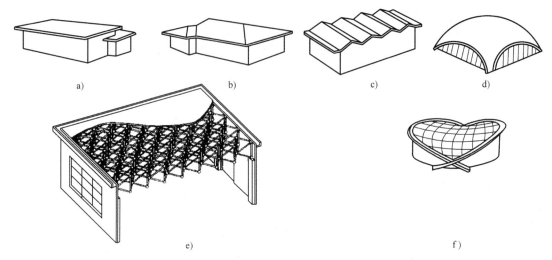

图 2-6-1　屋顶形式

a）平屋顶　b）坡屋顶　c）折板　d）壳体　e）网架　f）悬索

面板作基层，上面铺设卷材防水层或其他类型防水层。

（2）坡屋顶是常用的屋顶类型，屋面顶度大于10%，有单坡、双坡、四坡、歇山等多种形式，单坡顶用于小跨度的房屋，双坡和四坡顶用于跨度较大的房屋。坡屋顶的屋面多以各种小块瓦为防水材料，所以坡度一般较大，如以波形瓦、镀锌钢板等为屋面防水材料时，坡度可以较小，坡屋顶排水快，保温、隔热性能好，但是承重结构的自重较大，施工难度也较大。

（3）曲面屋顶是由各种薄壳结构、悬索结构、拱结构和网架结构作为屋顶承重结构的屋顶，如双曲拱屋顶、球形网壳屋顶、扁壳屋顶、鞍形悬索屋顶等，这类结构的内力分布合理，能充分发挥材料的力学性能，因而能节约材料，但是，这类屋顶施工复杂，故常用于大体量的公共建筑。

2. 根据屋面防水材料划分　屋面可分为柔性防水屋面、刚性防水屋面、瓦屋面、波形瓦屋面、金属薄板屋面、粉剂防水屋面等。

（1）柔性防水屋面是用防水卷材或制品做防水层，如沥青油毡、橡胶卷材、合成高分子防水卷材等，这种屋面有一定的柔韧性。

（2）刚性防水屋面是用细石混凝土等刚性材料作防水层，构造简单，施工方便，造价低，但这种做法韧性差，屋面易产生裂缝而渗漏水，在寒冷地区应慎用。

（3）瓦屋面使用的瓦有平瓦、小青瓦、筒板瓦、平板瓦、石片瓦等。其中，最常用的是平瓦。瓦屋面的坡度，一般大于10%，瓦屋面都是坡屋面。

（4）波形瓦屋面有石棉水泥瓦、镀锌钢板波形瓦、钢丝瓦、水泥波形瓦、玻璃钢瓦等，波形瓦的尺寸，一般长为1200～2800mm，宽为660～1000mm，波形瓦重量轻，耐久性能好，是良好的非导体，非燃烧体，不受潮湿与煤烟侵蚀，但易折断破裂，保温、隔热性能差。

（5）金属薄板屋面是用镀锌钢板，涂塑薄钢板，铝合金板和不锈钢板等作屋面，常采用折叠接合，使屋面形成一个密闭的覆盖层。这种屋面的坡度可小些，在10%～20%之间，可用于曲面屋顶。

（6）粉剂防水屋面是用一种松散粉末状防水材料作防水层的屋面，具有良好的耐久性和应变性。

6.1.4 平屋顶的组成

平屋顶一般由屋面、承重结构和顶棚三个基本部分组成，当对屋顶有保温、隔热等要求时，需要加设附加层以满足相应设计要求。做法是结构层在下，防水层在上，其他层次位置视具体情况而定，如图2-6-2所示。

1. 顶棚 位于屋顶的底部，用来满足室内对顶部的平整度和美观要求。按照顶棚的构造形式不同，分为直接式顶棚和悬吊式顶棚。

2. 承重结构层 平屋顶的承重结构层，一般采用钢筋混凝土梁板。要求具有足够的承载力、刚度、减少板的挠度和形变，可以在现场浇筑，也可以采用预制装配结构。因屋面防水和防渗漏要求需接缝少，故采用现浇式屋面板为佳，平屋顶承重结构层构造简单、施工方便，适应建筑工业化的发展。

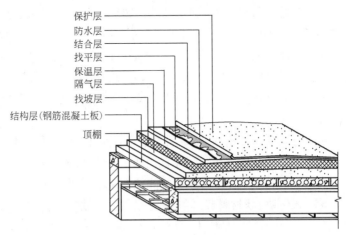

保护层
防水层
结合层
找平层
保温层
隔气层
找坡层
结构层（钢筋混凝土板）
顶棚

图 2-6-2 平屋顶基本构造

3. 找坡层 平屋面的排水坡度分结构找坡和材料找坡，结构找坡要求屋面结构按屋面坡度设置，材料找坡常利用屋面保温铺设厚度的变化完成，如1:6水泥焦渣或1:8水泥膨胀珍珠岩。

4. 防水层 屋顶通过面层材料的防水性能达到防水的目的。由于平屋顶的坡度小，排水流动缓慢，是典型的以"阻"为主的防水系统，因而要加强屋面的防水构造处理。平屋顶通常将整个屋面用防水材料覆盖，所有接缝或防水层分仓缝用防水胶结材料严密封闭。平屋顶应选用防水性能好和大片的屋面材料，采取可靠的构造措施来提高屋面的抗渗能力。目前在北方地区，则多采用沥青卷材的屋面面层，称柔性防水层，而在南方地区常采用水泥砂浆或混凝土浇筑的整体屋面面层，称刚性防水层。

（1）柔性防水层指采用有一定韧性的防水材料隔绝雨水，防止雨水渗漏到屋面下层。由于柔性材料允许有一定变形，所以在屋面基层结构变形不大的条件下可以使用。柔性防水层的材料主要有防水卷材和防水涂料两类。

1）防水卷材有沥青防水卷材、高聚物改性沥青防水卷材和合成高分子防水卷材。沥青防水卷材是用原纸、纤维织物、纤维毡等胎基材料浸涂沥青等制成的卷材，又称油毡。高聚物改性沥青防水卷材，防水使用年限可达15年，以纤维织物或纤维毡为胎基，以合成高分子聚合物改性沥青为涂盖层，以粉状、粒状、片状或薄膜材料为覆盖材料制成的卷材。合成高分子防水卷材，防水年限长达25~30年，是以合成橡胶、合成树脂或它们两者的共混体为基料制成的卷材，合成高分子防水卷材属高档防水涂料，其特点是适应变形能力强，低温柔性好。

2）防水涂料有合成高分子防水涂料和高聚物改性沥青防水涂料。合成高分子防水涂料：以合成橡胶或合成树脂为主要成膜物质，配制成的单组分或多组分的防水涂料，如丙烯酸防水涂料。高聚物改性沥青防水涂料：以沥青为基料，用合成高分子聚合物进行改性，配制成的水乳型或溶剂型防水涂料，如 SBS 改性沥青防水涂料。

（2）刚性防水层是采用细实混凝土现浇而成的防水层。刚性防水层的材料有：普通细石混凝土防水层、补偿收缩防水混凝土防水层、块体刚性防水层和配筋钢纤维刚性防水层。

1）普通细石混凝土防水层是指 C20 级普通细石混凝土，又称豆石混凝土。混凝土中可掺加膨胀剂或防水剂等，内配 Φ6 中距 100～200mm 钢筋网片。

2）补偿收缩防水混凝土防水层是在细石混凝土中加入膨胀剂，使之微膨胀，达到补偿混凝土收缩的目的，并使混凝土密实，提高混凝土的抗裂性和抗渗性。

3）块体刚性防水层是通过底层防水砂浆、块体和面层防水砂浆共同工作，发挥作用而防水的防水层。

4）配筋钢纤维刚性防水层做法同配筋刚性防水层，但混凝土内掺钢纤维，每立方米细石混凝土掺 50kg 钢纤维。纤维直径 0.3mm，长 30mm。

5. 保温（隔热）层 保温层或隔热层应设在屋顶的承重结构层与面层之间，一般采用松散材料、板（块）状材料或现场整浇三种，如膨胀珍珠岩、加气混凝土块、硬质聚氨酯泡沫塑料等，纤维材料容易产生压缩变形，采用较少。选用时应综合考虑材料来源，性能，经济等因素。

6. 找平层 找平层是为了使平屋面的基层平整，以保证防水层平整，使排水顺畅，无积水。找平层的材料有水泥砂浆、细石混凝土或沥青砂浆，如表 2-6-1 所示。找平层宜设分格缝，并嵌填密封材料。分格缝其纵横缝的最大间距：水泥砂浆或细石混凝土找平层，不宜大于 6m；沥青砂浆找平层，不宜大于 4m。

表 2-6-1 找平层厚度和技术要求   （单位：mm）

类　　别	基层种类	厚　度	技术要求
水泥砂浆找平层	整体混凝土	15～20	1:2.5～1:3（水泥:砂）体积比，水泥强度等级不低于 32.5 级
	整体或板状材料保温层	20～25	
	装配式混凝土、松散材料保温层	20～30	
细石混凝土找平层	松散材料保温层	30～35	混凝土强度等级不低于 C20
沥青砂浆找平层	整体混凝土	15～20	质量比为 1:8（沥青:砂）
	装配式混凝土板、整体或板状材料保温层	20～25	

7. 基层处理剂 基层处理剂是在找平层与防水层之间涂刷的一层粘结材料，以保证防水层与基层更好地结合，故又称结合层。增加基层与防水层之间的粘结力并堵塞基层的毛孔，以减少室内潮气渗透，避免防水层出现鼓泡。

8. 隔气层 为了防止室内的水蒸气渗透，进入保温层内，降低保温效果，采暖地区湿度大于 75% ~80%，屋面应设置隔气层。

9. 保护层　当柔性防水层置于最上层时，为了防止阳光的照射使防水材料日久老化或上人屋面，应在防水层上加保护层。保护层的材料与防水层面层的材料有关，如高分子或高聚物改性沥青防水卷材的保护层可用于保护涂料；沥青防水卷材冷粘时用云母或蛭石，热粘时用绿豆砂或砾石，合成高分子涂膜用保护涂料；高聚物改性沥青防水涂膜的保护层则用细砂、云母或蛭石。对上人的屋面则可铺砌块材，如混凝土板、地砖等作刚性保护层。

6.1.5　屋顶防水等级

根据建筑物的性质、重要程度、使用功能要求、防水层耐用年限、防火层选用材料和设防要求将屋面防水分为 4 个等级，见表 2-6-2。

表 2-6-2　屋面防水等级和设防要求

项　　目	屋面防水等级			
	I	II	III	IV
建筑物类别	特别重要的民用建筑和对防水有特殊要求的工业建筑	重要的工业与民用建筑、高层建筑	一般的工业与民用建筑	非永久性建筑
防水层耐用年限	25 年	15 年	10 年	5 年
防水层选用材料	宜选用合成高分子防水卷材、高聚物改性沥青防水卷材、合成高分子防水涂料、细石防水混凝土等	宜选用高聚物改性沥青防水卷材、合成高分子防水涂料、细石防水混凝土、平瓦等	应选用三毡四油沥青防水卷材、高聚物改性沥青防水涂料、刚性防水层、平瓦、油毡等	可选用二毡三油沥青防水卷材、高聚物改性沥青防水涂料、波形瓦等
设防要求	三道或三道以上防水设防，其中应有一道合成高分子防水卷材；且只能有一道厚度不小于 2mm 的合成高分子防水涂膜	二道防水设防，其中有一道卷材，也可采用压型钢板进行一道设防	一道防水设防，或两种防水料复合使用	一道防水设防

6.2　平屋顶的排水

6.2.1　平屋顶排水坡度的形成

屋顶坡度小于 5% 者称为平屋顶。一般平屋顶的坡度在 2% ~5% 之间。平屋顶的支承结构常用钢筋混凝土，大跨度常用钢结构屋架、平板屋架。梁板结构布置灵活，较简单，适合各种形状和大小的平面。建筑外观简洁，坡度小，并可利用屋顶作为活动场地，例如作日光浴场。屋顶花园，体育活动或晾晒衣物等用。支承结构设计时要考虑能承受上述活动所增加的荷载。平屋顶坡度小，易产生渗漏现象，故对屋面排水与防水问题的处理更为重要。

1. 影响坡度的因素　为了预防屋顶渗漏水，常将屋面做成一定坡度，以排雨水。屋顶的坡度首先取决于建筑物所在地区的降水量大小。利用屋顶的坡度，以最短而直接的途径排除屋面的雨水，减少渗漏的可能。我国南方地区年降雨量较大，屋面坡度较大；北方地区年降雨量较小，屋面平缓些。屋面坡度的大小也取决于屋面防水材料的性能，即采用防水性能好、单块面积大、接缝少的材料，如采用防水卷材，金属钢板，钢筋混凝土板等材料，屋面坡度就可小些，如采用小青瓦、平瓦、琉璃瓦等小块面层的材料，则接缝多，坡度就应大些。

2. 坡度的表示方法 屋顶坡度的常用表示方法有斜率法、百分率法和角度法三种。斜率法是以屋顶高度与坡面的水平投影长度之比表示，可用于平屋顶或坡屋顶，如 1∶2，1∶4，1∶50 等。百分率法是以屋顶高度与坡面的水平投影长度的百分率表示，多用于平屋顶，如 $i = 1\%$，$i = 2\% \sim 3\%$。角度法是以倾斜屋面与水平面的夹角表示，多用于有较大坡度的坡屋面，如 15°，30°，45° 等，目前在工程中较少采用，如图 2-6-3 所示。

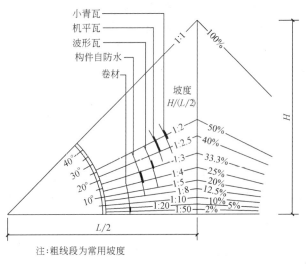

图 2-6-3　屋顶坡度

3. 坡度形成的方法 屋顶的坡度形成有结构找坡和材料找坡两种方法。

（1）结构找坡是指屋顶结构自身有排水坡度。一般采用上表面呈倾斜的屋面梁或屋架上安装屋面板，也可采用在顶面倾斜的山墙上搁置屋面板，使结构表面形成坡面，这种做法不需另加找坡材料，构造简单，不增加荷载，其缺点是室内的天棚是倾斜的，空间不够规整，有时需加设吊顶，某些坡屋顶，曲面屋顶常用结构找坡。

（2）材料找坡是指屋顶坡度由垫坡材料形成，一般用于坡度较小的屋面，通常选用炉渣等，找坡保温屋面也可根据情况直接采用保温材料找坡。

6.2.2　平屋顶的排水方式

平屋顶坡度较小，排水较困难，为把雨水尽快排除出去，减少积留时间，需组织好屋面的排水系统，而屋面的排水系统又与排水方式及檐口做法有关，需统一考虑。屋面排水方式分无组织排水和有组织排水两大类。

（1）无组织排水是当平屋顶采用无组织排水时，需把屋顶在外墙四周挑出，形成挑檐，屋面雨水经挑檐自由下落至室外地坪，这种排水方式称为无组织排水，如图2-6-4所示。

无组织排水不需在屋顶上设置排水装置，构造简单，造价低，但沿檐口下落的雨水会溅湿墙脚，有风时雨水还会污染墙面。所以，无组织排水一般适用于低层或次要建筑及降雨量较小地区的建筑。

（2）有组织排水是在屋顶设置与屋面排水方向垂直的纵向天沟，汇集雨水后，将雨水由雨水口、雨水管有组织地排到室外地面或室内地下排水系统，这种排水方式称有组织排水，如图2-6-5 所示。

有组织排水的屋顶构造复杂，造价高，但避免了雨水自由下落对墙面和地面的冲刷和污染。按照雨水管的位置，有组织排水可分为外排水和内排水。

1）外排水是屋顶雨水由室外雨水管排到室外的排水方式。这种排水方式构造简单，造价较低，应用最广。按照檐沟在屋顶的位置，外排水的屋顶形式有：沿屋顶四周设檐沟、沿

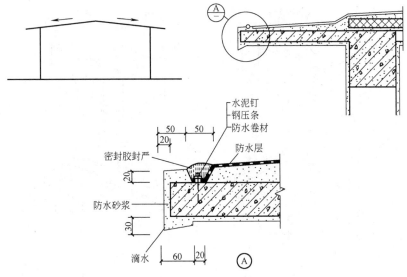

图 2-6-4　无组织排水方案和檐口构造

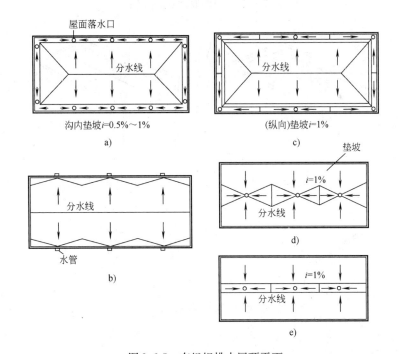

图 2-6-5　有组织排水屋顶平面

a) 檐沟　b) 女儿墙　c) 女儿墙(挑檐)　d) 内排水　e) 中间天沟内排水

纵墙设檐沟、女儿墙外设檐沟、女儿墙内设檐沟等，如图 2-6-6 所示。

2) 内排水是屋顶雨水由设在室内的雨水管排到地下排水系统的排水方式。这种排水方式构造复杂，造价及维修费用高，而且雨水管占室内空间，一般适用于大跨度建筑、高层建筑、严寒地区及对建筑立面有特殊要求的建筑，如图 2-6-7 所示。

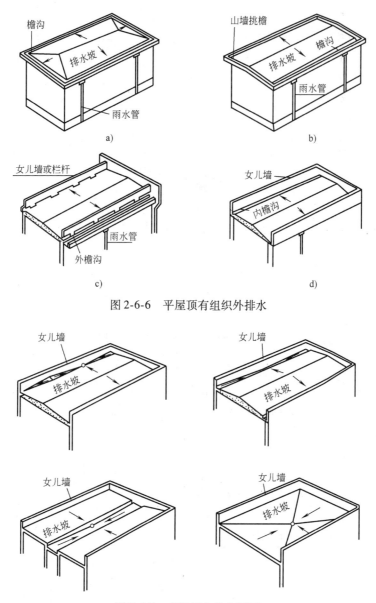

图 2-6-6　平屋顶有组织外排水

图 2-6-7　有组织内排水屋面

6.3　平屋顶的防水构造

6.3.1　平屋顶柔性防水屋面

　　柔性防水屋面又叫卷材防水屋面，是指以柔性的防水卷材和胶结材料分层粘结而形成防水层的屋面。由于卷材有一定的柔性，能适应部分屋面变形，所以称为柔性防水屋面。

　　以往常用沥青和油毡作为屋面的主要防水材料，是因为这种材料造价低、防水性能较好。但由于这种材料所做的屋面防水层具有低温脆裂、高温流淌、需热施工、污染环境和使用寿命短等缺点，受到限制。目前使用较多的是聚氨乙烯、氯丁橡胶、APP 改性沥青卷材、三元乙丙橡胶等，它们的特点是冷施工、弹性好、使用寿命长。

1. 卷材防水屋面的基本构造 卷材防水屋面由结构层、找平层、防水层和保护层组成，它适用于防水等级为 Ⅰ～Ⅳ级的屋面防水。

（1）结构层为装配式钢筋混凝土板时，应采用细石混凝土灌缝，其强度等级不应小于 C20。

（2）找平层表面应压实平整，一般用 1∶3 的水泥砂浆或细石混凝土做，厚度为 20～30mm，排水坡度一般为 2%～3%，檐沟处 1%。构造上需设间距不大于 6m 的分格缝。

（3）防水层主要采用沥青类卷材、高聚物改性沥青防水卷材和合成高分子防水卷材三类，如表 2-6-3 所示。

表 2-6-3　卷材防水层

卷 材 分 类	卷材名称举例	卷材胶粘剂
沥青类卷材	石油沥青油毡	石油沥青玛琋脂
	焦油沥青油毡	焦油沥青玛琋脂
高聚物改性沥青防水卷材	SBS 改性沥青防水卷材	热熔、自粘、粘贴均有
	APP 改性沥青防水卷材	
合成高分子防水卷材	三元乙丙丁基橡胶防水卷材	丁基橡胶为主体的双组分 A 与 B 液 1∶1 配比搅拌均匀
	三元乙丙橡胶防水卷材	
	氯磺化聚乙烯防水卷材	CX—401 胶
	再生胶防水卷材	氯丁胶胶粘剂
	氯丁橡胶防水卷材	CY—409 液
	氯丁聚乙烯—橡胶共混防水卷材	BX—12 及 BX—12 乙组分
	聚氯乙烯防水卷材	胶粘剂配套供应

（4）保护层分为不上人屋面保护层和上人屋面保护层。

2. 卷材厚度的选择 为了确保防水工程质量，使屋面在防水层合理使用年限内不发生渗漏，除卷材的材质因素外，其厚度也应考虑为最主要的因素，如表 2-6-4 所示。

表 2-6-4　卷材厚度选用

屋面防水等级	设防道数	合成高分子防水卷材	高聚物改性沥青防水卷材	沥青防水卷材和沥青复合胎柔性防水卷材	自粘聚脂胎改性沥青防水卷材	自粘橡胶沥青防水卷材
Ⅰ级	三道或三道以上设防	不应小于 1.5mm	不应小于 3mm	—	不应小于 2mm	不应小于 1.5mm
Ⅱ级	二道设防	不应小于 1.2mm	不应小于 3mm	—	不应小于 2mm	不应小于 1.5mm
Ⅲ级	一道设防	不应小于 1.2mm	不应小于 4mm	三毡四油	不应小于 3mm	不应小于 2mm
Ⅳ级	一道设防	—	—	二毡三油	—	—

3. 卷材防水层的铺贴方法 卷材防水层的铺贴方法包括冷粘法、自粘法、热熔法等常用铺贴方法。

（1）冷粘法铺贴卷材是在基层涂刷基层处理剂后，将胶粘剂涂刷在基层上，然后再把卷材铺贴上去。

（2）自粘法铺贴卷材是在基层涂刷基层处理剂的同时，撕去卷材的隔离纸，立即铺贴卷材，并在搭接部位用热风加热，以保证接缝部位的粘结性能。

（3）热熔法铺贴卷材是在卷材宽幅内用火焰加热器喷火均匀加热，直到卷材表面有光亮黑色即可粘合,并压粘牢,厚度小于3mm的高聚物改性沥青卷材禁止使用。当卷材贴好后还应在接缝口处用10mm宽的密封材料封严。

以上粘贴卷材的方法主要用于高聚物改性沥青防水卷材和合成高分子防水卷材防水屋面,在构造上一般是采用单层铺贴及少采用双层铺贴。

4. 卷材防水屋面的排水设计 屋面排水设计的主要任务是:首先将屋面划分为若干个排水区,然后通过适宜的排水坡和排水沟,分别将雨水引向各自的落水管再排至地面。屋面排水的设计原则是排水通畅、简捷,雨水口负荷均匀。具体步骤是:(1)确定屋面坡度的形成方法和坡度大小;(2)选择排水方式,划分排水区域;(3)确定天沟的断面形式及尺寸;(4)确定落水管所用材料和大小及间距,绘制屋顶排水平面图。单坡排水的屋面宽度不宜超过12m,矩形天沟净宽不宜小于200mm,天沟纵坡最高处离天沟上口的距离不小于120mm。落水管的内径不宜小于75mm,落水管间距一般在18~24m之间,每根落水管可排除约200m^{2}的屋面雨水,如图2-6-8所示。

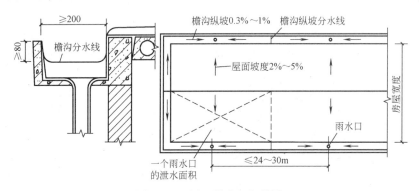

图2-6-8 屋面排水组织设计

5. 卷材防水屋面的节点构造 卷材防水屋面在檐口,屋面与突出构件之间、变形缝、上人孔等处特别容易产生渗漏,所以应加强这些部位的防水处理。

(1)泛水是指屋面防水层与突出构件之间的防水构造。一般在屋面防水层与女儿墙,上人屋面的楼梯间,突出屋面的电梯机房,水箱间,高低屋面交接处等都需做泛水。泛水高度不应小于250mm,转角处应将找平层做成半径不小于20mm的圆弧或45°斜面,使防水卷材紧贴其上,贴在墙上的卷材上口易脱离墙面或张口,导致漏水,因此上口要做收口和挡水处理,收口一般采用钉木条、压铁皮、嵌砂浆、嵌配套油膏和盖镀锌铁皮等处理方法。对砖女儿墙,防水卷材收头可直接铺压在女儿墙压顶下,压顶应做防水处理,也可在墙上留凹槽,卷材收头压入凹槽内固定密封,凹槽上部的墙体亦应做防水处理,对混凝土墙,防水卷材的收头可采用金属压条钉压,并用密封材料封固,如图2-6-9所示。进出屋面的门下踏步亦应做泛水收头处理,一般将屋面防水层沿墙向上翻起至门槛踏步下,并覆以踏步盖板,踏步盖板伸出墙外约60mm。

(2)檐口是屋面防水层的收头处,此处的构造处理方法与檐口的形式有关,檐口的形式由屋面的排水方式和建筑物的立面造型要求来确定,一般有无组织排水檐口、挑檐沟檐口、女儿墙檐口和斜板挑檐檐口等。

1)无组织排水檐口是当檐口出挑较大时,常采用预制钢筋混凝土挑檐板,与屋面板焊接,或伸入屋面一定长度,以平衡出挑部分的重量。亦可由屋面板直接出挑,但出挑长度不

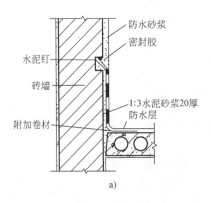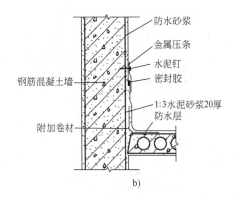

图 2-6-9 泛水的做法
a）墙体为砖墙　b）墙体为钢筋混凝土墙

宜过大，檐口处做滴水线。预制挑檐板与屋面板的接缝要做好嵌缝处理，以防渗漏。目前常用做法是现浇圈梁挑檐，如图 2-6-10 所示。

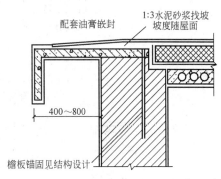

图 2-6-10　自由落水檐口油膏压顶

2）有组织排水檐口是将聚集在檐沟中的雨水分别由雨水口经水斗、雨水管（又称水落管）等装置导至室外明沟内。在有组织的排水中，通常可有两种情况：檐沟排水和女儿墙排水。檐沟可采用钢筋混凝土制作，挑出墙外，挑出长度大时可用挑梁支承檐沟。檐沟内的水经雨水口流入雨水管，如图 2-6-11a 所示。在女儿墙的檐口，檐沟也可设于外墙内侧，如图 2-6-11b 所示。并在女儿墙上每隔一段距离设雨水口，檐沟内的水经雨水口流入雨水管中。亦有不设檐沟，雨水顺屋面坡度直通至雨水口排出女儿墙外，或借弯头直接通至雨水管中。

有组织排水宜优先采用外排水，高层建筑、多跨及集水面较大的屋面应采用内排水。北方为防止排水管被冻结也常做内排水处理。外排水系根据屋面大小做成四坡、双坡或单坡排水。内排水也将屋面做成坡度。使雨水经埋置于建筑物内部的雨水管排到室外。

檐沟根据檐口构造不同可设在檐墙内侧或出挑在檐墙外。檐沟设在檐墙内侧时，檐沟与女儿墙相连处要做好泛水设施，如图 2-6-12a 所示，并应具有一定纵坡，一般为 0.5% ~ 1%。挑檐檐沟为防止暴雨时积水产生倒灌或排水外泄，沟深（减去起坡高度）不宜小于 150mm。屋面防水层应包入沟内，以防止沟与外檐墙接缝处渗漏，沟壁外口底部要做滴水线，防止雨水顺沟底流至外墙面，如图 2-6-12b 所示。

内排水屋面的水落管往往在室内，依墙或柱子，万一损坏，不易修理。雨水管应选用能抗腐蚀及耐久性好的铸铁管和铸铁排水口，也可以采用镀锌钢管或 PVC 管。由于屋面做出排水坡，在不同的坡面相交处就形成了分水线，将整个屋面明确地划分为一个个排水区。排水坡的底部应设屋面落水口。屋面落水口应布置均匀，其间距决定于排水量，有外檐天沟时不宜大于 24m，无外檐天沟或内排水时不宜大于 15m。

3）雨水口是屋面雨水排至落水管的连接构件，通常为定型产品，多用铸铁、钢板制作。雨水口分直管式和弯管式两大类。直管式用于内排水中间天沟，外排水挑檐等，弯管式

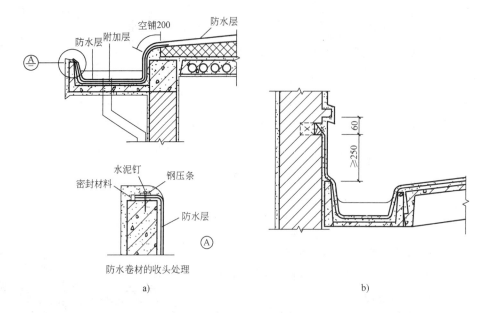

图 2-6-11　檐口构造

a）檐沟在檐墙外侧　b）檐沟在檐墙内侧

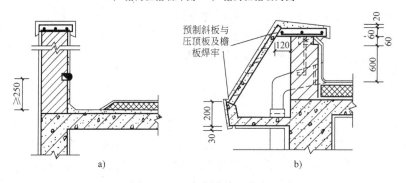

图 2-6-12　女儿墙檐口构造

a）女儿墙内檐沟檐口　b）女儿墙外檐沟檐口

只适用女儿墙外排水天沟。

　　直管式雨水口是根据降雨量和汇水面积选择型号，套管呈漏斗型，安装在挑檐板上，防水卷材和附加卷材均粘在套管内壁上，再用环形筒嵌入套管内，将卷材压紧，嵌入深度不小于100mm，环形筒与底座的接缝须用油膏嵌缝。雨水口周围直径 500mm 范围内坡度不小于 5%，并用密封材料涂封，其厚度不小于 2mm，雨水口套管与基层接触处应留宽 20mm，深 20mm 的凹槽，并嵌填密封材料，如图 2-6-13a 所示。弯管式雨水口呈 90°弯状，由弯曲套管和铸铁两部分组成。弯曲套管置于女儿墙预留的孔洞中，屋面防水卷材和泛水卷材应铺到套管的内壁四周，铺入深度至少 100mm，套管口用铸铁遮挡，防止杂物堵塞水口，如图2-6-13b所示。

　　4）变形缝是当建筑物设变形缝时，变形缝在屋顶处破坏了屋面防水层的整体性，留下了雨水渗漏的隐患，所以必须加强屋顶变形缝处的处理。屋顶在变形缝处的构造分为等高屋面变形缝和不等高屋面变形缝两种。

　　等高屋面变形缝的构造又可分为不上人屋面和上人屋面两种做法。

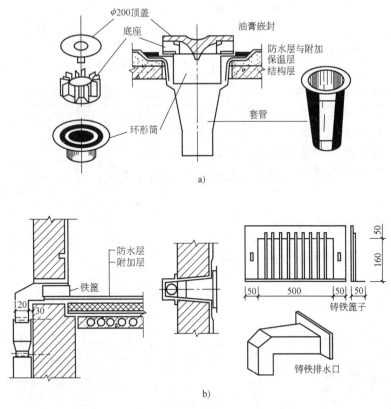

图 2-6-13　柔性卷材屋面雨水口构造

a）直管式雨水口　b）弯管式雨水口

不上人屋面变形缝，屋面上不考虑人的活动，从有利于防水考虑，变形缝两侧应避免因积水导致渗漏。一般构造为：在缝两侧的屋面板上砌筑半砖矮墙，高度应高出屋面至少 250mm，屋面与矮墙之间按泛水处理，矮墙的顶部用镀锌薄钢板或混凝土压顶进行盖缝，如图 2-6-14 所示。

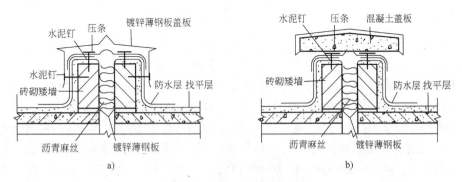

图 2-6-14　不上人屋面变形缝

a）横向变形缝泛水之一　b）横向变形缝泛水之二

上人屋面变形缝，屋面上需考虑人的活动的方便，变形缝处在保证不渗漏、满足变形需求时，应保证平整，以有利于行走，如图 2-6-15 所示。

不等高屋面变形缝，应在低侧屋面板上砌筑半砖矮墙，与高侧墙体之间留出变形缝。矮墙与低侧屋面之间做好泛水，变形缝上部用由高侧墙体挑出的钢筋混凝土板或在高侧墙体上固定镀锌薄钢板进行盖缝，如图 2-6-16 所示。

5）不上人屋面需设屋面上人孔，以方便对屋面进行维修和安装设备。上人孔的平面尺寸不小于 600mm×700mm，且应位于靠墙处，以方便设置爬梯。上人孔的孔壁一般与屋面板整浇，高出屋面至少 250mm，孔壁与屋面之间做成泛水，孔口用木板上加钉 0.6mm 厚的镀锌薄钢板进行盖孔。

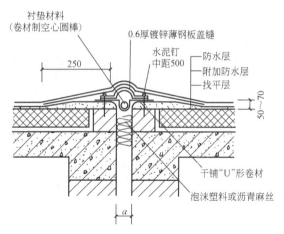

图 2-6-15　上人屋面变形缝

6.3.2　平屋顶刚性防水屋面

刚性防水屋面是指用刚性防水材料做

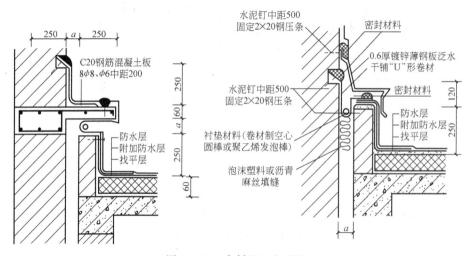

图 2-6-16　高低屋面变形缝

防水层的屋面。如防水砂浆、细石混凝土、配筋的细石混凝土防水屋面等。屋面坡度宜为 2%~3%，并应采用结构找坡。这种屋面具有构造简单、施工方便、造价低廉的优点，但对湿度变化和结构变形较敏感，容易产生裂缝而渗漏。故刚性防水屋面不宜用于湿度变化大，有振动荷载和基础有较大不均匀沉降的建筑。一般用于南方地区的建筑。

1. 刚性防水屋面的基本构造　刚性防水屋面是由结构层、找平层、隔离层和防水层组成。

（1）刚性防水屋面的结构层必须具有足够的强度和刚度，故通常采用现浇或预制的钢筋混凝土屋面板。刚性防水屋面一般为结构找坡。屋面板选型时应考虑施工荷载，且排列方向一致，以平行屋脊为宜。为了适应刚性防水屋面的变形，屋面板的支承处应做成滑动支座，其做法一般为在墙或梁顶上用水泥砂浆找平，再干铺两层中间夹有滑石粉的油毡，然后搁置预制屋面板，并且在屋面板端缝处和屋面板与女儿墙的交接处都要用弹性物嵌填，如屋面为现浇板，也可在支承处做滑动支座。屋面板下如有非承重墙，应在板底脱开 20mm，并在缝内填塞松软材料。

（2）为了保证防水层厚薄均匀，通常应在预制钢筋混凝土屋面板上先做一层找平层，找平层的做法一般为20mm厚1:3水泥砂浆,若屋面板为现浇时可不设此层。

(3)结构层在荷载作用下产生挠曲变形,在温度变化时产生胀缩变形,结构层较防水层厚,其刚度相应比防水层大,当结构产生变形时必然会将防水层拉裂,所以在结构层和防水层之间设置隔离层,以使防水层和结构层之间有相对的变形,防止防水层开裂。隔离层常采用纸筋灰、低强度等级砂浆、干铺一层油毡或沥青玛琋脂等做法。若防水层中加膨胀剂,其抗裂性能有所改善,也可不做隔离层。

(4)防水层用防水砂浆抹面。普通细石混凝土防水层、补偿收缩混凝土防水层、块体刚性防水层等铺设的屋面。细石混凝土强度不应低于C20,厚度不应小于40mm,在其中双向配置$\phi 4 \sim 6$钢筋,间距为$100 \sim 200$mm,以控制混凝土收缩后产生的裂缝,保护层厚度不小于10mm。应在水泥砂浆和细石混凝土防水层中掺入外加剂。这是由于防水层施工时用水量超过水泥在水凝过程中所需的用水量,多余的水在硬化过程中逐渐蒸发形成许多空隙和互相连贯的毛细管网;另外过多的水分在砂石骨料的表面形成一层游离水,相互

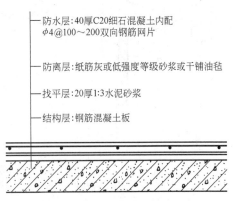

图2-6-17 刚性防水屋面构造层次

之间也会形成毛细通道,这些毛细通道都是造成砂浆或混凝土收水干缩时表面开裂和屋面渗水的主要原因。加入外加剂可改善这些情况,如掺入膨胀剂使防水层在硬结时产生微膨胀效应,抵抗混凝土原有的收缩性以提高抗裂性。加入防水剂使砂浆或混凝土与之生成不溶性物质,堵塞毛细孔道,形成憎水性壁膜,以提高密实性,如图2-6-17所示。

2. 刚性防水屋面的节点构造 刚性防水屋面的节点构造包括分格缝、泛水构造、檐口和雨水口构造。

(1)分格缝是为了避免刚性防水层因结构变形、温度变化和混凝土干缩等产生裂缝,所设置的"变形缝"。分格缝的间距应控制在刚性防水层受温度影响产生变形的许可范围内,一般不宜大于6m,并应位于结构变形的敏感部位,如预制板的支承端,不同屋面板的交接处,屋面与女儿墙的交接处等,并与板缝上下对齐。分格缝的宽度为$20 \sim 40$mm左右,有平缝和凸缝两种构造形式,如图2-6-18所示。平缝适用于纵向分格缝,凸缝适用于横向分格缝和屋脊处的分格缝。为了有利于伸缩变形,缝的下部用弹性材料,如聚乙烯发泡棒,沥青麻丝等填塞;上部用防水密封材料嵌缝。当防水要求较高时,可再在分格缝的上面加铺一层卷材进行覆盖,如图2-6-19所示。

(2)刚性防水屋面泛水构造与柔性防水屋面原理基本相同,一般做法是将细石混凝土防水层直接引伸到墙面上,细石混凝土内的钢筋网片也同时上弯。泛水应有足够的高度,转角处做成圆弧或45°斜面,与屋面防水层应一次浇成,不留施工缝,上端应有挡雨措施,一般做法是将砖墙挑出1/4砖,抹水泥砂浆滴水线。刚性屋面泛水与墙之间必须设分格缝,以免两者变形不一致,使泛水开裂漏水,缝内用弹性材料充填,缝口应用油膏嵌缝或薄钢板盖缝,如图2-6-20所示。

(3)刚性防水屋面的檐口形式分为无组织排水檐口和有组织排水檐口。无组织排水檐口通常直接由刚性防水层挑出形成,挑出尺寸一般不大于450mm,也可设置挑檐板,刚性

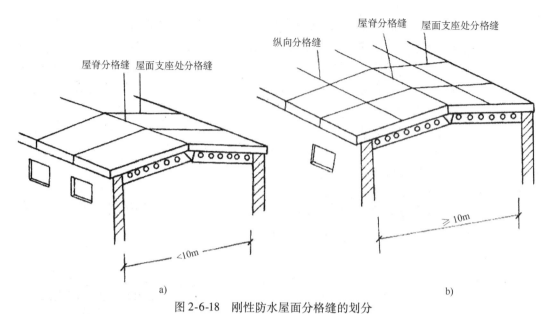

图 2-6-18　刚性防水屋面分格缝的划分

a）房屋进深小于 10m，分格缝的划分　b）房屋进深大于 10m，分格缝的划分

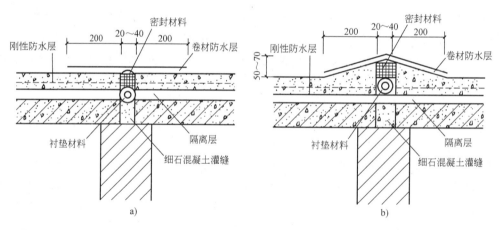

图 2-6-19　分格缝构造

a）平缝　b）凸缝

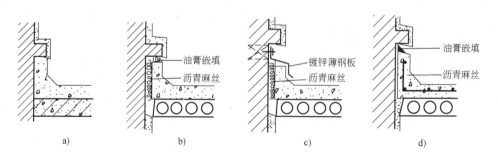

图 2-6-20　刚性防水屋面泛水构造

a）挑砖　b）挑砖嵌油膏　c）挑砖盖薄钢板　d）配筋细石混凝土油膏嵌缝

防水层伸到挑檐板之外；有组织排水檐口有挑檐沟檐口、女儿墙檐口和斜板挑檐檐口等做法。挑檐沟檐口的檐沟底部应用找坡材料垫置形成纵向排水坡度，铺好隔离层后再做防水层，防水层一般采用1:2的防水砂浆；女儿墙檐口和斜板挑檐檐口与刚性防水层之间按泛水处理，其形式与卷材防水屋面的相同，如图2-6-21所示。

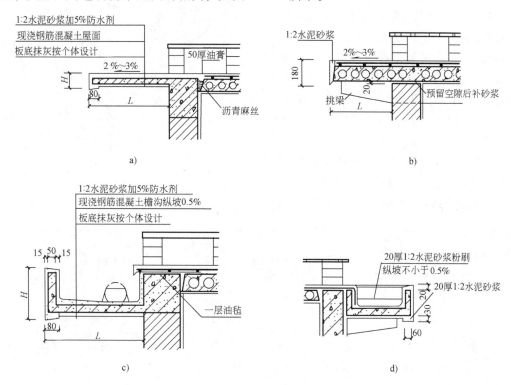

图 2-6-21　刚性防水屋面檐口构造
a）现浇钢筋混凝土檐口板　b）预制板檐口　c）现浇檐沟　d）预制檐沟

（4）刚性防水屋面雨水口的规格和类型与柔性防水屋面所用雨水口相同。安装直管式雨水口为防止雨水从套管与沟底接缝处渗漏，应在雨水口四周加铺柔性卷材，卷材应铺入套管的内壁。檐口内浇筑的混凝土防水层应盖在附加的卷材上，防水层与雨水口相接处用油膏嵌封。安装弯式雨水口前，下面应铺一层柔性卷材，然后再浇筑屋面防水层，防水层与弯头交接处用油膏嵌封。

6.4　坡屋顶的构造

坡屋顶建筑为我国传统的建筑形式，主要由屋面构件、支承构件和顶棚等主要部分组成。根据使用功能的不同，有些还需设保温层、隔热层等。坡屋顶的屋面是由一些坡度相同的倾斜面相互交接而成，交线为水平线时称正脊；当斜面相交为凹角时，所构成的倾斜交线称斜天沟；斜面相交为凸角时的交线称斜脊。坡屋顶的坡度随着所采用的支承结构和屋面铺材和铺盖方法不同而异，一般坡度均大于1:10，坡屋面坡度较大，雨水容易排除，如图2-6-22所示。

坡屋顶的形式有单坡屋顶、双坡屋顶和四坡屋顶。坡屋顶的屋面防水材料有弧瓦（称小青瓦）、平瓦、波形瓦、金属瓦、琉璃瓦、琉璃屋顶、构件自防水及草顶、黄土顶等。屋顶坡度一般大于 10%，如图 2-6-23 所示。

6.4.1 坡屋顶的承重结构

不同材料和结构可以设计出各种形式
的屋顶，同一种形式的屋顶也可采用不同
的结构方式。为了满足功能、经济、美观
的要求，必须合理地选择支承结构。在坡
屋顶中常采用的支承结构有屋架承重和山
墙承重、梁架承重等类型，如图 2-6-24 所
示。在低层住宅、宿舍等建筑中，由于房
间开间较小，常用山墙承重结构。在食堂、
学校、俱乐部等建筑中，开间较大的房间
可根据具体情况用山墙和屋架承重。

1. 山墙承重 山墙作为屋顶承重结

图 2-6-22 坡屋顶的组成

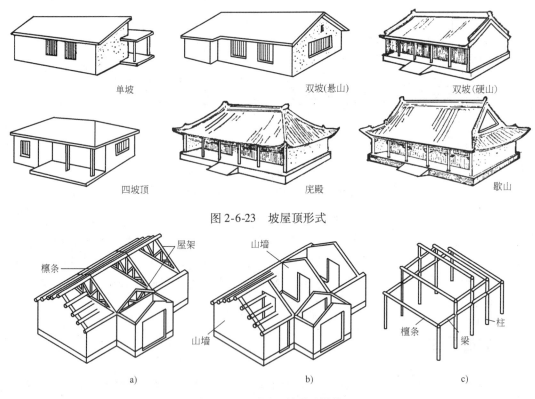

图 2-6-23 坡屋顶形式

图 2-6-24 瓦屋面的承重结构
a）屋架承重 b）山墙承重 c）梁架承重

构，多用于房屋开间较小的建筑。这种建筑是在山墙上搁檩条、檩条上钉椽子，再铺屋面面
板；或在山墙上直接搁钢筋混凝土板，然后铺瓦。山墙的间距应尽量一致，一般在 4m 左
右。当建筑平面上有纵向走道贯通时，可设砖拱或钢筋混凝土梁，再砌山墙的山尖，以搁置
檩条。檩条一般由预应力钢筋混凝土或木檩条。木檩条的跨度在 4m 以内，间距为 500 ~

700mm。如木檩条间采用椽子时，间距可放大至1m左右。木檩条搁置在山墙部分，应涂防腐剂，檩条下设置混凝土垫块，或经防腐处理的木垫块，使压力均布到山墙上。钢筋混凝土檩条的跨度一般为4m，其断面有矩形、T形、L形等。在房间开间较小时，转角处可采用斜角梁或檩条搭接，如图2-6-25所示。采用木檩条时，山墙端部檩条可出挑，成悬山屋顶，或将山墙砌出屋面做成硬山屋顶。钢筋混凝土檩条一般不宜出挑，如需出挑，出挑长度一般不宜过大。

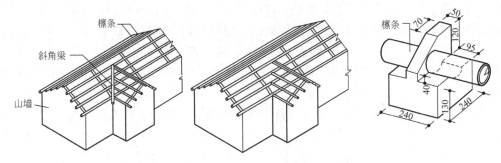

图 2-6-25　山墙承重的屋顶

山墙承重结构一般用于小型、较简易的建筑。其优点是节约木材和钢材，构造简单，施工方便，隔声性能较好。山墙以往用240标准黏土砖砌筑。为节约农田和能源，现今多采用水泥煤渣砖或多孔砖等。

2. 屋架承重　屋架承重是指利用建筑物的外纵墙或柱支承屋架，然后在屋架上搁置檩条来承受屋面重量的一种承重方式。屋架一般按房屋的开间等间距排列，其开间的选择与建筑平面以及立面设计都有关系。屋架承重体系的主要优点是建筑物内部可以形成较大的空间结构，布置灵活，通用性大。

（1）屋架是由一组杆件在同一平面内互相结合成整体的物件来承受荷载，每个杆件承受拉力或压力，为了避免产生挠曲，各杆件的轴心应会于一点，称为节点。节点的间距称为节间。节间一般依屋弦长划分为若干等分，其间距大小与屋架外形及材料有关，节间多则施工复杂，节间少则每一构件受力大。

屋架由上弦木、下弦木及腹杆组成。上弦木居于屋架的顶部，左右各一组，构成人字形，当屋架承受垂直荷载时是受压构件；下弦为屋架下部构件，是受拉构件。除上、下弦外，其余杆件称腹杆，其中倾斜者为斜杆，垂直者为直杆。斜杆受压、直杆受拉，如图2-6-26所示。

（2）一般中、小跨度的屋架有用木、钢木或钢筋混凝土制作。形式有三角形、梯形、多边形、弧形等。屋架形式的选择应根据房屋跨度、屋顶形式与铺材来考虑。从单梯屋架受

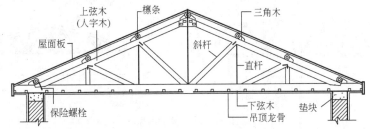

图 2-6-26　三角形屋架组成

均布荷载时所形成的力矩图形来看，弧形屋架用料最经济，多边形次之，三角形最费。但弧形屋架施工复杂，屋面铺材只能采用卷材及镀锌钢板等材料。三角形屋架构造及施工均较简单，无论何种铺材均可适用，跨度不大于12m的建筑全部构件可用木制；跨度不超过18m的则可将受拉杆件改为钢料成为钢木混合屋架。三角形钢木混合屋架上弦与斜腹杆常用木制，下弦与拉杆采用钢材。所有杆件截面尺寸及各杆件连结的节点构造均由结构设计计算决定。跨度更大时则宜采用钢筋混凝土或钢屋架，如预应力钢筋混凝土三铰屋架，其上弦为T形截面的钢筋混凝土构件，下弦为钢筋，跨度有12m、15m、18m等。用于有檩条或挂瓦板的平瓦屋面。预应力三角形钢筋混凝土屋架，全部构件均为钢筋混凝土制成，跨度有12m、15m、18m等，屋面采用预应力单肋板、斜槽瓦，或在檩条或挂瓦板上铺平瓦屋面。这类屋架自重大，现有将下弦改用角钢者可减轻自重。此类钢筋混凝土屋架可节约木材，但耗费水泥和钢材，且自重大须一定的吊装设备进行屋架安装，如图2-6-27所示。

（3）屋架一般按建筑物的开间等距离排列，以便统一屋架类型和檩条尺寸。屋架布置

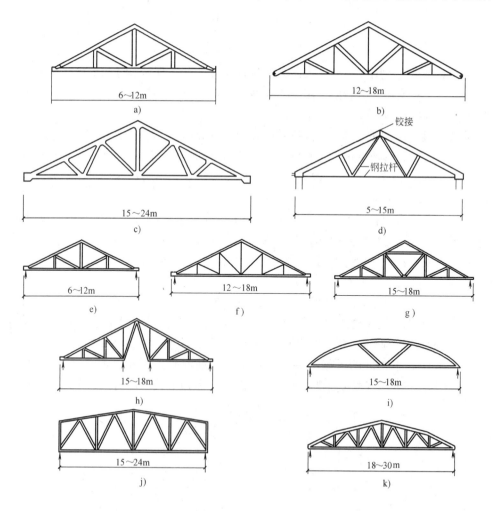

图2-6-27 屋架类型

a）木屋架 b）钢木屋架 c）钢筋混凝土屋架 d）钢与钢筋混凝土组合三铰屋架 e）中杆式屋架
f）霍式屋架 g）三支点屋架 h）四支点屋架 i）弧形屋架 j）梯形屋架 k）多边形屋架

277

基本原则是排列简单，结构安全，经济合理。常见的平面形状不外乎一字形、T 形、H 形、L 形等。一字形平面屋架沿房屋纵长方向等距排列，屋架两端搁在纵向外墙或柱墩上。如建筑物平面上有一道或二道纵向承重内墙时，则可考虑选用三支点或四支点屋架；或做成两个半屋架中间架设小"人"字架等不同形式，以减小屋架的跨度，节约材料。在 T 形平面中，当平面上凸出部分跨度小时可在转角处放置斜角梁；跨度大时可采用半屋架。屋架一端搁于外墙转角处，另一端搁在房屋内部支座上，如内部无支座则可在转角处放置大跨度的对角屋架等，如图 2-6-28 所示。

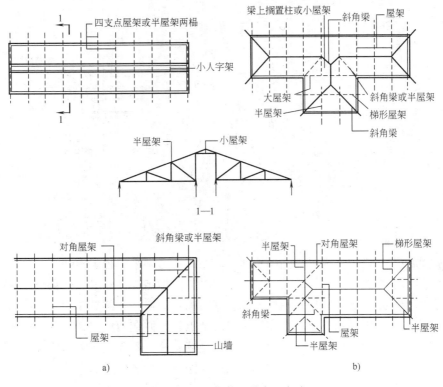

图 2-6-28 屋架的几种布置方式
a）两落水屋顶 b）四落水屋顶

如房屋做成四坡屋顶，在尽端处当跨度较小，屋架的间距恰等于屋顶跨度之半时，这时可在转角处设斜角梁。跨度大时用半屋架，并在前后斜角梁之间增设半屋架式人字木。斜角梁下端支承在转角墙上，并可增设搭角梁加固，斜角梁上端搁于屋架上，以台影承托。当房屋进深较大，而屋架跨度之比超过上述情况时，可将半屋架的人字木延长，及加设梯形屋架等办法处理。四坡屋顶由于屋架间距和布置不同，也可做成歇山屋顶，如图 2-6-29 所示。

（4）为了使屋架的荷载均匀地传至墙上，在支承处必须设置木或混凝土制成的垫块。木垫块断面为 70mm × 200mm ~ 120mm × 200mm，混凝土垫块断面为 120mm × 200mm ~ 160mm × 250mm，其长度不小于屋架下弦厚度的 3 倍，用螺栓或开脚螺栓固定于墙上。如采用木垫块则屋架与垫块均应加防腐处理；如用混凝土垫块，在垫块上须铺设防水卷材一层，并在屋架端部留出空间使通风良好，保持木材干燥。如架在木柱上则应加斜角撑与下弦节点

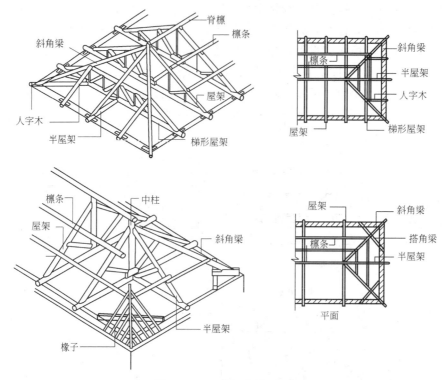

图 2-6-29　四坡顶屋架布置

相衔接，以增加支点稳定，为了加强屋架间的联系，还必须采用稳定构件。

屋顶空间稳定方式不外两种，其一是采用水平支撑稳定构件；另一种是竖向支撑稳定构件，以前者更为有效。竖向支撑常用剪刀撑，即沿纵长方向在每两榀屋架之间设一至二道剪刀撑，分别将其上、下端用螺栓固定在屋架受压节点处，并在两成对屋架下弦中间设置通长刚性水平支撑，使风力经剪刀撑传至屋面系统而至墙、柱及基础。从结构传力及现行的屋架构造来看，设置上弦沿横向的水平支撑是加强屋面刚度和抵抗风力的有效措施，其方法有几种：首先是加强檩条与檩条、檩条与屋架上弦或山墙的联系，并将屋面板牢钉在檩条上。当房屋很长，屋架榀数较多时应采取格构式水平支撑，撑牢在两榀屋架的上弦各受压节点处（钢结构常如此）。这种水平支撑一般在房屋端部第二个开间，和每隔 20m 左右设置一道，如图 2-6-30 所示。

3. 梁架承重　梁架承重是我国传统的木结构形式。它由柱和梁组成梁架，檩条搁置在梁间，承受屋面荷载，并将各梁架联系为一完整的骨架。内外墙体均填充在梁架之间，起分隔和围护作用，不承受荷载。梁架交接处为齿结合，整体性与抗震性均较好，但耗用木料较多，防火、耐久性均较差。今在一些仿古建筑中常以钢筋混凝土梁柱仿效传统的木梁架。

6.4.2　坡屋顶的屋面构造

坡屋顶屋面由屋面支承构件及防水面层组成。支承构件包括檩条、椽子、屋面板或钢筋混凝土挂瓦板。屋面防水层包括各类瓦，常用的有粘土平瓦、小青瓦、水泥瓦、油毡瓦及石棉瓦等铺材。金属材料中的镀锌钢板彩瓦及彩色镀铝锌压型钢板等多用于大型公共建筑中耐

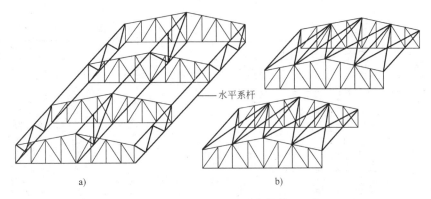

图 2-6-30　坡屋顶稳定构件

a) 竖向支撑　b) 水平支撑

久性及防水要求高，建筑物自重要求轻的房屋中。在大量民用建筑中的坡屋顶以水泥瓦采用较多，当屋顶坡度较平，对房屋自重要求较轻并且防火要求高时常用石棉瓦等。

1. 屋面支承构件　屋面支承构件包括檩条、椽子、屋面板和钢筋混凝土挂瓦板。

（1）檩条一般搁在山墙或屋架的节点上。屋架节间较大时，为了减少屋面板或椽子的跨度，常在屋架节间增设檩条。檩条可用木、钢筋混凝土或钢制作，如用木屋架则用木檩条；用钢筋混凝土或钢屋架则可用钢筋混凝土檩条或钢檩条。木檩条可用 $\phi100mm$ 圆木或 $50mm \times 100mm$ 方木制作，以圆木较为经济，其长度视屋架间距而定，常在 2.6~4m 之间。钢檩条跨度可达到 6m 或更大。断面大小视跨度和间距及屋面荷载大小，经过计算决定。木檩条搁置在木屋架上以三角木承托，每根檩条的距离必须相等，顶面在同一平面上，以利于铺钉屋面板或椽子。

木檩条可做成悬臂檩条，较为节约，但施工复杂。通常檩条搁于两榀屋架上呈简支状态，悬臂檩条搁置于两榀屋架上，其一端悬出与相邻檩条衔接，接头处离支点不得大于跨度的 1/5。利用其悬臂部分产生负弯矩，以减少檩条中的正弯矩，因此使檩条的截面可以减小。檩条间的接头用高低开或斜开相接，并用扒钉钉牢，其连接构造如图 2-6-31a 所示。

钢筋混凝土檩条截面有矩形、T 形或 L 形等。预应力钢筋混凝土檩条为矩形截面，长度为 2.6~6m，截面尺寸为 $60mm \times 140mm$，$80mm \times 200mm$ 及 $80mm \times 250mm$；视跨度与荷载不同分别采用。其中 4~6m 者还可做成抽空，以节约混凝土并减轻自重，但成批生产不及矩形檩条方便，一般 4m 以上的檩条用这类截面较为合宜。

钢筋混凝土檩条用预埋铁件与钢筋混凝土屋架焊接，如图 2-6-31b 所示，搁置面长度 ≥70mm。如搁置在山墙上时，山墙顶部用不低于 MU2.5 砂浆实砌五皮，或在山墙上放 120~240mm 见方的混凝土垫块，块内预埋铁件与檩条焊接，檩条搁置在内山墙长 ≥70mm。两檩条端头埋 6 钢筋用 4 号铁丝绑扎，缝内用 MU5 级砂浆灌实。檩条上预埋圆钉固定木条（$30mm \times 40mm$ 或 $40mm \times 40mm$）或留孔，以便架设椽子，如图 2-6-31c 所示。

（2）当檩条间距大，不宜直接在其上铺放屋面板时，可垂直于檩条方向架立椽子。椽子应连续搁置在几根檩条上（一般搁在三根檩条上），椽子间距相等，一般为 360~400mm。木椽子截面常为 $40mm \times 60mm$、$40mm \times 50mm$，$50mm \times 50mm$。椽子上铺钉屋面板，或直接在椽子上钉挂瓦条挂瓦。出檐椽子下端锯齐以便钉封檐板。

（3）檩条间距小于 800mm 时可直接在檩条上钉木屋面板，当檩条间距大于 800mm 时，

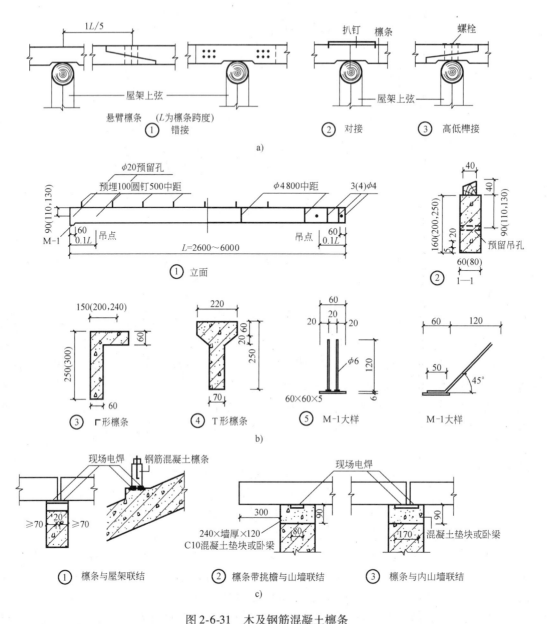

图 2-6-31　木及钢筋混凝土檩条

a）木檩条　b）钢筋混凝土檩条　c）钢筋混凝土檩条与屋架或山墙联结

应先钉椽子再在椽子上钉屋面板。木屋面板用杉木或松木制作，厚 15～25mm，板的长度应搭过三根檩条或椽子。铺放时可以紧密拼合，亦可稀铺，板与板之间留缝，视建筑物的标准而定，一般房屋多为稀铺以节约木材。板面铺油毡一层，这样对屋面防水保温隔热均有好处，为了节约木材可用芦席、加气混凝土块等代替屋面板，在芦席上铺油毡一层防漏。

（4）钢筋混凝土挂瓦板是将檩条、屋面板、挂瓦条等构件组合成一体的小型预制构件，直接铺放在山墙或混凝土屋架上。

2. 坡屋顶屋面铺材与构造　坡屋顶屋面铺材决定了屋面防水层的构造，屋面防水层包括平瓦屋面、波形瓦屋面、小青瓦屋面、钢筋混凝土大瓦屋面、钢筋混凝土板基层平瓦屋面、玻璃纤维油毡瓦屋面、钢板彩瓦屋面和彩色镀锌压型钢板屋面。

（1）平瓦屋面适用于防水等级为Ⅱ级、Ⅲ级、Ⅳ级的屋面防水。平瓦由粘土烧成，取材方便，耐燃性与耐久性均较好。制作要求薄而轻，吸水率小。其不透水性要求在150mm水柱高的压力下经过1h背面不呈现湿斑，吸水率不超过自重的16%。瓦的刚度要求在330mm跨度上能承受不小于50kg的均布荷载，并能在饱和水分的状态下，经受15次反复冻结及融解而不破坏。瓦的外形尺寸各地制作者略有出入，大致为400mm×230mm，有效尺寸为330mm×220mm，厚50mm（净厚20mm），每平方米屋面约为15块，每块瓦重3.5～4.25kg。平瓦屋面在一般民用建筑中应用甚广。缺点是瓦的尺寸小，接缝多，接缝处容易飘进雨雪，产生漏雨。且制瓦时要取土于农田。平瓦屋面构造，根据使用标准与所选用的材料与构造大致可分为以下四类。屋面坡度应不小于1:4，如图2-6-32a所示。

1）冷滩瓦屋面，在一般不保温的房屋及简易房屋中常采用，在椽子上直接钉25mm×

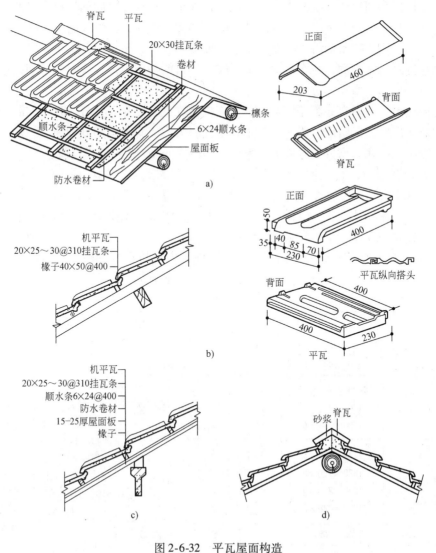

图 2-6-32　平瓦屋面构造

a）屋面构造示意　b）冷滩瓦　c）屋面板卷材防水　d）屋脊构造

30mm 挂瓦条挂瓦的做法。其缺点是雨水可能从瓦缝中渗入室内,且屋顶隔热、保温效果差,但价格比较便宜,如图 2-6-32b 所示。

2)木屋面板平瓦屋面是在檩条或椽子上钉木屋面板(15～25mm 厚),板上平行屋脊方向铺一层油毡,上钉顺水条(又称压毡条),再钉挂瓦条挂瓦。当屋顶坡度大于 45°时可用 8 号铁丝将瓦扎于挂瓦条上,以免平瓦下滑。由瓦缝渗漏的雨水可沿顺水条流至屋檐的檐沟中,因有油毡与屋面板,即使有雨水渗入也不致坠入室内。屋顶保温隔热效果也较好,采用木屋面板的屋顶目前只用于标准高的房屋,如图 2-6-32c 所示。瓦由檐口铺向屋脊,脊瓦应搭盖在两片瓦上不小于 50mm,常用水泥石灰砂浆填实嵌浆,以防雨雪飘入,如图 2-6-32d 所示。挂瓦条断面为 20mm×20mm 或 20mm×25mm,间距 280～310mm,视瓦的长度而定。顺水条断面为 6mm×24mm,通常用灰板条作顺水条。

3)钢筋混凝土挂瓦板的平瓦屋面,一般将挂瓦板套入钢筋混凝土屋架上弦,或山墙上的混凝土垫块的预埋钢筋或铁箍中,或采用螺栓固定。挂瓦板之间的连接是将两块板的预留孔用 8 号铁丝扎牢,用 1:2 或 1:3 水泥砂浆嵌填密实,然后挂瓦。板底用 1:0.3:3 水泥纸筋石灰砂浆嵌缝后刷石灰水即可。挂瓦板平屋面坡度不宜小于 1:2.5。挂瓦板屋面板与板,板与支座的连接对抗震不利,板在运输中损耗较大,目前采用不多,应对以上问题进一步研究改进。

平瓦屋面屋脊与斜脊处覆盖脊瓦,脊瓦应搭盖在两片瓦上不小于 50mm,常用水泥石灰麻刀砂浆填实嵌紧,以防雨雪飘入。斜角梁处设斜天沟,斜天沟部分则铺 24 号或 26 号镀锌钢板,两端引入瓦底。檐口瓦应伸出封檐板外 30～50mm,并应铺成直线。

(2)波形瓦屋面,波形瓦中有石棉瓦、木质纤维波形瓦、钢丝网水泥波形瓦、镀锌瓦楞钢板等。其中波形石棉瓦在大量性民用建筑中运用较多。石棉瓦是由石棉纤维与水泥混合制成,是良好的非导体,非燃烧体;重量轻,耐久性能好;不受潮湿与煤烟侵蚀;但易折断破裂。公共建筑、仓库、工厂常采用。

1)波形石棉瓦的规格各地产品不一,有大波、中波与小波三类。石棉瓦质量要求完整无破裂,光滑无麻面,无折断,棱角及四边须平整,如表 2-6-5 所示。

表 2-6-5　波形瓦规格

类　　型	规格/mm			横向搭接宽度	上、下搭接长度/mm	屋架最大间距/mm
	长×宽×厚	弧高	弧数			
石棉水泥大波瓦	2800×994×8	50	6	≥1/2 波	坡度≥1/2 时,上、下搭接长度≥120 坡度坡度<1/2 时,上、下搭接长度150～200	1300
石棉水泥中波瓦	2400×745×6.5	33	7.5	≥1/2 波		1100
	1800×745×6	33	7.5			
	1200×745×6	33	7.5			
石棉水泥小波瓦	2134×720×5	14～17	11.5	≥1/2 波		900
	1820×720×5	14～17	11.5			
	1820×720×6	14～17	11.5			
	1820×720×8	14～17	11.5			
木质纤维波形瓦	1700×765×6	40	4.5	≥1/2 波		1500

（续）

类 型	规格/mm			横向搭接宽度	上、下搭接长度/mm	屋架最大间距/mm
	长×宽×厚	弧高	弧数			
琉璃钢波形瓦	1800×700×1.5~2 1900×700~800×1.2 2000×700×1.4 1800×730×1.4 1300×730×1.1	14 10.2			坡度≥1/2时，上、下搭接长度≥120 坡度 坡度<1/2时，上、下搭接长度	
镀锌瓦楞钢板	1800×660~690 ×0.88~0.63	20.1 14.3			150~200	

2）为了节约木材，波形石棉瓦可直接钉在檩条上，或在檩条上铺放一层钢丝网或钢板网再铺瓦。檩条可由木、钢筋混凝土或钢制成。一般每块瓦应搭盖三根檩条，瓦的水平接缝应在檩条上，檩条间距视瓦的长度与厚度而定。在有屋面板时，则在屋面板上铺油毡一层，瓦固定在屋面板上，这对防水隔热等均有好处。

铺瓦时应从檐口铺向屋脊，檐口处如无檐沟则第一块瓦应伸出檐口120~300mm。大、中波瓦左右两块叠盖至少半个瓦楞；小波瓦则不小于一个半瓦楞。水平缝搭盖120~200mm，屋顶坡度小时搭接缝宜长些，搭接缝应顺主导风向。屋脊处盖脊瓦，以麻刀灰或纸筋灰嵌缝，或用螺钉固定。瓦的铺法有切角铺法与不切角铺法两种，前者为了免去上下、左右搭接缝均在一条线上，美观整齐，受压时不易折断；不切角铺法应将上、下两排的长边搭接缝错开，这种铺法施工较快，适用于大面积屋面。

石棉瓦用镀锌螺钉固定在木檩条上，先在瓦上钻孔，为了考虑温度变化引起的变形，孔的直径较钉的直径大2~3mm，钉在瓦楞背钉入。瓦的每边至少用3只钉固定。钉帽下套铁质垫圈，垫圈涂红丹铅油，并衬以油毡，或用橡胶垫圈。每张瓦下端亦可用两只扣钉钉牢在檩条或屋面板上。石棉瓦与钢筋混凝土檩条或钢檩条用扁钢或φ6~8mm钢筋挂钩固定，在钢筋混凝土挂瓦板上可预留木块，石棉瓦用螺钉钉在木块上，檐口及屋顶处用钢筋固定，每瓦4~6个，如图2-6-33所示。

（3）在我国旧民居建筑中常用小青瓦（板瓦、蝴蝶瓦）作屋面。小青瓦断面呈弓形，一头较窄，尺寸规格不一，宽度为165~220mm。铺盖方法是分别将瓦覆、仰铺排，覆盖成陇，仰铺成沟。盖瓦搭设底瓦约1/3左右，上、下两皮瓦搭叠长度少雨地区为搭六露四；多雨地区搭七露三。露出长度不宜大于1/2瓦长。一般在木望板或芦席上铺灰泥，灰泥上覆盖瓦。在檐口盖瓦尽头处常设有花边瓦；底瓦则铺滴水瓦（即附有尖舌形的底瓦）。屋脊可做成各种形式。小青瓦块小，易漏雨，须经常维修，除旧房维修及少数地区民居外已不使用，如图2-6-34所示。

此外，古代宫殿庙宇中还常用各种颜色的琉璃瓦作屋面。琉璃瓦是上釉的陶土瓦，有盖瓦与底瓦之分，盖瓦为圆筒形，称筒瓦；底瓦弓形。铺法一般将底瓦仰铺，两底瓦之间覆以盖瓦。目前只有在大型公共建筑如纪念堂、大会堂等用作屋面或墙檐装饰，富有民族风格。

（4）钢筋混凝土大瓦屋面中钢筋混凝土的大型屋面板跨度有6m、12m等，多用于工业

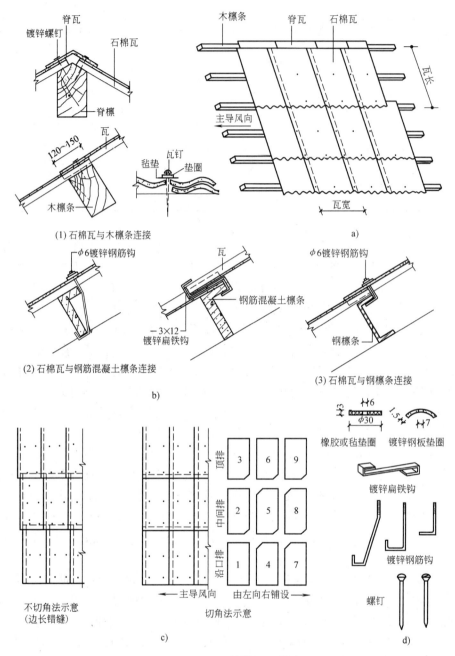

图 2-6-33 石棉瓦屋面构造

a) 石棉瓦固定在檩条上示意图　b) 石棉瓦与檩条的连接　c) 石棉瓦铺设方法　d) 石棉瓦与檩条连接铁件

建筑中。大型公共建筑亦有采用者，一般直接搁于钢或钢筋混凝土屋架上。此外在大量性民用建筑中尚有钢筋混凝土槽形瓦及 F 形瓦等。槽形瓦可垂直于屋脊方向单层或双层铺放，支承在檩条上。单层铺放时槽口向上，两块瓦肋间覆以脊瓦，以防板缝漏水；双层铺放时则将槽形瓦正反搁置互相搭盖，板面多采用防水砂浆或涂料防水。正反两块间形成通风口孔道，这样从檐口进风屋脊处设出风口组成通风屋顶。F 形瓦可直接搁于屋架上或檩条上，瓦

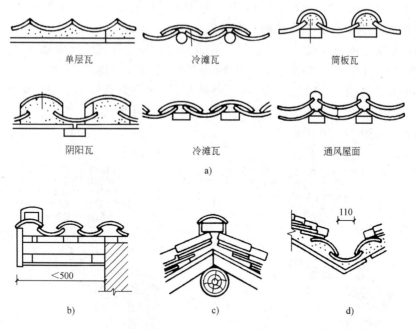

图 2-6-34　小青瓦屋面构造

a）小青瓦铺法　b）悬山　c）屋脊　d）天沟

与瓦上下顺流水方向互相搭接，瓦缝可用砂浆嵌填，以防飘雨与漏水，如图 2-6-35 所示。

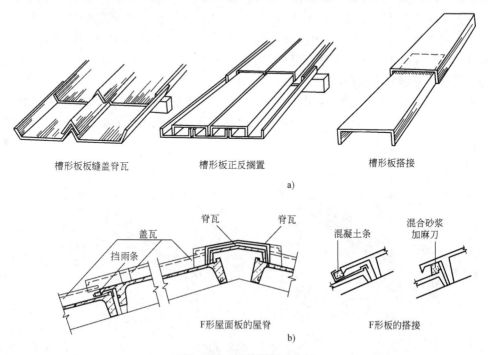

图 2-6-35　钢筋混凝土大瓦

a）槽形钢筋混凝土瓦　b）F 形屋面板

屋面铺材种类很多，选用时应根据支承结构形式、屋顶坡度、建筑外观以及耐久性、耐火和防水性能；自重轻；便于就地取材；施工方便；造价经济等综合考虑。

（5）钢筋混凝土板基层平瓦屋面，在住宅、学校、宾馆、医院等民用建筑中，钢筋混凝土屋面板找平层上铺防水卷材、保温层，再做水泥砂浆卧瓦层，最薄处为20mm，内配6@500mm×500mm钢筋网，再铺瓦。也可在保温层上做C15细石混凝土找平层，内配6@500mm×500mm钢筋网，再做顺水条、挂瓦条挂瓦。这类坡屋面防水等级可为Ⅱ级。

同样在钢筋混凝土基层上除铺平瓦屋面外，也可改用小青瓦、琉璃瓦，多彩油毡瓦或钢板彩瓦等屋面，如图2-6-36所示。

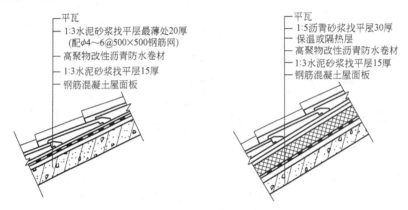

图 2-6-36　钢筋混凝土板平瓦屋面

（6）玻璃纤维油毡瓦（简称油毡瓦）屋面，油毡瓦为薄而轻的片状瓦材。油毡瓦以玻璃纤维为基架，覆以特别沥青涂层，上附石粉，表面为隔离保护层组成的片材。一般分单层和双层两种，其色彩和重量各异。单层油毡瓦采用较普遍，规格为1000mm×333mm，重约9.76～11.23kg/m²。油毡瓦一般适用低层住宅、别墅等建筑。通常屋面坡度1:5，适用于防水等级为Ⅱ级、Ⅲ级的屋面防水。

油毡瓦铺设前先安装封檐板、檐沟、滴水板、斜天沟、烟囱、透气管等部位的金属泛水，再进行油毡瓦铺设。铺设时基层必须平整，上、下两排采用错缝搭接，并用钉子固定每片油毡瓦，如图2-6-37所示。

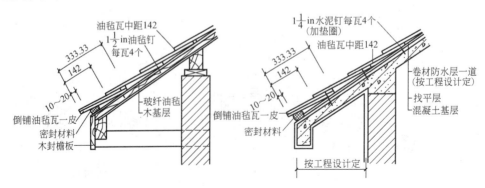

图 2-6-37　油毡瓦屋面

（7）钢板彩瓦屋面，钢板彩瓦用厚度0.5～0.8mm的彩色薄钢板经冷压形成，呈连片块瓦型屋面防水板材。横向搭接后中距768mm，纵向搭接后最大中距为400mm，挂瓦条间距为400mm。用拉铆钉或自攻螺钉连接在钢挂瓦条上。屋脊、天沟、封檐板、压顶板、挡水板以及各种连接件、密封件等均由瓦材生产厂配套供应，如图 2-6-38 所示。

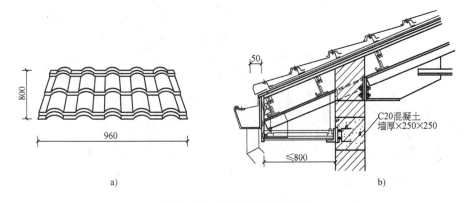

图 2-6-38　钢板彩瓦屋面构造

a）钢板彩瓦　b）钢檩木屋面板钢板彩瓦屋面构造

（8）彩色镀锌压型钢板屋面，压型钢板由于自重轻，强度高，防水性能好，且施工、安装方便，色彩绚丽，质感、外形现代新颖，因而被广泛应用于平直坡屋顶外，还根据建筑造型与结构形式的需要在各曲面屋顶上使用。压型钢板分为单层板和夹心板两种，如图 2-6-39 所示。

1）单层板由厚度为 0.5～1mm 的钢板，经连续式热浸处理后，在钢板两面形成镀铝锌合金层（在同样条件下镀铝锌合金钢板比镀锌钢板使用年限长 4 倍以上）。然后在镀铝锌钢板上先涂一层防腐功能的化学皮膜，皮膜上涂覆底漆，最后涂耐候性强的有色化学聚酯，确保使用多年后仍保持原有色彩和光泽。

压型钢板有波形板、梯形板和带肋梯形板多种。波高＞70mm 的称高波板；而≤70mm的称低波板。压型钢板宽度为 750～900mm，长度受吊装、运输条件的限制一般宜在 12m以内。

压型钢板的连接方式，用各种螺钉、螺栓或拉铆钉等紧固件和连接件固定在檩条上。檩条一般有槽钢、工字钢或轻钢檩条。檩条的间距一般为 1.5～3m。

压型钢板的纵向连接应位于檩条或墙梁处，两块板均应伸至支承件上。搭接长度：高波屋面板为 350mm；屋面坡度≤(1:10) 的低波屋面板为 250mm，屋面坡度＞(1:10) 时低波屋面板的搭接长度为 200mm。两板的搭接缝间需设通长密封条。

压型钢板的横向连接有搭接式和咬接式两种：搭接式的搭接方向宜与主导风向一致，搭接不少于一个波。搭接部位设通长密封胶带。咬接式是当波高大于 35mm 时采用固定支架，用螺栓（或螺钉）固定在檩条上，固定支架与压型钢板的连接采用专业咬边连接，当屋面受温度变化而产生膨胀和收缩时，采用特制的连接件滑片将板与檩条连接，不致使屋面板拉裂而产生以上渗漏，如图 2-6-40 所示。

2）夹心板为压型钢板面板及底板与保温芯材通过粘结剂（或发泡）粘结而成的保温隔热复合屋面板材。根据芯材的不同有硬质聚氨酯夹心板、聚苯乙烯夹心板、岩棉夹心板等。

夹心板的规格：厚度为 30～250mm，常用的屋面板为 50～100mm，夹心板面板为压型钢板板厚 0.5mm、0.6mm，底板也可采用 0.4mm 的压型钢板，宽度与长度与单层压型钢板相同，如图 2-6-41 所示。

夹心板的连接方式：一般采用紧固件或连接件将夹心板固定在钢檩条上。夹心板屋面的

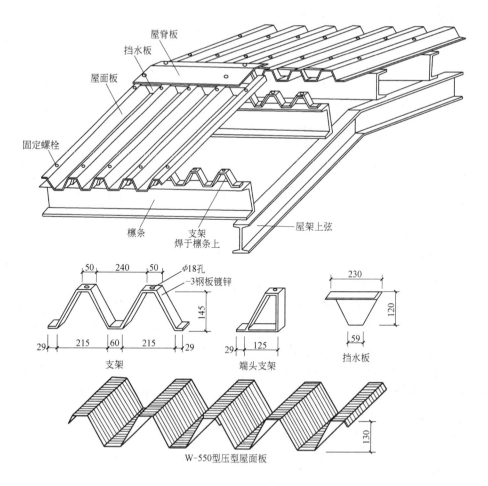

图 2-6-39　梯形压型钢板屋面

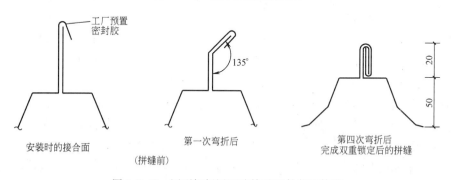

图 2-6-40　压型钢板屋面咬接及配件紧固构造

纵向搭接两块板都应位于檩条处，每块板的支座长度需要大于50mm，为此搭接处应用双檩，或单檩加宽。搭接长度同单层压型钢板。

夹心板的横向连接，一般多用搭接，板间用通长密封胶条，并用自攻螺钉将板与檩条固定。为防止其渗漏，在波顶另加屋面板压盖，如图2-6-42所示。

夹心板也可采用彩色钢平板与保温材料复合而成。

3. 钢筋混凝土屋面板　用钢筋混凝土技术可建造坡屋面的任何形式效果，可作直斜面、

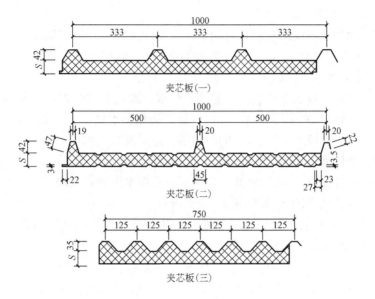

图 2-6-41 夹芯板断面构造

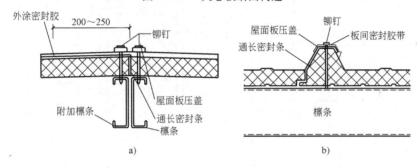

图 2-6-42 夹芯板屋面板连接构造

a）屋面板纵向连接 b）屋面板横向连接

曲斜面或多折斜面，尤其现浇钢筋混凝土屋面对建筑的整体性、防渗漏、抗震害和防火、耐久性等都有明显的优势。当今，钢筋混凝土坡屋顶已广泛用于住宅、别墅、仿古建筑和高层建筑中。

4. 涂膜防水平屋面 涂膜防水平屋面是板面采用涂料防水，板缝采用嵌缝材料防水的一种防水屋面。这种屋面适用坡度大于 25% 的坡屋面，其优点是不用在屋面板上另铺卷材或混凝土防水层，仅在板缝和板面采取简单的嵌缝和涂膜措施，也称油膏嵌缝涂料屋面。这种做法构造简单，节约材料，降低造价，通常用于不设保温层的预制屋面板结构，在有较大震动的建筑物或寒冷地区不宜采用。

（1）材料的选择，防水涂料是以沥青为基料配制而成的水乳型或溶剂型的防水涂料，和用以石油沥青为基料，用合成高分子聚合物对其改性，加入适量助剂配制的防水涂料，或以合成橡胶或合成树脂为原料，加入适量的活性剂、改性剂、增塑剂、防霉剂及填充料等制成的单组分或双组分防水涂料。

（2）基本构造是由结构层、找平层、防水层和保护层组成。

1）结构层，采用刚度大的预制钢筋混凝土屋面板，减小屋面变形。屋面板的板缝处采用细石混凝土灌缝，留凹槽嵌填油膏并做保护层。油膏常用聚氯乙烯胶泥和建筑防水油膏，保护层采用贴卷材或油膏上洒绿豆砂。

2）找平层，作为防水层的基层，采用1:3水泥砂浆找平。板端易变形开裂对防水层不利应设分格缝，间距不宜大于6m，缝宽度宜为20mm，内嵌密封材料，并应增设宽200～300mm带胎体增强材料的空铺附加层。

3）防水层，采用在板面上涂刷防水涂料或防水涂料与玻璃纤维布交替铺刷。一般采用一布二油、二布六油或三遍涂料的做法。对容易开裂和渗水的部位，应留凹槽嵌密封材料，并增设一层或一层以上带胎体增强材料的附加层，涂膜深入雨水口不小于50mm。

4）保护层，为防止涂膜防水层受到破坏，屋面应设保护层。保护层的材料可采用细砂、云母、蛭石、浅色涂料、水泥砂浆或块材等。采用水泥砂浆或块材时，在涂膜和保护层之间设置隔离层。水泥砂浆保护层厚度不小于20mm。

（3）细部构造。涂料防水屋面在泛水处、女儿墙檐口、板缝处都需进行特殊的细部构造处理，如图2-6-43所示。

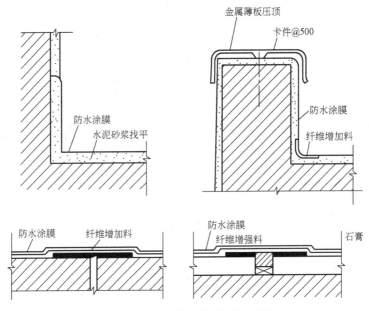

图2-6-43　涂膜防水屋面的节点构造

6.5　屋顶的保温与隔热

6.5.1　屋顶的保温

1. 平屋顶的保温　屋面保温材料应具有吸水率低、表观密度和热导率较小、并有一定强度的性能。保温材料按物理特性可分为三大类：一是散料类保温材料，如膨胀珍珠岩、膨胀蛭石、炉渣、矿渣等；二是整浇类保温材料，如水泥膨胀珍珠岩、水泥膨胀蛭石等；三是板块类保温材料，如用加气混凝土、泡沫混凝土、膨胀珍珠岩混凝土、膨胀蛭石混凝土等加工成的保温块材或板材，或采用聚苯乙烯泡沫塑料保温板。在实际工程中，应根据工程实际来选择保温材料的类型，通过热工计算确定保温层的厚度。

平屋顶的保温构造主要有三种形式，保温层位于结构层与防水层之间，保温层位于防水层之上和保温层与结构层结合。

1）保温层位于结构层与防水层之间这种做法符合热工学原理，保温层位于低温一侧，也符合保温层搁置在结构层上的力学要求，同时上面的防水层避免了雨水向保温层渗透，有利于维持保温层的保温效果，同时，构造简单、施工方便。所以，在工程中应用最为广泛，如图2-6-44所示。

2）保温层位于防水层之上的做法与传统保温层的铺设顺序相反，所以又称为倒铺保温层。倒铺保温层时，保温材料须选择不吸水、耐气候性强的材料，如聚氨酯或聚苯乙烯泡沫塑料保温板等有机保温材料。有机保温材料质量轻，直接铺在屋顶最上部时，容易受雨水冲刷，被风吹起，所以，有机保温材料上部应用混凝土、卵石、砖等较重的覆盖层压住。倒铺保温层屋顶的防水层不受外界影响，保证了防水层的耐久性，但保温材料受限制，如图2-6-45所示。

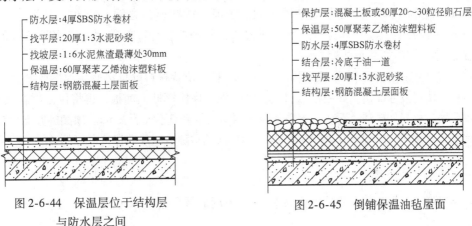

图2-6-44　保温层位于结构层与防水层之间

图2-6-45　倒铺保温油毡屋面

3）保温层与结构层结合这种形式的做法有三种：一种是保温层设在槽形板的下面，这种做法，室内的水汽会进入保温层中降低保温效果；一种是保温层放在槽形板朝上的槽口内；另一种是将保温层与结构层融为一体，如配筋的加气混凝土屋面板，这种构件既能承重，又有保温效果，简化了屋顶构造层次，施工方便，但屋面板的强度低，耐久性差，如图2-6-46所示。

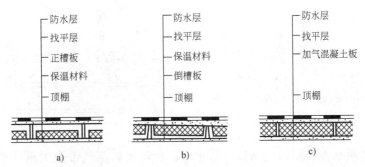

图2-6-46　保温层与结构层结合

a）保温层设在槽形板下　b）保温层设在反槽板上　c）保温层与结构层合为一体

2. 坡屋顶的保温　屋顶是围护结构，应避风雨并满足保温要求，寒冷地区屋面铺材不能满足保温要求，必须增铺保温材料。

冬季采暖建筑物室内外温差大，屋顶结构内表面温度小于露点温度时，空气中的水蒸气就可在屋顶结构的内表面产生凝结水。为了防止产生凝结水，除设法提高内表面温度外，还必须加铺保温隔热层以提高热阻。并应在结构层与保温隔热层之间铺隔气层，以隔绝蒸汽渗透。隔气层常用油毡层或结实的粘土层。保温层除采用无机材料外还可用有机材料，因取材方便，价格便宜。但耐久性与抗腐蚀性不及无机材料好，使用时须经过处理。

在多雪地区采暖建筑为了保持室内温度，屋顶上铺保温隔热层，这时屋面温度低，雪溶化慢，应迅速消除屋面积雪。屋面积雪下滑常使屋檐遭破坏，且易在檐口处结成冰柱下坠伤人。故应在檐口处装置栅栏或用细钢筋编成各式小叉等，按一定间距排列将从檐口下滑的雪块叉开，同时还保证扫雪安全。坡屋顶的保温隔热构造主要有两种形式，保温隔热材料放在屋面基层之间和保温隔热材料铺在吊顶棚内。

（1）保温隔热材料放在屋面基层之间。一般可放在檩条之间或钉在檩条下，前者可用松散材料；后者多用板材。材料厚度按所选的材料经热工计算确定。一般放置采用在檩条之间的做法时，檩条往往形成冷桥。

（2）保温隔热材料铺在吊顶棚内。如采用板状或块状材料可直接搁在顶棚搁栅上，搁栅间距视板材、块材尺寸而定。如用松散材料，则应先在顶棚搁栅上铺板，再将保温材料放在板上。如为重质松散材料如矿渣、石灰、木屑等，主搁栅间距一般不大于1.5m。顶棚搁栅支承在主搁栅的梁肩上。主搁栅与屋架下弦之间应保留约150mm的空隙，屋顶内保持良好的通风。

6.5.2 屋顶的隔热

1. 平屋顶的隔热　平屋顶的隔热构造可采用通风隔热、蓄水隔热、植被隔热、反射隔热等方式。

（1）通风隔热是在屋顶设置通风间层，利用空气的流动带走大部分的热量，达到隔热降温的目的。通风隔热屋面有两种做法：一种是在结构层与悬吊顶棚之间设置通风间层，在外墙上设进气口与排气口，如图2-6-47所示；另一种是设架空屋面，如图2-6-48所示。

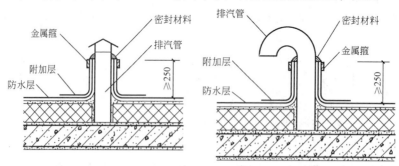

图 2-6-47　屋面排气口

（2）蓄水隔热是在平屋顶上面设置蓄水池，利用水的蒸气带走大量的热量，从而达到隔热降温的目的。蓄水隔热屋面的构造与刚性防水屋面基本相同，只是增设了分仓壁、泄水孔、过水孔和溢水孔。这种屋面有一定的隔热效果，但使用中的维护费用高，如图2-6-49所示。

（3）植被隔热是在平屋顶上种植植物，利用植物光合作用时吸收热量和植物对阳光的遮挡功能来达到隔热的目的。这种屋面在满足隔热要求时，还能够提高绿化面积，对于净化空气，改善城市整体空间景观都非常有意义，所以在现在的中高层以下建筑中应用越来越多，如图2-6-50所示。

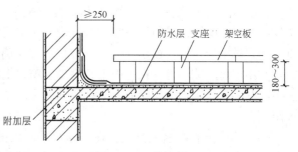

图 2-6-48　架空屋面

（4）反射隔热是在屋面铺浅色的砾石或刷浅色涂料等，利用浅色材料的颜色和光滑度对热辐射的反射作用，将屋

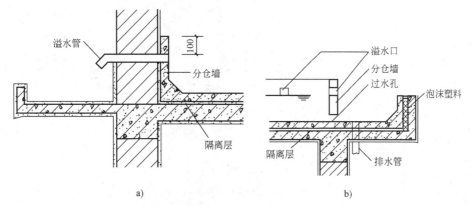

图 2-6-49　蓄水屋面

a）蓄水屋面溢水口　b）蓄水屋面排水管、过水孔

面的太阳辐射热反射出去，从而达到降温的作用。现在，卷材防水屋面采用的新型防水卷材，如高聚物改性沥青防水卷材和合成高分子防水卷材的正面覆盖的铝箔，就是利用反射降温的原理，来保护防水卷材的。

2. 坡屋顶的隔热　设置通风构造的主要目的是降低辐射热对室内的影响；保护屋顶材料。一般设进气口和排气口，利用屋顶内外的热压和迎、背风面的压力差来加大空气对流作用，组织屋顶内自然

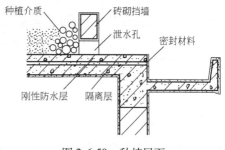

图 2-6-50　种植屋面

通风，使屋顶内外空气进行更换，减少由屋顶传入的辐射热对室内的影响。根据通风口位置不同，有以下几种做法：

（1）采用气窗，老虎窗通风。气窗常设于屋脊处，单面或双面开窗上盖小屋面。小屋面下不做顶棚，窗扇多用百叶窗，如兼作采光用时则装可开启的玻璃窗扇。小屋面支承在屋顶的支承结构屋架或檩条上。

利用坡屋顶上面的空间作阁楼供居住或储藏之用时，为了室内采光与通风在屋顶开口设架立窗，称为老虎窗。老虎窗支承在屋顶檩条或椽子上，一般在檩条上立柱，柱顶架梁上盖老虎窗的小屋面。小屋面可做成双坡、单坡等不同形式，并做泛水。老虎窗两侧墙面可用灰板条钉，外做抹灰或钉石棉板及其板材。

（2）风兜是在我国南方广州等地，夏季炎热，除在墙上支搭临时性引风设备外，常在屋顶上迎风方向架设以引风入室。其外形与构造与气窗相似，唯窗扇开启方式不同。风兜开口应朝夏季主导风向，窗扇做成旋窗装百叶或玻璃，用绳索操纵开关。高出屋面的风兜一般覆盖在小屋面。简单者是在屋面上开窗口，窗口上用木板包镀锌铁皮等作盖板，用绳索在下面操纵开关。这种构造与屋面上人孔相同，只是上人孔下面应设置爬梯供人上、下检修房屋等用。

（3）山墙上百叶通风窗设置在房屋尽端山墙的山尖部分。歇山屋顶的山花处也常设百叶通风窗，在百叶后面钉窗纱以防昆虫飞入。亦有用砖砌成花格或用预制混凝土花格装于山墙顶部作通风窗的，如图 2-6-51 所示。

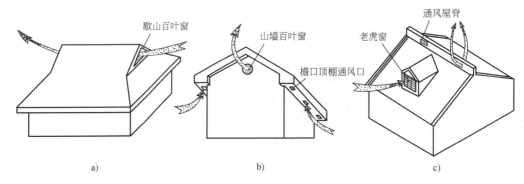

图 2-6-51　吊顶通风
a）歇山百叶窗　b）山墙百叶窗和檐口通风口
c）老虎窗与通风屋脊

此外在一般较长的瓦屋面，常在出檐顶棚上开进风口。在屋脊处设有出风口使屋顶内空气畅通。槽瓦纵向搁置正反搭盖时空气可从檐口进入，屋脊处设出风口组成通风屋面。这种办法在华南地区采用较多。小青瓦双层铺放亦可组成通风屋面。两层瓦间的间层约 70mm，屋脊处作出风口，间层内部空气借瓦间缝隙散出，通风换气好。

小　结

屋顶是建筑物的承重和围护构件，由防水层、结构层和保温层等组成。屋顶按其外形分为坡屋顶、平屋顶和曲面屋顶等。坡屋顶坡度一般大于 10%，平屋顶坡度小于 5%，曲面屋顶的坡度随外形变化，形式多样。按屋面防水材料可分为柔性防水屋面、刚性防水屋面、瓦屋面。平屋顶的排水方式主要分无组织排水和有组织排水两大类，有组织排水又分为内排水和外排水。平屋顶的坡度形式主要是材料垫坡的方法，平屋顶的防水按材料性质不同分为刚性防水和柔性防水。防水屋面由于热胀冷缩或挠曲变形的影响，常使刚性防水屋面出现裂缝，使屋面产生漏水，所以构造上要求对这种屋面做隔离层或分隔缝。柔性防水常选用高分子合成卷材等铺设和黏接而成，这类屋面主要应做好檐口、泛水和雨水口等处的细部构造处理。平屋面的保温材料常用多孔、轻质的材料，其位置一般布置在结构层上、结构层下等做法。平屋顶的隔热措施主要有通风隔热、实体屋面隔热、植被隔热、蓄水隔热、反射屋面隔热等。坡屋顶的屋面坡度是采用结构找坡的方法，它的承重结构系统有山墙承重、屋架承重和屋架梁承重等；屋面防水层常用平瓦、波形瓦、小青瓦等；平瓦屋面有冷滩瓦做法、实铺瓦屋面以及挂瓦板等做法；瓦屋面的檐口、山墙、天沟及泛水等应做好细部构造处理；坡屋顶的保温材料有铺设在望板上和屋架下顶棚吊顶上两种方法；它的隔热常用通风隔热的方式。

思 考 题

1. 屋顶的作用是什么？屋顶由哪几部分组成？
2. 平屋顶有哪些特点？其主要构造组成有哪些？
3. 屋顶的排水方式有哪些？各自的适用范围是什么？
4. 提高刚性防水层防水性能的措施有哪些？
5. 坡屋顶的承重方式有哪几种？各自有何特点？
6. 坡屋顶在檐口、山墙等处有哪些形式？
7. 平屋顶的隔热措施有哪些？

设计作业三　平屋顶构造设计

1. 设计目的和要求

通过本次作业，使学生掌握屋顶有组织排水的设计方法和屋顶构造节点详图设计，训练绘制和识读施工图的能力。

2. 设计资料

（1）图 2-6-52 为某小学教学楼平面图和剖面图。该教学楼为 4 层，教学区层高为 3.3m，办公区层高为 3.3m，教学区与办公区的交界处做错层处理。

（2）结构类型：砖混结构。

（3）屋顶类型：平屋顶。

（4）屋顶排水方式：有组织排水，檐口形式由学生自定。

（5）屋面防水方案：卷材防水或刚性防水。

（6）屋顶有保温或隔热要求。

3. 设计内容及图纸要求

用 A2 图纸一张，按建筑制图标准的规定，绘制该小学教学楼屋顶平面图和屋顶节点详图。

（1）屋顶平面图比例 1:100。

1）画出各坡面交线、檐沟或女儿墙和天沟、雨水口和屋面上人孔等，刚性防水屋面还应画出纵横分格缝。

2）标注屋面和檐沟或天沟内的排水方向和坡度大小，标注屋面上人孔等突出屋面部分的有关尺寸，标注屋面标高（结构上表面标高）。

3）标注各转角处的定位轴线和编号。

4）外部标注两道尺寸（即辅线尺寸和雨水口到邻近轴线的距离或雨水口的间距）。

5）标注详图索引符号，并注明图名和比例。

（2）屋顶节点详图比例 1:10 或 1:20。

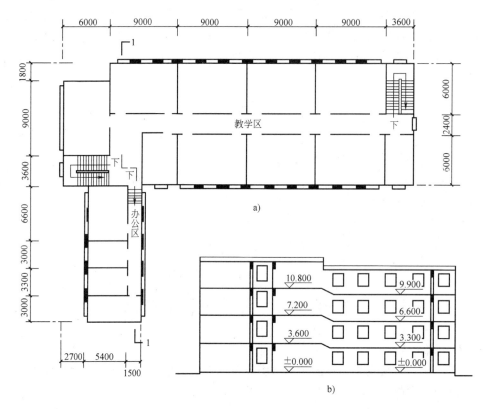

图 2-6-52　某小学教学楼平面图和剖面图

a）平面图　b）剖面图

1）檐口构造：当采用檐沟外排水时，表示清楚檐沟板的形式、屋顶各层构造、檐口处的防水处理，以及檐沟板与圈梁、墙、屋面板之间的相互关系，标注檐沟尺寸，注明檐沟饰面层的做法和防水层的收头构造做法。

当采用女儿墙外排水或内排水时，表示清楚女儿墙压顶构造、泛水构造、屋顶各层构造和天沟形式等，注明女儿墙压顶和泛水的构造做法，标注女儿墙的高度、泛水的高度等尺寸。

当采用檐沟女儿墙外排水时，要求同上。用多层构造引出线注明屋顶各层做法，标注屋面排水方向和坡度大小，标注详图符号和比例，剖切到的部分用材料图例表示。

2）泛水构造：画出高低屋面之间的立墙与低屋面交接处的泛水构造，表示清楚泛水构造和屋面各层构造，注明泛水构造做法，标注有关尺寸，标注详图符号和比例。

3）雨水口构造：表示清楚雨水口的形式、雨水口处的防水处理，注明细部做法，标注有关尺寸，标注详图符号和比例。

4）刚性防水屋面分格缝构造：若选用刚性防水屋面，则应做分格缝，要表示清楚各部分的构造关系，标注细部尺寸、标高、详图符号和比例。

第7章 窗 与 门

学习目标要求

1. 掌握门窗的作用和功能。
2. 掌握门窗的形式和基本尺度。
3. 掌握门窗的构造做法。

学习重点与难点

本章重点是：门窗的功能和作用，门窗的一般形式和基本尺度，门窗的基本特点；**本章难点是**：门窗的构造做法。

7.1 窗与门概述

7.1.1 窗与门的作用

窗和门是房屋建筑中非常重要的两个组成配件，对保证建筑物能够正常、安全、舒适的使用具有很大的影响。窗在建筑中的主要作用是采光、通风、接受日照和供人眺望；门的主要作用是交通联系、紧急疏散并兼有采光、通风的作用。当窗和门位于外墙上时，作为建筑物外墙的组成部分，对于保证外墙的围护作用（如保温、隔热、隔声、防风挡雨等）和建筑物的外观形象起着非常重要的作用。

7.1.2 窗与门的设计要求

（1）防风挡雨、保温、隔声。
（2）开启灵活、关闭紧密。
（3）便于擦洗和维修方便。
（4）坚固耐用，耐腐蚀。
（5）符合《建筑模数协调统一标准》的要求。

7.1.3 窗与门的材料

常用门窗材料有木、钢、铝合金、塑料和玻璃等。木门窗制作简易，较讲究的可以用硬木，一般多用松木、杉木，所用木料常常经过干燥处理，以防变形。为了节约木材，金属和塑料门窗已有了相当规模和数量的应用，其断面形状和构造也比木门窗复杂得多。目前，由于门窗在制作生产上已经基本标准化、规格化和商品化，各地均有一般民用建筑门窗通用图集，设计时可按所需类型以及尺度大小直接从中选用。

7.2 窗

7.2.1 窗的分类

7.2.1.1 按窗的框料材质分类

窗按框料材质分有铝合金窗、塑钢窗、彩板窗、木窗、钢窗等，其中铝合金窗和塑钢窗外观精美、造价适中、装配化程度高，铝合金窗的耐久性好，塑钢窗的密封、保温性能优，所以在建筑工程中应用广泛；木窗由于消耗木材量大，耐火性、耐久性和密闭性差，其应用已受到限制。

7.2.1.2 按窗的层数分类

窗按层数分类有单层窗和双层窗。单层窗构造简单，造价低，在一般建筑中多有应用。双层窗的保温、隔声、防尘效果好，多用于对窗有较高功能要求的建筑中。

7.2.1.3 按窗扇的开启方式分类

窗按开启方式分有固定窗、平开窗、悬窗、立转窗、推拉窗、百叶窗等。

1. 固定窗 固定窗是将玻璃直接镶嵌在窗框上，不设可活动的窗扇。一般用于只要求有采光、眺望功能的窗，如走道的采光窗和一般窗的固定部分。

2. 平开窗 窗扇一侧用铰链与窗框相连，窗扇可向外侧或内水平开启。平开窗构造简单，开关灵活，制作与维修方便，在一般建筑中采用较多。

3. 悬窗 窗扇绕水平轴转动的窗为悬窗。按照旋转轴的位置可分为上悬窗、中悬窗、下悬窗，上悬窗和中悬窗的防雨、通风效果好，常用作门的亮子和不方便手动开启的高侧窗。

4. 立转窗 窗扇绕垂直中轴转动的窗为立转窗。这种窗通风效果好，但不严密，不宜用于寒冷和多风沙的地区。

5. 推拉窗 窗扇沿着导轨或滑槽推拉开启的窗为推拉窗，有水平推拉窗和垂直推拉窗两种。推拉窗开启后不占室内空间，窗扇的受力状态好，适宜安装大玻璃，但通风面积受限制。

6. 百叶窗 窗扇一般用塑料、金属或木材等制成小板材，与两侧框料相连接，有固定式和活动式两种。百叶窗的采光效率低，主要用作遮阳、防雨和通风，如图 2-7-1 所示。

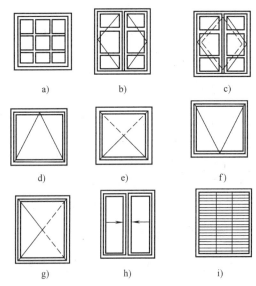

图 2-7-1 窗的开启方式

a) 固定窗 b) 平开窗（单层外开） c) 平开窗（双层内外开）

d) 上悬窗 e) 中悬窗 f) 下悬窗 g) 立转窗

h) 左右推拉窗 i) 百叶窗

7.2.1.4 按窗扇或玻璃的层数分类

按窗扇的层数分有单层窗扇和双层窗扇，按玻璃的层数分有单层玻璃窗和双层中空玻璃窗，双层窗扇和双层中空玻璃窗的保温、隔声性能优良，是节能型窗的理想类型。

7.2.2 窗的组成

窗一般由窗框、窗扇和五金零件组成。窗框是窗与墙体的连接部分，由上框、下框、边框、中横框和中竖框组成。窗扇是窗的主体部分，分为活动扇和固定扇两种，一般由上、下冒头、边梃和窗芯(又称窗棂)组成骨架，中间固定玻璃、窗纱或百叶。五金零件包括铰链、插销、风钩等。

当建筑的室内装修标准较高时，窗洞口周围可增设贴脸、筒子板、压条、窗台板及窗帘盒等附件。

7.2.3 窗的尺度

窗的尺度应综合考虑以下几个方面因素：

1. 采光 从采光要求来看，窗的面积与房间的面积有一定的比例关系。

2. 使用 窗的自身尺寸以及高度取决于人的行为和尺度。

3. 节能 在《民用建筑节能设计标准(采暖居住建筑部分)》中，明确规定了寒冷地区及其以北地区各朝向窗墙面积比。该标准规定，按地区不同，北向、东西向以及南向的窗墙面积比，应分别控制在20%、30%、35%左右。窗墙面积比是窗户洞口面积与房间的立面单元面积(建筑层高与开间定位轴线围成的面积)之比。

4. 符合窗洞口尺寸系列 为了使窗的设计与建筑设计、工业化和商业化生产，以及施工安装相协调，国家颁布了《建筑门窗洞口尺寸系列》标准。窗洞口的高度和宽度(指标尺寸)规定了3M的倍数。但考虑到某些建筑，如住宅建筑的层高不大，以3M进位作为窗洞高度，尺寸变化过大，所以增加1400mm、1600mm作为窗洞高的辅助参数。

5. 结构 窗的高宽尺寸受到层高及承重体系以及窗过梁高度的制约。

6. 美观 窗是建筑物造型的重要组成部分，窗的尺寸和比例关系对建筑立面影响极大。可开窗扇的尺寸，从强度、刚度、构造、耐久和开关方便考虑，不宜过大。平开窗扇的宽度一般在400~600mm左右，高度一般在800~1500mm左右。当窗较大时，为了减少可开窗扇的尺寸，可在窗的上部或下部设亮窗，北方地区的亮窗多为固定的，南方地区为了扩大通风面积，窗的上亮子多做成可开关的。亮子的高度一般采取300~600mm。固定扇不需安装合页，宽度可达900mm左右。推拉窗扇宽度亦可达900mm左右，高度不大于1500mm，过大时开关不灵活，具体尺寸可参考表2-7-1。

表 2-7-1　平开木窗尺寸参考表

高＼宽	600	900	1200	1500 1800	2100 2400	3000 3300
900 1200						

（续）

高＼宽	600	900	1200	1500 1800	2100 2400	3000 3300
1200 1500 1800						
2100						
2400						

7.2.4 木窗的构造

木窗主要是由窗框、窗扇和五金件及附件组成。窗框由边框、上框、下框、中横框（中横档）、中竖框组成；窗扇由上冒头、下冒头、边梃、窗芯、玻璃等组成。窗五金零件有铰链、风钩、插销等；附件有贴脸、筒子板、木压条等，如图2-7-2所示。

7.2.5 木窗的安装

1. 窗框的安装 窗框位于墙和窗扇之间，木窗窗框的安装方式有两种，一种是窗框和窗扇分离安装，另一种成品窗安装。分离安装也有两种方法，其一是立口法，即先立窗框，后砌墙。为使窗框与墙体连接得紧固，应在

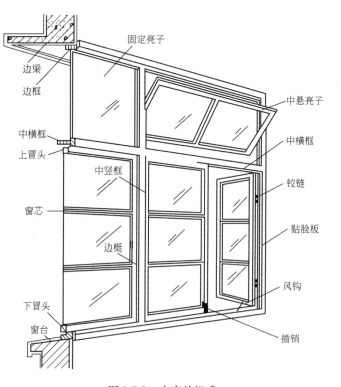

图 2-7-2 木窗的组成

窗口的上、下框各伸出 120mm 左右的端头，俗称"羊角头"。其二是先砌筑墙体，预留窗洞，然后将窗框塞入洞口内，即塞口法。不论是立口法还是塞口法，都要等墙体建完后再进行窗扇的整修和安装。

成品窗的安装方式是窗框和窗扇在工厂中生产，预先装配成完整的成品窗，然后将成品窗塞口就位固定，将周边缝隙密封。目前木窗仍多采用框、扇分离的安装方式，这样做对窗的制作和安装要求较低，容易施工，但窗扇的最后工序是在现场完成，很难达到高标准要求，且极易损伤先安装的窗框。

窗框在墙洞口中的安装位置有三种：一是与墙内表面平（内平），这样内开窗扇贴在内墙面，不占室内空间；二是位于墙厚的中部（居中），在北方墙体较厚，窗框的外缘多距外墙外表面 120mm（1/2 砖）；三是与墙外表面平（外平），外平多在板材墙或外墙较薄时采用，如图 2-7-3 所示。

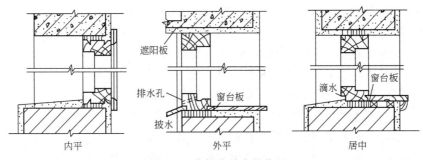

图 2-7-3　窗框在墙中的位置

2. 窗框的断面形状和尺寸　常用木窗框断面形状和尺寸主要应考虑：横竖框接榫和受力的需要；框与墙、扇结合封闭（防风）的需要；防变形和最小厚度处的劈裂等。一般窗扇与窗框之间既要开启方便，又要关闭紧密。通常在窗框上做裁口，深约 10 ~ 12mm。为了提高防风雨的能力，可以适当提高裁口深度（约 15mm），或在裁口处钉密封条；或在窗框背面留槽，形成空腔。木窗的用料采用经验尺寸，南北各地略有差异。单层窗窗框用量较小，一般为（40 ~ 60mm）×（70 ~ 95mm），双层窗窗框用料稍大，一般为（45 ~ 60mm）×（100 ~ 120mm）。木框外形的净尺寸一般均不是整数，这是由于木材毛料尺寸均为整数，单面刨光去 3mm，双面刨光去掉 5mm 的结果，如图 2-7-4 所示。

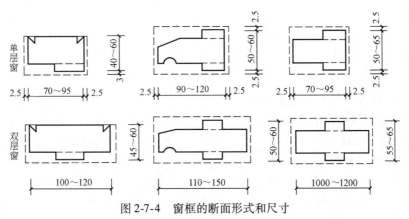

图 2-7-4　窗框的断面形式和尺寸

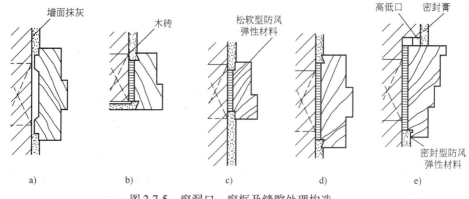

图 2-7-5　窗洞口、窗框及缝隙处理构造

a）平口，框背开槽　b）内平　c）平口　d）平口　e）高低口

3. 墙与窗框的连接　墙与窗框的连接主要应解决固定和密封问题。温暖地区墙洞口边缘采用平口，施工简单；在寒冷地区的有些地方常在窗洞两侧外缘做高低口，以增强密闭效果。如窗的上下框有突出，应砌入墙体中。木窗框的两侧外角做灰口，以增强窗框与抹灰的结合与密封，框墙间可填塞松软弹性材料，增强密封程度，如防风毛毡、麻丝或聚乙烯泡沫棒材、管材等封闭型弹性材料。木窗框靠墙面可能受潮变形，且不宜干燥，所以当窗框宽超过 120mm 时，背面应做凹槽，以防卷曲，并做沥青防腐处理，如图 2-7-5 所示。

木窗框和墙之间的固定方法视墙体材料而异。砖墙常用预埋木砖固定窗框，先立口施工法也可以先在窗框外固定铁脚。混凝土墙体常用预埋木砖或预埋螺栓、铁件固定窗框，如图 2-7-6 所示。

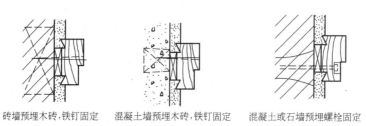

砖墙预埋木砖,铁钉固定　混凝土墙预埋木砖,铁钉固定　混凝土或石墙预埋螺栓固定

图 2-7-6　木窗框与墙的固定方法

7.3　门

7.3.1　门的分类

1. 按门在建筑物中所处的位置分类　有内门和外门。内门位于内墙上，应满足分隔要求，如隔声、隔视线等；外门位于外墙上，应满足围护要求，如保温、隔热、防风沙、耐腐蚀等。

2. 按门的使用功能分类　有一般门和特殊门。特殊门具有特殊的功能，构造复杂，一般用于对门有特别的使用要求时，如保温门、防盗门、防火门和防射线门等。

3. 按门的框料材质分类　有木门、铝合金门、塑钢门、彩板门、玻璃钢门、钢门等。木门具有自重轻、开启方便、隔声效果好、外观精美、加工方便等优点，目前在民用建筑中大量采用。

4. 按门扇的开启方式分类　有平开门、弹簧门、推拉门、折叠门、转门、卷帘门、升降门等。

（1）平开门。门扇与门框用铰链连接，门扇水平开启，有单扇、双扇，向内开、向外开之分。平开门构造简单、开启灵活、安装维修方便，所以在建筑物中使用最为广泛。

（2）弹簧门。门扇与门框用弹簧铰链连接，门扇水平开启，分为单向弹簧门和双向弹簧门，其最大优点是门扇能够自动关闭。适用于人流出入频繁或有自动关闭要求的建筑，如商店、医院、影剧院和会议厅等。

（3）推拉门。门扇沿着轨道左右滑行来启闭，有单扇和双扇之分，开启后，门扇可隐藏在墙体的夹层中或贴在墙面上。推拉门开启时不占空间，受力合理，不易变形，但构造较复杂，多用于分隔室内空间的轻便门和仓库、车间的大门。

（4）折叠门。门扇由一组宽度约为600mm的窄门扇组成，窄门扇之间用铰链连接。开启时，窄门扇相互折叠推移到侧边，占空间少，但构造复杂，适用于宽度较大的门。

（5）转门。门扇由三扇或四扇通过中间的竖轴组合起来，在两侧的弧形门套内水平旋转来实现启闭。转门不论是否有人通行，均有门扇隔断室内外，有利于室内的隔视线、保温、隔热和防风沙，并且对建筑立面有较强的装饰性，适用于室内环境等级较高的公共建筑的大门。但其通行能力差，不能用作公共建筑的疏散门，如图2-7-7所示。

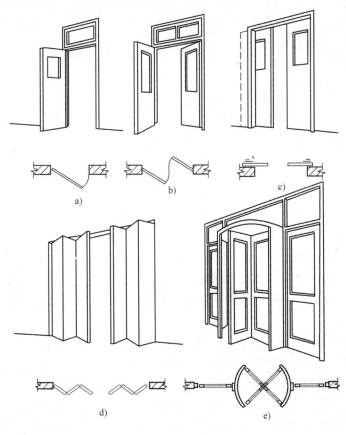

图2-7-7　门的开启方式

a）平开门　b）弹簧门　c）推拉门　d）折叠门　e）转门

（6）卷帘门。门扇由金属页片相互连接而成，在门洞的上方设转轴，通过转轴的转动来控制页片的启闭。其特点是开启时不占使用空间，但加工制作复杂，造价较高，常用于不经常启闭的商业建筑大门。

7.3.2 门的组成

门一般由门框、门扇、五金零件及附件组成。门框是门与墙体的连接部分，由上框、边框、中横框和中竖框组成。门扇一般由上、中、下冒头和边梃组成骨架，中间固定门芯板。五金零件包括铰链、插销、拉手和门锁等。附件有贴脸板、筒子板等，如图2-7-8所示。

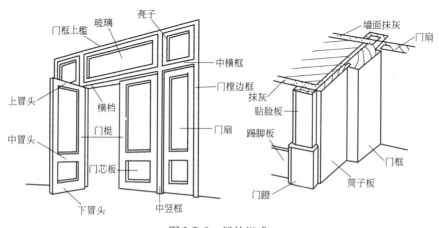

图 2-7-8　门的组成

7.3.3 门的尺度

门的尺度一般是门的高宽尺寸。门的具体尺寸应综合考虑以下几方面因素：

1. 使用　应考虑到人体的尺度和人流量，搬运家具、设备所需高度尺寸等要求，以及有无其他特殊需要。例如门厅前的大门往往由于美观及造型需要，常常考虑加高、加宽门的尺度。

2. 符合门窗口尺寸系列　与窗的尺寸一样，应遵守国家标准《建筑门窗洞口尺寸系列》。门洞口宽和高的标志尺寸规定为：600mm、700mm、800mm、900mm、1000mm、1200mm、1400mm、1500mm、1800mm等。其中部分宽度不符合3M规定，而是根据门的实际需要确定的。

对于外门，在不影响使用的前提下，应符合节能原则，特别是住宅的门不能随意扩大尺寸。总之，门的尺寸主要是根据使用功能和洞口标准确定的。

一般房间，门的洞口宽度最小为900mm，厨房、厕所等辅助房间，门洞的宽度最小为700mm。门洞口高度除卫生间、厕所外可为1800mm以外，均不应小于2000mm。门洞口高度大于2400mm时应设上亮窗。门洞较窄时可开一扇，1200～1800mm的门洞，应开双扇。大于2000mm时，则应开三扇或多扇，如表2-7-2所示。

表 2-7-2　民用建筑平开门尺寸参考表

高＼宽	700	800	900	1000	1500	1800	2400	3000	3300
2100	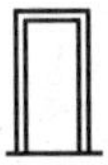		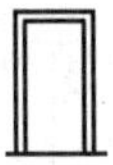						
2400	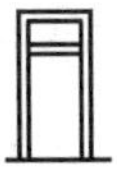	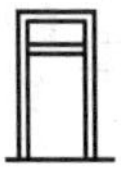	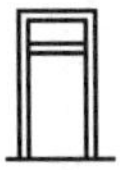	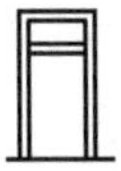	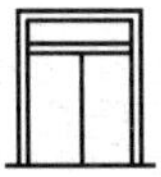				
2700		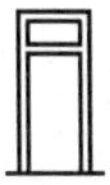	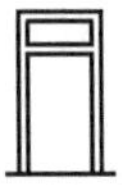	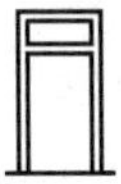	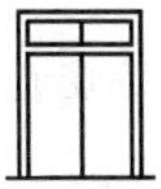	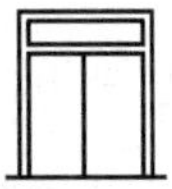			
3000				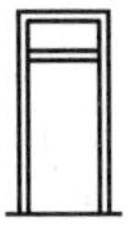	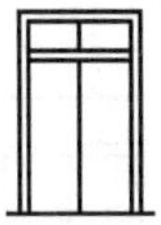	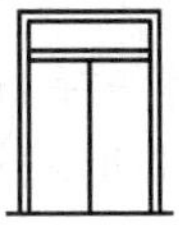	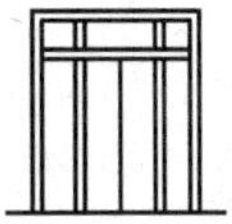	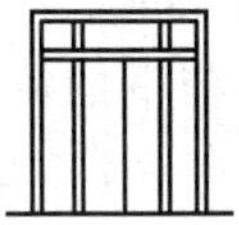	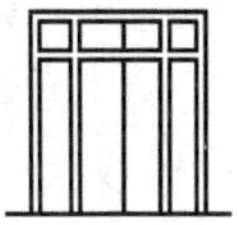

7.3.4　平开木门的构造

1. 门框　门框是由两个竖向边框和上部横框组成的，门上设亮子时还有中横框，两扇以上的门还设有中竖框，有时根据需要下部还设有下框，即一般称为门槛。设门槛时有利于保温、隔声、防风雨，无门槛时有利于通行和清扫。

门框断面尺寸与门的总宽度、门扇类型、厚度、重量及门的开启方式等有关。一般单、双扇平开门，用于内门时可采用 57mm×85mm，用于外门时为 57mm×115mm。四扇门边框为 57mm×（125～145mm），中竖框加厚为 75mm。采用自由门时，门框应加厚，一般为 67mm×（125～145mm），中竖框则为 85mm×（125～145mm）。

门的安装与窗的安装相似，只是两边框的下端应埋入地面，设门槛时，部分门槛埋入地面，如图 2-7-9 所示。

2. 门扇　门扇的种类很多，如镶板门、夹板门、拼板门、玻璃门、百叶门和纱门等。在此，仅对镶板门和夹板门作简单介绍。

（1）镶板门。这种门应用最为广泛，门扇的骨架由边梃、上冒头、中冒头、下冒头组成，在骨架内镶门芯板，门芯板可为木板、胶合板、硬质纤维板、玻璃、百叶等。这种门扇的构造简单，加工制作方便，适用于一般民用建筑的内门和外门。

木门芯板一般用 10～15mm 厚的木板拼成整块，拼缝要严密，以防止木材干缩露缝。当采用玻璃时，即为玻璃门，可以是半玻门和全玻门。若门芯板换成塑料纱（或铁纱），即为

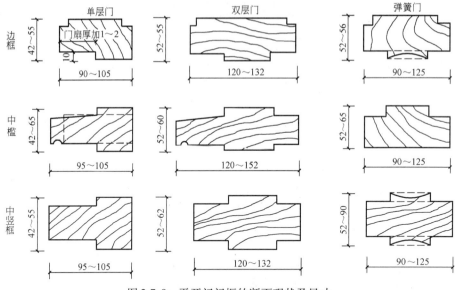

图 2-7-9　平开门门框的断面现状及尺寸

纱门。由于纱门轻，门扇骨架用料可以小些，边框与上、中冒头可采用 30～70mm，下冒头采用 30～150mm。

门芯板与框的镶嵌，可用暗槽、单面槽和双边压条做法。玻璃的嵌固用油灰或木压条，塑料纱则用木压条嵌固。

门扇边梃和上冒头断面尺寸约（40～50mm）×（100～120mm），下冒头加大至（40～50mm）×（170～200mm），以减少门扇变形。随门芯板材料不同，门扇骨架断面应按照具体情况确定。

门扇的安装通常在地面完成后进行，门扇下部距地面应留出 5～8mm 缝隙，如图2-7-10 所示。

（2）夹板门。夹板门由中间轻型骨架组成框格，表面钉或粘贴薄板。

夹板门的骨架用料较少，外框用料一般为 35mm×（50～70mm），可根据门扇大小、五金配件需要决定，内框用料的宽度同外框料的厚度通常一致，或减少 2 倍面板厚度，而厚度可以更薄一些。可以使用

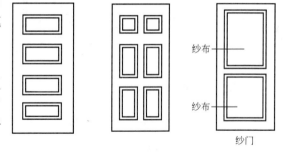

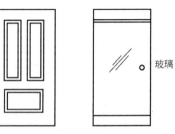

图 2-7-10　镶板门

短料拼接，在钉面板之后，整扇门即可获得足够的刚度。为了不使门因温度变化产生内应力，保持内部干燥，应作透气孔贯穿上下框格。

夹板门的面板一般采用胶合板、硬质纤维或塑料板，这些面板不宜暴露于室外，因而夹板门不宜用于外门。面板与外框平齐，因为开关门时碰撞等容易碰坏面板，也可以采用硬木

条嵌边或木线镶边等措施保护面板。

夹板门的特点是用料省、重量轻、表面整洁美观、经济，框格内如果嵌填一些保温、隔声材料，能起到较好的保温、隔声效果。在实际工程中，常将夹板门表面刷防火涂料、外包镀锌铁皮，可以达到二级防火门的标准，常用于住宅建筑中的分户门。因功能需要，夹板门上可镶嵌玻璃或百叶等，需将镶嵌处四周作成木框并铲口，镶玻璃时，一侧式两侧用压条固定玻璃，如图 2-7-11 所示。

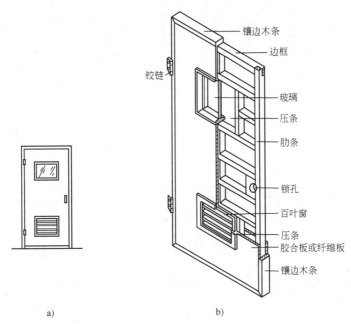

图 2-7-11　夹板门构造
a）立面图　b）构造示意

3. 弹簧门　弹簧门是用普通镶板门或夹板门改用弹簧合页，开启后能自动关闭。

弹簧门使用的合页有单面弹簧、双面弹簧和地弹簧之分。单面弹簧门常用于需有温度调节及气味要遮挡的房间如厨房、卫生间等。双面弹簧合页或弹簧的门常用于公共建筑的门厅、过厅以及人流较多、使用较频繁的房间门。弹簧门不适于幼儿园、中小学入口处。

为了避免人流出入时碰撞，弹簧门上需安装玻璃门。

弹簧门的合页安装在门侧边，地弹簧的轴安装在地下，顶面与地面一平，只剩下铰轴与铰辊部分，开启时也较隐蔽。地弹簧适合于高标准建筑中入口处的大面积玻璃门等。弹簧的开关较频繁，受力也较大，因而门梃断面的尺寸也比一般镶板门大。通常上梃及边梃的宽度为 100～120mm，下梃宽为 200～300mm，门扇厚度为 40～60mm，门芯板厚度为 150mm。弹簧门的门边框与门的边梃应作成弧形断面，其圆弧半径为门厚的 1～1.2 倍，门扇边也应将边梃作成弧形，半径可以适当放大。为防止开关时碰撞，弹簧门边梃之间应留有一定缝隙，但缝隙太大又会造成漏风、保温不好等不利因素，寒冷地区在门边梃上钉橡胶等弹性材料以满足保温要求，如图 2-7-12 所示。

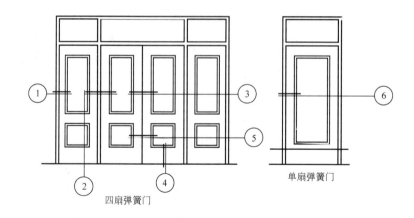

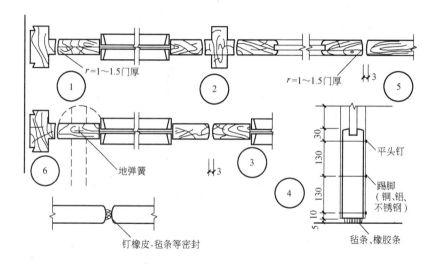

图 2-7-12　弹簧门构造

7.4　遮阳构造

7.4.1　遮阳的作用

一般房屋建筑,当室内气温在29℃以上,太阳辐射强度大于240kcal/(m² · h),阳光照射室内时间超过1h,照射深度超过0.5m时,应采取遮阳措施;标准较高的建筑只要具备前两条即可考虑设置遮阳。在窗前设置遮阳板进行遮阳,对采光、通风都会带来不利影响,因此在设置遮阳设施时应对采光、通风、日照经济美观作慎重考虑,以达到功能与美观的统一。

遮阳是为了防止直射阳光照入室内,以减少太阳辐射热,避免夏季室内过热以及保护室内物品不受阳光照射而采取的一种措施。用于遮阳的方法很多,在窗口悬挂窗帘,利用门窗构件自身遮光以及窗扇开启方式的调节变化，利用窗前绿化，雨篷、挑檐、阳台、外廊及墙面花格也都可以达到一定的遮阳效果，如图 2-7-13 所示。

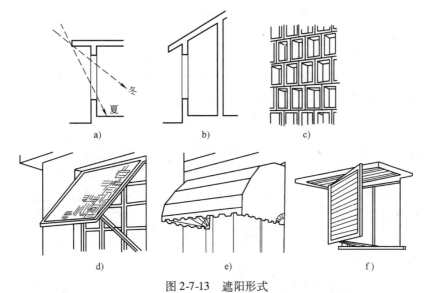

图 2-7-13　遮阳形式

a) 出檐　b) 外廊　c) 花格　d) 芦席遮阳　e) 布篷遮阳　f) 旋转百叶遮阳

7.4.2　遮阳板的基本形式

窗户遮阳板按其形状可分为水平遮阳、垂直遮阳、混合遮阳及挡板遮阳四种形式，如图 2-7-14 所示。

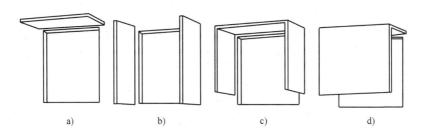

图 2-7-14　遮阳板的基本形式

a) 水平遮阳　b) 垂直遮阳　c) 综合遮阳　d) 挡板遮阳

7.4.2.1　水平遮阳

在窗口上方设置一定宽度的水平方向遮阳板能够遮高度角较大的从窗口上方照射下来的阳光，适用于南向及其附近朝向的窗口。水平遮阳板可作成实心板式百叶板，较高大的窗口可在不同高度设置双层、多层水平遮阳板，以减少板的出挑宽度。

7.4.2.2　垂直遮阳

在窗口上方设置垂直方向的遮阳板，能有效遮挡高度角较小的从窗口两侧斜射过来的阳光。根据光线的先后和具体处理不同，垂直遮阳板可以垂直于墙面，也可以与墙面形成一定的垂直夹角，主要适用于偏南或偏西的窗口。

310

7.4.2.3　综合遮阳

综合遮阳是以上两种遮阳板的综合，能够遮挡从窗口左右两侧及前上方射来的阳光，遮阳效果比较均匀，主要适用于南向、东南、西向的窗口。

7.4.2.4　挡板遮阳

在窗口前方离开窗口一定距离设置与窗口平行方向的垂直挡板，可以有效地遮挡高度较小的正射窗口的阳光，主要适用于东、西向及其附近的窗口。但它不利于通风，遮挡了视线，可以做成隔栅式挡板，基于以上四种形式，可以组合成各种各样的形式，如图 2-7-15 所示。

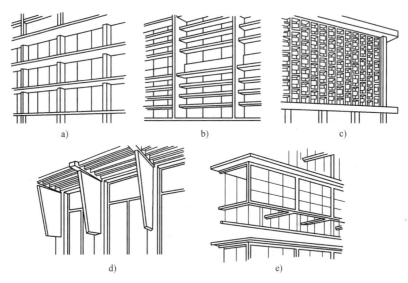

图 2-7-15　遮阳板形式

这些遮阳板可以做成固定的，也可以做成活动的，后者可以灵活调节，遮阳、通风采光效果好，但构造复杂，需经常维护。固定式则坚固、耐用、经济，设计时应根据不同的使用要求，采用不同的形式，以满足不同的要求。

小　　结

门和窗是房屋建筑中的两个围护部件，它们在不同情况下，有分隔、采光、通风、保温、隔声、防水及防火等不同的要求。在学习中应注意以下几个方面：

1. 窗按开启方式一般分为平开窗、旋转窗、推拉窗等。窗洞尺寸一般采用3M数列作为标准尺寸。

2. 门按开启方式不同一般情况下分为平开门、推拉门、弹簧门、折叠门等。门洞的高度应符合建筑的使用要求，并符合《建筑模数协调统一标准》。

3. 门由门框、门扇、五金等组成。窗由窗框、窗扇、五金及附件组成。

4. 遮阳板有水平遮阳、垂直遮阳、混合遮阳及挡板遮阳四种形式。

思 考 题

1. 门与窗的作用是什么？
2. 铝合金门窗、塑钢门窗的特点是什么？
3. 常用的木门扇有哪几种？各有何特点？
4. 门窗的开启方式有哪几种？各有何特点？
5. 门窗框的安装方式有几种？
6. 金属门窗与洞口的连接方式有哪几种？
7. 遮阳作用是什么？遮阳板有哪几种形式？

习　题

1. 绘图说明平开木窗的构造组成。
2. 用图示说明门窗框在墙洞的位置有哪几种情况。

第8章 变 形 缝

学习目标要求

1. 掌握变形缝的分类及设置原则。
2. 掌握变形缝在基础、墙面、楼地面及屋面的构造处理方法。

学习重点与难点

本章重点是：变形缝的概念、设置原则及构造处理方法。**本章难点是**：变形缝的构造处理。

建筑物由于温度变化、地基不均匀沉降以及地震等因素的影响，使结构内部产生附加应力和变形，处理不当，将会造成建筑物的破坏，产生裂缝甚至倒塌。解决的办法通常有：一是加强建筑物的整体性，使之具有足够的强度和整体性来抵抗这种破坏应力，不产生破裂；二是预先在这些变形敏感部位将结构断开、预留缝隙，以保证各部分建筑物在这些缝隙中有足够的变形宽度而不造成建筑物破损。这种将建筑物垂直分割开来的预留缝隙称为变形缝。

变形缝有三种，即伸缩缝、沉降缝和防震缝。

8.1 伸缩缝

建筑构件因温度和湿度等因素的变化会产生胀缩变形，当建筑物长度超过一定限度时，会因热胀冷缩变形较大而产生开裂。为此，通常在建筑物适当的部位设置竖缝，自基础以上将房屋的墙体、楼板层、屋顶等构件断开，将建筑物沿垂直方向分离成几个独立的部分。这种因温度变化而设置的缝隙称为伸缩缝或温度缝。

8.1.1 伸缩缝的设置

由于基础部分埋于土中，受温度变化的影响相对较小，故伸缩缝是将基础以上的房屋构件全部分开，以保证伸缩缝两侧的房屋构件能在水平方向自由伸缩。缝宽一般为 20 ~ 40mm，或按照有关规范由单项工程设计确定。伸缩缝的最大间距与房屋的结构类型、房屋或楼盖的类别以及使用环境等因素有关，砌体结构与钢筋混凝土结构伸缩缝的最大间距的设置根据《砌体结构设计规范》（GB 50003—2011），见表 2-8-1，《混凝土结构设计规范》（50010—2011），见表 2-8-2。

表 2-8-1　砌体结构伸缩缝的最大间距 　　　　　　　　　（单位：m）

屋盖或楼盖类别		间　　距
整体式或装配整体式钢筋混凝土结构	有保温层或隔热层的屋盖、楼盖	50
	无保温层或隔热层的屋盖	40

（续）

屋盖或楼盖类别		间　距
装配式无檩体系 钢筋混凝土结构	有保温层或隔热层的屋盖、楼盖	60
	无保温层或隔热层的屋盖	50
装配式有檩体系 钢筋混凝土结构	有保温层或隔热层的屋盖	75
	无保温层或隔热层的屋盖	60
瓦材屋盖、木屋盖或楼盖、轻钢屋盖		100

表 2-8-2　钢筋混凝土结构伸缩缝的最大间距　　　　　　（单位：m）

结　构　类　别		室内或土中	露　天
排架结构	装配式	100	70
框架结构	装配式	75	50
	现浇式	55	35
剪力墙结构	装配式	65	40
	现浇式	45	30
挡土墙、地下室墙壁等类结构	装配式	40	30
	现浇式	30	20

8.1.2　伸缩缝的构造

　　伸缩缝要求建筑物的墙体、楼地面、屋顶等地面以上构件全部断开，以保证伸缩缝两侧的建筑构件在水平方向自由伸缩。由于基础埋置在土中，受温度变化影响较小，不需断开。但从建筑物功能要求和整体美观的角度需对这些缝隙进行构造处理。

　　1. 墙体伸缩缝构造　墙体伸缩缝一般做成平缝、错口缝、企口缝，如图 2-8-1 所示。平缝构造简单，但不利于保温隔热，适用于厚度不超过 240mm 的墙体，当墙体厚度较大时应采用错口缝或企口缝。

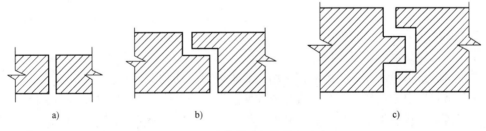

图 2-8-1　墙体伸缩缝的截面形式
a）平缝　b）错口缝　c）企口缝

　　为防止外界自然条件(如雨雪等)通过伸缩缝对墙体及室内环境的侵袭，需对伸缩缝进行构造处理，以达到防水、保温、防风等要求。外墙缝内填塞可以防水、防腐蚀的弹性材料，如沥青麻丝、沥青木丝板、泡沫塑料条、橡胶条、油膏等弹性材料与金属调节片。外墙封口可用镀锌铁皮、铝皮做盖缝处理，内墙可用金属板或木盖缝板做为盖缝。在盖缝处理时，应注意缝与所在墙面相协调。所有填缝及盖缝材料和构造应保证结构在水平方向自由伸缩而不破坏，如图 2-8-2 所示。

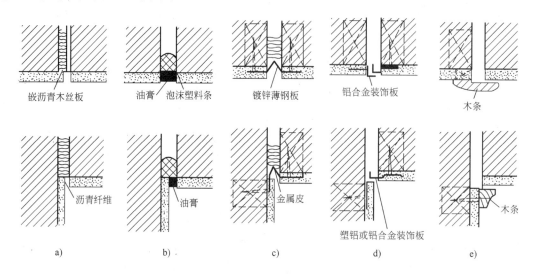

图 2-8-2　墙体伸缩缝构造

a）、b）、c）外墙伸缩缝　d）、e）内墙伸缩缝

2. 楼地面和屋面伸缩缝构造　见 8.3 节。

8.2　沉降缝

同一建筑物由于地质条件不同、各部分的高差和荷载差别较大以及结构形式不同时，建筑物会因地基压缩性差异较大发生不均匀沉降导致其产生裂缝。为了防止此裂缝的发生，需要设缝隙将建筑物沿垂直方向分为若干部分，使其每一部分的沉降比较均匀，避免在结构中产生额外的应力。这种因不均匀沉降而设置的缝隙称为沉降缝。

8.2.1　沉降缝的设置

由于沉降缝是为了防止地基不均匀沉降设置的变形缝，故应从基础断开。沉降缝一般在下列部位设置：

（1）过长建筑物的适当部位。

（2）当建筑物建造在不同的地基土壤上又难以保证均匀沉降时。

（3）当同一房屋相邻各部分高度相差在两层以上或部分高差超过 10m 以上时。

（4）当同一建筑物各部分相邻基础的结构体系、宽度和埋置深度相差悬殊时。

（5）建筑物的基础类型不同，以及分期建造房屋毗连处。

（6）当建筑物平面形状复杂、高度变化较多时，将房屋平面划分成几个简单的体型，在各部分之间设置沉降缝。

沉降缝的宽度随地基情况和房屋的高度不同而定，或根据有关规范由单项设计确定，其宽度详见表 2-8-3。

表 2-8-3　沉降缝的宽度

地 基 性 质	房屋高度/m	沉降缝宽度/mm
一般地基	$H < 5$	30
	$H = 5 \sim 10$	50
	$H = 10 \sim 15$	70
软弱地基	2～3 层	50～80
	4～5 层	80～120
	6 层及 6 层以上	>120
湿陷性黄土地基		30～70

8.2.2　沉降缝的构造

沉降缝与伸缩缝的最大区别在于伸缩缝只需保证建筑物在水平方向的自由伸缩变形，而沉降缝主要应满足建筑物各部分在垂直方向的自由变形，故应将建筑物从基础到屋顶全部断开。同时沉降缝也可兼顾伸缩缝的作用，在构造上应满足伸缩与沉降的双重要求。

1. 墙体沉降缝构造　墙体沉降缝的盖缝处应满足水平伸缩和垂直变形的要求，同时，也要满足抵御外界影响以及美观的要求。墙体沉降缝构造如图 2-8-3 所示。

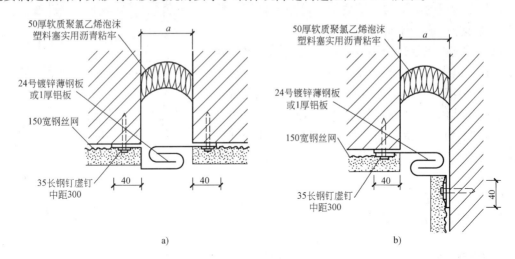

图 2-8-3　墙体沉降缝构造

a) 外墙平缝　b) 外墙转角处

2. 基础沉降缝构造　建筑物基础沉降缝应使建筑物从基础底面到屋顶全部断开，此时基础在构造上有三种处理方法。

（1）双墙式沉降缝处理方法。将基础平行设置，沉降缝两侧的墙体均位于基础的中心，两墙之间有较大的距离，如图 2-8-4a 所示。若两墙间距小，基础则受偏心荷载，适用于荷载较小的建筑，如图 2-8-4b 所示。

（2）交叉式处理方法。将沉降缝两侧的基础交叉设置，在各自的基础上支承基础梁，墙砌筑在梁上，适用于荷载较大，沉降缝两侧的墙体间距较小的建筑，如图 2-8-5 所示。

（3）悬挑式处理方法。将沉降缝一侧的基础按一般设计，而另一侧采用挑梁支承基础梁，在基础梁上砌墙，墙体材料尽量采用轻质材料，如图 2-8-6 所示。

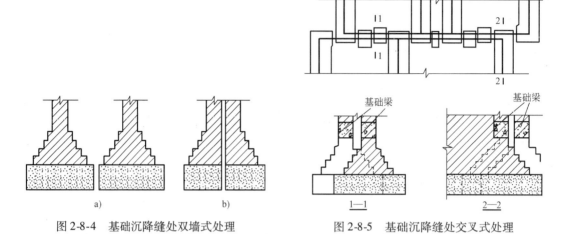

图 2-8-4　基础沉降缝处双墙式处理　　　图 2-8-5　基础沉降缝处交叉式处理

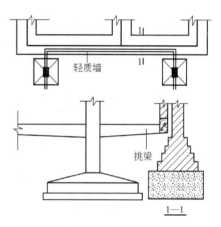

图 2-8-6　基础沉降缝处悬挑式处理

虽然设置沉降缝是解决建筑物由于变形引起破坏的好办法，但设缝也带来了很多麻烦，如必须做盖缝处理，易发生侵蚀、渗漏，影响美观等，因此应尽量避免，如在房屋的高层与低层之间，可采取以下一些措施将两部分连成整体而不必设沉降缝。

（1）裙房等低层部分不设基础，由高层伸出悬臂梁来支撑，以求得同步沉降。

（2）采用后浇带：近年来，许多建筑用后浇带代替沉降缝。其做法是：在高层和裙房之间留出 800～1000mm 的后浇带，待两部分主体施工完成一段时间，沉降均基本稳定后，再将后浇带浇筑，使两部分连成整体。

（3）可采用桩基以及加强基础整体性等方法将两部分连成整体。

3. 楼地面和屋面沉降缝　见 8.3 节。

8.3　防震缝

建筑物在地震力作用下，会产生上下、左右、前后多方向的振动，而导致建筑物发生裂缝。为了防止此裂缝的发生，建筑物按垂直方向设置缝隙，将大型建筑物分隔为较小的部分，形成相对独立的防震单元，避免因地震造成建筑物整体震动不协调，而产生破坏。这种防止地震而设置的缝隙称为防震缝。

8.3.1　防震缝的设置

在地震设防烈度为 6～9 度的地区，当建筑物体型复杂或各部分的结构刚度、高度、重量相差较大时，应在变形敏感部位设置防震缝，将建筑物分成若干个体型简单、结构刚度较均匀的独立单元。下列情况应设置防震缝：

（1）建筑物平面体型复杂，凹角长度过大或突出部分较多，应用防震缝将其分开，使其形成几个简单规整的独立单元。

（2）建筑物立面高差在6m以上，在高差变化处应设缝。

（3）建筑物毗连部分的结构刚度或荷载相差悬殊的应设缝。

（4）建筑物有错层，且楼板错开距离较大，须在变化处设缝。

防震缝的最小宽度与地震设计烈度、房屋的高度有关，详见表2-8-4。

表2-8-4　防震缝的宽度

房屋高度 H/m	地震设防烈度	防震缝宽度/mm
H≤15	7	70
	8	70
	9	79
H>15	7	高度每增加4m 缝宽增加20mm
	8	高度每增加3m 缝宽增加20mm
	9	高度每增加2m 缝宽增加20mm

8.3.2　防震缝的构造

防震缝应沿建筑物全高设置，一般基础可不断开，但平面复杂或结构需要时也可断开。防震缝一般与伸缩缝、沉降缝协调布置，做到一缝多用或多缝合一，但当地震区需设置伸缩缝和沉降缝时，须按防震缝构造要求处理。

1. 防震缝墙体构造　防震缝盖缝做法与伸缩缝相同，但不应该做错口缝或企口缝。由于防震缝的宽度比较大，构造上应注意做好盖缝防护构造处理，以保证其牢固性和适应变形的需要。防震缝的墙体构造如图2-8-7所示。

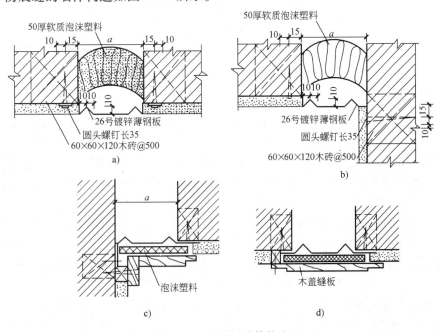

图2-8-7　防震缝墙体构造

a）外墙平缝处　b）外墙转角处　c）内墙转角处　d）内墙平缝处

2. 楼地面和屋面变形缝的构造   伸缩缝、沉降缝、防震缝三缝在楼地面和屋面的构造处理是一样的，因此统称为楼地面和屋面变形缝构造。

（1）楼地面变形缝的设置与墙体变形缝一致，应贯通楼板层和地坪层。对于采用沥青类材料的整体楼地面和铺在砂、沥青胶体结合层上的板块楼地面，可只在楼板层、顶棚层、或混凝土垫层设变形缝。

变形缝内一般采用有弹性的松软材料，如沥青玛琋脂、沥青麻丝、金属调节片等，上铺活动盖板或橡皮条等，以防灰尘、杂物下落，地面面层也可用沥青胶嵌缝。顶棚处应用木板、金属调节片等做盖缝处理，盖缝板应保证缝两侧结构构件能自由变形，其构造做法如图2-8-8所示。

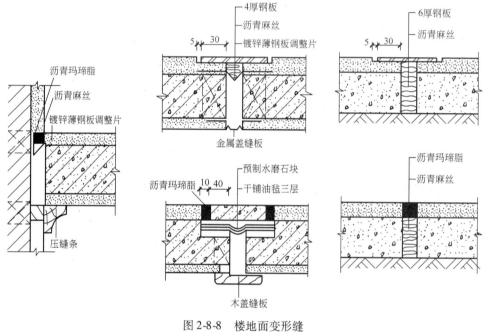

图2-8-8   楼地面变形缝

（2）屋顶变形缝破坏了屋面防水层的整体性，留下了雨水渗漏的隐患，所以必须加强屋顶变形缝处的处理。屋顶在变形缝处的构造分为等高屋面变形缝和不等高屋面变形缝两种。

1）等高屋面变形缝。等高屋面变形缝的构造分为上人屋面做法和不上人屋面做法。

①上人屋面变形缝。屋面上需考虑人活动的方便，变形缝处在保证不渗漏、满足变形需求时，应保证平整，以利于行走，如图2-8-9a所示。

②不上人屋面变形缝。屋面上不考虑人的活动，从有利于防水考虑，变形缝两侧应避免因积水导致渗漏。一般构造为：在缝两侧的屋面板上砌筑半砖矮墙，高度应高出屋面至少250mm，屋面与矮墙之间按泛水处理，矮墙的顶部用镀锌铁皮或混凝土压顶进行盖缝，如图2-8-9b所示。

2）不等高屋面变形缝。不等高屋面变形缝，应在低侧屋面板上砌筑半砖矮墙，与高侧墙体之间留出变形缝。矮墙与低侧屋面之间做好泛水，变形缝上部用由高侧墙体挑出的钢筋混凝土板或在高侧墙体上固定镀锌钢板进行盖缝，如图2-8-10所示。

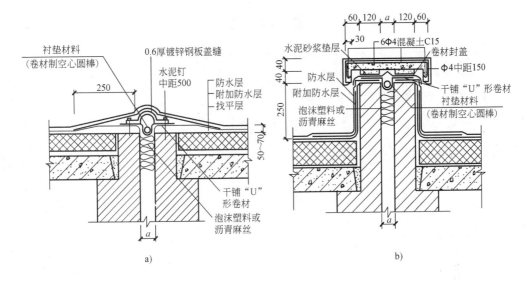

图 2-8-9　等高屋面变形缝

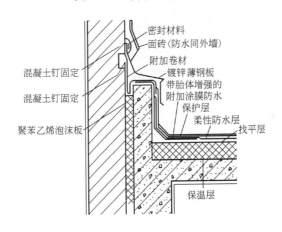

图 2-8-10　不等高屋面变形缝

小　　结

建筑物在外界因素作用下常会产生变形，导致开裂甚至破坏。如果这种变形的处理措施不当，就会引起建筑物的裂缝，影响建筑物的正常使用和耐久性，造成建筑物的破坏和倒塌。解决办法有两种：一是加强建筑物的整体性，使其具有足够的强度和刚度来抵抗由以上因素引起的应力和变形；二是在建筑物的某些部位设置变形缝，使其具有足够的变形宽度来防止裂缝的产生和破坏。变形缝是针对这种情况而预留的构造缝，它是将建筑物用垂直的缝分为几个单独部分，使各部分能独立变形。这种垂直分开的缝称为变形缝。变形缝可分为伸缩缝、沉降缝、防震缝三种。

思 考 题

1. 变形缝分为哪几种类型？各类变形缝分别在什么情况下设置？
2. 不同的变形缝构造上有何要求？
3. 简述沉降缝和防震缝的设置原则。

习 题

试用图示表示楼地面和变形缝的构造处理。

第9章 工 业 建 筑

学习目标要求

1. 了解工业建筑的特点和类型。
2. 掌握单层厂房的结构类型和组成。
3. 掌握单层厂房定位轴线的布置原则。
4. 了解单层厂房常用的起重运输设备。
5. 掌握屋面排水方案及主要节点构造。
6. 了解天窗类型及常用天窗组成及构造。
7. 掌握轻钢结构厂房的结构组成及构造要求。

学习重点与难点

本章重点是：单层厂房的结构组成和类型；定位轴线的布置；屋面排水方案及主要节点构造；轻钢结构厂房的结构组成。**本章难点是**：构件之间的连接及构造要求。

9.1 工业建筑概述

工业建筑是为满足工业生产需要而建造的各种不同用途的建筑物和构筑物的总称，包括进行各种工业生产活动的生产用房（工业厂房）及必需的辅助用房。工业建筑与民用建筑一样，具有建筑的共性，要体现适用、安全、经济、美观的建筑方针。但由于工业建筑是产品生产和工人操作的场所，所以生产工艺将直接影响到建筑平面布局、建筑结构、建筑构造、施工工艺等，这与民用建筑又有很大的差别。

9.1.1 工业建筑的特点

1. 生产工艺决定厂房的结构形式和平面布置 每一种工业产品的生产都有一定的生产程序，即生产工艺流程。为了保证生产的顺利进行，保证产品质量和提高劳动生产率，厂房设计必须满足生产工艺要求。不同生产工艺的厂房有不同的特征。

2. 内部空间大 由于厂房中的生产设备多，体积大，各部分生产联系密切，并有多种起重运输设备通行，致使厂房内部具有较大的敞通空间，工业厂房对结构要求较高。例如，有桥式吊车的厂房，室内净高一般均在8m以上；厂房长度一般均有数十米，有些大型轧钢厂，其长度可达数百米甚至超过千米。

3. 厂房屋顶面积大，构造复杂 当厂房宽度较大时，特别是多跨厂房，为满足室内采光、通风的需要，屋顶上往往设有天窗；为了屋面防水、排水的需要，还应设置屋面排水系统（天沟及落水管），这些设施均使屋顶构造复杂。

4. 荷载大 工业厂房由于跨度大，屋顶自重大，并且一般都设置一台或数台起重量为数十吨的吊车，同时还要承受较大的振动荷载，因此多数工业厂房采用钢筋混凝土骨架承重。对于特别高大的厂房，或有重型吊车的厂房，或高温厂房，或抗震设防烈度较高地区的厂房需要采用钢骨架承重。

5. 需满足生产工艺的某些特殊要求 对于一些有特殊要求的厂房，为保证产品质量和产量、保护工人身体健康及生产安全，厂房在设计时常采取一些技术措施解决这些特殊要求。如热加工厂房所产生大量余热及有害烟尘的通风；精密仪器、生物制剂、制药等厂房要求车间内空气保持一定的温度、湿度、洁净度；有的厂房还需防振、防辐射等要求。

9.1.2 工业建筑的分类

由于现代工业生产类别繁多，生产工艺的多样化和复杂化，工业建筑类型很多。在建筑设计中通常按厂房的用途、层数、生产状况等方面进行分类。

1. 按用途分

（1）主要生产厂房。用于完成从原料到成品的整个加工、装配等生产过程的厂房。例如机械制造的铸造车间、热处理车间、机械加工车间和机械装配车间等。这类厂房的建筑面积较大，职工人数较多，在全厂生产中占重要地位，是工厂的主要部分。

（2）辅助生产车间。为主要生产车间服务的各类厂房。如机械制造厂的机械修理车间、电机修理车间、工具车间等。

（3）动力厂房。为全厂提供能源的各类厂房。如发电站、变电所、锅炉房、煤气站、乙炔站、氧气站和压缩空气站等。动力设备的正常运行对全厂生产特别重要，故这类厂房必须有足够的坚固耐久性、妥善的安全措施和良好的使用质量。

（4）储藏用建筑。储存各种原料、半成品、成品的仓库。如机械厂的金属材料库、油料库、辅助材料库、半成品库及成品库。由于所储藏物品性质的不同，在防火、防潮、防爆、防腐蚀、防质变等方面将有不同的要求，在设计时应根据不同要求按有关规范、标准采取妥善措施。

（5）运输用建筑。用于停放、检修各种交通运输工具的房屋，如机车库、汽车库、起重车库、电瓶车库、消防车库和站场用房等。

（6）其他。不属于上述类型用途的建筑，如水泵房、污水处理建筑等。

2. 按层数分

（1）单层厂房，指层数仅为一层的工业厂房，适用于生产工艺流程以水平运输为主，有大型起重运输设备及较大动荷载的厂房，如机械制造工业、冶金工业和其他重工业等，如图 2-9-1 所示。

（2）多层厂房，指层数在 2 层以上，一般为 2～5 层。多层厂房对于垂直方向组织生产及工艺流程的生产企业（如面粉厂）和设备及产品较轻的企业具有较大的适用性，多用于精密仪器、电子、轻工、食品、服装加工工业等，如图 2-9-2 所示。

（3）混合层数厂房，指同一厂房内既有单层又有多层的厂房，多用于化学工业、热电站等，如图 2-9-3 所示。

3. 按生产状况分

（1）热加工车间，指在高温状态下进行生产，生产过程中散发出大量热量、烟尘等有

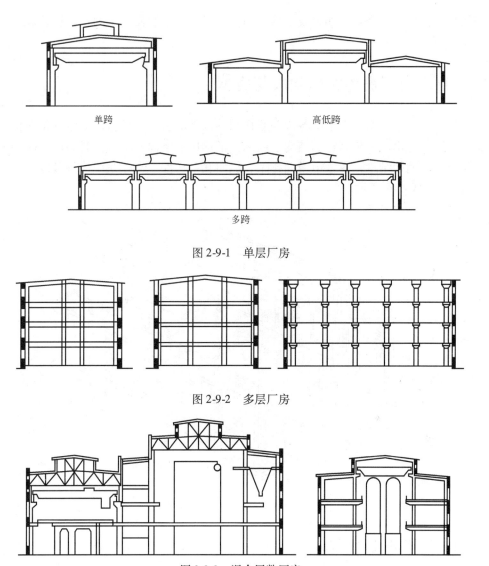

图 2-9-1　单层厂房

图 2-9-2　多层厂房

图 2-9-3　混合层数厂房

害物的车间，如铸造、炼钢、轧钢、锻压等车间。

（2）冷加工车间，指在正常温、湿度条件下进行生产的车间，如机械加工、机械装配、工具、机修等车间。

（3）恒温、恒湿车间，指在温度、湿度相对恒定条件下进行生产的车间。这类车间室内除装有空调设备外，厂房也要采取相应的措施，以减少室外气象条件对室内温、湿度的影响。如纺织车间、精密仪器车间、酿造车间等。

（4）有侵蚀性介质作用的车间，指在含有酸、碱、盐等具有侵蚀性介质的生产环境中进行生产的车间。由于侵蚀性介质的作用，会对厂房耐久性有侵害作用，在车间建筑材料选择及构造处理上应有可靠的防腐蚀措施。如化工厂、化肥厂的某些车间，冶金工厂中的酸洗车间等。

（5）洁净车间，指产品的生产对室内环境的洁净程度要求很高的车间。这类车间通常表现在无尘、无菌、无污染，如集成电路车间、医药工业中的粉针车间、精密仪表的微型零件加工车间等。

9.2 单层工业厂房的结构组成与类型

单层厂房的骨架结构，由承受各种荷载作用的构件所组成。厂房依靠各种结构构件合理地连接为一整体，组成一个完整的结构空间以保证厂房的坚固、耐久。我国广泛采用钢筋混凝土排架结构和刚架结构，通常由横向排架、纵向联系构件、支撑系统构件和围护结构等几部分组成，如图2-9-4所示。

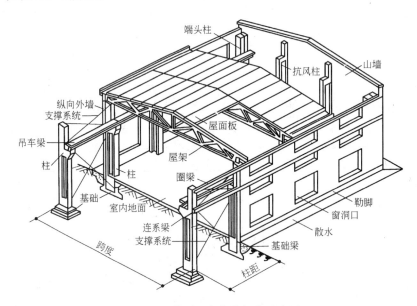

图2-9-4 单层厂房构件部位示意图

9.2.1 单层厂房的结构组成

1. 横向排架 横向排架由基础、柱、屋架组成。厂房结构承受的纵向荷载（结构自重、屋面荷载、雪荷载和吊车竖向荷载等）及横向水平荷载（风载和吊车横向制动力、地震力）主要通过横向排架传至基础和地基，如图2-9-5所示。

（1）基础。基础支撑厂房上部的全部荷载，并将荷载传递到地基中去，因此，基础起着承上传下的作用，是厂房结构中的重要构件之一。

基础的类型主要取决于上部荷载的大小、性质及工程地质条件等，见图2-9-6、图2-9-7、图2-9-8所示。

1）当上部结构荷载不大，地基土质较均匀，承载力较大时，柱下多采用独立的杯形基础。若荷载轴向力大而弯矩小，且施工技术好，可采用薄壳基础和板肋基础。

2）当上部荷载较大，而地基承载力较小，柱下如采用上述独立基础，由于底面积过大使相邻基础之间的距离过小，此时可采用条形基础。这种基础刚度大，能调整纵向柱列的不均匀沉降。

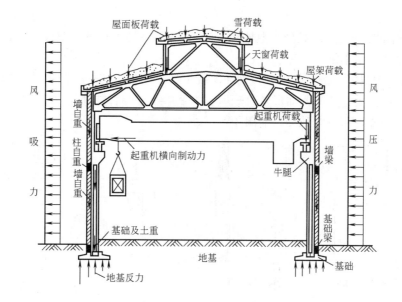

图 2-9-5 横向排架示意图

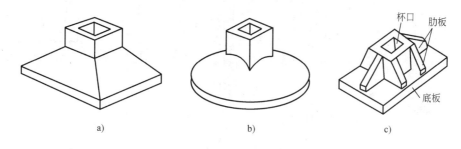

图 2-9-6 独立基础

a）杯形基础 b）薄壳基础 c）板肋基础

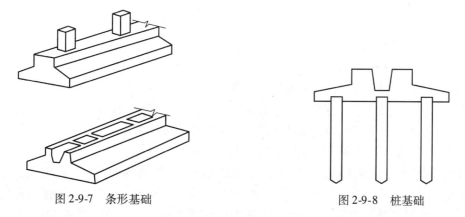

图 2-9-7 条形基础

图 2-9-8 桩基础

3）当地基的持力层较深，地基表层土松软或为冻土，且上部荷载又较大，对地基的变形限制较严时，可考虑采用桩基础。

（2）柱。排架柱是厂房结构中的主要承重构件之一，它不仅承受屋盖、吊车梁等传来的竖向荷载，还承受吊车刹车时产生的纵向和横向荷载、风荷载等，这些荷载连同自重一起传递给基础。

1）厂房中的柱由柱身（又分为上柱和下柱）、牛腿及柱上预埋件组成。在柱顶上支承屋架，在牛腿上支承吊车梁。

2）柱的类型很多，按材料可分为钢筋混凝土柱、钢柱、砖柱等。按截面形式可分为单肢柱、双肢柱等。单肢柱的截面形式有矩形、工字形及空心管柱等；双肢柱的截面形式有平腹杆柱、斜腹杆柱、双肢管柱等，如图 2-9-9 所示。

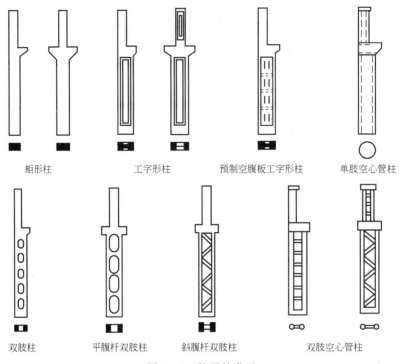

矩形柱　　工字形柱　　预制空腹板工字形柱　　单肢空心管柱

双肢柱　　平腹杆双肢柱　　斜腹杆双肢柱　　双肢空心管柱

图 2-9-9　柱子的类型

目前单层工业厂房多采用钢筋混凝土矩形柱和工字形柱。矩形柱外形简单，施工方便，两个方向受力性能均较好，但不能充分发挥混凝土的承载能力且用量多，体重大，主要适用于截面尺寸在 400mm×600mm 以内及吊车较小的中小型厂房。工字形柱是将矩形柱受力较小的横截面中部的混凝土省去，一般可以节约 30%～50% 的混凝土和 15%～20% 的钢材，其特点是受力合理、质量轻、较经济，但生产制作较复杂，主要适用于截面及受力较大的厂房。双肢柱是由两根承受轴向力的肢柱和联系两根肢柱的腹杆组成，它比工字形柱受力更合理，也更经济，但施工也更复杂，主要适用于大型及重型厂房。

3）柱的预埋件是指预先埋设在柱身上与其他构件连接用的各种铁件，如钢板、螺栓及锚拉钢筋等，这些铁件的设置与柱的位置及柱与其他构件的连接方式有关，在进行柱的设计及施工时，应根据具体情况将这些铁件准确无误地埋在柱上。预埋件的位置及作用如图 2-9-10所示。

（3）屋架（或屋面梁）。屋架或屋面梁是单层厂房排架结构中的主要结构构件之一，它直接承受屋面荷载和安装在屋架上的悬挂吊车、管道及其他工艺设备的重量，以及天窗架等荷载。屋架和柱、屋面构件连接起来，使厂房组成一个整体的空间结构，对于保证厂房的整

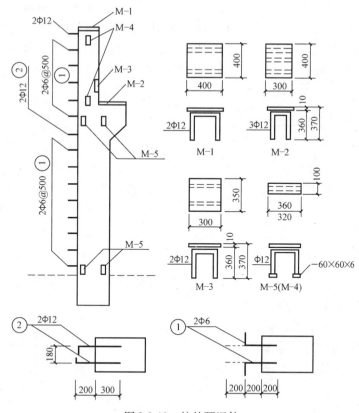

图 2-9-10　柱的预埋件

注：1. M-1 与屋架连接用埋件

2. M-2、M-3 与吊车梁连接用埋件

3. M-4、M-5 与柱间支撑连接用埋件

体刚度起着重要作用。

1）屋架的类型：按材料分为混凝土屋架和钢屋架两类；按钢筋的受力情况分为预应力和非预应力两种。其中钢筋混凝土屋架在单层工业厂房中应用较多。

当厂房跨度较大时采用桁架式屋架较经济，其外形有三角形、梯形、折线形和拱形四种形式。

① 三角形屋架。屋架的外形如等腰三角形，屋面坡度为 1/2～1/5，适用于跨度 9m、12m、15m 的中、轻型厂房，如图 2-9-11 所示。

② 梯形屋架。屋架的上弦杆件坡度一致，屋面坡度一般为 1/10～1/12，适用于跨度为 18m、21m、24m 的中型厂房，如图 2-9-12 所示。

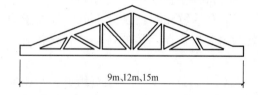

图 2-9-11　三角形屋架

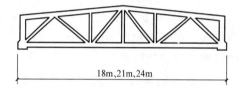

图 2-9-12　梯形屋架

③ 折型屋架。屋架上的弦杆件是由若干段折线形杆件组成。屋面坡度一般为 1/5 ～ 1/15，适用于 15m、18m、24m、36m 的中型和重型工业厂房，如图 2-9-13 所示。

④ 拱形屋架。屋架上的弦杆件是由若干段曲线形杆件组成。屋面坡度一般为 1/3 ～ 1/30，适用于 18m、24m、36m 的中、重型工业厂房，如图 2-9-14 所示。

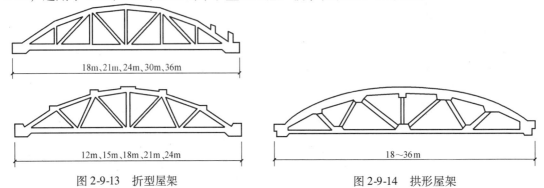

| 图 2-9-13 折型屋架 | 图 2-9-14 拱形屋架 |

2）屋架与柱的连接。屋架与柱的连接方法有焊接和螺栓连接两种。焊接，就是将屋架（或屋面梁）端部支撑部位预埋铁件，吊装前先焊上一块垫板，就位后与柱顶预埋钢板通过焊接连接在一起，如图 2-9-15a 所示。螺栓连接是在柱顶伸出预埋螺栓，在屋架（或屋面梁）下弦端部预埋铁件，就位前焊上带有缺口的支撑钢板，吊装就位后，用螺母将屋架拧牢，为防止螺母松动，常将螺母与支撑钢板焊牢，如图 2-9-15b 所示。

3）屋架与屋面板的连接。每块屋面板的肋部底面均有预埋铁件与屋架（或屋面梁）上弦相应处预埋铁件相互焊接，其焊接点不少于三点，板与板缝隙均用不低于 C15 的细石混凝土填实，如图 2-9-16 所示。

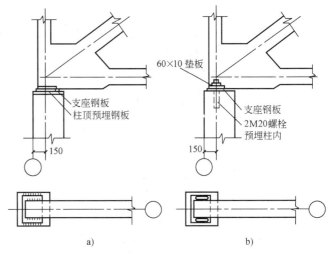

图 2-9-15 屋架与柱的连接
a）焊接方式 b）螺栓连接方式

4）屋架与天沟板的连接。天沟板端底部的预埋铁件与屋架上弦的预埋铁件四点焊接，与屋面板间的缝隙加通长钢筋，再用不低于 C15 的混凝土填实，如图 2-9-17 所示。

5）屋架与檩条的连接。檩条与屋架上弦的连接有焊接和螺栓连接两种，如图 2-9-18 所示。

6）钢筋混凝土屋面梁主要用于跨度较小的厂房，有单坡和双坡之分，单坡仅用于边跨；截面有 T 形和工字形两种，因腹板较薄故称其为薄腹梁。屋面梁的特点是形状相对简单，制作和安装较方便，重心低，稳定性好，但自重较大。

2. 纵向联系构件 纵向联系构件是由吊车梁、基础梁、连系梁、圈梁等组成，与横向排架构成骨架，保证厂房的整体性和稳定性；纵向构件主要承受作用在山墙和天窗端壁并通过屋盖结构传来的纵向风荷载、吊车纵向水平荷载、纵向地震力，并将这些力传递给柱子。

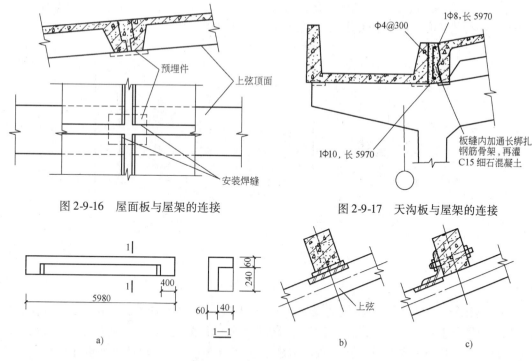

图 2-9-16 屋面板与屋架的连接

图 2-9-17 天沟板与屋架的连接

图 2-9-18 檩条与屋架的连接

a）檩条 b）焊接连接 c）螺栓连接

（1）吊车梁。根据生产工艺要求需布置吊车作为内部起重的运输设备时，沿厂房纵向布置吊车梁，以便安装吊车运行轨道。吊车梁搁置在牛腿柱上，承受吊车荷载（包括吊车起吊重物的荷载及起动或制动时产生的纵、横向水平荷载），并把它们传给柱子，同时也可增加厂房的纵向刚度。

吊车梁的类型很多，按截面形式分，有等截面的 T 形、I 字形、元宝式吊车梁、等截面鱼腹梁、空腹鱼腹式吊车梁等；按生产制作方式分有非预应力钢筋混凝土与预应力钢筋混凝土；按材料分有钢筋混凝土吊车梁和钢吊车梁等，如图 2-9-19 所示。

吊车梁与柱的连接多采用焊接连接的方法。安装前先在吊车梁底焊一块垫板，安装就位后再将垫板与柱子牛腿顶面的预埋件焊牢，以承受吊车的竖向

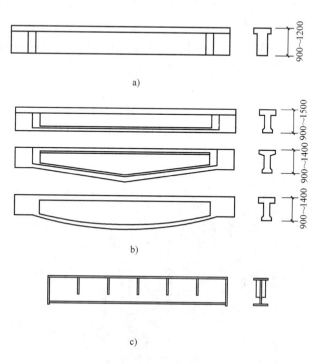

图 2-9-19 吊车梁

a）钢筋混凝土吊车梁 b）预应力钢筋混凝土吊车梁 c）钢吊车梁

荷载。吊车梁翼缘与上柱内缘的预埋件用角钢或钢板连接牢固，以承受吊车横向水平刹车力。吊车梁的对头空隙、吊车梁与柱间空隙用细石混凝土填实，如图 2-9-20 所示。

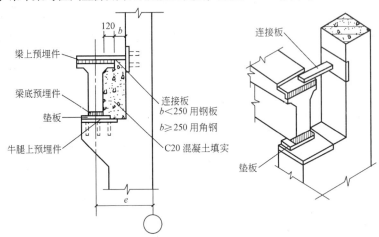

图 2-9-20　吊车梁与柱的连接

（2）基础梁。单层厂房采用钢筋混凝土排架结构时，外墙和内墙仅起围护或分隔作用。此时如果设墙下基础则会由于墙下基础所承受的荷载比柱基础小得多，而产生不均匀沉降，导致墙体开裂。因此一般厂房将外墙或内墙砌筑在基础梁上，基础梁两端架设在相邻独立基础的顶面，这样可使内、外墙和柱一起沉降，墙面不易开裂，截面形式多采用上宽下窄的梯形截面，如图 2-9-21 所示。

基础梁搁置的构造要求：

1）基础梁顶面标高应至少低于室内地坪 50mm，高于室外地坪 100mm。

2）基础梁一般直接搁置在基础顶面上，当基础较深时，可采用加垫块、设置高杯口基础或在柱的下部分加设牛腿等措施。

3）当基础产生沉降时，基础梁底的坚实土将对梁产生反拱作用；寒冻地区土壤冻胀也将对基础梁产生反拱作用，因此在基础梁底部应留有 50～100mm 的空隙，寒冻地区基础梁底铺设厚度≥300mm 的松散材料，如矿渣、干砂，如图 2-9-22 所示。

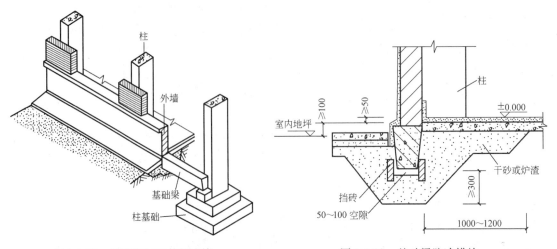

图 2-9-21　基础梁与基础的连接　　　　　图 2-9-22　基础梁防冻措施

（3）连系梁。连系梁是厂房纵向柱列的的水平联系构件，主要用来增强厂房的纵向刚度，并传递风荷载至纵向柱列。有设在墙内与墙外两种，设在墙内的连系梁也称墙梁，有承重和非承重之分。当墙体高度超过一定限度时，砖砌体强度不足以承受其自重，可在墙体上设置连系梁，以承受其上部墙体的重量，并将该部分墙重通过连系梁传给柱子，这种连系梁称为承重连系梁（或墙梁），它与柱的连接需要有可靠的传力性能。承重连系梁一般为预制，搁置在牛腿柱上，采用螺栓连接或焊接连接。非承重连系梁的主要作用是在减少砖墙的计算高度，以满足其允许高厚比，同时承受墙上的水平荷载。非承重墙连系梁一般采用现浇，它与柱之间用钢筋拉接，只传递水平力而不传递竖向力，它将上部墙体的重量传给下部墙体，由墙下基础梁承受，如图 2-9-23 所示。

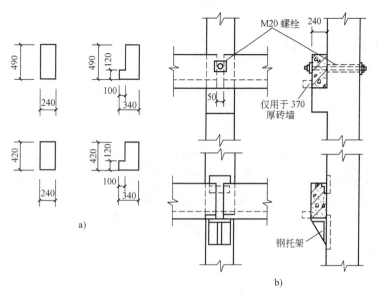

图 2-9-23　连系梁与柱连接

ａ）连系梁截面形式及尺寸　ｂ）连系梁与柱的连接

（4）圈梁。圈梁是沿厂房外纵墙、山墙在墙内设置的连续封闭梁。它将墙体与厂房排架柱、抗风柱连在一起，以加强厂房的整体刚度及墙的稳定性。

圈梁的数量与厂房高度、荷载以及地基状况有关。圈梁的位置通常在柱顶设一道、吊车梁附近增设一道、如果厂房高度过高可考虑增设多道圈梁，并尽量兼做窗过梁。圈梁截面一般为矩形或 L 形。圈梁应与柱子伸出的预埋筋进行连接，如图 2-9-24 所示。

3. 支撑系统与抗风柱

（1）支撑系统。单层厂房的支撑系统包括柱间支撑和屋盖支撑两大部分。其作用是加强厂房结构的空间刚度，保证结构构件在安装和使用阶段的稳定和安全；承受并传递水平风荷载、纵向地震力以及吊车制动时的冲击力。

1）柱间支撑。一般设在厂房变形缝的区段中部，其作用是承受山墙抗风柱传来的水平荷载和吊车产生的水平制动

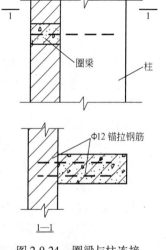

图 2-9-24　圈梁与柱连接

力，并传递给基础，以加强纵向柱列的整体刚性和稳定性，是必须设置的一种支撑。

柱间支撑宜采用型钢制成钢构件，如图2-9-25所示。

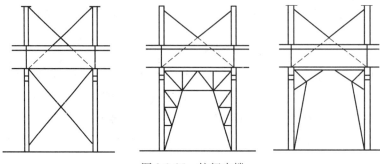

图2-9-25　柱间支撑

2）屋盖支撑。一般设在屋盖之间，其作用是保证屋架上下弦杆件在受力后的稳定，并将山墙传来的风荷载进行传递。它包括水平支撑和垂直支撑两部分。

① 水平支撑一般布置在房架的上下弦杆之间，沿厂房横向或纵向布置。水平支撑有屋架上弦支撑、屋架下弦支撑、纵向水平支撑、纵向水平系杆等，如图2-9-26所示。

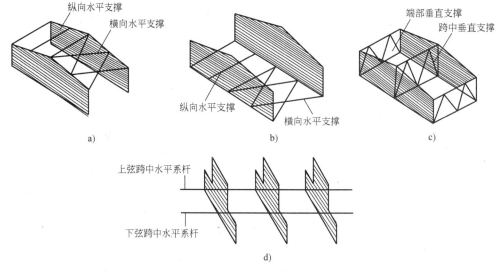

图2-9-26　屋盖支撑

② 垂直支撑是设置在屋架间的一种竖向支撑，它主要是保证屋架或屋面梁安装和使用的侧向稳定，并能提高厂房的整体刚度，如图2-9-26c所示。

（2）抗风柱。由于单层工业厂房山墙一般比较高大，需承受较大的水平风荷载的作用，为保证山墙的稳定性，应在单层工业厂房的山墙处设置抗风柱以增加端部墙体的整体刚度和稳定性。抗风柱所承受的荷载一部分由抗风柱上端通过屋盖系统传递到纵向柱列，另一部分由抗风柱直接传给基础。

抗风柱的布置原则有两点：一是在柱的选型上一般与排架柱同类型；二是在不影响厂房端部开门的情况下抗风柱的间距取4.5～6m。

抗风柱截面形式常为矩形，尺寸常为400mm×600mm或400mm×800mm。抗风柱与屋架的连接多为铰接，在构造处理上必须满足以下要求：一是水平方向应有可靠的连接，以保证有效地传递风荷载；二是在竖向应使屋架与抗风柱之间有一定的相对竖向位移的可能性，以防抗风柱与厂房沉降不均匀时屋盖的竖向荷载传给抗风柱，对屋盖结构产生不利影响。因此屋架与抗风柱之间一般采用弹簧钢板连接。

4. 围护结构

（1）外墙。单层厂房的外墙由于本身的高度与跨度都比较大，要承受自重和较大的风荷载，还要受到起重设备和生产设备的振动，因而必须具有足够的刚度和稳定性。

单层厂房外墙按承重方式不同分为承重墙、承自重墙和框架墙。承重墙一般用于中、小型厂房，其构造与民用建筑构造相似；当厂房跨度和高度较大，或厂房内起重运输设备吨位较大时，通常由钢筋混凝土排架柱来承受屋盖和起重运输荷载，外墙只承受自重起围护作用，这种墙称为承自重墙；某些高大厂房的墙体往往分成几段砌筑在墙梁上，墙梁支承在排架柱上，这种墙称为框架墙。承自重墙和框架墙是厂房外墙的主要形式。根据墙体材料不同，厂房外墙又可分为砌块墙、板材墙和轻质板材墙。

（2）屋盖结构。屋盖结构分为有檩体系和无檩体系两种。有檩屋盖由小型屋面板、槽板、檩条、屋架或屋面梁、屋盖支撑系统组成。其整体刚度较差，只适用于一般中、小型的厂房。无檩屋盖由大型屋面板、屋面梁或屋架等组成，其整体刚度较大，适用于各种类型的厂房。一般屋盖的组成有屋面板、屋面架（屋面梁）、屋架支撑、天窗架、檐沟板等。

9.2.2 单层厂房的结构类型

1. 排架结构 排架结构是目前单层厂房中最基本、最普遍的结构形式，柱与屋架（屋面梁）铰接，柱与基础刚接，如图 2-9-27 所示。屋架、柱子、基础组成了厂房的横向排架，连系梁、吊车梁、基础梁等均为纵向连系构件，它们和支撑构件将横向排架联成一体，组成坚固的骨架结构系统。依其所用材料不同分为钢筋混凝土排架结构、钢筋混凝土柱与钢屋架组成的排架结构和砖架结构。

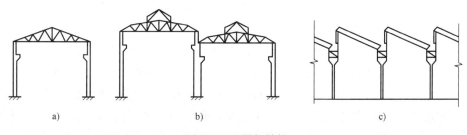

a)　　　　　　　　　　　b)　　　　　　　　　　　c)

图 2-9-27　排架结构

2. 刚架结构 刚架结构是将屋架（或屋面梁）与柱子合并为一个构件，柱子与屋架（或屋面梁）的连接处为刚性节点，柱子与基础一般做成铰接。刚架结构的优点是梁柱合一，构件种类较少，结构轻巧，空间宽敞，但刚度较差，适用于屋盖较轻的无桥式吊车或吊车吨位不大、跨度和高度较小的厂房和仓库。常用的刚架结构是装配式门式刚架。门式刚架顶节点做成铰接的称为三铰门架。也可以做成两铰门式刚架。为了便于施工吊装，两铰门式刚架通常做成三段，常在横梁中弯矩为零（或弯短较小）的截面处设置接头，用焊接或螺栓连接成整体。常用的两铰和三铰刚架形式如图 2-9-28 所示。

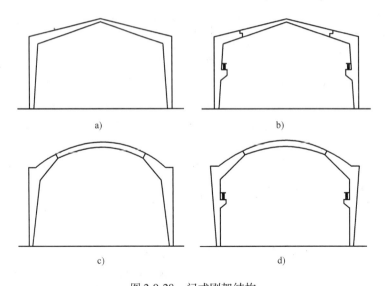

图 2-9-28　门式刚架结构

a) 人字形刚架　b) 带吊车人字形刚架　c) 弧形拱刚架　d) 带吊车弧形刚架

9.3　厂房内部起重运输设备

为了满足生产工艺布置的需要，满足生产过程中原材料、半成品、成品的装卸、搬运以及进行设备的检修等，在厂房内部需设置适当的起重运输设备。厂房内部的起重运输设备主要有三类：一是地面运输设备，如板车、电瓶车、汽车、火车等；二是垂直运输设备，如安装在厂房上部空间的各种类型的起重设备；三是辅助运输设备，如各种输送管道、传送带等。在这些起重设备中以各种形式的吊车对厂房的布置、结构选型等影响最大。常见的起重吊车设备主要有单轨悬挂式吊车、梁式吊车、桥式吊车和悬臂式吊车等类型。

9.3.1　单轨悬挂式吊车

单轨悬挂式吊车是一种简便的、主要在呈条状布置的生产流水线上部使用的一种起重设备。它由电葫芦（即滑轮组）和工字形钢轨组成，如图 2-9-29 所示。工字形钢轨悬挂在屋架下弦或屋面大梁的下面，电葫芦安装在钢轨上，按钢轨线路运行及起吊重物。

单轨悬挂式吊车布置方便、运行灵活，可以手动操作，也可以电动操作，主要适用于 5t 以下货物的起吊和运输。由于轨道悬挂在屋架下弦或屋面大梁的下面，所以屋盖结构应有较大的刚度。

9.3.2　梁式吊车

梁式吊车由梁架和电葫芦组成，有悬挂式和支撑式两种类型，如图 2-9-30 所示。悬挂式吊车是在屋架下弦或屋面梁下面悬挂双轨，在双轨上设置可滑行的单梁，在单梁上安装电葫芦。支撑式吊车是在排架柱的牛腿上安装吊车梁和钢轨，钢轨上设可滑行的单梁，单梁上安装滑轮组。两种吊车的单梁都可以按轨道纵向运行，梁上滑轮组可横向运行和起吊货物。因此，吊车可服务到厂房固定跨间的全部面积。

当梁架采用悬挂式布置时，起重量一般不超过 5t，工作人员可在地面上手动或电动操纵，适用于起重工作量不大或检修设备；当梁架支撑于吊车梁上时，起重量一般不超过 15t，

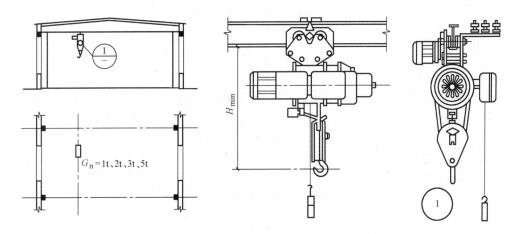

图 2-9-29 单轨悬挂吊车

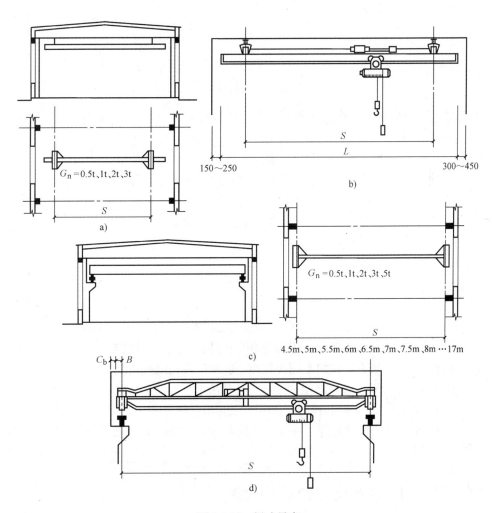

图 2-9-30 梁式吊车

a)、b) 悬挂式电动单梁吊车 c)、d) 吊车梁支撑电动单梁吊车

可以在地面上电动操纵，也可在吊车梁架一端的司机室内操纵。

9.3.3 桥式吊车

桥式吊车由桥架和起重行车(或称小车)组成。桥式吊车是在厂房排架柱的牛腿上安装吊车梁及轨道，桥架支撑于吊车梁上，可沿吊车梁上的轨道纵向往返行驶，而起重行车则沿桥架横向移动，一般在桥架一端的起重行车上或司机室内操作，如图 2-9-31 所示。

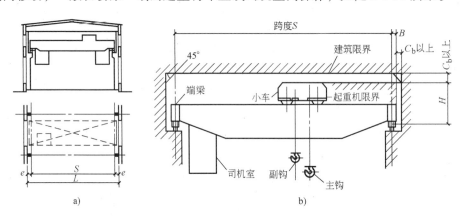

图 2-9-31 桥式吊车

根据运输要求，桥式吊车的起重行车上可设单钩或双钩(即主钩和副钩)，也可设抓斗，用于装卸或运输散料。

由于桥式吊车是工业定型产品，应使厂房的跨度和高度与所选吊车的跨度相适应，并且满足运行安全的需要，同时在柱间适当位置设置通向吊车司机室的钢梯平台。

桥式吊车由于桥架刚度和强度较大，所以适用于跨度较大和起吊及运输较重的生产厂房，其起重范围可由 5t 至数百吨，在工业建筑中应用很广。

9.3.4 悬臂吊车

常用的悬臂吊车有固定式旋转悬臂吊车和壁行式悬臂吊车两种，如图 2-9-32 所示。固定式旋转悬臂吊车一般固定在厂房的柱子上，可旋转 180°，其服务范围为以臂长为半径的半圆面积内，适用于在固定地点及供某一固定生产设备的起重、运输之用。壁行式悬臂吊车可沿厂房纵向往返行走，服务范围限定在一条以臂长为宽度的狭长矩形范围内。

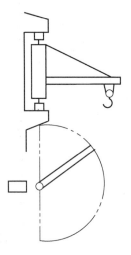

图 2-9-32 悬臂吊车

悬臂吊车布置方便，使用灵活，一般起重量可达 8 ~ 10t，悬臂长可达 8 ~ 10m，在实际工程中有一定应用。

9.4 单层厂房的柱网尺寸和定位轴线

单层厂房的定位轴线是确定厂房主要承重构件标志尺寸及相互位置的基准线，同时也是厂房设备安装及施工放线的依据。定位轴线的划分是在柱网布置的基础上进行的。

9.4.1 柱网尺寸及其选择

柱网是厂房承重柱的定位轴线在平面上排列所形成的网格。柱网尺寸的确定实际上就是确定厂房的跨度和柱距，跨度是柱子纵向定位轴线间的距离，柱距是相邻柱子横向定位轴线间的距离。通常把与横向排架平行的轴线称为横向定位轴线；与横向排架平面垂直的轴线称为纵向定位轴线。纵、横向定位轴线在平面上形成有规律的网格，如图 2-9-33 所示。

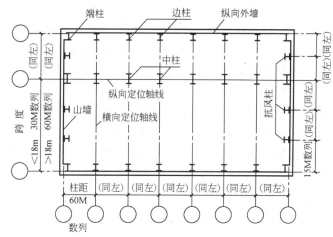

图 2-9-33 单层厂房定位轴线

柱网的选择与生产工艺、建筑结构、材料等因素密切相关，并符合《厂房建筑模数协调标准》(GBJ 6—1986)中的规定。

1. 跨度 两纵向定位轴线间的距离称为跨度。单层厂房的跨度在 18m 及 18m 以下时，取扩大模数 30M 数列，如 9m、12m、15m、18m；在 18m 以上时取扩大模数 60M 数列，如 24m、30m、36m 等。

2. 柱距 两横向定位轴线的距离称为柱距。单层厂房的柱距应采用扩大模数 60M 数列，如 6m、12m，一般情况下均采用 6m。抗风柱柱距宜采用扩大模数 15M 数列，如 4.5m、6m、7.5m。

9.4.2 定位轴线的划分及其确定

定位轴线的划分是以柱网布置为基础，并与柱网的布置相一致。厂房的定位轴线分为横向定位轴线和纵向定位轴线两种。

1. 横向定位轴线 厂房横向定位轴线主要用来标定纵向构件的标志端部，如屋面板、吊车梁、连系梁、基础梁、墙板、纵向支撑等。

（1）中间柱与横向定位轴线的关系。除了靠山墙的端部柱及横向变形缝两侧的柱以外，一般中间柱的中心线与横向定位轴线相重合，且横向定位轴通过柱基础、屋架中心线及各纵向连系构件如屋面板、吊车梁等的接缝中心，如图 2-9-34 所示。

（2）山墙与横向定位轴线的关系。山墙为非承重墙时，墙内缘与横向定位轴线相重合，且端部柱的中心线应自定位轴线向内移 600mm，如图 2-9-35 所示。定位轴线与山墙内缘重合保证了屋面板与山墙之间不留空隙，形成"封闭结合"，使构造简单。端柱自定位轴线内移 600mm，保证了抗风柱能通至屋架上弦或屋面梁上翼处，并与之相连接。

山墙为砌体承重时，墙内缘与横向定位轴线间的距离应按砌体块料类别分别为半块或半块的倍数或墙厚的一半，以保证伸入山墙内的

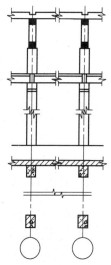

图 2-9-34 中间柱与横向定位轴线的关系

338

屋面板与砌体之间有足够的搭接长度。屋面板与砌体或砌体内的钢筋混凝土垫梁相连接。

（3）横向变形缝处柱与横向定位轴线的关系。横向伸缩缝、防震缝处的柱应采用双柱及两条横向定位轴线。柱的中心均应从定位轴线向内侧各移600mm。两轴线间加插入距 a_i，a_i 应等于伸缩缝或防震缝的宽度 a_e，如图2-9-36所示。这种定位轴线的方法，即保证了双柱间有一定的距离且有各自的基础杯口，以便于柱的安装，同时又保证了厂房结构不致因没有伸缩缝或防震缝而改变屋面板、吊车梁等纵向构件的规格，施工比较简单。

2. 纵向定位轴线 纵向定位轴线主要用来标定厂房横向构件的标志端部，如屋架的标志尺寸以及大型屋面板的边缘。厂房纵向定位轴线应视其位置不同而具体确定。

（1）外墙、边柱与纵向定位轴线的关系。在有吊车的厂房中，为使吊车规格与厂房结构相协调，确定二者的关系如下：

图2-9-35 非承重山墙与横向定位轴线的关系

$$L = L_k + 2e$$

式中　L——厂房跨度，即纵向定位轴线间的距离；

　　　L_k——吊车跨度，即吊车轨道中心线间的距离(可查吊车规格资料)；

　　　e——吊车轨道中心线至定位轴线间的距离，一般取750mm。当吊车为重级工作制而需要设安全走道板，或者吊车起重量大于50t时可为1000mm；在砖混结构的厂房中，当采用梁式吊车时，e 值允许为500mm，如图2-9-37所示。

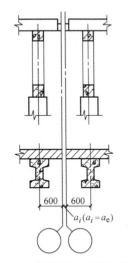

图2-9-36 伸缩缝、防震缝处柱与横向定位轴线的关系

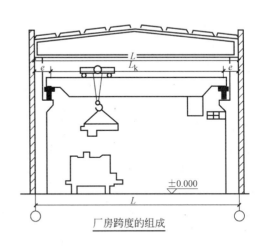

厂房跨度的组成

图2-9-37 吊车跨度与厂房跨度的关系

e 值是由上柱截面高度 h，吊车端部构造尺寸 B(即轨道中心线至吊车端部外缘的距离)，以及吊车运行侧方安全间隙尺寸 C_b(吊车运行时,吊车与上柱内缘间的安全间隙尺寸)等因素确定的。h 值由结构设计确定，一般为 400~500mm；B 值由吊车生产技术要求确定，一般为 186~400mm；吊车侧向安全间隙 C_b 与吊车起重量的大小有关，当吊车起重量等于或小于50t 时，C_b 值取80mm，吊车起重量等于或大于63t 时，C_b 为100mm。

在实际工程中，由于吊车形式、起重量、厂房跨度、柱距以及是否设置吊车走道板等条件的不同，外墙、边柱与纵向定位轴线的关系可出现两种情况：

① 封闭结合。当 $h + B + C_b \leqslant e$ 时，边柱外缘、墙内缘宜与纵向定位轴线相重合，此时屋架端部与墙内缘也重合，也就是说纵向定位轴线与边柱外缘、外墙内缘三者相重合，如图 2-9-38 所示。这样确定的轴线称为"封闭轴线"，形成"封闭结合"。这时屋架上可采用整数块标准屋面板（目前常用 $1.5 \text{m} \times 6.0 \text{m}$ 大型板），经适当调整板缝后即可铺到屋架的标志端部，不需另设补充构件，屋面板与外墙内表面之间无缝隙，具有构造简单、施工方便的特点。适用于无吊车或只设悬挂式吊车的厂房。

② 非封闭结合。当 $h + B + C_b > e$ 时，如再采用"封闭结合"的定位方法，已经不能满足吊车安全运行所需的净空尺寸。因此需将边柱外缘从定位轴线向外推移，即边柱外缘与纵向定位轴线之间增设联系尺寸 a_c，上部屋面板与外墙之间也出现空隙，也就是说纵向定位轴线与柱边缘、墙内缘不再重合，称为"非封闭结合"，如图 2-9-38 所示。此时屋顶上部空隙需做构造处理，处理方法一般有挑砖、加铺补充小板及结合檐沟等。

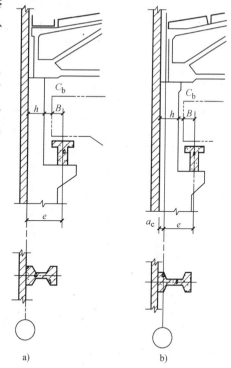

图 2-9-38　墙、边柱与纵向定位轴线的关系
a）封闭结合　b）非封闭结合

厂房是否需要设置联系尺寸及其取值多少，应根据所需吊车规格校核其实际安全间隙是否满足安全要求，此外还与柱距及吊车走道板等因素有关。

当厂房采用承重墙结构时，承重外墙的墙内缘与纵向定位轴线间的距离宜为半块砌块的倍数，或使墙体的中心线与纵向定位轴线相重合，若为带壁柱的承重墙，其内缘与纵向定位轴线相重合，或与纵向定位轴线相间半块砌体或半块砌体的整数倍。

（2）中柱与纵向定位轴线的关系。中柱处纵向定位轴线的确定方法与边柱相同，定位轴线与屋架或屋面大梁的标志尺寸相重合。

1）等高跨中柱与纵向定位轴线的定位

① 无变形缝时的等高跨中柱。等高厂房的中柱宜设单柱和一条纵向定位轴线，且上柱的中心线宜与纵向定位轴线相重合。上柱截面高度一般取 600mm，以保证屋顶承重结构的支撑长度，如图 2-9-39a 所示。

当相邻跨内的桥式吊车起重量在 30t

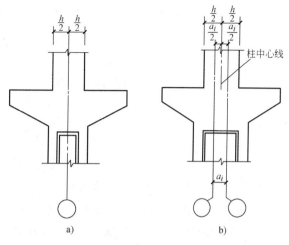

图 2-9-39　等高跨中柱为单柱时的纵向定位轴线
a）一条定位轴线　b）两条定位轴线

以上，厂房柱距较大或有其他构造要求时中柱仍可采用单柱，但需设两条纵向定位轴线，两轴线间距离叫做插入距，用 a_i 表示，此时上柱中心线与插入距中心线重合，如图 2-9-39b 所示。其插入距 a_i 应符合 3M 数列（即 300mm 或其整数倍）。当其围护结构为砌体时，a_i 可采用 M/2（即 50mm）或其整数倍。

② 设变形缝时的等高跨中柱。当等高跨厂房设有纵向伸缩缝时，可采用单柱并设两条纵向定位轴线。伸缩缝一侧的屋架或屋面梁应搁置在活动支座上，两轴线间插入距 a_i 等于伸缩缝宽 a_e。

等高跨厂房需设置纵向防震缝时，应采用双柱及双条纵向定位轴线。其插入距 a_i 应根据防震缝的宽度 a_e 及两侧是否"封闭结合"，分别确定为 a_e、$a_e + a_c$、$a_c + a_e + a_c$，如图 2-9-40a、b、c 所示。

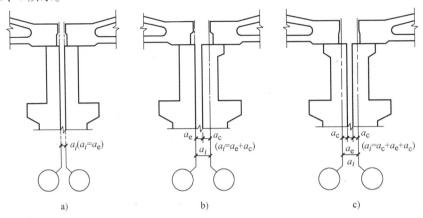

图 2-9-40　等高跨中柱为双柱时的纵向定位轴线

2）不等高跨中柱与纵向定位轴线的定位

① 无变形缝时的不等高跨中柱。不等高跨处采用单柱时，把中柱看作是高跨的边柱；对于低跨，为简化屋面构造，一般采用封闭结合。根据高跨是否封闭及封墙位置的高低，纵向定位轴线按两种情况定位：

a. 高跨采用封闭结合，且高跨封墙底面高于低跨屋面，高跨上柱外缘与封墙内缘及纵向定位轴线相重合，宜采用一条纵向定位轴线。若封墙底面低于低跨屋面，宜采用两条纵向定位轴线，其插入距 a_i 等于封墙厚度 t，即 $a_i = t$，如图 2-9-41a、b 所示。

b. 当高跨采用非封闭结合，上柱外缘与纵向定位轴线不能重合，应采用两条纵向定位轴线。插入距根据高跨封墙高度或是低于低跨屋面，分别等于联系尺寸或封墙厚度加联系尺寸 a_c，即 $a_i = a_c$ 或 $a_i = a_c + t$，如图 2-9-41c、d 所示。

② 有变形缝时的不等高跨中柱。不等高跨处设纵向伸缩缝时，采用双柱、两条纵向定位轴线，并设插入距。其插入距 a_i 可根据封墙位置的高低，分别定为 $a_i = a_e$ 或 $a_i = a_e + t$；根据高跨是否为封闭结合，分别定为 $a_i = a_e$ 或 $a_i = a_e + a_c + t$，如图 2-9-42 所示。

3. 纵横跨相交处柱与定位轴线的联系　在纵横跨的厂房中，常在纵横跨相交处设有变形缝，使纵横跨在结构上各自独立。所以纵横跨应有各自的柱列和定位轴线，两轴线间设插入距，其定位轴线编号常以跨数较多的为标准。

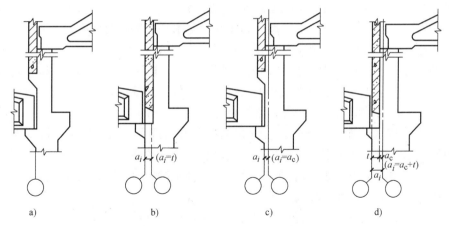

图 2-9-41 高低跨处单柱与纵向定位轴线的关系

a_i—插入距　t—封墙厚度　a_c—联系尺寸

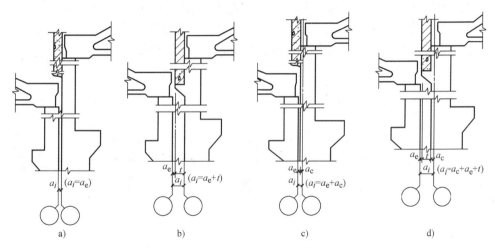

图 2-9-42 高低跨处双柱与纵向定位轴线的关系

9.5 单层工业厂房屋面

单层工业厂房屋面的功能、构造与民用建筑屋面基本相同，但由于面积大，同时承受振动、高温、腐蚀、积灰等内部生产工艺条件的影响，也存在一定差异，单层工业厂房屋面具有以下特点：

（1）单层厂房屋面除了承受自重、风、雪等荷载外，还要承受起重设备的冲击荷载和机械振动的影响，因此要求其刚度、强度较大。

（2）单层厂房体积巨大，屋面面积大，多跨成片的厂房各跨间有的还有高差，使排水路径长，接缝多，排水、防水构造复杂，并影响整个厂房的造价。

（3）单层厂房屋面上常设有天窗，以便于采光与通风。设置各种采光通风天窗，不仅导致屋面荷载的增加，还使结构、构造复杂化。

（4）恒温恒湿的精密车间要求屋面具有较高的保温隔热性能，有爆炸危险的厂房屋面要求防爆、泄压,有腐蚀介质的车间屋面要求防腐等。

在工业厂房的屋面构造中解决好屋面的排水和防水是厂房屋面构造的主要问题,较一般民用建筑构造复杂,同时应力求减轻自重,降低造价。

1. 屋面排水 单层厂房屋面排水方式和民用建筑一样,分无组织排水和有组织排水两种。按屋面部位不同,可分屋面排水和檐口排水两部分,其排水方式应根据气候条件、厂房高度、生产工艺特点、屋面积大小等因素综合考虑。

(1)无组织排水。条件允许时,应优先选用无组织排水,如在少雨地区、屋面坡度较小和等级较低的厂房,多采用无组织排水方式。有一些特殊要求的厂房,在生产过程中会散发大量粉尘的屋面或散发腐蚀性介质的车间,容易造成管道堵塞而渗漏,宜采用无组织排水。无组织排水有檐口排水、缓长坡排水等方式。

高低跨厂房的高低跨相交处若高跨为无组织排水时,在低跨屋面的滴水范围内要加铺一层滴水板作保护层。

(2)有组织排水。单层工业厂房有组织排水形式可具体归纳为以下几种:

1)挑檐沟外排水。屋面雨水汇集到悬挑在墙外的檐沟内,再从雨水管排下。当厂房为高低跨时,可先将高跨的雨水排至低跨屋面,然后从低跨挑檐沟引入地下,见图2-9-43a。采用该方案时,水流路线的水平距离不应超过20m,以免造成屋面渗水。

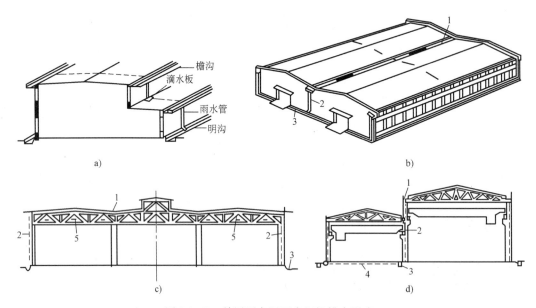

图2-9-43 单层厂房屋面有组织排水形式

a)挑檐沟外排水 b)长天沟外排水 c)内排水 d)内落外排水

1—天沟 2—立管 3—明(暗)沟 4—地下雨水管 5—悬吊管

2)长天沟外排水。在多跨厂房中,为了解决中间跨的排水,可沿纵向天沟向厂房两端山墙外部排水,形成长天沟外排水,见图2-9-43b。长天沟板端部作溢流口,以防止在暴雨时因竖管来不及泄水而使天沟浸水。

该排水形式避免了在室内设雨水管,构造简单,排水简捷。

3）内排水。严寒地区多跨厂房宜选用内排水方案。中间天沟内排水将屋面汇集的雨水引向中间跨及边跨天沟处，再经雨水斗引入厂房内的雨水竖管及地下雨水管网，如图2-9-43c所示。

内排水优点是不受厂房高度限制，屋面排水较灵活，适用于多跨厂房。严寒地区采用可防止因结冻胀裂引起屋檐和外部雨水管的破坏。缺点是铸铁雨水管等金属材料消耗大，室内须设天沟，有时会妨碍工艺设备的布置，构造复杂，造价高。

4）内落外排水。当厂房跨度不多或地下管线铺设复杂时，可用悬吊式水平雨水管将中间天沟的雨水引至两边跨的雨水管中，构成所谓内落外排水，见图2-9-43d。

内落外排水优点是可以简化室内排水设施，生产工艺的布置不受地下排水管道的影响，但水平雨水管易被灰尘堵塞，有大量粉尘积于屋面的厂房不宜采用。

2. 屋面防水　单层厂房的屋面防水主要有卷材防水、构件自防水等类型。应根据厂房的使用要求和防水、排水的有机关系，结合屋盖形式、屋面坡度、材料供应、地区气候条件及当地施工经验等因素来选择合适的防水形式。

（1）卷材防水。卷材防水在单层工业厂房中应用较为广泛，可分为保温和不保温两种。其构造做法与民用建筑基本相同，但厂房屋面往往承受冲击荷载、振动荷载，变形可能性大，易引起拉裂而渗漏。下面仅就几个特殊部位的构造处理加以介绍。

1）接缝。大型屋面板相接处的缝隙，必须用细石混凝土灌缝填实。在无保温层的屋面上，屋面板短边端肋的交接缝处的卷材被拉裂的可能性较大，应加以处理。一般采用在交接缝上加铺一层干铺卷材延伸层（300mm）的做法，效果较好。屋面板长边的交接缝处变形较小，一般不必特别处理。

2）挑檐。屋面为无组织排水时，可用外伸的檐口板或利用顶部圈梁挑出挑檐板。挑檐处应处理好卷材的收头，以防止卷材起翘、翻裂。通常可采用卷材自然收头和附加镀锌钢板收头的方法，如图2-9-44所示。

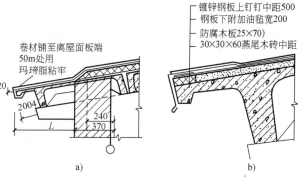

图2-9-44　挑檐构造
a）卷材自然收头　b）附加镀锌钢板收头

3）纵墙外天沟。南方地区较多采用外天沟外排水的形式，其槽形天沟板一般支承在钢筋混凝土屋架端部挑出的水平挑梁或钢屋架、钢筋混凝土屋面大梁端部的钢牛腿上，如图2-9-45所示。

4）中间天沟。中间天沟设于等高多跨厂房的两坡屋面之间，一般用两块槽形板作天沟或去掉屋面板上的保温层而形成的自然中间天沟，如图2-9-46所示。

5）高低跨处泛水。如在厂房平行高低跨方向无变形缝，而由墙梁承受高跨侧墙墙体荷载时，墙梁下需设牛腿。因牛腿有一定高度，因此高跨墙梁与低跨屋面之间必然形成一个大空隙，这段空隙应采用较薄的墙来填充，并作泛水处理，如图2-9-47所示。

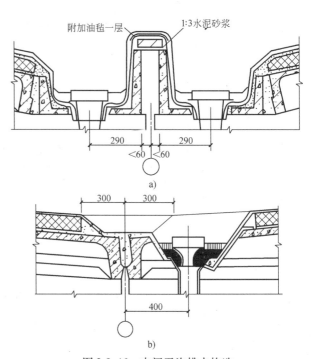

附加油毡一层　　1:3水泥砂浆

a)

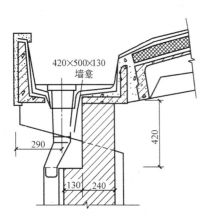

420×500×130 墙龛

290

420

130 240

图 2-9-45　纵墙外天沟外排水构造

300　300

400

b)

图 2-9-46　中间天沟排水构造

a）双槽板天沟　b）在屋面板上直接做内天沟

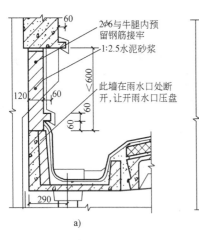

60

2φ6与牛腿内预留钢筋接牢

1:2.5水泥砂浆

<600

120 60 60 60

此墙在雨水口处断开，让开雨水口压盘

290

a)

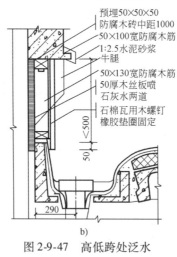

预埋50×50×50 防腐木砖中距1000

50×100宽防腐木筋

1:2.5水泥砂浆

牛腿

50×130宽防腐木筋

50厚木丝板喷石灰水两道

石棉瓦用木螺钉橡胶垫圈固定

<500

50

290

b)

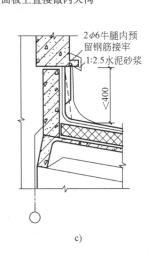

2φ6牛腿内预留钢筋接牢

1:2.5水泥砂浆

<400

c)

图 2-9-47　高低跨处泛水

a）有天沟高低跨泛水　b）有天沟高低跨泛水　c）无天沟高低跨泛水

（2）构件自防水。常用的是钢筋混凝土构件自防水屋面板，它是利用屋面板本身的密实性和抗渗性，对板缝进行局部处理而形成防水的屋面。构件自防水屋面具有省工、省料、造价低和维修方便的优点，但也存在容易引起风化、碳化，板面后期出现裂缝，油膏和涂料易老化等缺点。

钢筋混凝土构件自防水屋面板缝的处理方法归纳起来有嵌缝式、脊带式和搭盖式。

1）嵌缝式、脊带式。嵌缝式构件自防水屋面是利用大型屋面板作防水构件，板缝嵌油膏防水。若在嵌缝上面再粘贴一层卷材作防水层，则成为脊带式防水，其防水性能更好。

2）搭盖式防水。搭盖式构件自防水屋面的构造原理和瓦材相似，如用 F 型屋面板作防水构件，板的纵缝上下搭接，横缝和脊缝用盖瓦覆盖。这种屋面安装简便，但板形复杂，不便生产，在运输过程中易损坏。

3. 屋面的保温与隔热

（1）屋面的保温有保温层铺在屋面板上部、保温层设在屋面板下部和保温层与承重基层相结合等三种做法。保温层铺在屋面板上部与民用建筑做法相同；保温层设在屋面板下部有直接喷涂保温层和吊挂保温层两种做法；保温层与承重基层相结合即把屋面板和保温层结合起来，甚至将承重、保温、防水功能三者合一，目前常用的有配筋加气混凝土屋面板和夹心钢筋混凝土屋面板。

（2）屋面隔热。当厂房高度在 9m 以上可不考虑隔热，主要用加强通风来达到降温的目的；当厂房高度小于 9m 或小于等于跨度的 1/2 时宜作隔热处理，具体做法就是在屋面上架空混凝土板或预制水泥隔热拱。

9.6 轻钢结构工业厂房构造简介

轻钢结构是在普通钢结构的基础上发展起来的一种新型结构形式，它包括所有轻型屋盖下采用的钢结构。

9.6.1 概述

轻钢结构与普通钢结构相比，有较好的经济指标。轻型钢结构不仅自重轻、钢材用量省、施工速度快，而且它本身具有较强的抗震能力，并能提高整个房屋的综合抗震性能，是目前工业厂房应用较广泛且很有发展前途的一种结构，如图 2-9-48 所示。

轻型钢屋盖的用钢量一般为 8 ~ 15kg/m²，与同条件下钢筋混凝土结构接近，且能节约大量的木材、水泥及其他建筑材料，将结构自重减轻为普通钢结构的 70%~ 80%，总的造价较低，也为改革笨重的结构体系创造了条件。

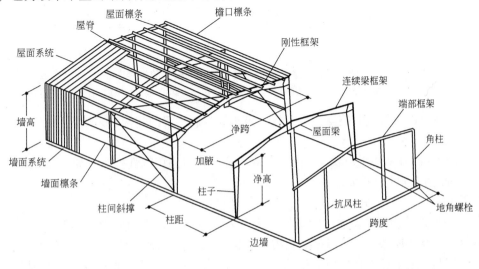

图 2-9-48 轻钢结构

单层轻型房屋一般采用门式刚架为承重结构，其上设檩条、屋面板（或板檩合一的轻质大型屋面板），柱外侧有轻质墙面系统，柱内侧可设吊车梁。

9.6.2 轻钢结构工业厂房的构造

1. 门式刚架

（1）刚架的形式及特点。刚架结构是梁、柱单元构成的组合体，其形式种类多样，在单层工业厂房中应用较多的为单跨、双跨或多跨的单、双坡门式刚架。根据通风、采光的需要，这种厂房可设置通风口、采光带和天窗架等。

门式刚架结构有以下特点：

1）采用轻型屋面，不仅可减小梁柱截面尺寸，基础也相应减小。

2）在多跨建筑中可做成一个屋脊的大双坡屋面，为长坡面屋顶创造了条件。

3）刚架的侧向刚度有檩条的支撑保证，省去纵向刚性构件，并减小翼缘宽度。

4）刚架可采用变截面，截面与弯矩成正比；变截面时根据需要可改变腹板的高度和厚度及翼缘的宽度，做到才尽其用。

5）刚架的腹板可按有效宽度设计，即允许部分腹板失稳，并可利用其屈曲后强度。

6）竖向荷载通常是设计的控制荷载，但当风荷载较大或房屋较高时，风荷载的作用不容忽视。在轻屋面门式刚架设计中，地震作用不起控制作用。

7）支撑可做的较轻便，将其直接或用水平节点板连接在腹板上。

8）结构构件可全部在工厂制作，工业化程度高。

（2）门式刚架节点构造

1）横梁和柱连接及横梁拼接。门式刚架横梁和柱连接，可采用端板竖放、端板斜放和端板平放。横梁拼接时宜使端板与构件外缘垂直，如图2-9-49所示。

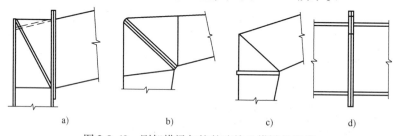

图2-9-49　刚架横梁与柱的连接及横梁的拼接

a）端板竖放　b）端板斜放　c）端板平放　d）端板与构件外缘垂直

主刚架构件的连接应采用高强度螺栓，吊车梁与制动梁的连接宜采用高强度螺栓摩擦型连接。

2）刚架柱脚宜采用平板式铰接柱脚，有必要时也可采用刚性柱脚，如图2-9-50所示。

3）牛腿构造如图2-9-51所示。

2. 屋架

（1）屋架的结构形式。屋架的结构形式主要取决于所采用的屋面材料及房屋的使用要求。主要以三角形屋架、三角拱屋架和梭形屋架、平坡梯形钢屋架为主，如图2-9-52所示。轻型钢屋架与普通钢屋架在本质上并无多大差别，两者的设计方法原则相同，只是轻型钢屋架的杆件截面尺寸较小，连接构造和使用条件稍有不同。

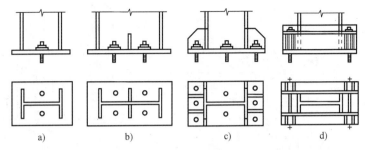

图 2-9-50　门式刚架柱脚形式

a)、b) 平板式铰接柱脚　c)、d) 刚性柱脚

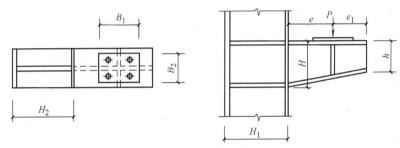

图 2-9-51　牛腿的节点构造

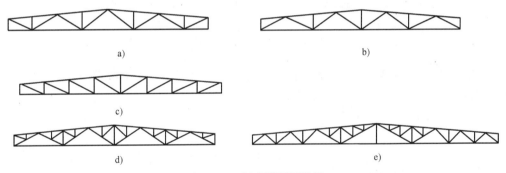

图 2-9-52　轻型梯形钢屋架

（2）支座节点构造。铰接梯形屋架支座节点的两种典型做法，如图 2-9-53 所示。

3. 檩条

（1）檩条的形式。檩条宜优先采用实腹式构件，也可采用空腹式或格构式构件。檩条一般为单跨简支构件，实腹式檩条也可是连续构件。

1）实腹式檩条的截面形式如图 2-9-54 所示。

槽钢檩条，见图 2-9-54a；高频焊接轻型 H 型钢檩条，见图 2-9-54b；卷边槽形冷弯薄壁型钢檩条，见图 2-9-54c；卷边 Z 形冷弯薄壁型钢檩条，直卷边 Z 形冷弯薄壁型钢檩条，见图 2-9-54d，斜卷边 Z 形冷弯薄壁型钢檩条，见图 2-9-54e。

2）空腹式檩条由角钢的上、下弦和缀板焊接组成，其主要特点是用钢量较少，能合理地利用小角钢和薄钢板，因缀板间距较密，拼装和焊接的工作量较大，故应用较少。

3）格构式檩条：格构式檩条可采用平面桁架式、空间桁架式及下撑式檩条。

（2）檩条的连接构造

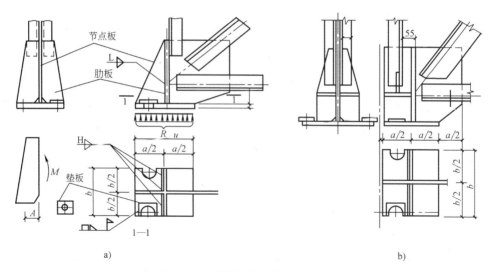

图 2-9-53 梯形屋架铰接支座节点

a）杆件交于一点 b）杆件不交于一点

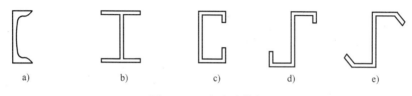

图 2-9-54 实腹式檩条

1）檩条在屋架（刚架）上的布置和搁置。为使屋架上弦杆不产生弯矩，檩条宜位于屋架上弦节点处。当采用内天沟时，边檩应尽量靠近天沟。

实腹式檩条的截面均宜垂直于屋面坡面。对槽钢和 Z 形钢檩条，宜将上翼缘肢尖（或卷边）朝向屋脊方向，以减小屋面荷载偏心而引起的扭矩。

桁架式檩条的上弦杆宜垂直于屋架上弦杆，而腹杆和下弦杆宜垂直于地面。

脊檩方案：实腹式檩条应采用双檩方案，屋脊檩条可用槽钢、角钢或圆钢相连，如图 2-9-55 所示。桁架式檩条在屋脊处采用单檩方案时，虽用钢量较省，但檩条型号增多，构造复杂，故一般以采用双檩为宜。

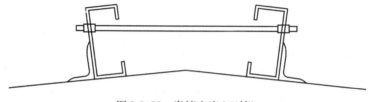

图 2-9-55 脊檩方案（双檩）

2）檩条与屋面的连接。檩条与屋面应可靠连接，以保证屋面能起阻止檩条侧向失稳和扭转的作用，这对一般不需要验算整体稳定性的实腹式檩条尤为重要。檩条与压型钢板屋面的连接，宜采用带橡胶垫圈的自攻螺钉。

3）檩条与屋架、刚架的连接。实腹式檩条与屋架、刚架的连接处可设置角钢檩托，以防止檩条在支座处的扭转变形和倾覆。檩条端部与檩托的连接螺栓不应少于两个，并沿檩条高度方向设置。当檩条高度较小（小于120mm），排列两个螺栓有困难时，也可改为沿檩条长度方向设置。

4）檩条的拉杆和撑杆。拉杆和撑杆的布置参见图2-9-56所示，采用螺栓连接。

4. 轻型围护结构

轻型钢结构常采用的墙面和屋面材料有压型钢板、太空板、加气混凝土屋面板、石棉水泥瓦和瓦楞铁等几种。

（1）压型钢板。压型钢板是目前墙面和轻型屋面有檩体系中应用最广泛的屋面材料，采用热镀锌钢板或彩色镀锌钢板，经辊压冷弯成各种波形，具有轻质、高强、美观、耐用、施工简便、抗震、防火等特点。单层板的自重为 0.10 ~

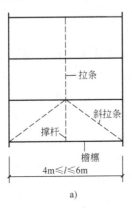
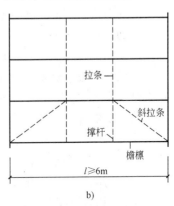

图 2-9-56　拉杆和撑杆布置图

0.18kN/m²，当有保温隔热要求时，可采用双层板（两层钢板中间夹超细玻璃纤维棉、岩棉或聚氨酯等保温层），双层板可分为两大类，第一类松散组合体系由外到内依次为外层板、压型钢板、玻璃棉毯、铝薄布、檩条、内层压型钢板，其中内层可有可无，视装饰要求定。第二层为复合板体系，即将金属复合板直接固定到檩条上，复合板是用彩色涂钢板做面层，聚氨酯和聚苯乙烯泡沫做夹心材料，通过特定的生产工艺复合而成的隔热、保温夹心板。屋面全部荷载标准值（包括活荷载）一般不超过 1.0kN/m²。

（2）太空板。太空板是以高强水泥发泡工艺制成的人工轻石为芯材，以玻璃纤维网（或纤维束）增强的上下水泥面层及钢（或混凝土）边肋复合而成的新型轻质墙面和屋面板材，具有刚度好、强度高、延性好等特点，有良好的结构性能和工程应用前途。其自重为 0.45 ~ 0.85kN/m²，屋面全部荷载标准值（包括活荷载）一般不超过 1.5kN/m²。

太空板属板檩合一的构件，在安装时，一般不需另设檩条，板与板之间留10mm的装配缝，嵌缝建议使用防水油膏。太空板上可直接铺设防水卷材，不需另设保温层及找平层，防水卷材宜使用橡塑防水卷材。太空板常用尺寸为3m×3m、1.5m×6m 和3m×6m。

（3）加气混凝土屋面板。加气混凝土屋面板自重 0.75 ~ 1.0kN/m²，是一种承重、保温和构造合一的轻质多孔板材，以水泥（或粉煤灰）、矿渣、砂和铝粉为原料，经磨细、配料、浇筑、切割并蒸压养护而成，具有质量轻、保温效能好、吸声好等优点。因系机械化生产，板的尺寸准确，表面平整，一般可直接在板上铺设卷材防水，施工方便。

（4）石棉水泥瓦。属于传统的建筑材料，具有自重轻（约为 0.2kN/m²）、美观、施工简便等特点，但脆性大、易开裂破损，吸水后会产生收缩龟裂和挠曲变形等缺陷。

（5）瓦楞铁。同样属于传统的建筑材料，具有自重轻（约为 0.05kN/m²）、美观、施工简便等特点，但瓦材规格尚未定型，工程使用中多为自行压制制作。

小 结

工业建筑是建筑的重要组成部分，与民用建筑一样具有建筑的共同性，但其主要是满足工业生产的需要，因此在建筑空间、建筑结构、建筑设备等方面具有自己的特点，生产工艺决定厂房的结构形式和平面布置。

单层厂房的结构类型有钢筋混凝土排架结构和刚架结构。通常由横向排架、纵向联系构件、支撑系统组成了厂房的承重骨架；围护结构包括外墙、屋面、天窗等；厂房的起重运输设备有悬挂吊车、梁式吊车、桥式吊车和悬臂吊车等。

单层厂房的定位轴线分为横向定位轴线和纵向定位轴线。纵、横向定位轴线在平面上形成有规律的网格称为柱网，柱网尺寸的确定实际上就是确定厂房的跨度和柱距，定位轴线的定位是以柱网布置为基础，是设备安装及施工放线的依据。

单层厂房的屋面与民用建筑相比，面积大，开设有天窗，并且要满足不同生产条件的要求。厂房屋面的排水和防水是厂房屋面构造的主要问题；在大跨度和多跨度单层厂房中，仅靠侧窗不能满足自然采光和通风的要求，常在屋面上设置天窗，按其在屋面的位置不同分为上凸式天窗、下沉式天窗和平天窗。

轻钢结构是在普通钢结构的基础上发展起来的一种新型结构形式，它包括所有轻型屋盖下采用的钢结构。单层轻钢结构厂房一般采用门式刚架为承重结构，其上设檩条、轻型屋面板，柱外侧有轻质墙架，柱内侧可设吊车梁。

思 考 题

1. 工业建筑有哪些特点？

2. 单层工业厂房的结构组成有哪些？简述其作用。

3. 单层厂房的支撑系统有哪几种？各起什么作用？

4. 常用的厂房内部起重机设备有哪些？

5. 单层工业厂房定位轴线的作用是什么？定位轴线的划分是在什么基础上进行的？

6. 定位轴线的封闭结合和非封闭结合在构造处理上各有什么特点？

7. 单层厂房屋面的外排水方案有哪几种？各有什么特点？

8. 什么叫构件自防水屋面？有何特点？

9. 单层厂房为什么要设天窗？天窗有哪些类型？试分析它们的优缺点。

10. 轻钢结构的轻型屋面主要有哪几类？

11. 抗风柱与屋架的连接在构造处理上有什么要求？

习 题

1. 图示并说明厂房中的中间柱、端部柱及横向变形缝处柱的横向定位轴线如何确定。

2. 图示等高跨中柱和不等高跨中柱在设置变形缝和无变形缝时采用单柱和双柱的情况下纵向定位轴线如何定位。

参 考 文 献

[1] 高远，张艳芳. 建筑构造与识图[M]. 北京：中国建筑工业出版社，2005.

[2] 王强. 建筑工程制图与识图[M]. 北京：机械工业出版社，2004.

[3] 朱浩. 建筑制图[M]. 北京：高等教育出版社，1998.

[4] 梁玉成. 建筑识图[M]. 北京：中国环境科学出版社，1995.

[5] 沈先荣. 建筑构造[M]. 北京：中央广播电视大学出版社，2006.

[6] 罗尧治. 建筑结构[M]. 北京：中央广播电视大学出版社，2006.

[7] 孙玉红. 房屋建筑构造[M]. 北京：机械工业出版社，2004.

[8] 冯美宇. 房屋建筑学[M]. 武汉：武汉理工大学出版社，2007.

[9] 钟芳林，侯元恒. 建筑构造[M]. 北京：科学出版社，2004.

[10] 王振武，刘晓敏. 建筑构造[M]. 北京：科学出版社，2004.

[11] 徐德良. 建筑制图与识图[M]. 北京：河海大学出版社，2004.

[12] 赵景伟. 建筑制图与阴影透视习题集[M]. 北京：北京航空航天大学出版社，2005.

[13] 唐人卫. 画法几何及土木工程制图[M]. 南京：东南大学出版社，2003.

[14] 梁玉成. 建筑识图[M]. 北京：中国环境科学出版社，2002.

[15] 王远正，王建华. 建筑识图与房屋构造[M]. 重庆：重庆大学出版社，1996.

[16] 张小平. 建筑识图与房屋构造[M]. 武汉：武汉理工大学出版社，2003.

[17] 中华人民共和国住房和城乡建设部. GB 50001—2010 房屋建筑制图统一标准[S]. 北京：中国计划出版社，2002.

[18] 马翠芬，栾焕强，张成娟. 建筑设计制图与识图[M]. 北京：中国电力出版社，2006.

[19] 毛家华，莫章金. 建筑工程制图与识图[M]. 北京：高等教育出版社，2005.

[20] 韩惠娟. 房屋构造[M]. 北京：中国环境科学出版社，1995.

[21] 舒秋华. 房屋建筑学[M]，2 版. 武汉：武汉理工大学出版社，2002.

[22] 赵研. 房屋建筑学[M]. 北京：高等教育出版社，2004.

[23] 靳玉芳. 房屋建筑学[M]. 北京：中国建材工业出版社，2004.

[24] 孙蓬鸥. 房屋构造[M]. 北京：中国环境科学出版社，2003.

[25] 同济大学，等. 房屋建筑学[M]. 北京：中国建筑工业出版社，2005.

[26] 房志勇. 房屋建筑构造学[M]. 北京：中国建材工业出版社，2003.

[27] 林晓东. 民用建筑构造[M]. 南京：河海大学出版社，2003.

[28] 崔艳秋，吕树俭. 房屋建筑学[M]. 北京：中国电力出版社，2005.

[29] 苏炜. 房屋建筑设计与构造[M]. 武汉：武汉理工大学出版社，2004.